高等职业教育本科教材

化工制图及CAD

胡建生　主编
王春华　刘维佳　张艳玲　参编
史彦敏　主审

化学工业出版社
·北京·

内 容 简 介

本书针对职业本科、应用型本科化工类专业的特点，强化应用性、实用性技能的训练，以满足化工行业对职业本科、应用型本科毕业生制图基础的要求。为打造特色鲜明的立体化制图教材，本书配套资源丰富实用，全部开放式免费提供给任课教师，包括：两种版本的《(本科）化工制图教学软件（Auto CAD版)》和《(本科）化工制图教学软件（CAXA版)》，其内容与纸质教材无缝对接，可实现人机互动；PDF格式的习题答案和电子教案；由教师掌控的所有习题答案的二维码。本书全部采用2022年10月之前颁布实施的现行国家标准和行业标准。

本书按70～80学时编写，可作为职业本科、应用型本科化工类专业及相关专业的制图课教材，亦可供成人教育相近专业使用或参考。

图书在版编目（CIP）数据

化工制图及CAD/胡建生主编. —北京：化学工业出版社，2024.1（2025.4重印）
ISBN 978-7-122-44453-0

Ⅰ.①化… Ⅱ.①胡… Ⅲ.①化工机械-机械制图-AutoCAD软件-高等学校-教材 Ⅳ.①TQ050.2-39

中国国家版本馆CIP数据核字（2023）第217094号

责任编辑：葛瑞祎 刘 哲　　文字编辑：宋 旋 温潇潇
责任校对：宋 玮　　装帧设计：尹琳琳

出版发行：化学工业出版社
（北京市东城区青年湖南街13号 邮政编码100011）
印 装：大厂回族自治县聚鑫印刷有限责任公司
787mm×1092mm 1/16 印张16¾ 字数419千字
2025年4月北京第1版第2次印刷

购书咨询：010-64518888　　售后服务：010-64518899
网 址：http://www.cip.com.cn
凡购买本书，如有缺损质量问题，本社销售中心负责调换。

定 价：56.00元

前　　言

为落实党中央、国务院《关于推动现代职业教育高质量发展的意见》、《国家职业教育改革实施方案》（即“职教 20 条”）、教育部《职业院校教材管理办法》、党的二十大报告等一系列文件精神，深入实施科教兴国战略，推进职普融通，形成定位清晰、结构合理的教育层次，培养高素质、高技能人才。本着精益求精的原则，编者自行开发了丰富的数字化教学资源，努力打造特色鲜明的立体化制图教材。同时，编写了《化工制图及 CAD 习题集》，与本书配套使用。

本书按 70～80 学时编写，可作为职业本科、应用型本科化工类专业的制图课教材，亦可供成人教育相关专业使用或参考。本书具有以下特点：

(1) 融入素养提升元素　以扎实推进习近平新时代中国特色社会主义思想为指导，落实党的二十大精神进教材、进课堂，用社会主义核心价值观铸魂育人，在每章章首以二维码的形式设置“素养提升”内容，以提升教材铸魂育人的功能。

(2) 本书内容与化工制图课在培养人才中的作用、地位相适应　教材体系的确立和教学内容的选取，与职业本科化工类专业的培养目标和毕业生应具有的基础理论相适应；简明易懂，篇幅适当，重点内容紧密联系工程实际，强化应用性、实用性技能的训练；突出读图能力的培养，具有较强的实用性、可读性。

(3) 全面贯彻制图国家标准和行业标准　《技术制图》和《机械制图》《建筑制图》国家标准是制图教学内容的根本依据。本书内容涉及的行业标准较多，近年来相关行业标准也进行了较大幅度的调整和更新。凡在 2022 年 10 月前颁布实施的国家标准，全部在本书和配套习题集中予以贯彻，充分体现了本书的先进性。

(4) 自主开发一整套数字化教学资源　在教材中对不易理解的一些例题或图例，配置了 119 个三维实体模型，设计制作了 30 节微课。通过扫描书中的二维码，学生即可看到微课的全部内容，有利于学生理解课堂上讲授的内容。

(5) 设计三种习题答案　为配套的《化工制图及 CAD 习题集》设计了三种习题答案。

① 教师备课用习题答案。部分习题的答案不是唯一的。根据教学需求，为任课教师编写了 PDF 格式的教学参考资料，即包含所有题目的“习题答案”，以方便教师备课。

② 教师讲解习题用答案。根据不同题型，将每道题的答案，分别处理成单独答案、包含解题步骤的答案、配置 324 个三维实体模型、轴测图、动画演示等多种形式，教师可任意打开某道题，结合三维模型进行讲解、答疑。

③ 学生用习题答案。习题集中 450 余道习题均给出了单独的答案并对应一个二维码，共配置 419 个由教师掌控的二维码。任课教师根据教学的实际状况，可随时选择某道题的二维码，发送给任课班级的群或某个学生，学生扫描二维码，即可看到解题步骤或答案。

(6) 本书配套资源丰富实用 包括两种版本的教学软件，即《(本科) 化工制图教学软件 (Auto CAD 版)》和《(本科) 化工制图教学软件 (CAXA 版)》；PDF 格式的"习题答案"；所有习题答案的"二维码"。教学软件是按照讲课思路为任课教师设计的，其中的内容与教材无缝对接，完全可以取代教学模型和挂图，彻底摒弃黑板、粉笔等传统的教学模式。教学软件具备以下主要功能：

① "死图"变"活图"。将本书中的平面图形，按 1∶1 的比例建立精确的三维实体模型。通过 eDrawings 公共平台，可实现三维实体模型不同角度的观看；六个基本视图和轴测图之间的转换；三维实体模型的剖切；三维实体模型和线条图之间的转换；装配体的爆炸、装配、运动仿真、透明显示等功能，将书中的"死图"变成了可由教师控制的"活图"。

② 调用绘图软件边讲边画，实现师生互动。对教材中需要讲解的例题，已预先链接在教学软件中，任课教师可根据自己的实际情况，选择不同版本的教学软件，边讲、边画，进行正确与错误的对比分析等，彻底摆脱画板图的烦恼。

③ 讲解习题。将《化工制图及 CAD 习题集》中的所有答案，按照不同题型，处理成单独结果、包含解题步骤、增配轴测图、配置三维实体模型等多种形式，方便教师在课堂上任选某道题进行讲解、答疑，减轻任课教师的教学负担。

④ 调阅本书附录。将本书中需查表的附录逐项分解，分别链接在教学软件的相关部位，任课教师可直观地带领学生查阅本书附录。

(7) 提供电子教案 将《(本科) 化工制图教学软件》PDF 格式的全部内容作为电子教案，可供任课教师截选、打印，方便教师备课和教学检查。

所有配套资源都在《(本科) 化工制图教学软件》压缩文件包内。凡使用本书作为教材的教师，请加责任编辑 QQ (455590372)，然后加入"化工制图群"QQ 群，从群文件中免费下载《(本科) 化工制图教学软件》。

教材由教学软件支撑，配套习题集由各种习题答案支撑，进而形成一套完整的立体化教材，为改变传统的教学模式，把教师的传授、教师与学生的交流、学生的自学、学生之间的交流置于立体化的教学系统中，为减轻教与学的负担创造了条件。

参加本书编写的有：胡建生 (编写绪论、第一章、第二章、第三章、第四章)，王春华 (编写第五章、第六章及附录)，刘维佳 (编写第七章、第九章)，张艳玲 (编写第八章、第十章)。全书由胡建生教授统稿。《(本科) 化工制图教学软件》由胡建生、王春华、刘维佳、张艳玲设计制作。

本书由史彦敏教授主审，参加审稿的还有陈清胜教授、汪正俊副教授。参加审稿的各位老师对书稿进行了认真、细致的审查，提出了许多宝贵意见和修改建议，在此表示衷心感谢。

欢迎广大读者特别是任课教师提出意见或建议，并及时反馈给我们 (主编 QQ：1075185975，责任编辑 QQ：455590372)。

编　者

目　　录

绪　　论

一、图样及其在生产中的作用

根据投影原理、制图标准或有关规定，表示工程对象并有必要技术说明的图，称为图样。化工行业常见的工程图样包括化工机器图、化工设备图和化工工艺图三大类，其中化工机器图基本上是采用机械制图的标准与规范，属于机械制图的范畴。化工设备图和化工工艺图虽然与机械制图有着紧密的联系，但却有十分明显的专业特征，同时也有自己相对独立的制图规范与绘图体系，属于化工工艺制图范畴。化工制图是在机械制图的基础上形成和发展起来的，既包括机械制图的内容，又包括化工工艺制图的内容，但主要是研究化工生产装置工程图样的绘制与阅读。

化工产品与化工生产过程的科研开发，化工生产装置的设计与建设，化工生产装置的开停车、设备检修、技术改造及生产过程的组织与调度，都离不开化工制图。化工制图是化工工艺工程技术人员表达设计意图和交流技术思想的语言和工具。

二、本课程的主要任务

化工制图是一门专门研究化工工程图样的绘制与阅读的技术基础课。本课程的主要任务是：

① 掌握正投影法的基本原理及其应用，培养学生的空间想象和思维能力，培养分析问题、解决问题的科学思维方法。

② 熟练掌握并正确运用各种图样表示法，具备绘制和识读化工图样的基本能力。

③ 学习制图国家标准及行业标准，强化标准化和规范化的工程意识，培养严谨务实、精益求精、甘于奉献的工匠精神，初步具有查阅标准和技术资料的能力。

④ 使学生能够正确、熟练地使用常用的绘图工具，掌握手工绘图的基本技能。具有较强的徒手画图能力。

⑤ 通过本门课程的学习，传承精益求精的工匠精神。培养学生认真严谨的工作态度和一丝不苟的工作作风。

三、学习本课程的注意事项

本课程是一门既有理论又注重实践的课程，学习时应注意以下几点：

① 在听课和复习过程中，要重点掌握正投影法的基本理论和基本方法，学习时不能死记硬背，要通过由空间到平面、由平面到空间的一系列循序渐进的练习，不断提高空间思维能力和表达能力。

② 本课程的特点是实践性较强，其主要内容需要通过一系列的练习和作业才能掌握。因此，及时完成教师指定的练习和作业，是学好本课程的重要环节。只有通过反复实践，才能不断提高画图与读图的能力。要重视实践，树立理论联系实际的学风，有利于工程意识和工程素质的培养。

③ 要重视学习和严格遵守制图方面的国家标准和相关行业标准，对常用的标准应该牢

记并能熟练地运用。

四、我国工程图学发展简史

中国是世界上文明古国之一，在工程图学方面有着悠久的历史。在天文图、地理图、建筑图、机械图等方面都有过杰出的成就，既有文字记载，也有实物考证，举世公认。

两千多年前，我国已有记载的图样史料。如春秋时期的一部技术经典著作《周礼考工记》中，已有画图工具“规”“矩”“绳”“墨”“悬”“水”的记载。以后各朝代都有相应的发展，在当时的一些著作中均有记载。如公元 1100 年宋代李诫所著的《营造法式》中，不仅有轴测图，还有许多采用正投影法绘制的图样，如图 0-1 所示。这充分说明，在九百多年前，我国的工程制图技术已达到很高的水平。

图 0-1 《营造法式》中的图例

中华人民共和国成立前，由于我国处在半封建半殖民地的社会，工业和科学技术发展缓慢，没有中国自己的标准，德、美、法、日等外国标准在我国均有使用，非常混乱，致使我国的工程图学停滞不前。

1949 年以后，工农业生产得到很快恢复和发展，建立了自己的工业体系，为我国的科学技术和文化教育事业开辟了广阔的前景，工程图学也得到了前所未有的发展。

国家十分重视标准化工作，把标准化作为一项重要的技术经济政策。1956 年第一机械工业部颁布了第一个部颁标准《机械制图》，结束了 1949 年以前机械制图标准混乱的局面。1959 年国家科学技术委员会颁布了第一个国家标准《机械制图》，在全国范围内统一了机械图样的表达方法，标志着我国工程图学进入了一个新的阶段。

随着我国工业技术的发展，自行设计和制造的水平不断提高，对技术规定要不断修改和完善，先后于 1970 年、1974 年修订了国家标准《机械制图》。1978 年我国正式加入国际标准化组织 ISO。为了更好地进行国际技术交流和进一步提高标准化水平，我国明确提出采用 ISO 标准并贯彻于技术领域各个环节的要求。1984 年又重新修订并颁布了含有十七项内容的《机械制图》国家标准。

20 世纪 80 年代末期，我国也开始遵循 ISO 的准则，陆续将需要统一的制图基础通用标准制订为技术制图标准，并与国际标准取得一致，以统一工程技术语言在各个技术领域中的应用，促进工程技术语言在各个技术领域中的发展。自 1988 年起，我国开始制订和发布了技术制图方面的国家标准，同时陆续发布了一系列机械制图、建筑制图、电气制图等专业制图国家标准，使我国的制图标准体系达到了国际先进水平，为实现第二个百年奋斗目标、实现中华民族的伟大复兴，奠定了坚实的基础。

计算机技术的飞速发展有力地推动了制图技术的自动化。计算机绘图是利用计算机及绘图软件，对图样进行绘制、编辑、输出及图库管理的一种方法和技术。与传统的手工绘图相比，计算机绘图具有效率高、速度快、创新迅速、绘图精确等特点。在机械、航空航天、船舶、建筑、电子、气象和管理等领域得到了广泛应用，进一步促进了工程图学理论和技术的新发展。

第一章 制图的基本知识和技能

第一节 制图国家标准简介

图样作为技术交流的共同语言，必须有统一的规范，否则会带来生产过程和技术交流中的混乱和障碍。中国国家标准化管理委员会发布了《技术制图》和《机械制图》《建筑制图》《电气制图》等一系列制图国家标准。国家标准《技术制图》是一项基础技术标准，在技术内容上具有统一性、通用性和通则性，在制图标准体系中处于最高层次。国家标准《机械制图》《建筑制图》《电气制图》等是专业制图标准，按照专业要求进行补充，其技术内容是专业性和具体性的。它们都是绘制与使用工程图样的准绳。

在标准代号“GB/T 4457.4－2002”中，“GB/T”称为“推荐性国家标准”，简称“国标”。G是“国家”一词汉语拼音的第一个字母，B是“标准”一词汉语拼音的第一个字母，T是“推”字汉语拼音的第一个字母。“4457.4”是标准顺序号，“2002”是标准的批准年号。

提示：国家标准规定，机械图样中的尺寸以毫米（mm）为单位时，不需标注单位符号（或名称）。如采用其他单位，则必须注明相应的单位符号。

一、图纸幅面和格式（GB/T 14689－2008）

1. 图纸幅面

图纸宽度与长度组成的图面，称为图纸幅面。基本幅面共有五种，其代号由“A”和相应的幅面号组成，见表1-1。基本幅面的尺寸关系如图1-1所示，绘图时优先采用表1-1中的基本幅面。

表1-1 图纸的基本幅面/mm（摘自GB/T 14689－2008）

幅面代号	A0	A1	A2	A3	A4
（短边×长边）B×L	841×1189	594×841	420×594	297×420	210×297
（无装订边的留边宽度）e	20		10		
（有装订边的留边宽度）c	10			5	
（装订边的宽度）a	25				

幅面代号的几何含义，实际上就是对0号幅面的对开次数。如A1中的“1”，表示将整张纸（A0幅面）长边对折裁切一次所得的幅面；A4中的“4”，表示将全张纸长边对折裁切四次所得的幅面。

必要时，允许选用加长幅面，但加长后幅面的尺寸，必须是由基本幅面的短边成整数倍增加后得出。

2. 图框格式

图框是图纸上限定绘图区域的线框，如图1-2、图1-3所示。在图纸上必须用粗实线画出图框，其格式分为不留装订边和留装订边两种，但同一产品的图样只能采用一种格式。

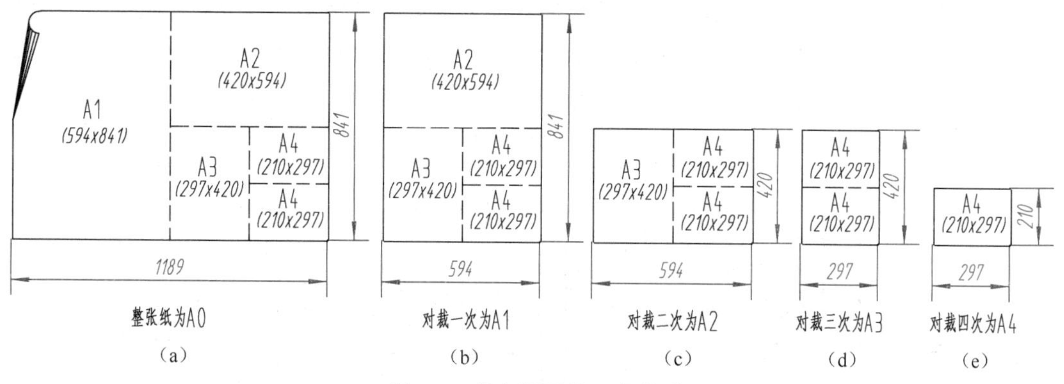

(a)　(b)　(c)　(d)　(e)

图 1-1　基本幅面的尺寸关系

不留装订边的图纸，其图框格式如图 1-2 所示，留有装订边的图纸，其图框格式如图 1-3 所示，其尺寸按表 1-1 的规定。

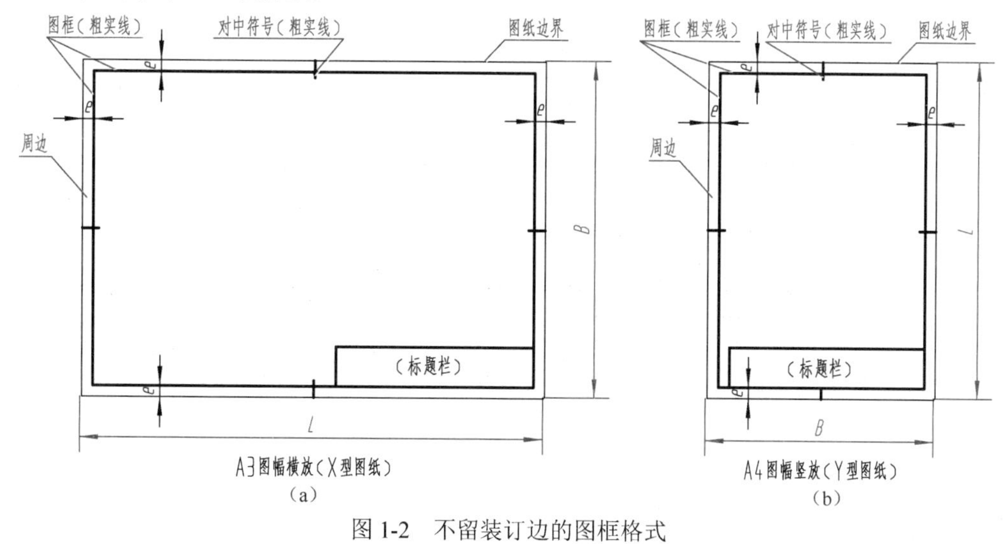

(a)　(b)

图 1-2　不留装订边的图框格式

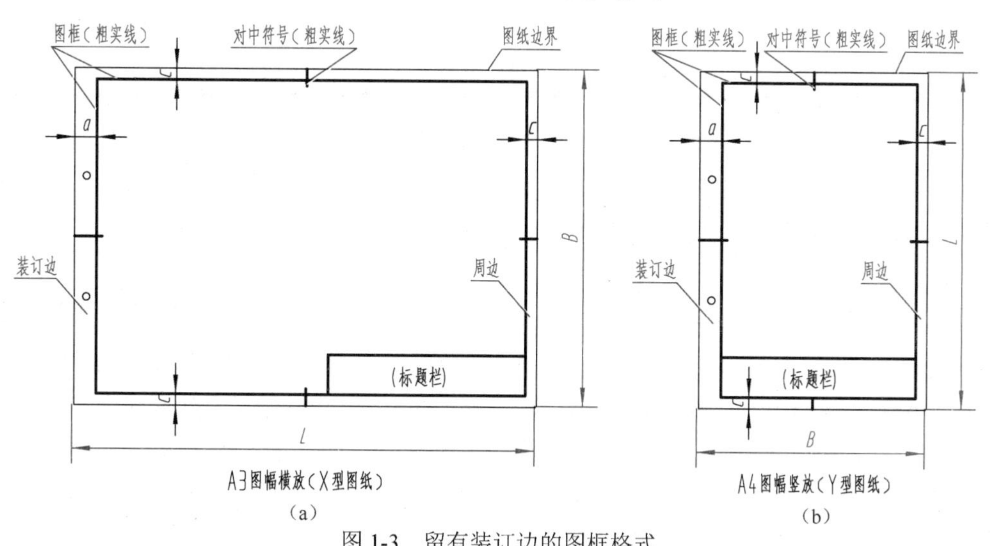

(a)　(b)

图 1-3　留有装订边的图框格式

3. 标题栏格式及方位

每张图样都必须画出标题栏。绘制工程图样时，国家标准规定的标题栏格式和尺寸应按 GB/T 10609.1—2008《技术制图　标题栏》中的规定绘制，如图 1-4 所示。在装配图中一般应有明细栏。明细栏一般配置在装配图中标题栏的上方。明细栏的内容、格式和尺寸应按 GB/T 10609.2—2009《技术制图　明细栏》的规定绘制。

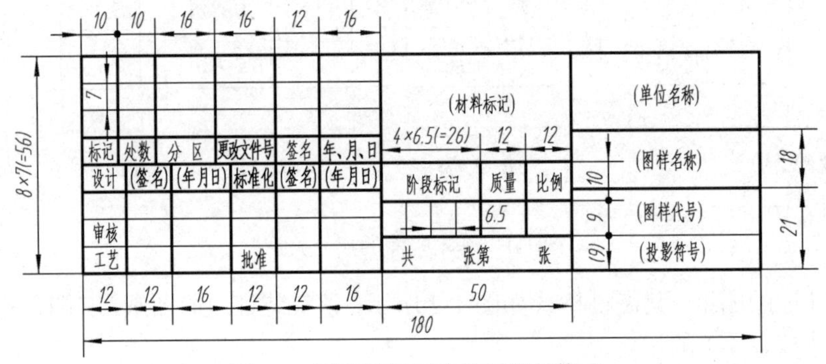

图 1-4　国家标准规定的标题栏格式

在学校的制图作业中，为了简化作图，建议采用图 1-5 所示的简化标题栏和明细栏。

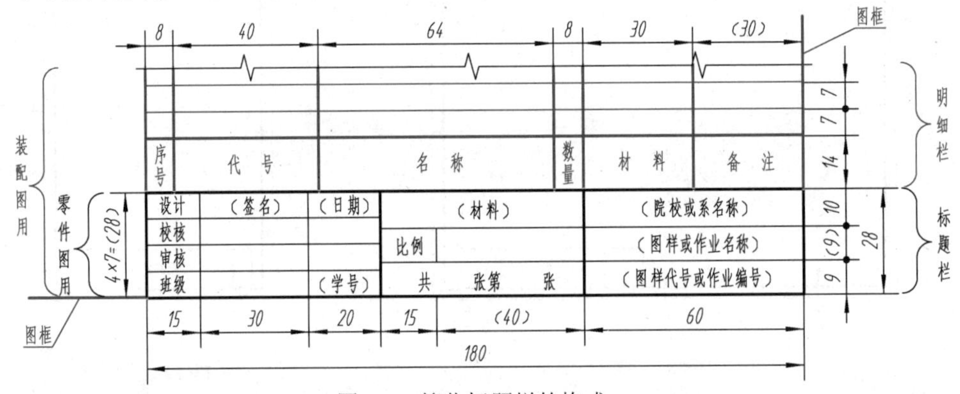

图 1-5　简化标题栏的格式

提示：简化标题栏的格线粗细，应参照图 1-4 绘制。标题栏的外框是粗实线，其右侧和下方与图框重叠在一起；明细栏中的横格线为细实线，竖格线为粗实线。

基本幅面的看图方向规定之一　标题栏一般应置于图样的右下角。若标题栏的长边置于水平方向并与图纸的长边平行时，则构成 X 型图纸，如图 1-2（a）、图 1-3（a）所示；若标题栏的长边与图纸的长边垂直时，则构成 Y 型图纸，如图 1-2（b）、图 1-3（b）所示。在此情况下，标题栏中的文字方向为看图方向。

基本幅面的看图方向规定之二　为了利用预先印制的图纸，允许将 X 型图纸逆时针旋转 90°，其短边置于水平位置使用，如图 1-6（a）所示；或将 Y 型图纸逆时针旋转 90°，其长边置于水平位置使用，如图 1-6（b）所示。当 A4 图纸（Y 型）横放，其他基本幅面（A3～A0）的图纸（X 型）竖放时，标题栏必须位于图纸的右上角，标题栏中的长边均置于铅垂方向（字头朝左），画有方向符号的装订边均位于图纸下方。此时，按方向符号指示的方向看图。

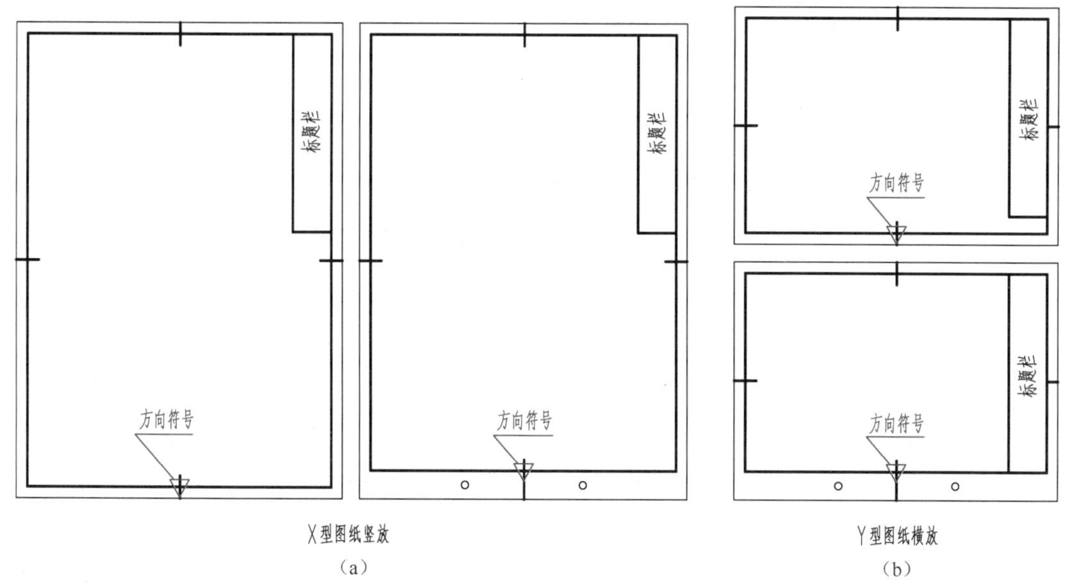

（a）　（b）

图 1-6　方向符号与标题栏的位置

4. 附加符号

（1）对中符号　对中符号是从图纸四边的中点画入图框内约 5mm 的粗实线，通常作为缩微摄影和复制的定位基准标记。对中符号用粗实线绘制，线宽不小于 0.5mm，如图 1-2、图 1-3 和图 1-6 所示。当对中符号处在标题栏范围内时，则伸入标题栏部分省略不画，如图 1-2（b）、图 1-3（b）所示。

（2）方向符号　若采用 X 型图纸竖放或 Y 型图纸横放时，应在图纸下方的对中符号处画出一个方向符号，以表明绘图与看图时的方向，如图 1-6 所示。方向符号是用细实线绘制的等边三角形，其大小和所处的位置如图 1-7 所示。

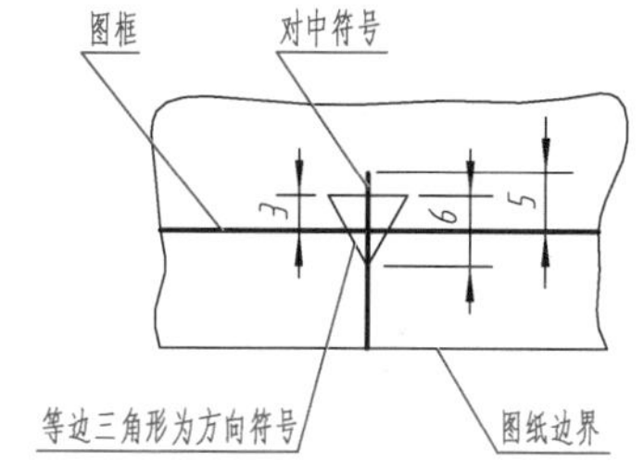

图 1-7　方向符号的画法

二、比例（GB/T 14690－1993）

图中图形与其实物相应要素的线性尺寸之比，称为比例。简单说来，就是“图∶物”。绘图比例可以随便确定吗？当然不行。

绘制图样时，应由表 1-2“优先选择系列”中选取适当的绘图比例。必要时，从表 1-2“允许选择系列”中选取。为了直接反映出实物的大小，绘图时应尽量采用原值比例。

表 1-2　比例系列（摘自 GB/T 14690－1993）

种　类	定　义	优先选择系列	允许选择系列
原值比例	比值为 1 的比例	1∶1	—
放大比例	比值大于 1 的比例	5∶1　2∶1 5×10^n∶1　2×10^n∶1　1×10^n∶1	4∶1　2.5∶1 4×10^n∶1　2.5×10^n∶1
缩小比例	比值小于 1 的比例	1∶2　1∶5　1∶10 1∶2×10^n　1∶5×10^n　1∶1×10^n	1∶1.5　1∶2.5　1∶3　1∶4　1∶6 1∶1.5×10^n　1∶2.5×10^n　1∶3×10^n 1∶4×10^n　1∶6×10^n

注：*n* 为正整数。

比例符号用“∶”表示。比例一般应标注在标题栏中的“比例”栏内。不论采用何种比例，图中所标注的尺寸数值必须是实物的实际大小，与图形的绘图比例无关，如图 1-8 所示。

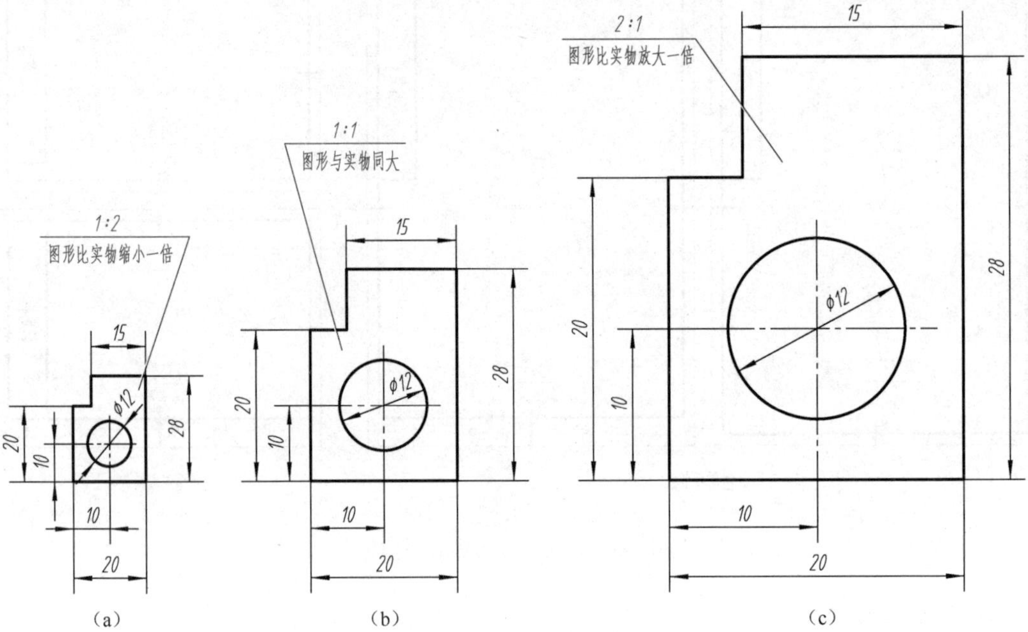

（a）（b）（c）

图 1-8　绘图比例与尺寸的关系

三、字体（GB/T 14691－1993）

1．基本要求

① 在图样中书写的汉字、数字和字母，要尽量做到“字体工整、笔画清楚、间隔均匀、排列整齐”。

② 字体高度（用 h 表示）代表字体的号数。字体高度的公称尺寸系列为：1.8mm，2.5mm，3.5mm，5mm，7mm，10mm，14mm，20mm。如需要书写更大的字，其字体高度应按 $\sqrt{2}$ 的比率递增。

③ 汉字应写成长仿宋体字，并应采用国家正式公布的简化字。汉字的高度 h 不应小于 3.5mm，其字宽 $=h/\sqrt{2}$。书写长仿宋体字的要领是：横平竖直、注意起落、结构匀称、填满方格。

④ 字母和数字分 A 型和 B 型。A 型字体的笔画宽度 $d=h/14$，B 型字体的笔画宽度 $d=h/10$。在同一张图样上，只允许选用一种型式的字体。

⑤ 字母和数字可写成斜体或直体。斜体字字头向右倾斜，与水平线成 75°。

提示：用计算机绘图时，汉字、数字、字母一般应以直体输出。

2．字体示例

汉字、数字和字母的示例，见表 1-3。

四、图线（GB/T 4457.4－2002）

图中所采用各种型式的线，称为图线。图线是组成图形的基本要素，由点、短间隔、画、长画、间隔等线素构成。国家标准 GB/T 4457.4－2002《机械制图　图样画法　图线》规定了常用的 9 种图线，其名称、线型、线宽，见表 1-4。图线的应用示例，如图 1-9 所示。

表 1-3　字体示例

字体		示例
长仿宋体汉字	5 号	学好化工制图，培养和发展空间想象能力
	3.5 号	计算机绘图是工程技术人员必须具备的技能之一
拉丁字母	大写	ABCDEFGHIJKLMNOPQRSTUVWXYZ *ABCDEFGHIJKLMNOPQRSTUVWXYZ*
	小写	abcdefghijklmnopqrstuvwxyz *abcdefghijklmnopqrstuvwxyz*
阿拉伯数字	直体	0123456789
	斜体	*0123456789*
字体应用示例		10JS5(±0.003) M24-6h Ø35 R8 10^3 S^{-1} 5% D_1 T_d 380kPa m/kg $\phi 20^{+0.010}_{-0.023}$ $\phi 25\frac{H6}{f5}$ $\frac{II}{1:2}$ $\frac{3}{5}$ $\frac{A}{5:1}$ Ra 6.3 460r/min 220V l/mm

表 1-4　线型及应用（摘自 GB/T 4457.4—2002）

名称	线型	线宽	一般应用
粗实线	d	d	可见棱边线、可见轮廓线、相贯线、螺纹牙顶线、螺纹终止线、齿顶圆（线）、表格图和流程图中的主要表示线、系统结构线（金属结构工程）、模样分型线、剖切符号用线
细实线		d/2	过渡线、尺寸线、尺寸界线、指引线和基准线、剖面线、重合断面的轮廓线、短中心线、螺纹牙底线、尺寸线的起止线、表示平面的对角线、零件成形前的弯折线、范围线及分界线、重复要素表示线、锥形结构的基面位置线、叠片结构位置线、辅助线、不连续同一表面连线、成规律分布的相同要素连线、投射线、网格线
细虚线	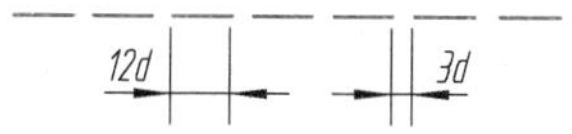 12d　3d	d/2	不可见棱边线、不可见轮廓线
细点画线	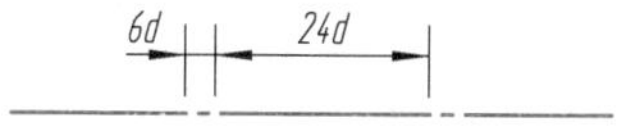 6d　24d	d/2	轴线、对称中心线、分度圆（线）、孔系分布的中心线、剖切线
波浪线		d/2	断裂处边界、视图与剖视图的分界线
双折线	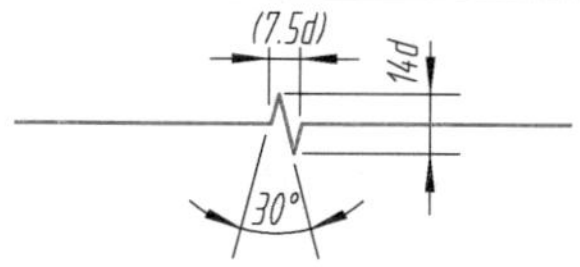 (7.5d)　14d　30°	d/2	
粗虚线		d	允许表面处理的表示线
粗点画线		d	限定范围表示线

续表

名　称	线　　　型	线宽	一　般　应　用
细双点画线	9d　24d	d/2	相邻辅助零件的轮廓线、可动零件的极限位置的轮廓线、重心线、成形前轮廓线、剖切面前的结构轮廓线、轨迹线、毛坯图中制成品的轮廓线、特定区域线、延伸公差带表示线、工艺用结构的轮廓线、中断线

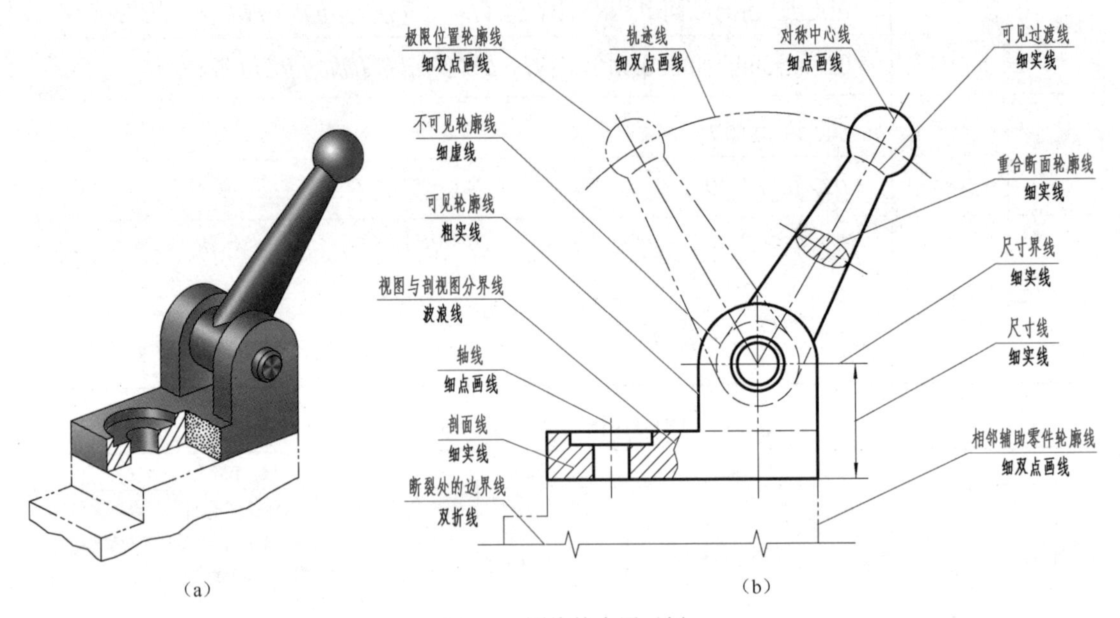

(a)　　(b)

图 1-9　图线的应用示例

在机械图样中采用粗、细两种线宽，线宽的比例关系为 2∶1。图线的宽度应按图样的类型和大小，在下列数系中选取：0.13mm、0.18mm、0.25mm、0.35mm、0.5mm、0.7mm、1.0mm、1.4mm、2mm。

粗实线（包括粗虚线、粗点画线）的宽度通常采用 0.7mm，与之对应的细实线（包括波浪线、双折线、细虚线、细点画线、细双点画线）的宽度为 0.35mm。

手工绘图时，同类图线的宽度应保持基本一致。细（粗）虚线、细（粗）点画线及细双点画线的线段长度和间隔应各自大致相等。当两条以上不同类型的图线重合时，应遵守以下优先顺序：

可见轮廓线和棱线（粗实线）→不可见轮廓线和棱线（细虚线）→剖切线（细点画线）→轴线和对称中心线（细点画线）→假想轮廓线（细双点画线）→尺寸界线和分界线（细实线）。

第二节　标注尺寸的基本规则

图形及图样中的尺寸，是加工制造零件的主要依据。如果尺寸标注错误、不完整或不合理，将给生产带来困难，甚至生产出废品而造成浪费。本节只介绍国家标准关于尺寸注法中的基本要求，其他内容将在后续章节中逐步介绍。

一、基本规则

尺寸是用特定长度或角度单位表示的数值，并在技术图样上用图线、符号和技术要求表示出来。标注尺寸的基本规则如下：

① 零件的真实大小应以图样上所注的尺寸数值为依据，与图形的大小及绘图的准确度无关。

② 图样中所标注的尺寸，为该图样所示零件的最后完工尺寸，否则应另加说明。

③ 零件的每一尺寸，一般只标注一次，并应标注在反映该结构最清晰的图形上。

二、尺寸的构成

每个完整的尺寸，一般由尺寸界线、尺寸线和尺寸数字组成，通常称为尺寸三要素，如图 1-10 所示。

1. 尺寸界线

尺寸界线表示尺寸的度量范围。

尺寸界线用细实线绘制，由图形的轮廓线、轴线或对称中心线处引出，也可利用这些线作为尺寸界线。尺寸界线一般应与尺寸线垂直，且超过尺寸线箭头 2～5mm，必要时也允许倾斜，如图 1-11 所示。

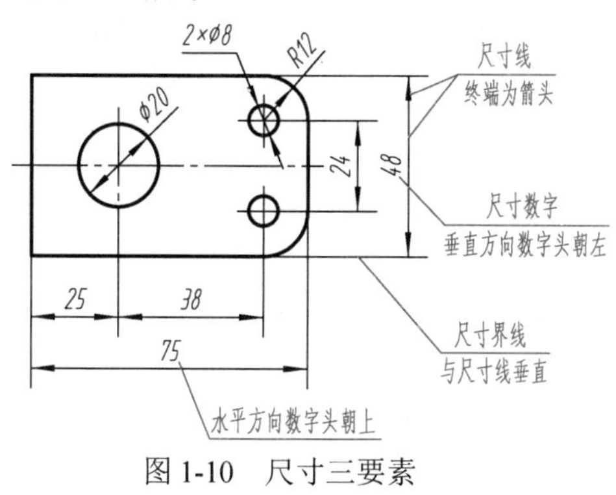

图 1-10　尺寸三要素

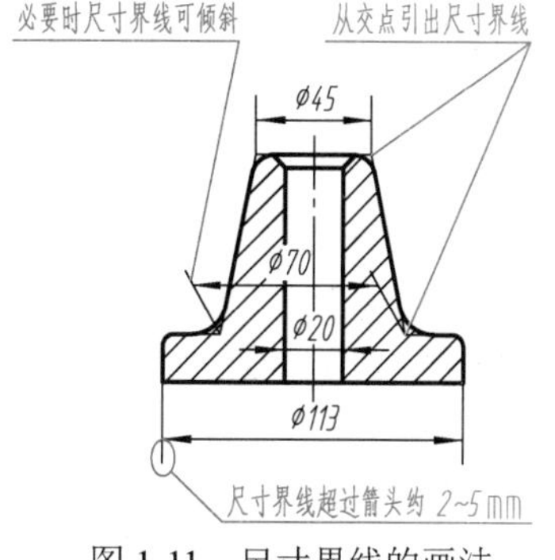

图 1-11　尺寸界线的画法

2. 尺寸线

尺寸线表示尺寸的度量方向。

尺寸线必须用细实线单独绘制，而不能用图中的任何图线来代替，也不得画在其他图线的延长线上。

线性尺寸的尺寸线应与所标注的线段平行；尺寸线与尺寸线之间、尺寸线与尺寸界线之间应尽量避免相交。因此，在标注尺寸时，应将小尺寸放在里面，大尺寸放在外面，如图 1-12 所示。

在机械图样中，尺寸线终端一般采用箭头的形式，如图 1-13 所示。

3. 尺寸数字

尺寸数字表示零件的实际大小。

尺寸数字一般用 3.5 号标准字体书写。线性尺寸的尺寸数字，水平方向书写时字头朝上，竖直方向书写时字头朝左（倾斜方向要有向上的趋势），并应尽量避免在 30°（网格线）范围内标注尺寸，如图 1-14（a）所示；当无法避免时，可采用引出线的形式标注，如图 1-14（b）所示。

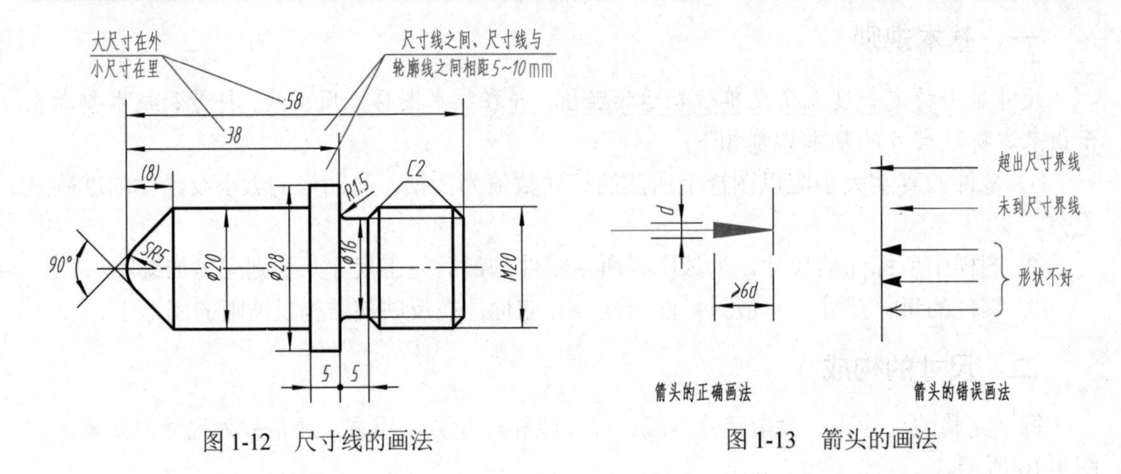

图 1-12 尺寸线的画法　　　　图 1-13 箭头的画法

尺寸数字不允许被任何图线所通过，当不可避免时，必须把图线断开，如图 1-15 所示。

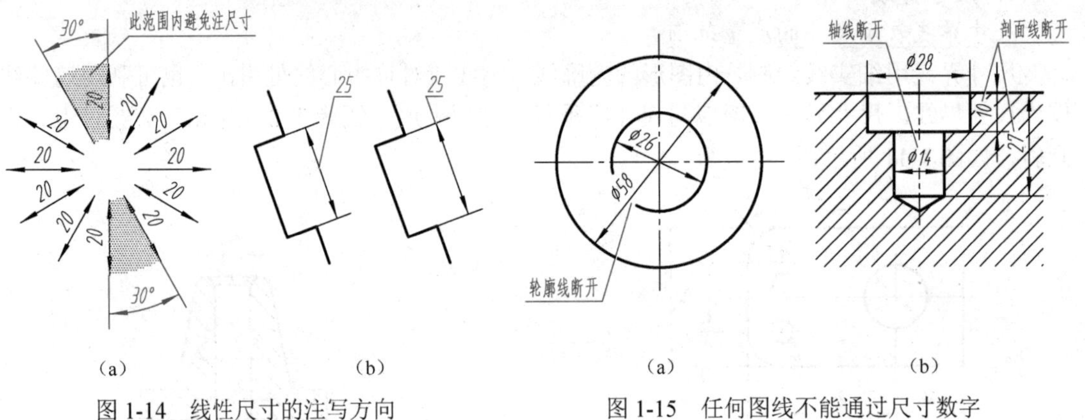

图 1-14 线性尺寸的注写方向　　　　图 1-15 任何图线不能通过尺寸数字

三、常用的尺寸注法

1．圆、圆弧及球面尺寸的注法

① 标注整圆的直径尺寸时，以圆周为尺寸界线，尺寸线通过圆心，并在尺寸数字前加注直径符号“ ϕ”，如图 1-16（a）所示。标注大于半圆的圆弧直径，其尺寸线应画至略超过圆心，只在尺寸线一端画箭头指向圆弧，如图 1-16（b）所示。

② 标注小于或等于半圆的圆弧半径时，尺寸线应从圆心出发引向圆弧，只画一个箭头，并在尺寸数字前加注半径符号“R”，且尺寸线必须通过圆心，如图 1-16（c）所示。

③ 当圆弧的半径过大或在图纸范围内无法标出圆心位置时，可采用折线的形式标注，如图 1-16（d）所示。当不需标出圆心位置时，则尺寸线只画靠近箭头的一段，如图 1-16（e）所示。

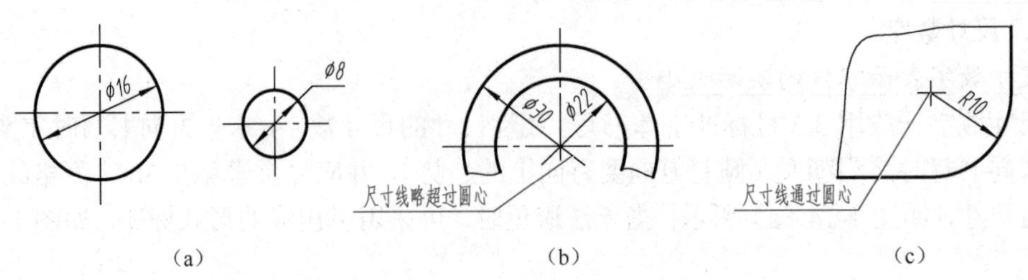

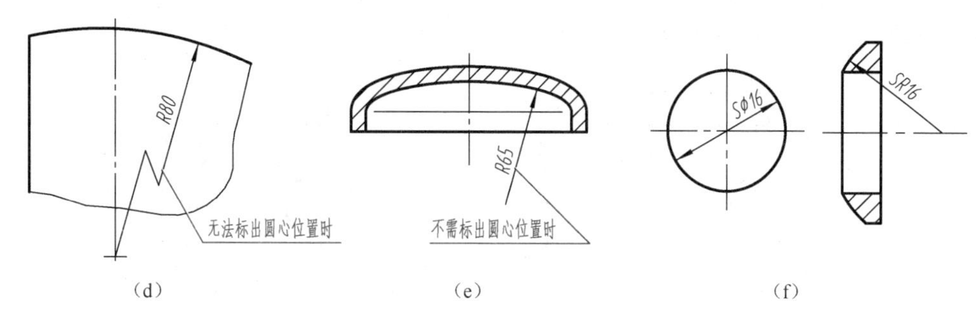

（d）　　　　　　　　（e）　　　　　　　　（f）

图 1-16　圆、圆弧及球面尺寸的注法

④ 标注球面的直径或半径时，应在尺寸数字前加注球直径符号“$S\phi$”或球半径符号“SR”，如图 1-16（f）所示。

2．小尺寸的注法

标注一连串的小尺寸时，可用小圆点代替箭头，但最外两端箭头仍应画出。当直径或半径尺寸较小时，箭头和数字都可以布置在外面，如图 1-17 所示。

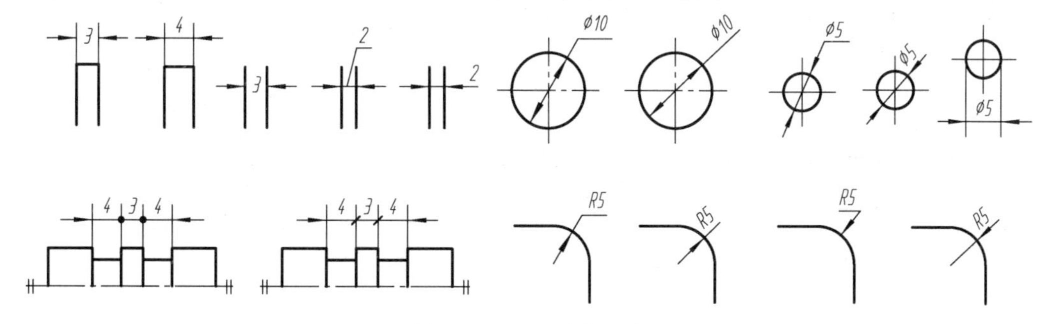

图 1-17　小尺寸的注法

3．角度尺寸注法

标注角度尺寸的尺寸界线，应沿径向引出，尺寸线是以角度顶点为圆心的圆弧。角度的数字，一律写成水平方向，角度尺寸一般注在尺寸线的中断处，如图 1-18（a）所示。必要时可以写在尺寸线的上方或外面，也可引出标注，如图 1-18（b）所示。

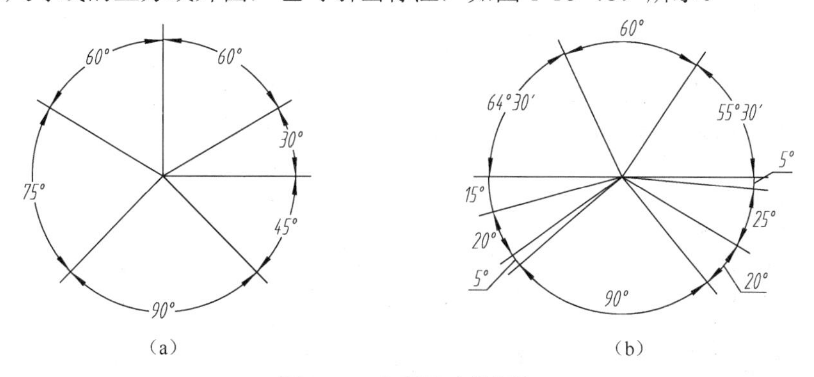

（a）　　　　　　　　（b）

图 1-18　角度尺寸的标注

4．对称图形的尺寸注法

对于对称图形，应把尺寸标注为对称分布，如图 1-19（a）中的尺寸 22、14；当对称图形只画出一半或略大于一半时，尺寸线应略超过对称中心线或断裂处的边界线，此时仅在尺寸线的一端画出箭头，如图 1-19（a）中的尺寸 36、44、ϕ10。

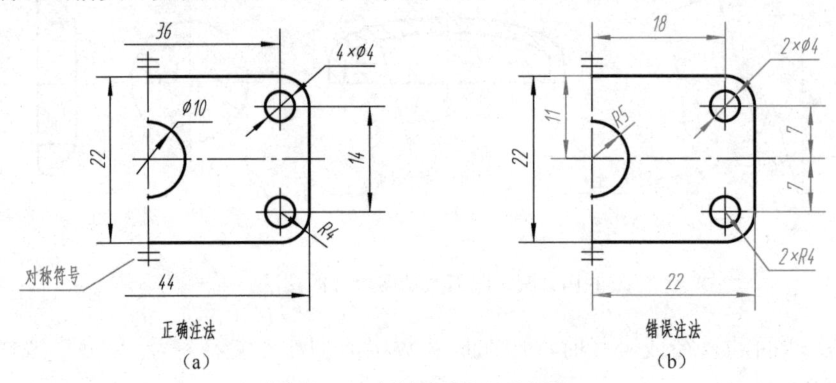

（a）　　（b）

图 1-19　对称图形的尺寸标注

5．弦长或弧长的尺寸注法

标注弦长或弧长时，其尺寸界线均应平行于该弦的垂直平分线（弧长的尺寸线画成圆弧），如图 1-20（a）、（b）所示。当弧度较大时，也可沿径向引出标注，如图 1-20（c）所示。

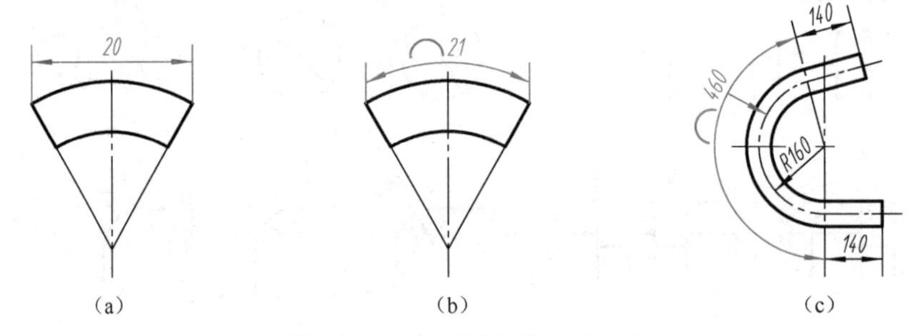

（a）　　（b）　　（c）

图 1-20　弦长或弧长的尺寸注法

四、简化注法

1．常用的简化注法

① 在同一图形中，对于尺寸相同的孔、槽等组成要素，可仅在一个要素上注出其尺寸和数量，并用缩写词“EQS”表示“均匀分布”，如图 1-21（a）所示。当组成要素的定位和分布情况在图形中已明确时，可不标注其角度，并省略“EQS”，如图 1-21（b）所示。

② 标注板状零件的厚度时，可在尺寸数字前加注厚度符号“t”，如图 1-22 所示。

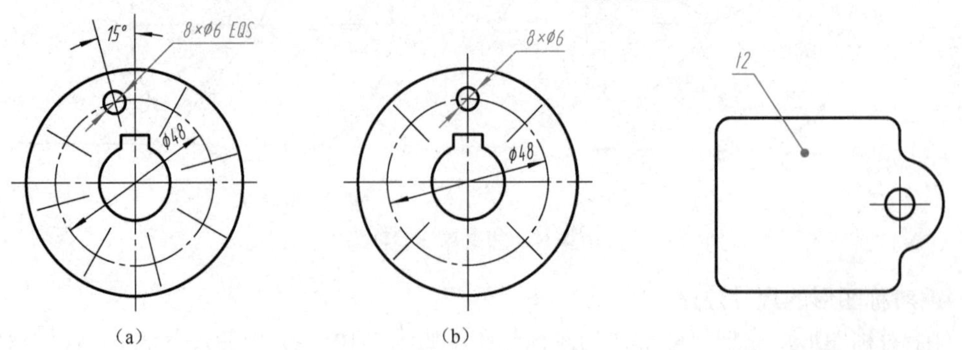

（a）　　（b）

图 1-21　均布尺寸的简化注法　　图 1-22　板状零件厚度的注法

2．常用的符号和缩写词

标注尺寸时，应尽可能使用符号和缩写词。常用的符号和缩写词见表 1-5。

表 1-5　常用的符号和缩写词（摘自 GB/T 4458.4—2003）

名　称	符号和缩写词	名　称	符号和缩写词	名　称	符号和缩写词
直径	ϕ	厚度	t	沉孔或锪平	⌴
半径	R	正方形	□	埋头孔	⌵
球直径	$S\phi$	45°倒角	C	均布	EQS
球半径	SR	深度	↧	弧长	⌒

注：正方形符号、深度符号、沉孔或锪平符号、埋头孔符号、弧长符号的线宽为 h/10（h 为图样中字体高度）。

第三节　几何作图

物体的轮廓形状是多种多样的，但它们基本上是由直线、圆、圆弧及其他平面曲线所组成的几何图形。掌握几何图形的作图方法，是手工绘制工程图样的重要技能之一。

一、等分圆周及作正多边形

1．三角板与丁字尺配合作正六边形

【例 1-1】　用 30°～60°三角板和丁字尺配合，作圆的内接正六边形。

作图

① 过点 A，用 60°三角板画斜边 AB；过点 D，画斜边 DE，如图 1-23（a）所示。

② 翻转三角板，过点 D 画斜边 CD；过点 A 画斜边 AF，如图 1-23（b）所示。

③ 用丁字尺连接两水平边 BC、FE，即得圆的内接正六边形，如图 1-23（c）、（d）所示。

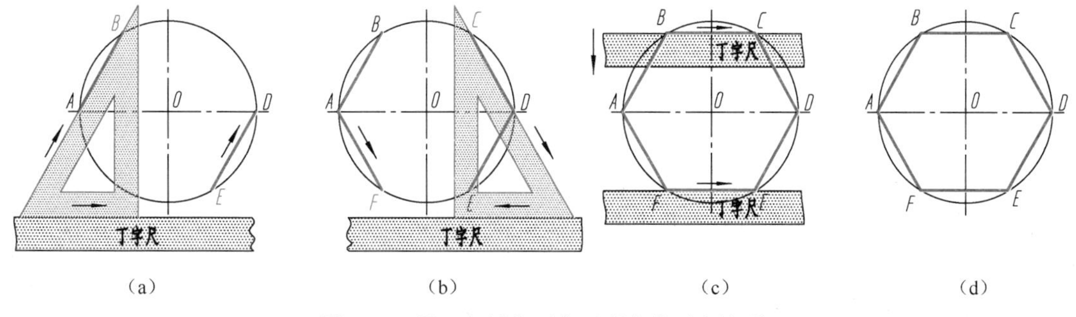

图 1-23　用三角板和丁字尺配合作正六边形

2．用圆规作圆的内接正三（六）边形

【例 1-2】　用圆规作圆的内接正三（六）边形。

作图

① 以点 B 为圆心，R 为半径作弧，交圆周得 E、F 两点，如图 1-24（a）所示。

② 依次连接 $D \to E \to F \to D$ 各点，即得到圆的内接正三边形，如图 1-24（b）所示。

③ 若作圆的内接正六边形，则再以点 D 为圆心、R 为半径画弧，交圆周得 H、G 两点，如图 1-24（c）所示。

④ 依次连接 $D \to H \to E \to B \to F \to G \to D$ 各点，即得到圆的内接正六边形，如图 1-24（d）所示。

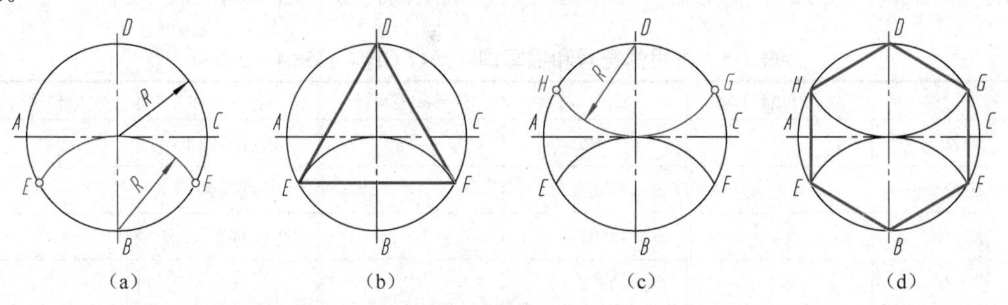

图 1-24　用圆规作圆的内接正三（六）边形

3．用圆规作圆的内接正五边形

【例 1-3】　用圆规作已知圆的内接正五边形。

作图

① 在已知圆中取半径 *OM* 的中点 *F*，如图 1-25（a）所示。

② 以 *F* 为圆心，*FA* 长为半径画弧，与 *ON* 交于点 *G*，如图 1-25（b）所示。

③ *AG* 即为五边形的边长（近似），如图 1-25（c）所示。

④ 以 *AG* 为半径，顺次在圆周上截得等分点 *B*、*C*、*D*、*E*，依次连接点 *A*、*B*、*C*、*D*、*E*、*A* 即为所求，如图 1-25（d）所示。

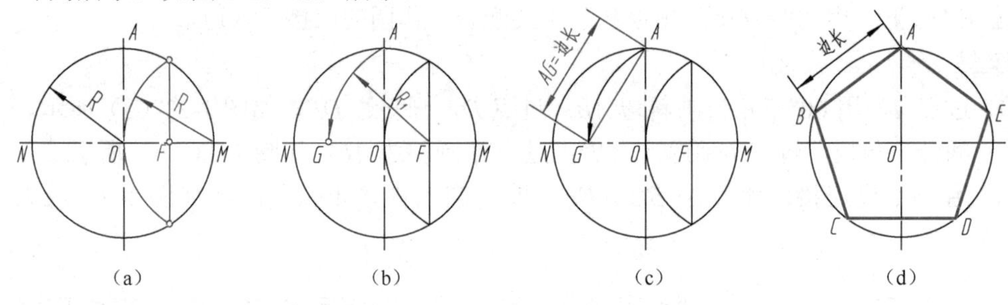

图 1-25　用圆规作圆的内接正五边形

二、圆弧连接

用一已知半径的圆弧，光滑地连接相邻两线段（直线或圆弧），称为圆弧连接。要使连接是“光滑”的连接，就必须使线段与线段在连接处相切。因此，作图时必须先求出连接圆弧的圆心并确定切点的位置。

1．圆与直线相切的作图原理

若半径为 *R* 的圆，与已知直线 *AB* 相切，其圆心轨迹是与 *AB* 直线相距 *R* 的一条平行线。自圆心 *O* 向 *AB* 直线所作垂线的垂足即切点，如图 1-26 所示。

2．圆与圆相切的作图原理

若半径为 *R* 的圆，与已知圆（圆心为 O_1，半径为 R_1）相切，其圆心 *O* 的轨迹是已知圆的同心圆。同心圆的半径根据相切情况分为：

——当圆与圆外切时，为两圆半径之和（R_1+R），如图 1-27 所示；

——当圆与圆内切时，为两圆半径之差 $|R_1-R|$，如图 1-28 所示。

两圆相切的切点，为两圆的圆心连线与已知圆弧的交点，如图 1-27、图 1-28 所示。

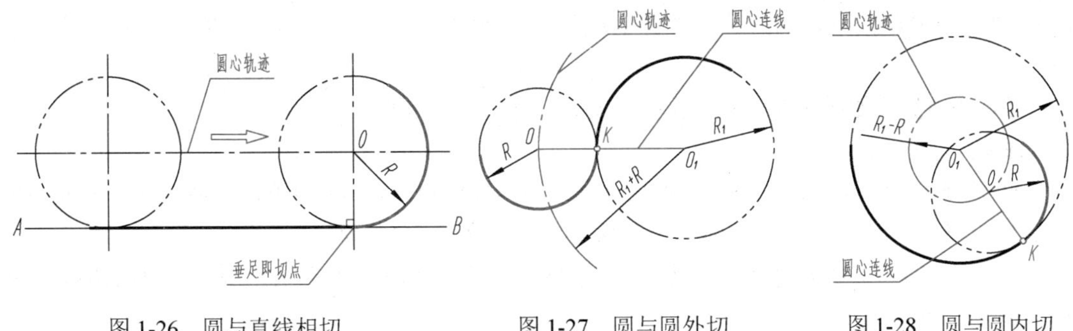

图 1-26　圆与直线相切　　图 1-27　圆与圆外切　　图 1-28　圆与圆内切

3．圆弧连接的作图步骤

根据圆弧连接的作图原理可知，圆弧连接的作图步骤如下：

① 求连接弧的圆心；② 定出切点的位置；③ 准确地画出连接圆弧。

【例 1-4】　用半径为 R 的圆弧，分别连接不同交角的已知直线（图 1-29）。

作图

① 求圆心。作与已知角两边分别相距为 R 的平行线，交点 O 即为连接弧圆心，如图 1-29（b）、（f）所示。

② 定切点。自点 O 分别向已知角两边作垂线，垂足 M、N 即为切点，如图 1-29（c）、（g）所示。

③ 画连接弧。以点 O 为圆心、R 为半径，在两切点 M、N 之间画连接圆弧，即完成作图，如图 1-29（d）、（h）所示。

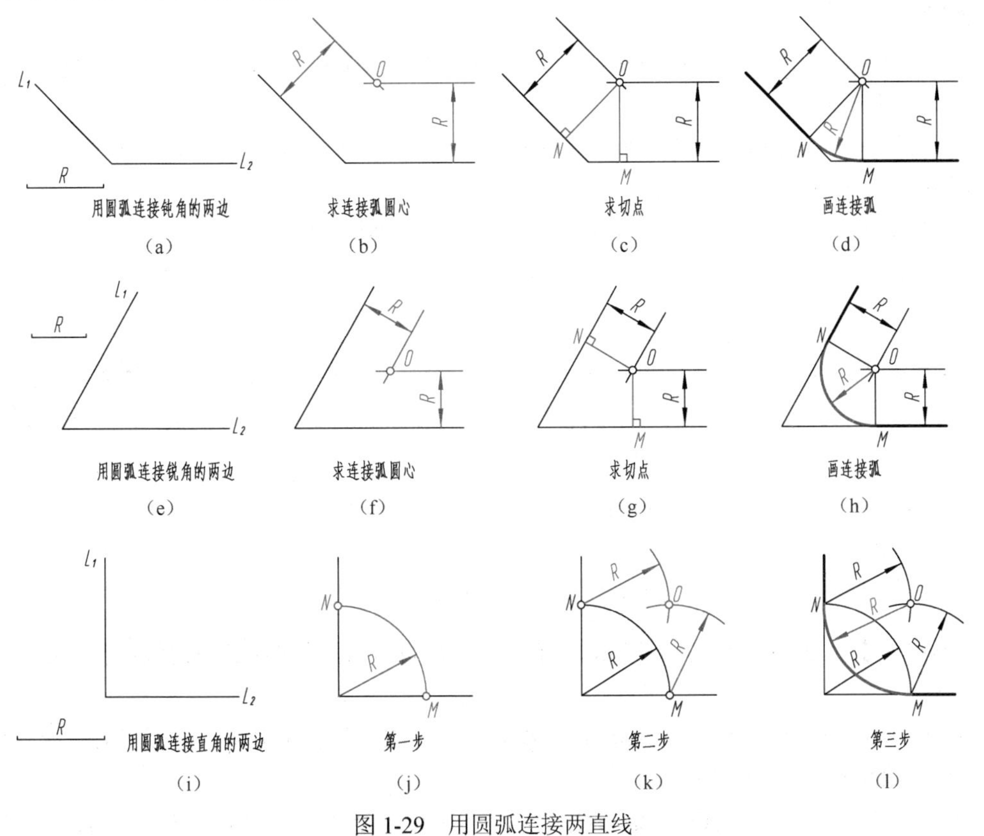

图 1-29　用圆弧连接两直线

“用圆弧连接直角的两边”作图情况如图 1-29（i）、（j）、（k）、（l）所示，请读者自行分析。

【例 1-5】 如图 1-30（a）所示，用圆弧连接直线和圆弧。

作图

① 求圆心。作直线 L_2 平行于直线 L_1（其间距为 R）；再作已知圆弧的同心圆（半径为 R_1+R）与直线 L_2 相交于点 O，点 O 即为连接弧圆心，如图 1-30（b）所示。

② 定切点。作 OM 垂直于直线 L_1；连 OO_1 与已知圆弧交于点 N，M、N 即为切点，如图 1-30（c）所示。

③ 画连接弧。以点 O 为圆心、R 为半径画圆弧，连接直线 L_1 和圆弧 O_1 于 M、N 即完成作图，如图 1-30（d）所示。

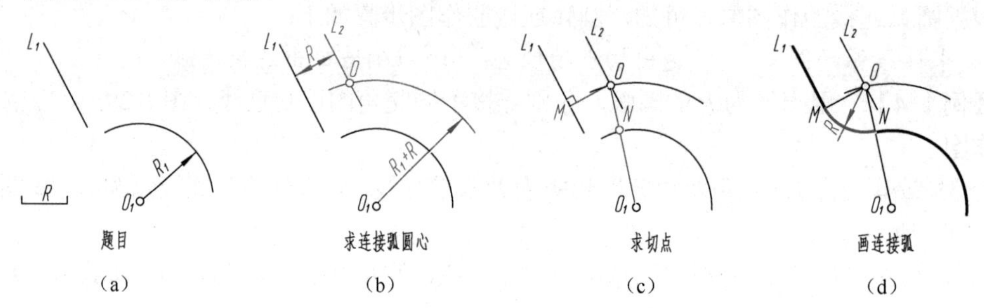

图 1-30　用圆弧连接直线和圆弧

【例 1-6】 如图 1-31（a）所示，用半径为 R 的圆弧，与两已知圆弧同时外切。

作图

① 求圆心。分别以 O_1、O_2 为圆心，R_1+R 和 R_2+R 为半径画弧，得交点 O，即为连接弧的圆心，如图 1-31（b）所示。

② 定切点。作两圆心连线 O_1O、O_2O，与两已知圆弧分别交于点 K_1、K_2，则 K_1、K_2 即为切点，如图 1-31（c）所示。

③ 画连接弧。以 O 为圆心，R 为半径，自点 K_1 至 K_2 画圆弧，即完成作图，如图 1-31（d）所示。

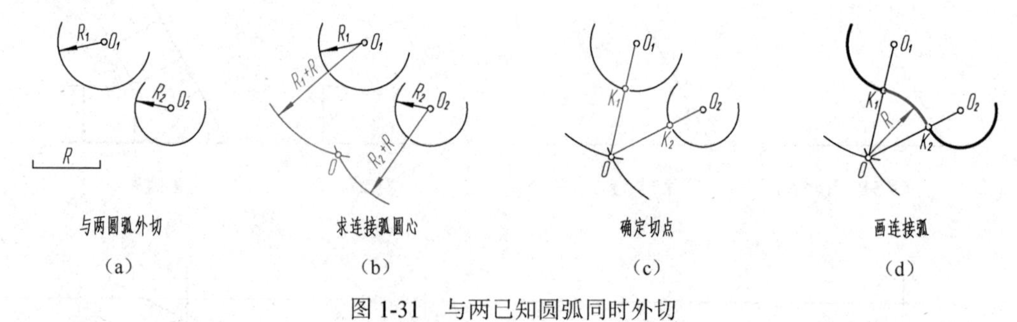

图 1-31　与两已知圆弧同时外切

【例 1-7】 如图 1-32（a）所示，用半径为 R 的圆弧，与两已知圆弧同时内切。

作图

① 求圆心。分别以 O_1、O_2 为圆心，$|R-R_1|$ 和 $|R-R_2|$ 为半径画弧，得交点 O，即为连接弧的圆心，如图 1-32（b）所示。

② 定切点。作 OO_1、OO_2 的延长线，与两已知圆弧分别交于点 K_1、K_2，则 K_1、K_2 即为

切点，如图 1-32（c）所示。

③ 画连接弧。以 O 为圆心，R 为半径，自点 K_1 至 K_2 画圆弧，即完成作图，如图 1-32（d）所示。

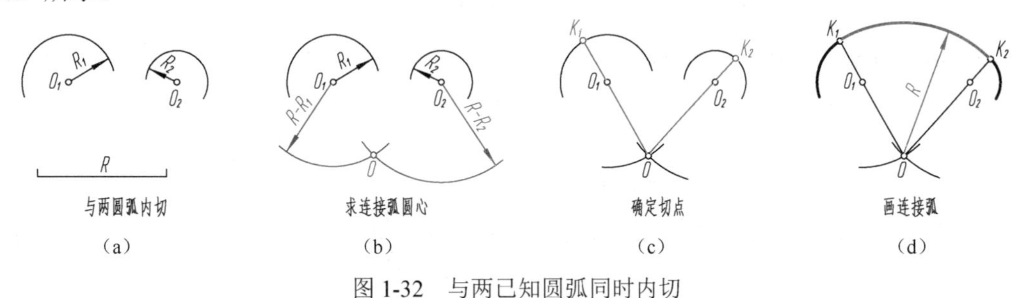

图 1-32　与两已知圆弧同时内切

【例 1-8】　如图 1-33（a）所示，用半径为 R 的圆弧，与两已知圆弧同时内、外切。

作图

① 求圆心。分别以 O_1、O_2 为圆心、$|R_1-R|$ 和 R_2+R 为半径画弧，得交点 O，即为连接弧，如图 1-33（b）所示。

② 定切点。作两圆心连线 O_2O 和 O_1O 的延长线，与两已知圆弧分别交于点 K_1、K_2，则 K_1、K_2 即为切点，如图 1-33（c）所示。

③ 画连接弧。以 O 为圆心，R 为半径，自点 K_1 至 K_2 画圆弧，即完成作图，如图 1-33（d）所示。

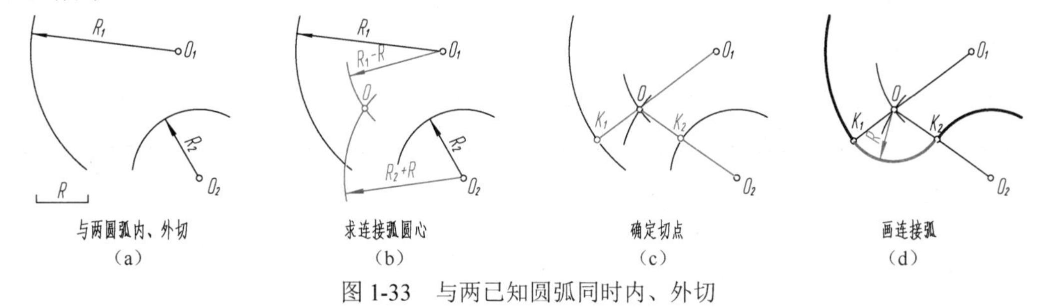

图 1-33　与两已知圆弧同时内、外切

三、斜度和锥度

1．斜度（GB/T 4096.1—2022、GB/T 4458.4—2003）

两指定楔体截面相对于任一楔体平面的高度 H 和 h 之差与其之间的投影距离 L 之比，称为斜度（图 1-34），代号为“S”。

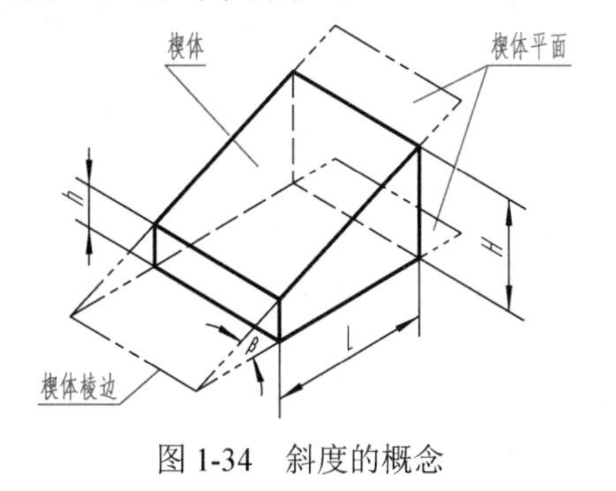

图 1-34　斜度的概念

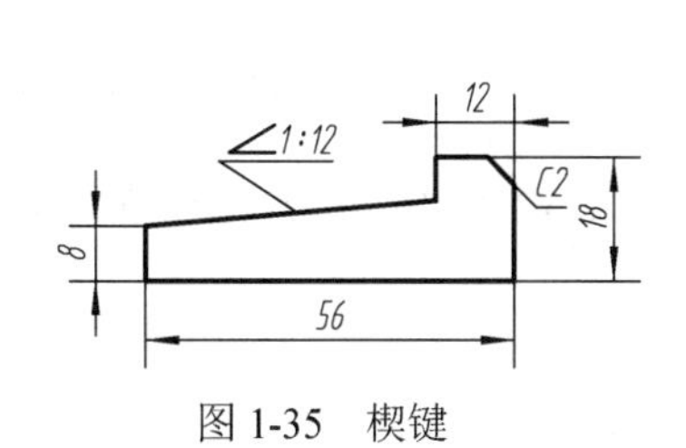

图 1-35　楔键

可以把斜度简单理解为一个平面（或直线）对另一个平面（或直线）倾斜的程度。用关系式表示为：

$$S=\frac{H-h}{L}=\tan\beta$$

通常把比例的前项化为 1，以简单分数 1∶n 的形式来表示斜度。

【例 1-9】 画出图 1-35 所示楔键的图形。

作图

① 根据图中的尺寸，画出已知的直线部分。

② 过点 A，按 1∶12 的斜度画出直角三角形，求出斜边 AC，如图 1-36（a）所示。

③ 过已知点 D，作 AC 的平行线，如图 1-36（b）所示。

④ 描深加粗楔键图形，标注斜度符号，如图 1-36（c）所示。

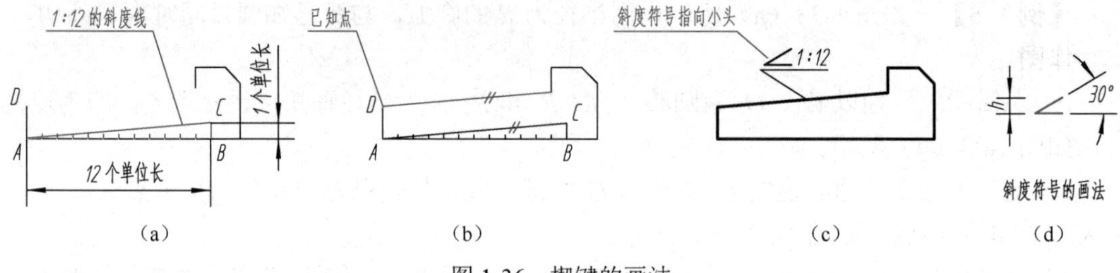

（a）（b）（c）（d）

图 1-36　楔键的画法

斜度符号的底线应与基准面（线）平行，符号的尖端方向应与斜面的倾斜方向一致。斜度符号的大小及画法，如图 1-36（d）所示。

> 提示：斜度符号的线宽为 $h/10$（h 为图样中字体高度）。

2．锥度（GB/T 157—2001、GB/T 4458.4—2003）

两个垂直圆锥轴线截面的圆锥直径 D 和 d 之差与该两截面之间的轴向距离 L 之比，称为锥度，代号为“C”。可以把锥度简单理解为圆锥底圆直径与锥高之比。

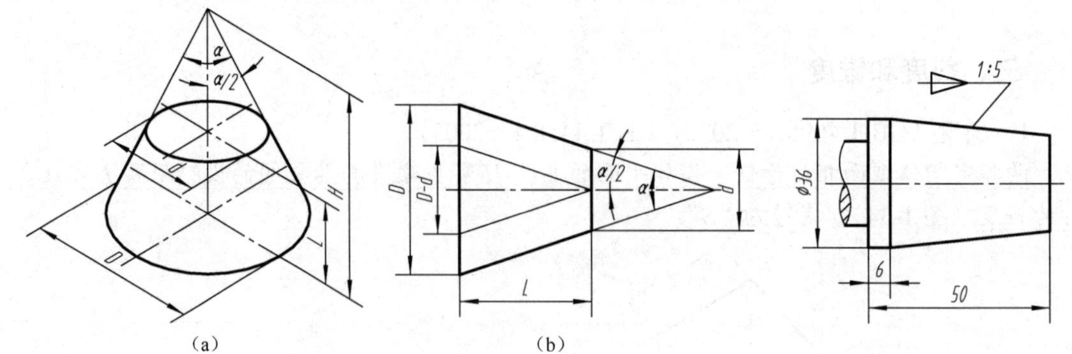

（a）（b）

图 1-37　锥度的定义　　图 1-38　具有 1∶5 锥度的图形

由图 1-37 可知，α 为圆锥角，D 为最大端圆锥直径，d 为最小端圆锥直径，L 为圆锥长度，即

$$C=\frac{D-d}{L}=2\tan\frac{\alpha}{2}$$

与斜度的表示方法一样，通常也把锥度的比例前项化为1，写成1∶n的形式。

【例1-10】　画出图1-38所示具有1∶5锥度的图形。

作图

① 根据图中的尺寸，画出已知的直线部分。

② 任意确定等腰三角形的底边AB为1个单位长度，高为5个单位长度，画出等腰三角形ABC，如图1-39（a）所示。

③ 分别过已知点D、E，作AC和BC的平行线，如图1-39（b）所示。

④ 描深加粗图形，标注锥度代号，如图1-39（c）所示。

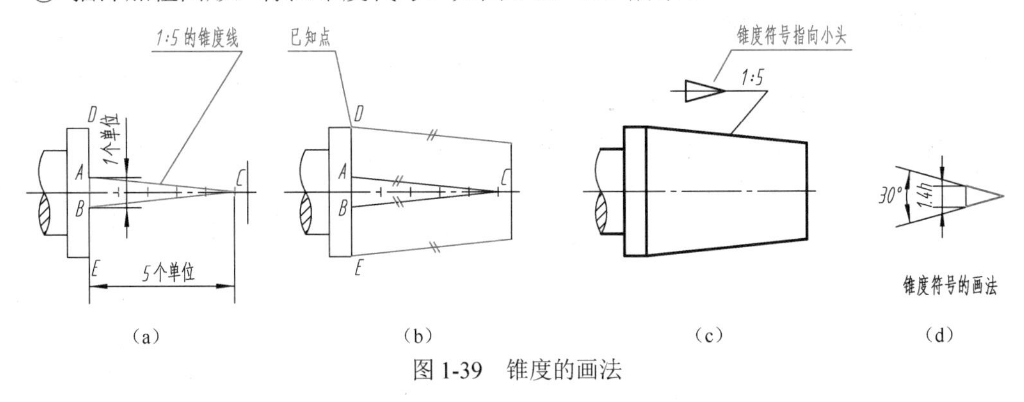

图1-39　锥度的画法

标注锥度时用引出线从锥面的轮廓线上引出，锥度符号的尖端指向锥度的小头方向。锥度符号的大小及画法，如图1-39（d）所示。

> 提示：锥度符号的线宽为h/10（h为图样中字体高度）。

四、椭圆的近似画法

椭圆是常见的非圆曲线。已知椭圆的长轴和短轴，可采用不同的画法近似地画出椭圆。

1．辅助同心圆法

【例1-11】　已知椭圆长轴AB和短轴CD，用辅助同心圆法画椭圆。

作图

① 以椭圆中心为圆心，分别以长轴、短轴长度为直径，作两个同心圆，如图1-40（a）所示。

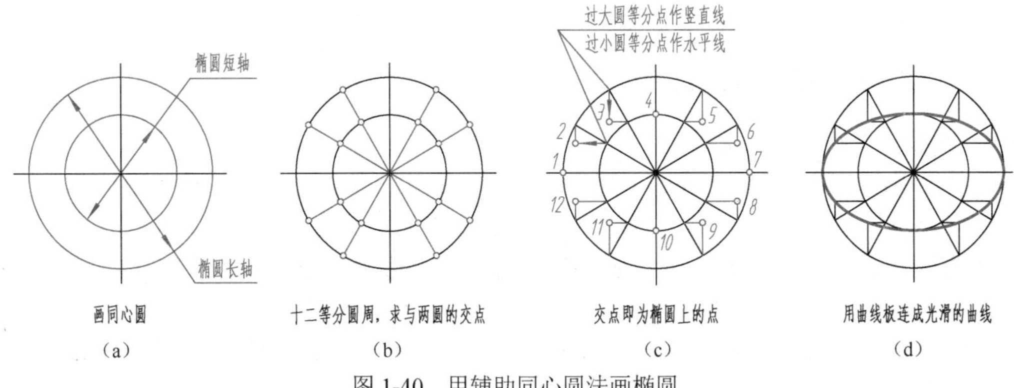

图1-40　用辅助同心圆法画椭圆

② 作圆的十二等分，过圆心作放射线，分别求出与两圆的交点，如图 1-40（b）所示。

③ 过大圆上的等分点作竖直线，过小圆上的等分点作水平线，竖直线与水平线的交点即为椭圆上的点，如图 1-40（c）所示。

④ 用曲线板光滑连接诸点即得椭圆，如图 1-40（d）所示。

2．四心近似画法

【例 1-12】 已知椭圆长轴 *AB* 和短轴 *CD*，用四心近似画法画椭圆。

作图

① 连接 *AC*，以点 *O* 为圆心、*OA* 为半径画弧得点 *E*，再以点 *C* 为圆心、*CE* 为半径画弧得点 *F*，如图 1-41（a）所示。

② 作 *AF* 的垂直平分线，与 *AB* 交于点 1，与 *CD* 交于点 2。取 1、2 两点的对称点 3 和点 4（点 1、2、3、4 即圆心），如图 1-41（b）所示。

③ 连接点 23、点 43、点 41 并延长，得到一菱形，如图 1-41（c）所示。

④ 分别以点 2、点 4 为圆心，*R*（*R*=2*C*=4*D*）为半径画弧，与菱形的延长线相交，即得两段大圆弧；分别以点 1、点 3 为圆心，*r*（*r*=1*A*=3*B*）为半径画弧，与所画的大圆弧连接，即得到椭圆，如图 1-41（d）所示。

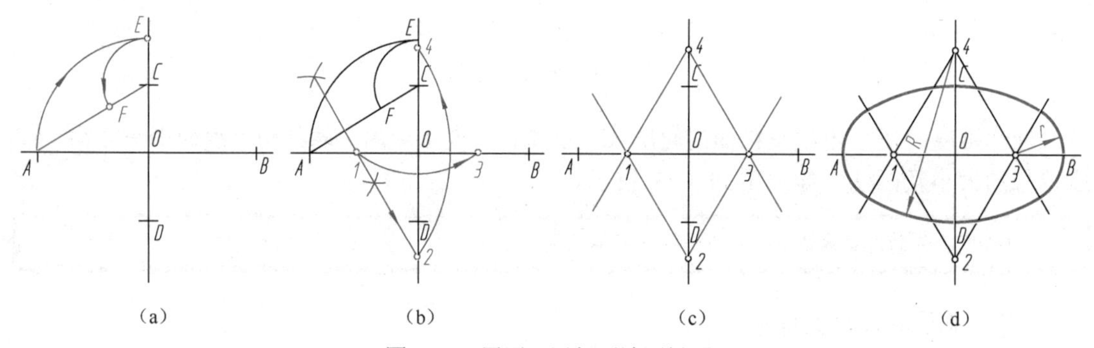

图 1-41 用四心近似画法画椭圆

第四节 手工绘图技术

对于工程技术人员来说，要熟练地掌握相应的绘图技术。这里所说的绘图技术，包括尺规绘图技术（借助于绘图工具和仪器绘图）、徒手绘图技术和计算机绘图技术。本节主要介绍手工绘图（即尺规绘图和徒手绘图）的基本方法。

一、常用的绘图工具及使用方法

1．图板、丁字尺、三角板

图板是用作画图的垫板，表面平整光洁，棱边光滑平直。左、右两侧为工作导边。

丁字尺由尺头和尺身组成，尺身上有刻度的一边为工作边，用于绘制水平线。使用时，将尺头内侧紧靠图板的左侧导边上下移动，沿尺身上边可画出一系列水平线，如图 1-42 所示。

三角板由 45°和 30°～60°的两块组成一副。将三角板和丁字尺配合使用，可画垂直线和与水平线成特殊角度的倾斜线，如图 1-43 所示。

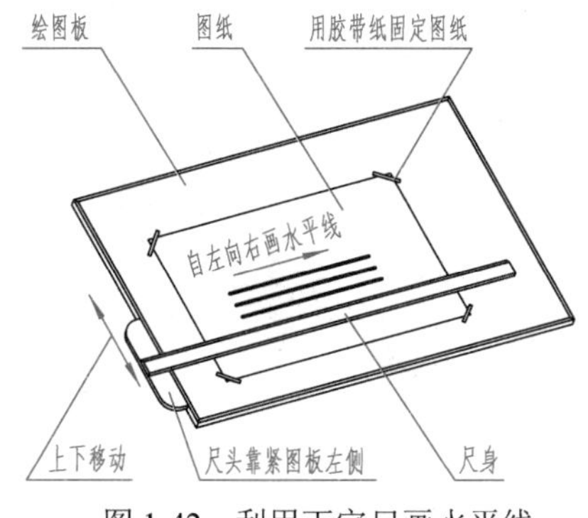

图 1-42　利用丁字尺画水平线

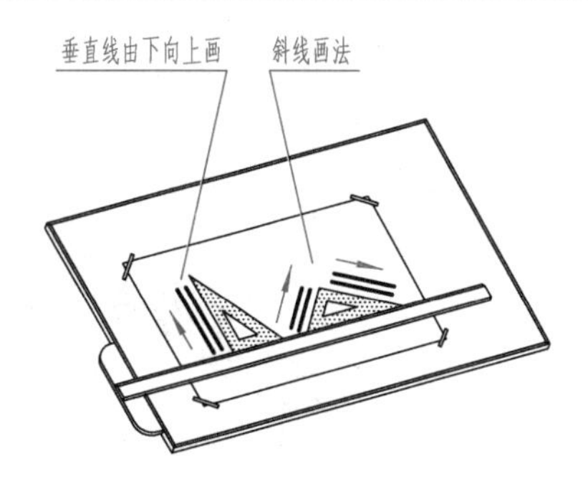

图 1-43　三角板和丁字尺配合使用

2. 圆规和分规

圆规是画圆及圆弧的工具。使用前应先调整针脚，使针尖稍长于铅芯，如图 1-44 所示；根据不同的需要，将铅芯修成不同的形状，如图 1-45 所示；画图时，先将两腿分开至所需的半径尺寸，借左手食指把针尖放在圆心位置，如图 1-46（a）所示；转动时用的力和速度都要均匀，并使圆规向转动方向稍微倾斜，如图 1-46（b）所示。

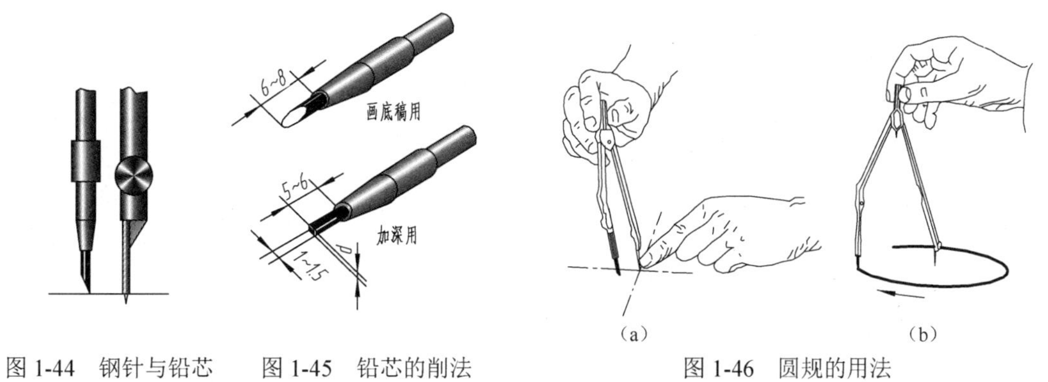

图 1-44　钢针与铅芯　　图 1-45　铅芯的削法　　图 1-46　圆规的用法

分规是量取尺寸和等分线段的工具。分规两针尖的调整方法，如图 1-47（a）所示；分规的使用方法，如图 1-47（b）、（c）所示。

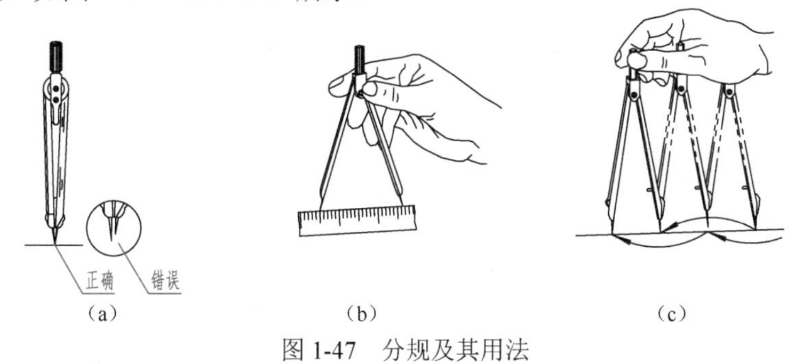

图 1-47　分规及其用法

3. 铅笔

代号 H、B、HB 表示铅芯的软硬程度。B 前的数字愈大，表示铅芯愈软，绘出的图线颜色愈深；H 前的数字愈大，表示铅芯愈硬；HB 表示软硬适中。画粗实线常用 2B 或 B 的铅笔；画细实线、细虚线、细点画线和写字时，常用 H 或 HB 的铅笔；画底稿时常用 2H 的铅笔。铅笔应从没有标号的一端开始使用，以便保留铅芯软硬的标号。画粗实线时，应将铅芯磨成铲形（扁平四棱柱），如图 1-48（a）所示。画其余的线型时应将铅芯磨成圆锥形，如图 1-48（b）所示。

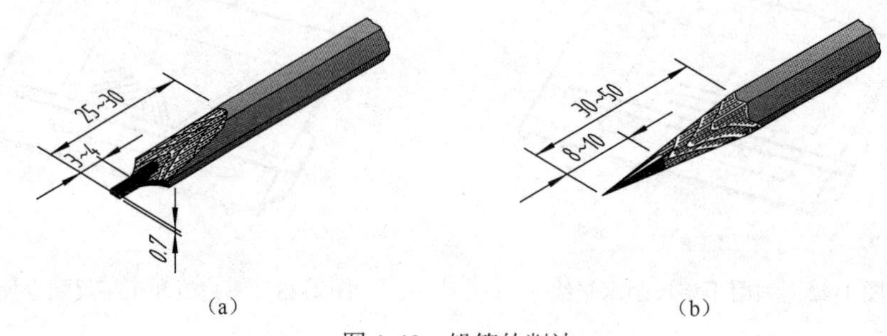

图 1-48　铅笔的削法

二、尺规图的绘图方法

图样中的图形都是由各种线段连接而成的，这些线段之间的相对位置和连接关系，靠给定的尺寸来确定。借助于绘图工具绘图时，首先要分析尺寸和线段之间的关系，然后才能顺利地完成作图。

1．尺寸分析

平面图形中的尺寸，按其作用可分为两类：

（1）定形尺寸　将确定平面图形上几何元素形状大小的尺寸称为定形尺寸。例如：线段长度、圆及圆弧的直径和半径、角度大小等。如图 1-49 所示手柄平面图形中的 $\phi5$、$\phi20$、$R10$、$R15$、$R12$ 等。

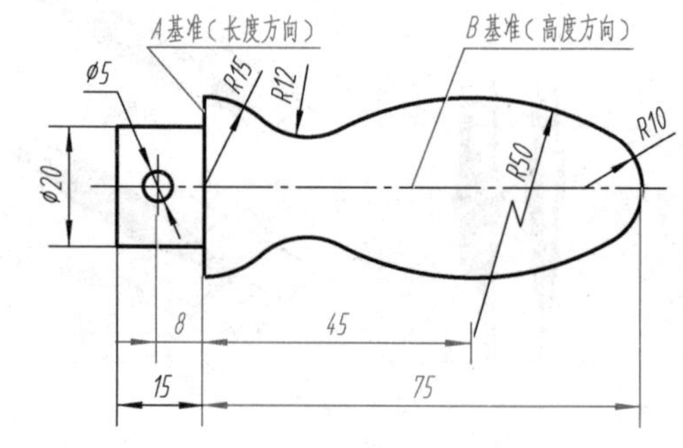

图 1-49　手柄的平面图形

（2）定位尺寸　将确定几何元素位置的尺寸称为定位尺寸。如图 1-49 中的 8 确定了 $\phi5$ 的圆心位置；75 确定了 $R10$ 的圆心位置；45 确定了 $R50$ 圆心的一个坐标值。

确定尺寸位置的几何元素（点、线、面）称为尺寸基准。平面图形有长度和高度两个方向，每个方向至少应有一个尺寸基准。定位尺寸通常以图形的对称中心线、轴线、较长的底线或边线作为尺寸基准，如图 1-49 中的 *A* 基准和 *B* 基准。

2．线段分析

在平面图形中，有些线段具有完整的定形和定位尺寸，绘图时，可根据标注的尺寸直接绘出；而有些线段的定形和定位尺寸并未完全注出，要根据已注出的尺寸和该线段与相邻线段的连接关系，通过几何作图才能画出。

（1）已知弧　给出半径大小及圆心两个方向定位尺寸的圆弧，称为已知弧。如图 1-49 中的 $R10$、$R15$ 圆弧，此类圆弧可直接画出。

（2）中间弧　给出半径大小及圆心一个方向的定位尺寸的圆弧，称为中间弧。如图 1-49 中的 $R50$ 圆弧，圆心的左右位置由定位尺寸 45 确定，但缺少确定圆心上下位置的定位尺寸，画图时，必须根据它和 $R10$ 圆弧相切这一条件才能将它画出。

（3）连接弧　已知圆弧半径，而缺少两个方向定位尺寸的圆弧，称为连接弧。如图 1-49 中的 $R12$ 圆弧，只能根据和它相邻的 $R50$、$R15$ 两圆弧同时外切的几何条件，才能将其画出。

提示：画图时，应先画已知弧，再画中间弧，最后画连接弧。

三、平面图形的绘图步骤

1. 准备工作

分析平面图形的尺寸及线段，拟定作图步骤→确定比例→选择图幅→固定图纸→画出图框、对中符号和标题栏，如图 1-50（a）所示。

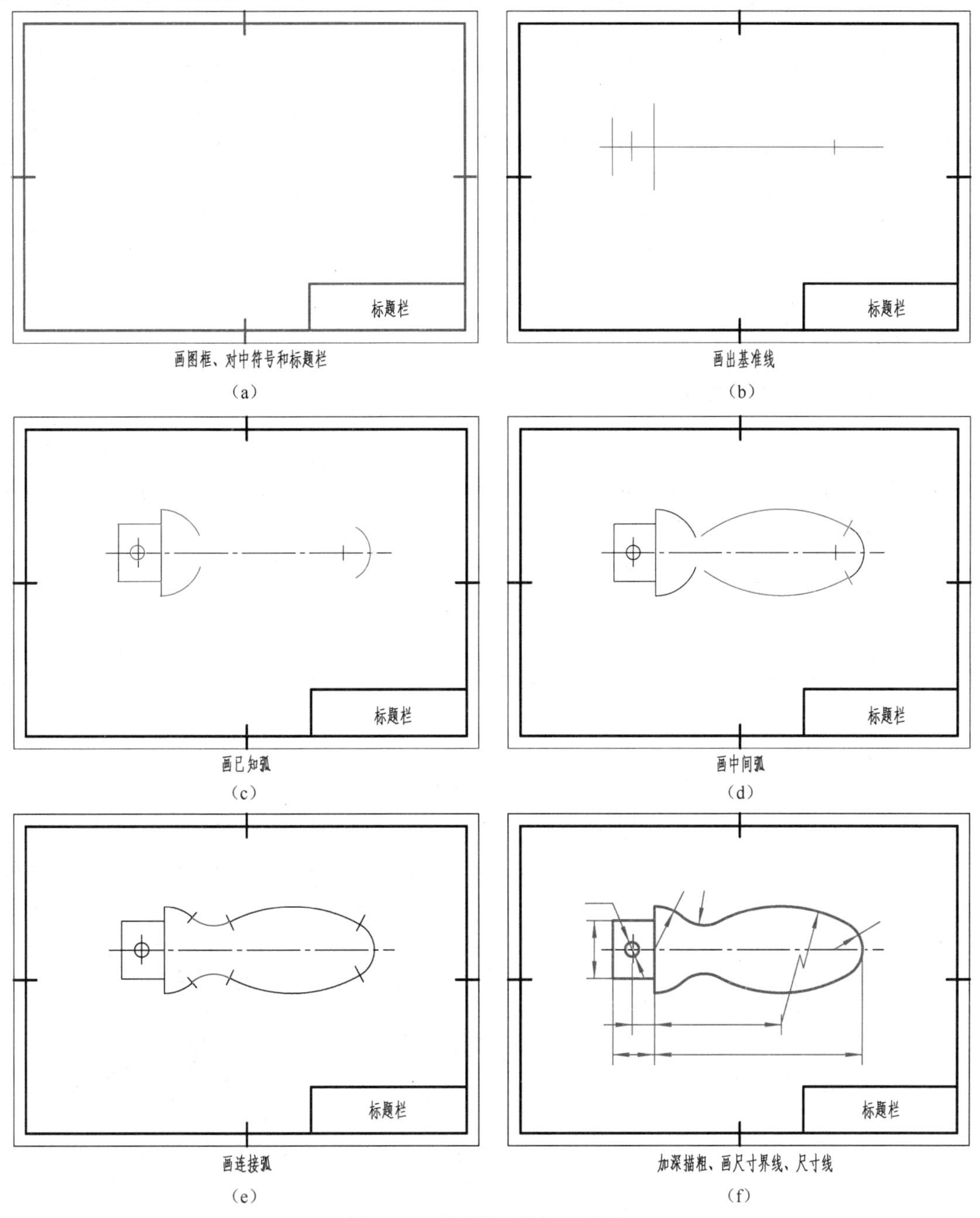

图 1-50　平面图形的画图步骤

2．绘制底稿

合理、匀称地布图，画出基准线→先画已知弧→再画中间弧→最后画连接弧，如图 1-50（b）、（c）、（d）、（e）所示。

提示：绘制底稿时，图线要清淡、准确，并保持图面整洁。

3．加深描粗

加深描粗前，要全面检查底稿，修正错误，擦去画错的线条及作图辅助线。加深描粗的步骤如下：

（1）先粗后细　先加深全部粗实线，再加深全部细虚线、细点画线及细实线等。

（2）先曲后直　在加深同一种线（特别是粗实线）时，应先画圆弧或圆，后画直线。

（3）先水平、后垂斜　先用丁字尺自上而下画出水平线，再用三角板自左向右画出垂直线，最后画倾斜的直线。

加深描粗时，应尽量使同类图线粗细、浓淡一致，连接光滑，字体工整，图面整洁。

4．标注尺寸

画出尺寸界线、尺寸线和箭头，如图 1-50（f）所示。最后将图纸从图板上取下来，填写尺寸数值和标题栏。

四、徒手画图的方法

以目测估计图形与实物的比例，按一定画法要求徒手（或部分使用绘图仪器）绘制的图，称为草图。草图是工程技术人员交流、记录、构思、创作的有力工具，是工程技术人员必须掌握的一项基本技能。

与尺规绘图一样，徒手绘图基本上也应做到：图形正确、比例匀称、线型分明、图面整洁、字体工整。开始练习徒手绘图时，可先在方格纸上进行，这样较容易控制图形的大小比例。尽量让图形中的直线与分格线重合，以保证所画图线的平直。一般选用 HB 或 B 的铅笔，铅芯磨成圆锥形。画可见轮廓线时，铅芯应磨得较钝，画细点画线和尺寸线时，铅芯应磨得尖一些。画图的基本方法如下：

1．直线的画法

徒手画直线时，执笔要自然，手腕抬起，不要靠在图纸上，眼睛应朝着前进的方向，注意画线的终点。同时，小手指可轻轻与纸面接触，以作为支点，使运笔平稳。

短直线应一笔画出，长直线则可分段相接而成。画水平线时，为方便起见，可将图纸稍

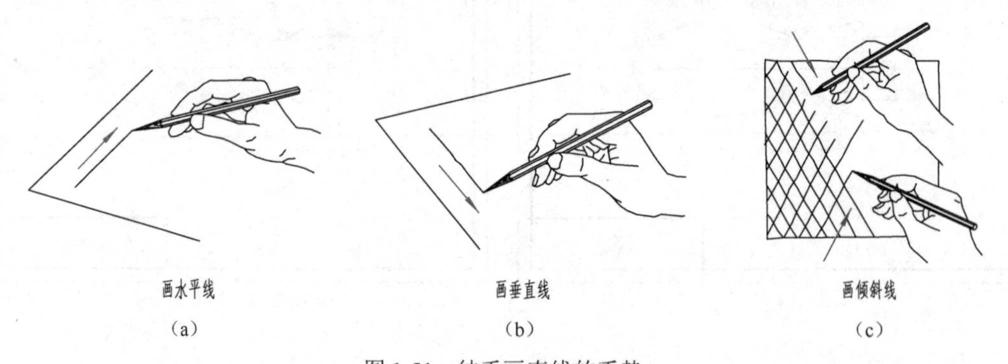

图 1-51　徒手画直线的手势

微倾斜放置，从左到右画出。画垂直线时，由上向下较为顺手。画斜线时，最好将图纸转动一个适宜运笔的角度，一般是稍向右上方倾斜，为了防止发生偶然性的笔误，斜线画好后，要马上把图纸转回到原来的位置。图 1-51 表示画水平线、垂直线、倾斜线的手势。

2. 圆的画法

画小圆时，先定圆心，画出相互垂直的两条中心线，再按半径目测在中心线上定出四个点，然后过四点分两半画出，如图 1-52（a）所示。画较大的圆时，可增加两条斜线，在斜线上再根据半径目测定出四个点，然后分段画出，如图 1-52（b）所示。

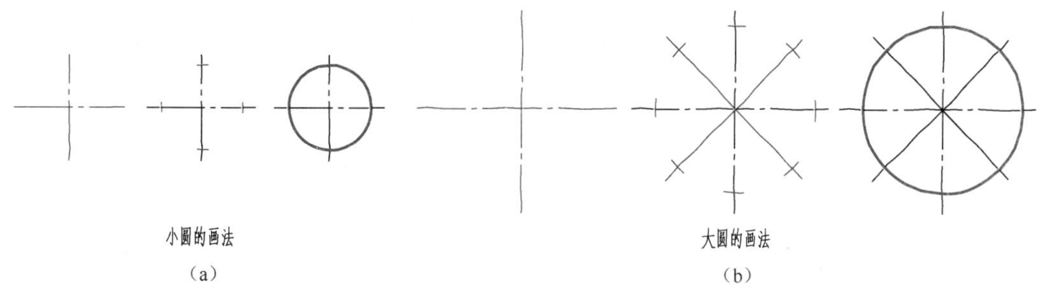

（a）　（b）

图 1-52　徒手画圆的方法

3. 圆角及圆弧连接的画法

画圆角时，先将两直线徒手画成相交，然后目测，在角分线上定出圆心位置，使它与角两边的距离等于圆角半径的大小。过圆心向两边引垂线定出圆弧的起点和终点，并在角分线上也定出一圆周点，然后徒手画圆弧把三点连接起来，如图 1-53（a）、（b）所示。也可以利用其与正方形相切的特点，画出圆角或圆弧，如图 1-53（c）所示。

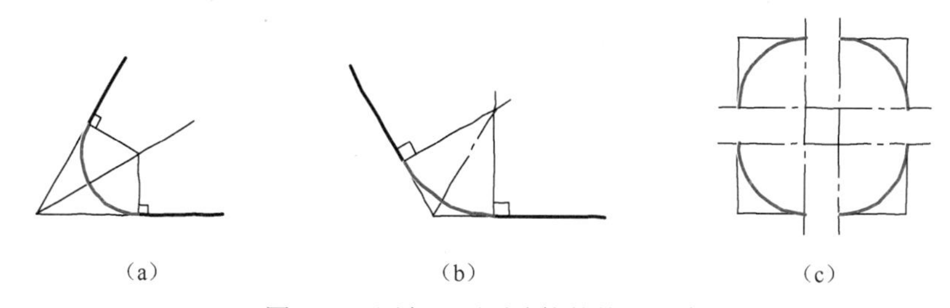

（a）　（b）　（c）

图 1-53　圆角及圆弧连接的徒手画法

4. 椭圆的画法

画椭圆时，先根据长短轴定出四个端点，过四个端点分别作长短轴的平行线，构成一矩形，最后作出与矩形相切的椭圆，如图 1-54（a）所示。也可以先画出椭圆的外接菱形，然后作出椭圆，如图 1-54（b）所示。

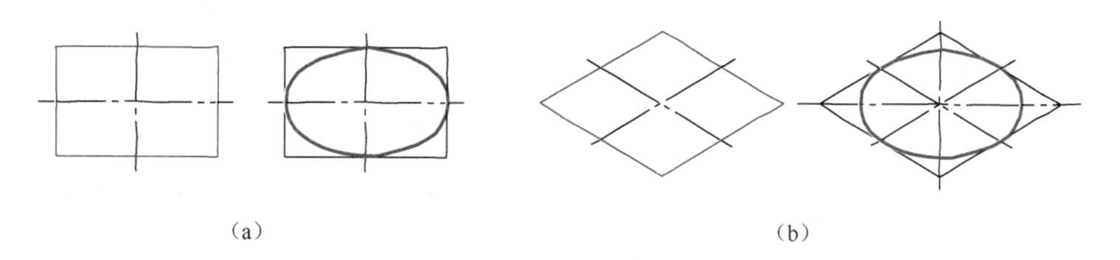

（a）　（b）

图 1-54　椭圆的徒手画法

5．常用角度的画法

画 30°、45°、60°等常见角度，可根据两直角边的比例关系，在两直角边上定出两端点，然后连接而成，如图 1-55（a）、(b)、(c）所示。若画 10°、15°、75°等角度的斜线，则可先画出 30°角后，再等分求得，如图 1-55（d）所示。

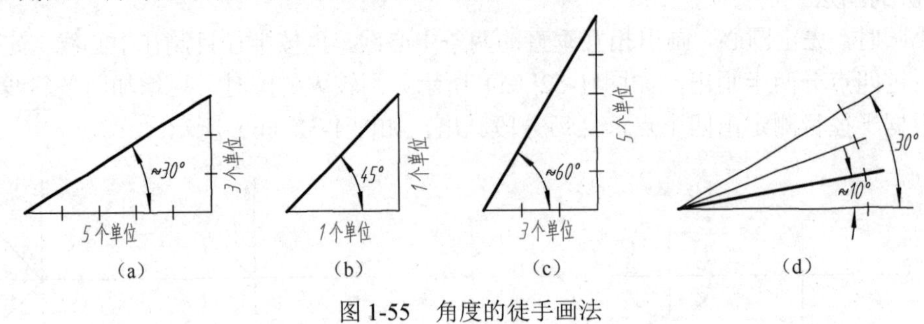

图 1-55　角度的徒手画法

第二章 投影基础

第一节 投影法和视图的基本概念

在日常生活中，常见到物体被阳光或灯光照射后，会在地面或墙壁上留下一个灰黑的影子，如图 2-1（a）所示。这个影子只能反映物体的轮廓，却无法表达物体的形状和大小。人们将这种现象进行科学的抽象，总结出了影子与物体之间的几何关系，进而形成了投影法，使在图纸上表达物体形状和大小的要求得以实现。

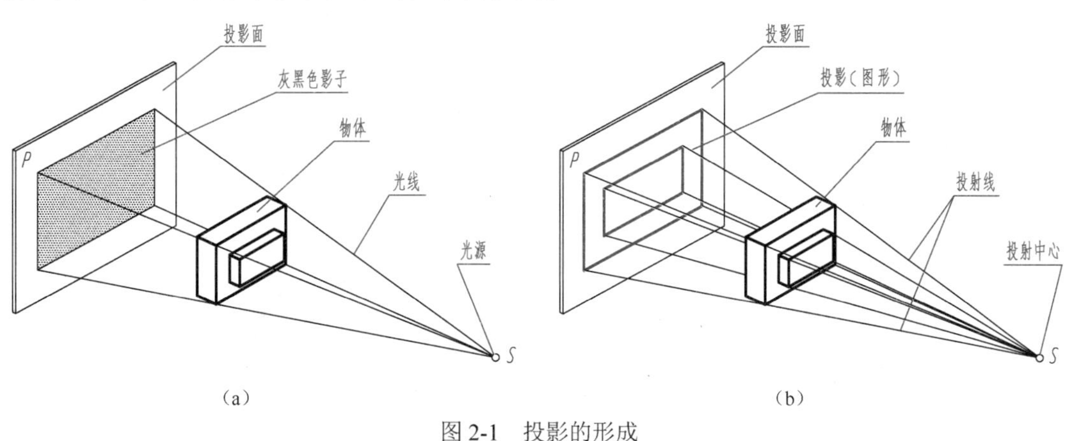

（a）　　　　（b）

图 2-1　投影的形成

一、投影法

投影法中，得到投影的面称为投影面。所有投射线的起源点，称为投射中心。发自投射中心且通过被表示物体上各点的直线，称为投射线。如图 2-1（b）所示，平面 P 为投影面，S 为投射中心。将物体放在投影面 P 和投射中心 S 之间，自 S 分别引投射线并延长，使之与投影面 P 相交，即得到物体的投影。

投射线通过物体，向选定的面投射，并在该面上得到图形的方法称为投影法。根据投影法所得到的图形，称为投影。

由此可以看出，要获得投影，必须具备投射中心、物体、投影面这三个基本条件。根据投射线的类型（平行或汇交），投影法可分为以下两类：

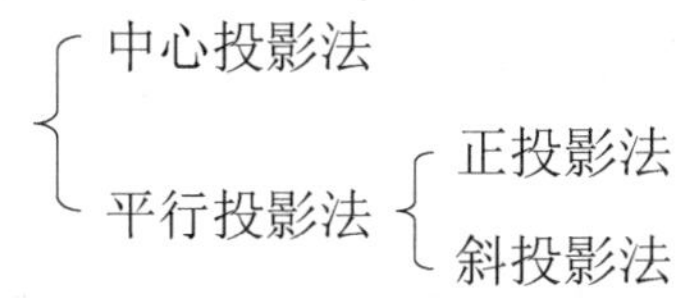

1. 中心投影法

投射线汇交于一点的投影法，称为中心投影法，如图 2-1（b）所示。

用中心投影法所得的投影大小，随着投影面、物体、投射中心三者之间距离的变化而变化。建筑工程上常用中心投影法绘制建筑物的透视图，如图 2-2 所示。用中心投影法绘制的图样具有较强的立体感，但不能反映物体的真实形状和大小，且度量性差，作图比较复杂，在机械图样中很少采用。

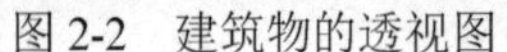

图 2-2　建筑物的透视图

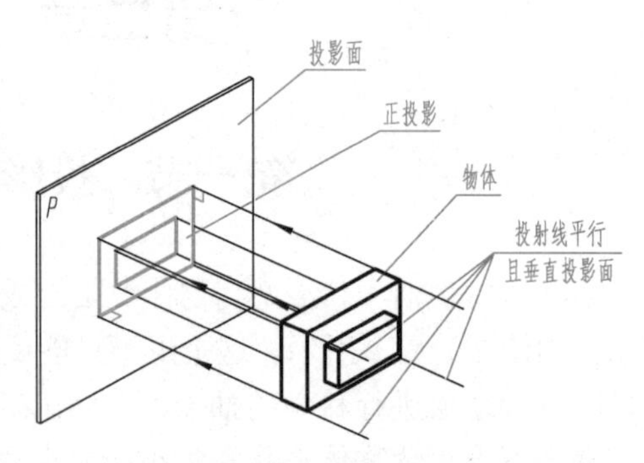

图 2-3　投射线垂直投影面的平行投影法

2．平行投影法

假设将投射中心 S 移至无限远处，则投射线相互平行，如图 2-3 所示。这种投射线相互平行的投影法，称为平行投影法。

根据投射线与投影面是否垂直，又可将平行投影法分为正投影法和斜投影法两种。

（1）正投影法　投射线与投影面相垂直的平行投影法，称为正投影法。根据正投影法所得到的图形，称为正投影（正投影图），如图 2-3、图 2-4（a）所示。

（2）斜投影法　投射线与投影面相倾斜的平行投影法，称为斜投影法。根据斜投影法所得到的图形，称为斜投影（斜投影图），如图 2-4（b）所示。

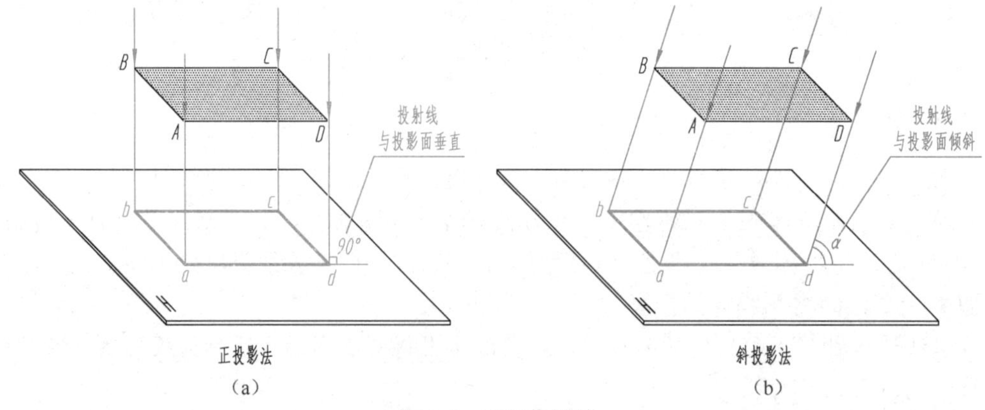

图 2-4　平行投影法

由于正投影法能反映物体的真实形状和大小，度量性好，作图简便，所以在工程上应用得十分广泛。机械图样都是采用正投影法绘制的，正投影法是机械制图的理论基础。

二、正投影的基本性质

（1）真实性　平面（直线）平行于投影面，投影反映实形（实长），这种性质称为真实性，如图 2-5（a）所示。

（2）积聚性　平面（直线）垂直于投影面，投影积聚成直线（一点），这种性质称为积聚性，如图 2-5（b）所示。

（3）类似性　平面（直线）倾斜于投影面，投影变小（短），这种性质称为类似性，如

图 2-5（c）所示。

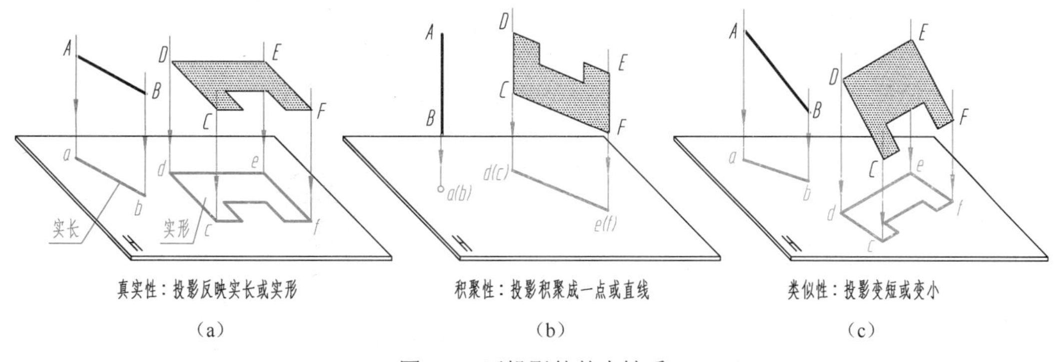

（a）　　（b）　　（c）

图 2-5　正投影的基本性质

三、视图的基本概念

用正投影法绘制物体的图形时，可把人的视线假想成相互平行且垂直于投影面的一组投射线。根据有关标准和规定，用正投影法所绘制出物体的图形称为视图，如图 2-6 所示。

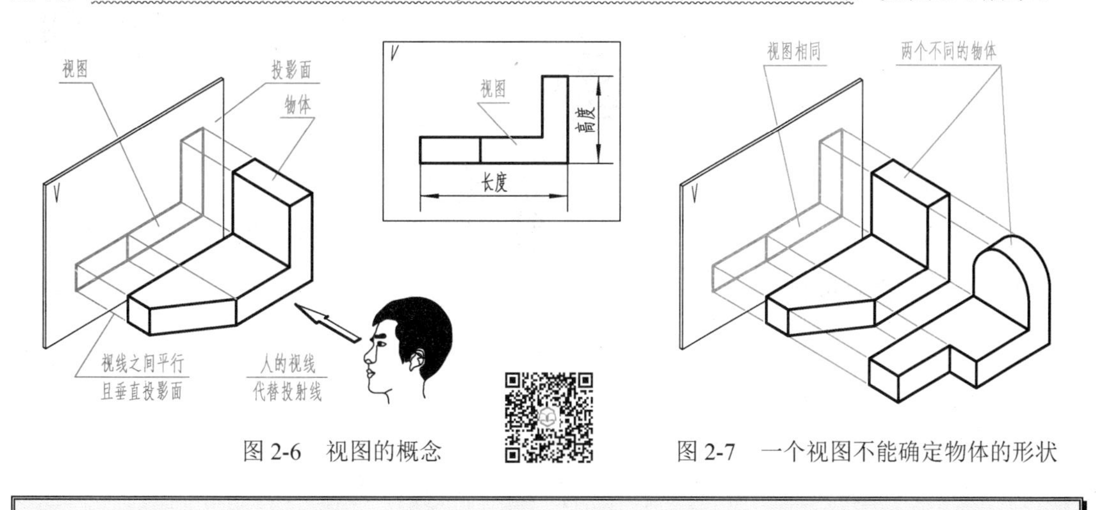

图 2-6　视图的概念　　图 2-7　一个视图不能确定物体的形状

> 提示：绘制视图时，可见的棱线和轮廓线用粗实线绘制，不可见的棱线和轮廓线用细虚线绘制。

一般情况下，一个视图不能完整地表达物体的形状。由图 2-6 可以看出，这个视图只反映物体的长度和高度，而没有反映物体的宽度。如图 2-7 所示，两个不同的物体，在同一投影面上的投影却相同。因此，要反映物体的完整形状，常需要从几个不同方向进行投射，获得多面正投影，以表示物体各个方向的形状，综合起来反映物体的完整形状。

第二节　三视图的形成及其对应关系

一、三投影面体系的建立

在多面正投影中，相互垂直的三个投影面构成三投影面体系，分别称为正立投影面（简称正面或 V 面）、水平投影面（简称水平面或 H 面）和侧立投影面（简称侧面或 W 面），如图 2-8 所示。

三投影面体系中，相互垂直的投影面之间的交线，称为投影轴，它们分别是：

OX 轴（简称 *X* 轴），是 *V* 面与 *H* 面的交线，代表左右即长度方向。

OY 轴（简称 *Y* 轴），是 *H* 面与 *W* 面的交线，代表前后即宽度方向。

OZ 轴（简称 *Z* 轴），是 *V* 面与 *W* 面的交线，代表上下即高度方向。

三条投影轴相互垂直，其交点称为原点，用 *O* 表示。

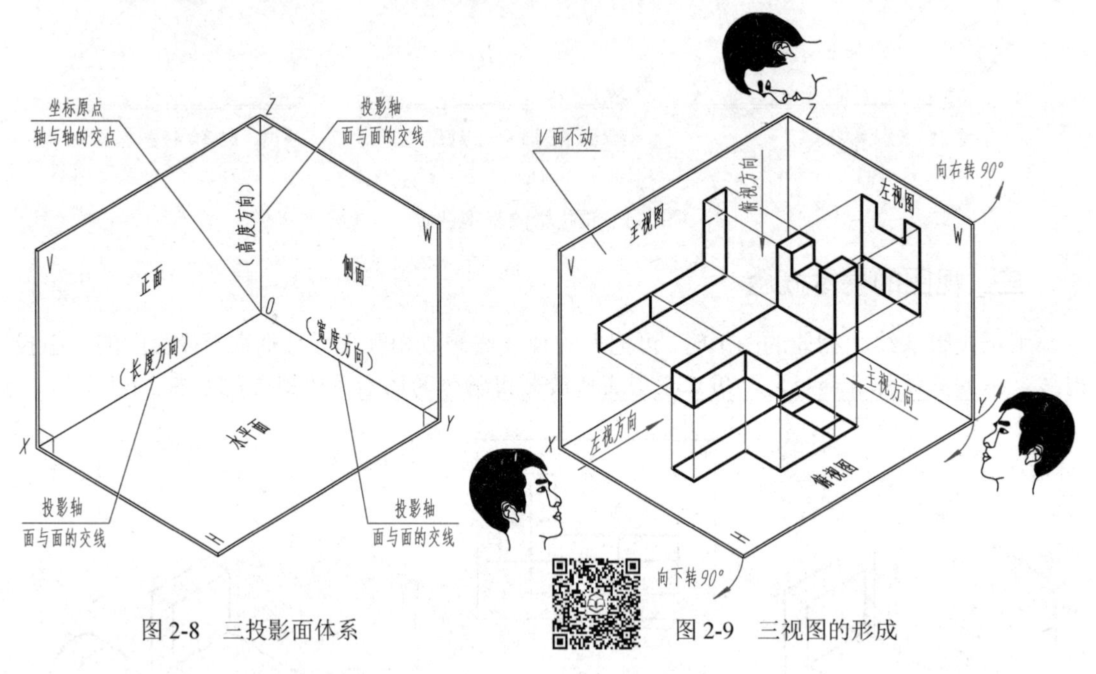

图 2-8　三投影面体系

图 2-9　三视图的形成

二、三视图的形成

将物体置于三投影面体系内，然后从物体的三个方向进行观察，就可以在三个投影面上得到三个视图，如图 2-9 所示。规定的三个视图名称是：

主视图——由前向后投射所得的视图。
左视图——由左向右投射所得的视图。（这三个视图统称为三视图）
俯视图——由上向下投射所得的视图。

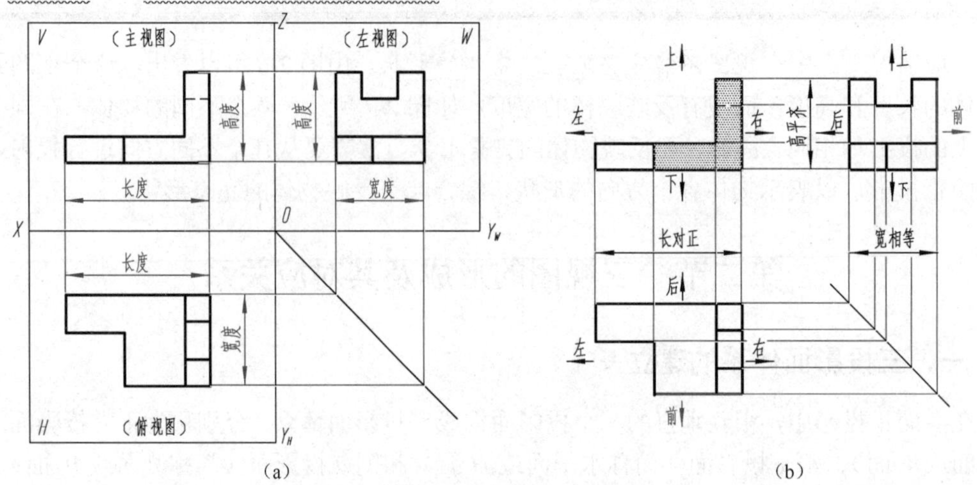

（a）　（b）

图 2-10　展开后的三视图

为把三个视图画在同一张图纸上，必须将相互垂直的三个投影面展开在同一个平面上。展开方法如图 2-9 所示，规定：V 面保持不动，将 H 面绕 X 轴向下旋转 90°，将 W 面绕 Z 轴向右旋转 90°，就得到展开后的三视图，如图 2-10（a）所示。实际绘图时，应去掉投影面边框和投影轴，如图 2-10（b）所示。

三、三视图之间的对应关系及投影规律

由三视图的形成过程可以总结出三视图之间的位置关系、投影规律及方位关系。

1．位置关系

由三视图的展开过程可知，三视图之间的相对位置是固定的，即主视图定位后，左视图在主视图的右方，俯视图在主视图的下方。各视图的名称不需标注。

2．投影规律

规定：物体左右之间的距离（X 轴方向）为长度；物体前后之间的距离（Y 轴方向）为宽度；物体上下之间的距离（Z 轴方向）为高度。从图 2-10（a）中可以看出，每一个视图只能反映物体两个方向的尺度，即

主视图——反映物体的长度（X 轴方向尺寸）和高度（Z 轴方向尺寸）。

左视图——反映物体的高度（Z 轴方向尺寸）和宽度（Y 轴方向尺寸）。

俯视图——反映物体的长度（X 轴方向尺寸）和宽度（Y 轴方向尺寸）。

由此可得出三视图之间的投影规律，即

主俯“长对正”；
主左“高平齐”；　（简称“三等规律”）
左俯“宽相等”。

三视图之间的三等规律，不仅反映在物体的整体上，也反映在物体的任意一个局部结构上，如图 2-10（b）所示。这一规律是画图和看图的依据，必须深刻理解和熟练运用。

3．方位关系

物体有左右、前后、上下六个方位，搞清楚三视图的六个方位关系，对画图、看图是十分重要的。从图 2-10（b）可以看出，每一个视图只能反映物体两个方向的位置关系，即

主视图反映物体的左、右和上、下位置关系（前、后重叠）。

左视图反映物体的上、下和前、后位置关系（左、右重叠）。

俯视图反映物体的左、右和前、后位置关系（上、下重叠）。

提示：画图与看图时，要特别注意俯视图和左视图的前、后对应关系。在三个投影面的展开过程中，由于水平面向下旋转，俯视图的下方表示物体的前面，俯视图的上方表示物体的后面；当侧面向右旋转后，左视图的右方表示物体的前面，左视图的左方表示物体的后面。即俯视、左视图远离主视图的一边，表示物体的前面；靠近主视图的一边，表示物体的后面。物体的俯视、左视图不仅宽相等，还应保持前、后位置的对应关系。

四、三视图的画图步骤

根据物体（或轴测图）画三视图时，应先选定主视图的投射方向，然后将物体摆正（使物体的主要表面平行于投影面）。

【例 2-1】　根据图 2-11（a）所示组合体的轴测图，画出其三视图。

分析

图 2-11（a）所示支座的下方为一长方形底板，底板后部有一块立板，立板前方中间有一块三角形肋板。根据支座的形状特征，使支座的后壁与正面平行，底面与水平面平行，由前向后为主视图投射方向。三视图的具体作图步骤如图 2-11（b）～（f）所示。

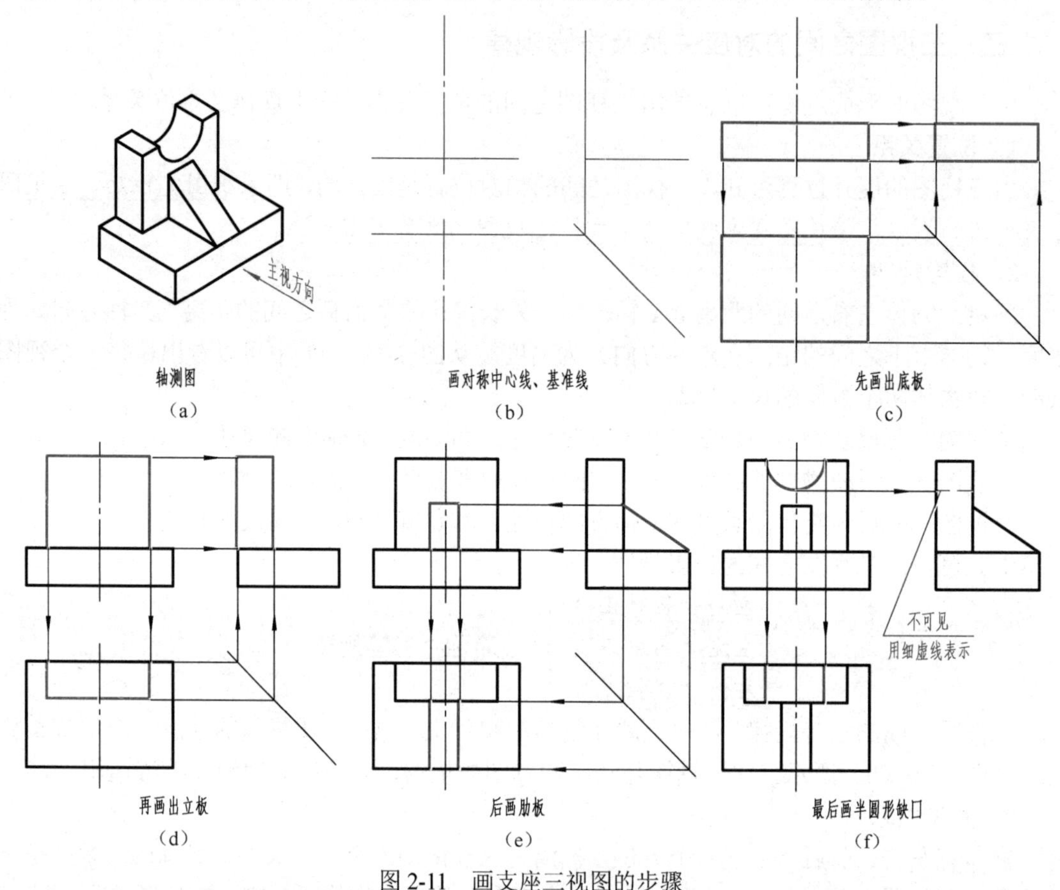

图 2-11　画支座三视图的步骤

> 提示：画三视图时，物体的每一组成部分，最好是三个视图配合着画。不要先把一个视图画完后再画另一个视图。这样，不但可以提高绘图速度，还能避免漏线、多线。画物体某一部分的三视图时，应先画反映形状特征的视图，再按投影关系画出其他视图。

第三节　点 的 投 影

点、直线、平面是构成物体表面的最基本的几何元素。如图 2-12 所示的三棱锥，就是由四个平面、六条棱线、四个顶点构成的。画出三棱锥的三视图，实际上就是画出构成三棱锥表面的这些点、直线和平面的投影。为了迅速、正确地画出物体的三视图，必须首先掌握这些几何元素的投影规律和作图方法。

> 提示：为了叙述方便，以后将正投影简称为投影。

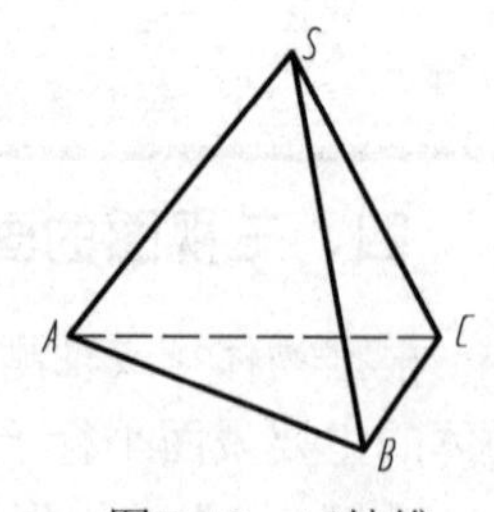

图 2-12　三棱锥

一、点的投影规律

如图 2-13（a）所示，将空间点 A 置于三个相互垂直的投影面体系中，分别作垂直于 V 面、H 面、W 面的投射线，得到点 A 的正面投影 a'、水平投影 a 和侧面投影 a''。

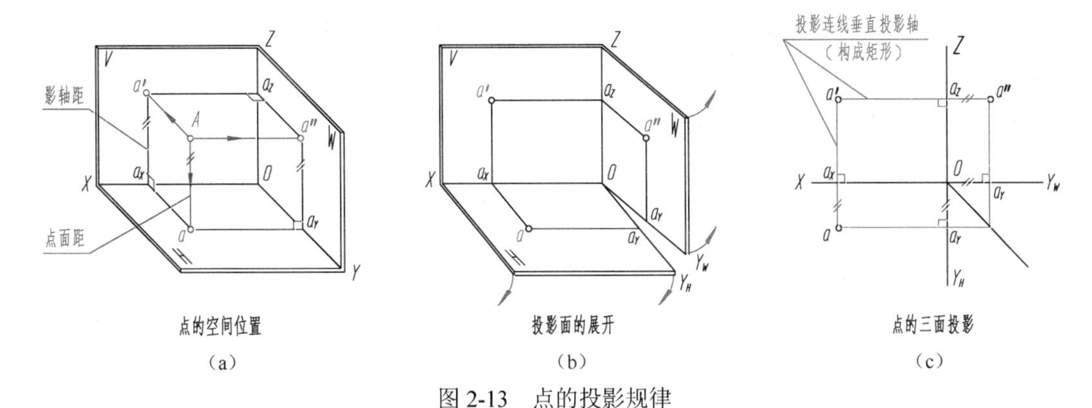

（a）　　（b）　　（c）

图 2-13　点的投影规律

> 提示：空间点用大写拉丁字母表示，如 A、B、C…；点的水平投影用相应的小写字母表示，如 a、b、c…；点的正面投影用相应的小写字母加一撇表示，如 a'、b'、c'…；点的侧面投影用相应的小写字母加两撇表示，如 a''、b''、c''…。

将投影面按箭头所指的方向摊平在一个平面上，如图 2-13（b）所示；去掉投影面边框，便得到点 A 的三面投影，如图 2-13（c）所示。图中 a_X、a_Y、a_Z 分别为点的投影连线与投影轴 X、Y、Z 的交点。点的三面投影具有以下两条投影规律。

① 点的两面投影连线，必定垂直于相应的投影轴，即

$aa' \perp X$ 轴，$a'a'' \perp Z$ 轴，$aa_Y \perp Y_H$ 轴，$a''a_Y \perp Y_W$ 轴。

② 点的投影到投影轴的距离，等于空间点到相应的投影面的距离，即

$$\left.\begin{aligned} a'a_X = a''a_Y = A\text{ 点到 }H\text{ 面的距离 }Aa \\ aa_X = a''a_Z = A\text{ 点到 }V\text{ 面的距离 }Aa' \\ aa_Y = a'a_Z = A\text{ 点到 }W\text{ 面的距离 }Aa'' \end{aligned}\right\}\text{ 影轴距=点面距}$$

根据点的投影规律，在点的三面投影中，只要知道其中任意两个面的投影，即可求出第三面投影。

【例 2-2】　已知点 A 的两面投影如图 2-14（a）所示，求作第三面投影。

分析

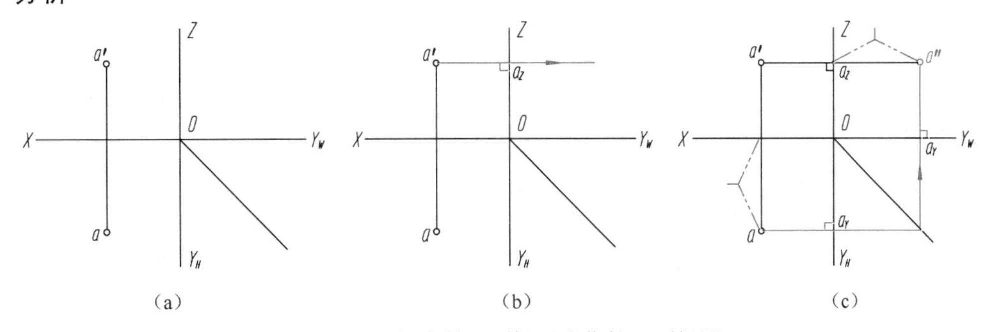

（a）　　（b）　　（c）

图 2-14　已知点的两面投影求作第三面投影

根据点的投影规律可知，$a'a'' \perp Z$ 轴，a''必在 $a'a_Z$ 的延长线上；由 $a''a_Z=aa_X$，可确定 a'' 的位置。

作图

① 过 a'作 $a'a_Z \perp Z$ 轴并延长，如图 2-14（b）所示。

② 过 a 作 $aa_Y \perp Y_H$ 轴并与 45°（等宽）线相交，向上作垂线得到 a''，如图 2-14（c）所示。

二、点的投影与直角坐标的关系

三投影面体系可以看成是空间直角坐标系，即把投影面作为坐标面，投影轴作为坐标轴，三条轴的交点 O 为坐标原点。

如图 2-15（a）所示，点 A 在空间的位置可由点 A 到三个投影面的距离来确定，即点的三面投影与点的三个坐标有以下对应关系：

点 A 的 x 坐标=点 A 到 W 面的距离（Aa''）。

点 A 的 y 坐标=点 A 到 V 面的距离（Aa'）。

点 A 的 z 坐标=点 A 到 H 面的距离（Aa）。

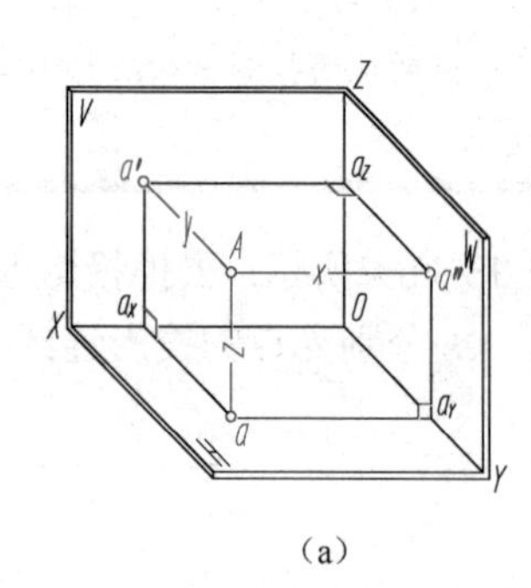

（a）

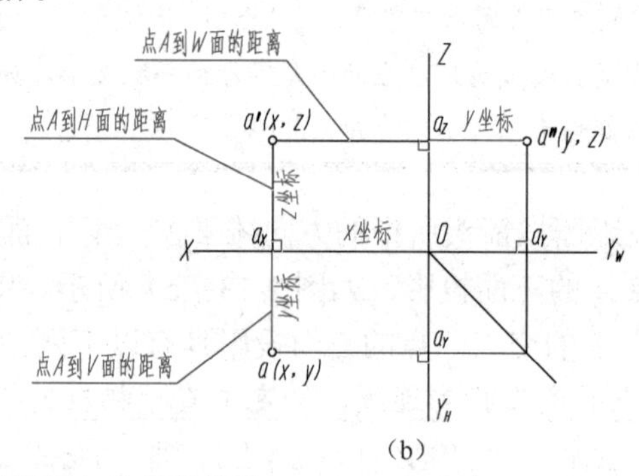

（b）

图 2-15　点的投影与坐标的关系

由此可见，空间点的位置可由该点的坐标（x，y，z）确定。如图 2-15（b）所示，点 A 三面投影的坐标分别为 a（x，y）、a'（x，z）、a''（y，z）。任一投影都包含两个坐标，所以一个点的两面投影就包含了点的三个坐标，即确定了点的空间位置。

【例 2-3】 已知点 A（15，10，12），求作它的三面投影。

分析

已知空间点的三个坐标，便可作出该点的两面投影，进而求出第三面投影。

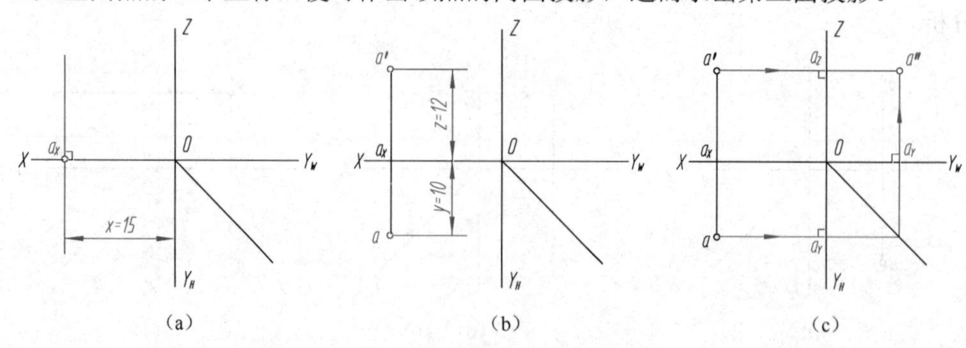

（a）（b）（c）

图 2-16　根据点的坐标求作投影

作图

① 画出投影轴，在 OX 轴上由点 O 向左量取 x 坐标 15mm，得 a_X，如图 2-16（a）所示。

② 过 a_X 作 OX 轴垂线，自 a_X 向下量取 y 坐标 10mm 得 a、向上量取 z 坐标 12mm 得 a'，如图 2-16（b）所示。

③ 根据点的投影规律，由 a、a' 求出 a''，如图 2-16（c）所示。

三、两点的相对位置

两点在空间的相对位置，可以由两点的坐标来确定：

两点的左、右相对位置由 x 坐标确定，x 坐标值大者在左。

两点的前、后相对位置由 y 坐标确定，y 坐标值大者在前。

两点的上、下相对位置由 z 坐标确定，z 坐标值大者在上。

由此可知，若已知两点的三面投影，判断它们的相对位置时，可根据正面投影或水平面投影判断左、右关系；根据水平面投影或侧面投影判断前、后关系；根据正面投影或侧面投影判断上、下关系。

如图 2-17 所示，由于 $x_A>x_B$，故点 A 在点 B 的左方；由于 $y_A<y_B$，故点 A 在点 B 的后方；由于 $z_A<z_B$，故点 A 在点 B 的下方，即点 A 在点 B 的左、后、下方。

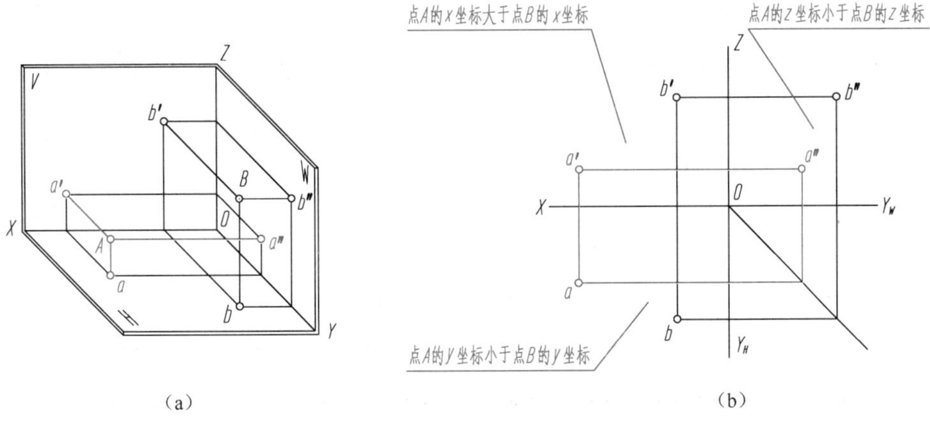

（a）　　（b）

图 2-17　两点的相对位置

在图 2-18 所示 E、F 两点的投影中，$x_E=x_F$、$z_E=z_F$，说明 E、F 两点的 x、z 坐标相同，即 E、F 两点处于对正面的同一条投射线上，其正面投影 e' 和 f' 重合，称为正面的重影点。

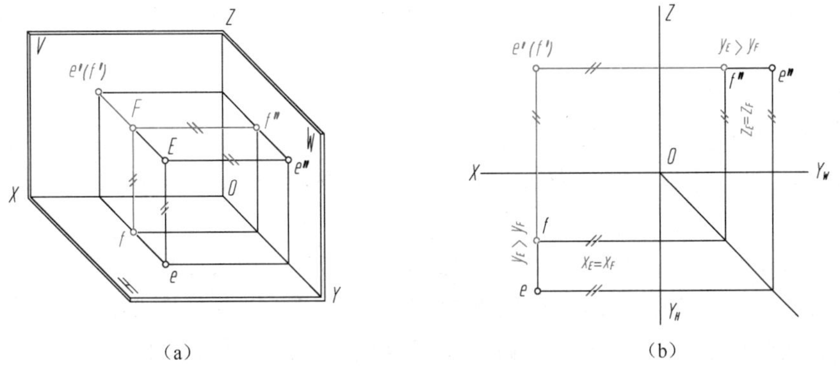

（a）　　（b）

图 2-18　重影点和可见性

虽然 e'、f' 重合，但水平投影和侧面投影不重合，且 e 在前、f 在后，即 $y_E>y_F$。所以对正面来说，E 可见，F 不可见。对不可见的点，需加圆括号表示，F 点的正面投影表示为（f'）。

重影点的可见性，需根据这两点不重影的投影的坐标大小来判别，即

当两点在 V 面的投影重合时，需判别其 H 面或 W 面投影，其 y 坐标大者在前（可见）。

当两点在 H 面的投影重合时，需判别其 V 面或 W 面投影，其 z 坐标大者在上（可见）。

若两点在 W 面的投影重合时，需判别其 H 面或 V 面投影，其 x 坐标大者在左（可见）。

【例 2-4】 如图 2-19（a）所示，已知点 A 的三面投影，作出点 B（16、8、0）的三面投影，并判断两点在空间的相对位置。

分析

由点 B（16、8、0）的三个坐标可知，点 B 的 z=0，说明点 B 在 H 面上，点 B 的正面投影 b' 一定在 X 轴上，侧面投影 b'' 一定在 Y_W 轴上。

作图

① 在 X 轴上向左量取 x 坐标 16mm，得 b'，如图 2-19（b）所示；由 b' 向下作垂线并量取 y 坐标 8mm，得 b。根据 b、b' 求得 b''，如图 2-19（c）所示。

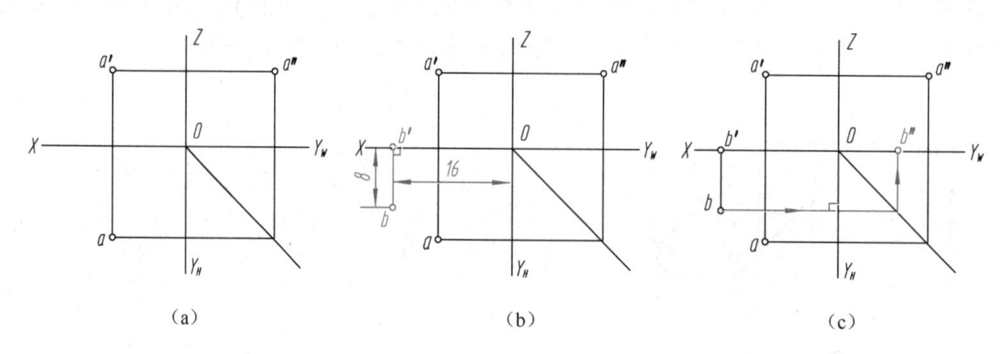

图 2-19 求点的三面投影并判别两点的相对位置

提示：b'' 一定在 W 面的 OY_W 轴上，而不在 H 面的 OY_H 轴上。

② 判别 A、B 两点在空间的相对位置。因为 $x_B>x_A$，故点 A 在点 B 的右方；因为 $y_A>y_B$，故点 A 在点 B 的前方；因为 $z_A>z_B$，故点 A 在点 B 的上方。即点 A 在点 B 的右、前、上方。反之，点 B 在点 A 的左、后、下方。

【例 2-5】 已知点 A（12，10，7），点 B 在点 A 的正上方 4mm，求作 A、B 两点的三面投影。

分析

点 A 的三个坐标已知，可直接作出。点 B 在点 A 的正上方，说明点 B 与点 A 的 x 坐标与 y 坐标相等（即点 A 和点 B 在 H 面重影），可根据两点的 z 坐标差作出点 B 的三面投影。

作图

① 根据点 A 的三个坐标作出其三面投影 a、a'、a''，如图 2-20（a）所示。

② 分别过 a'、a'' 向上延长 4mm（z 坐标差），作出 b'、b''，如图 2-20（b）所示。

③ 判别可见性。因为点 B 的 z 坐标大于点 A 的 z 坐标，所以点 A 的水平投影 a 不可见，应加圆括号表示，如图 2-20（c）所示。

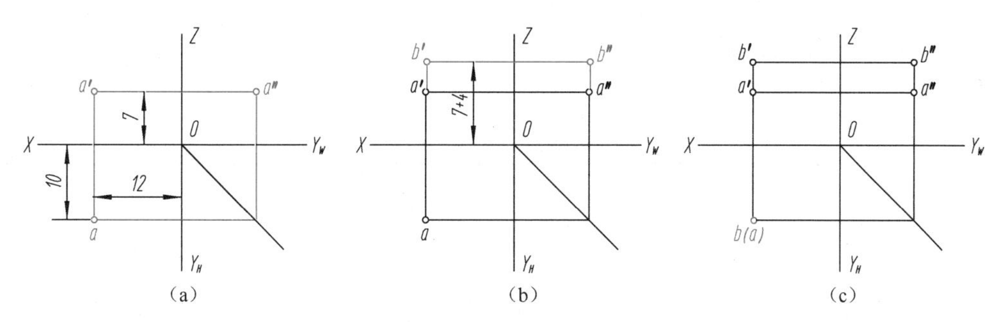

图 2-20　求出两点的三面投影

第四节　直线的投影

一、直线的三面投影

一般情况下，直线的投影仍是直线。特殊情况下，直线的投影积聚成一点。如图 2-21（a）所示，直线 *AB* 在 *H* 面上的投影为 *ab*。直线 *CD* 垂直于 *H* 面，它在 *H* 面上的投影积聚成一点 *c*（*d*）。

求作直线的三面投影时，可分别作出直线两端点的三面投影，如图 2-21（b）所示，然后将同一投影面上的投影（简称同面投影）连接起来，即得到直线的三面投影，如图 2-21（c）所示。

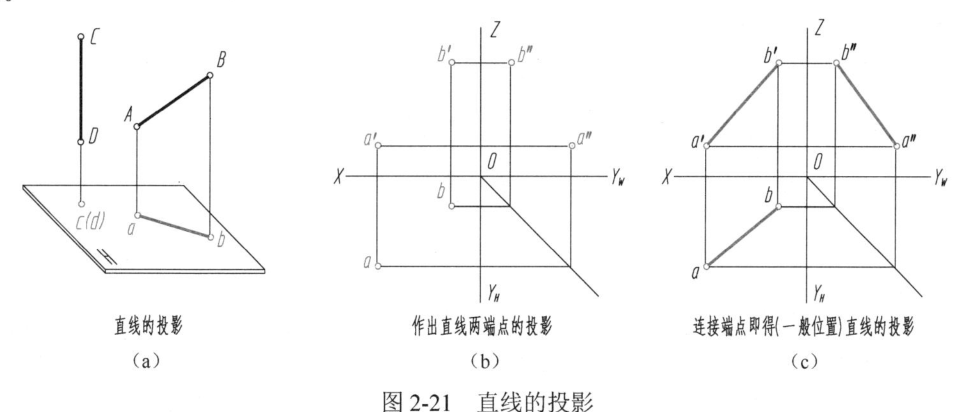

图 2-21　直线的投影

二、各种位置直线的投影特性

在三投影面体系中，按与投影面的相对位置，直线可分为以下三种：

（1）投影面平行线（特殊位置直线）　与一个基本投影面平行，与另外两个基本投影面成倾斜位置的直线。

（2）投影面垂直线（特殊位置直线）　垂直于一个基本投影面的直线。

（3）一般位置直线　与三个基本投影面均成倾斜位置的直线。

1．投影面平行线

投影面平行线共有三种：

水平线——平行于 *H* 面，与 *V* 面、*W* 面倾斜的直线。

正平线——平行于 *V* 面，与 *H* 面、*W* 面倾斜的直线。

侧平线——平行于 W 面，与 V 面、H 面倾斜的直线。

各种平行线的投影特性，列于表 2-1 中。

表 2-1　投影面平行线的投影特性

名称	水平线（$//H$ 面）	正平线（$//V$ 面）	侧平线（$//W$ 面）
实例	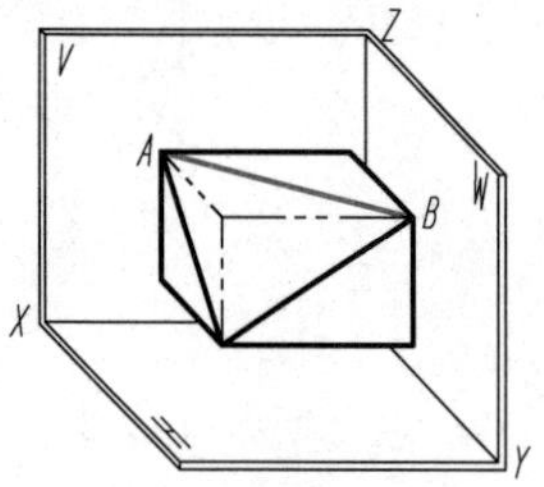	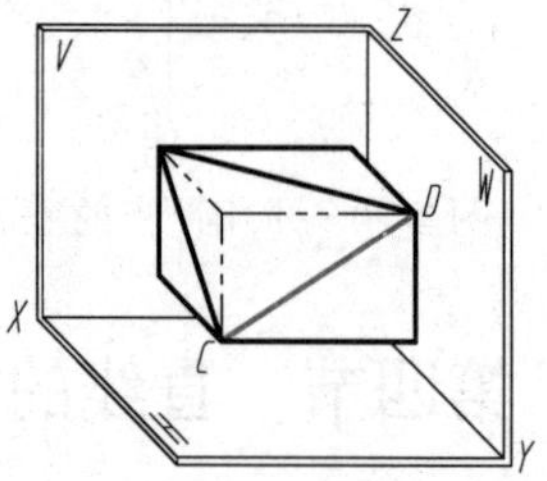	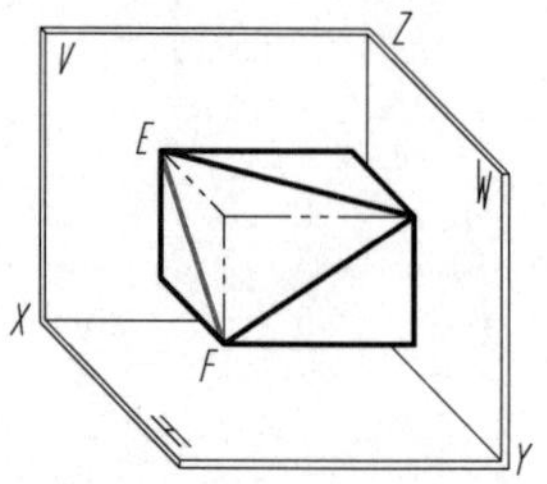
轴测图	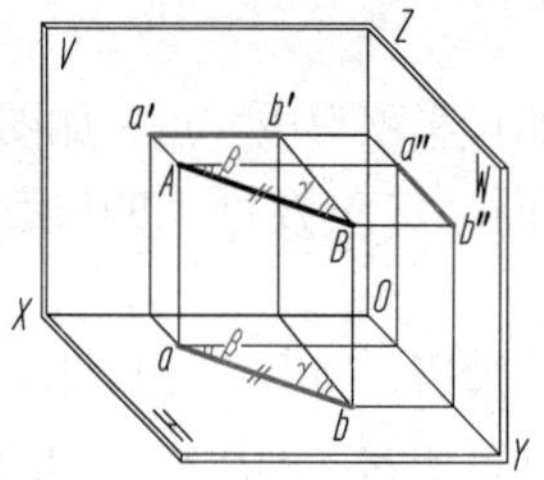	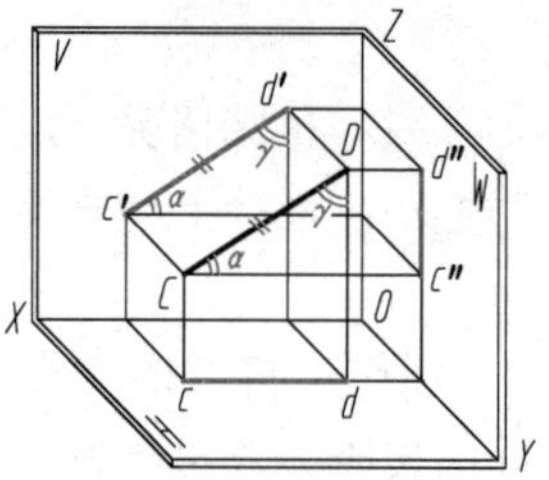	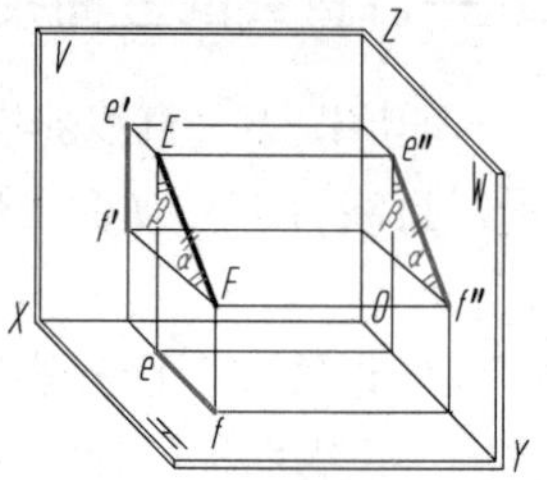
投影	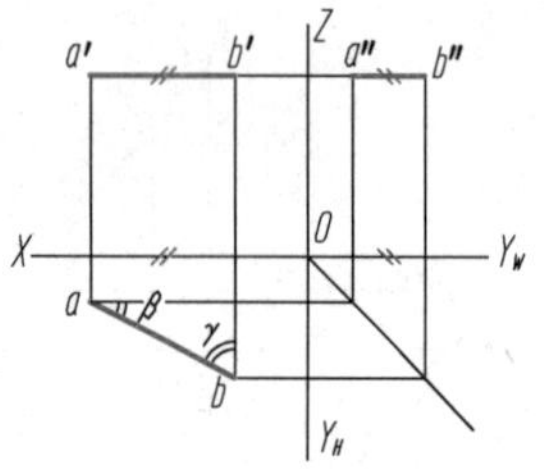	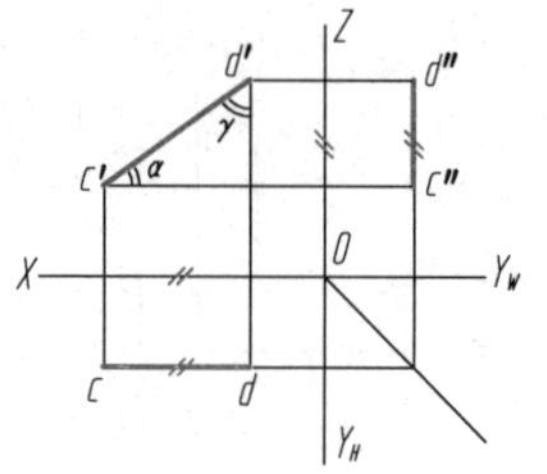	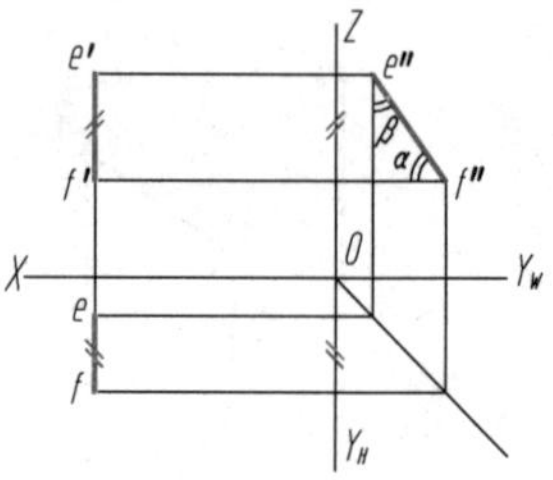
投影特性	① 水平投影 $ab=AB$（实长） ② 正面投影 $a'b'//X$ 轴，侧面投影 $a''b''//Y_W$ 轴，且均不反映实长 ③ ab 与 X 和 Y_H 轴的夹角 β、γ 等于 AB 对 V、W 面的倾角	① 正面投影 $c'd'=CD$（实长） ② 水平投影 $cd//X$ 轴，侧面投影 $c''d''//Z$ 轴，且均不反映实长 ③ $c'd'$ 与 X 和 Z 轴的夹角 α、γ 等于 CD 对 H、W 面的倾角	① 侧面投影 $e''f''=EF$（实长） ② 水平投影 $ef//Y_H$ 轴，正面投影 $e'f'//Z$ 轴，且均不反映实长 ③ $e''f''$ 与 Y_W 和 Z 轴的夹角 α、β 等于 EF 对 H、V 面的倾角
	① 直线在所平行的投影面上的投影，均反映实长 ② 其他两面投影平行于相应的投影轴 ③ 反映实长的投影与投影轴所夹的角度，等于空间直线对相应投影面的倾角		

注：在三投影面体系中，直线与 H、V、W 面的倾角分别用 α、β、γ 表示。

2. 投影面垂直线

投影面垂直线也有三种：

铅垂线——垂直于 H 面的直线。

正垂线——垂直于 V 面的直线。

侧垂线——垂直于 W 面的直线。

各种垂直线的投影特性，列于表 2-2 中。

表 2-2　投影面垂直线的投影特性

名称	铅垂线（$\perp H$ 面）	正垂线（$\perp V$ 面）	侧垂线（$\perp W$ 面）
实例	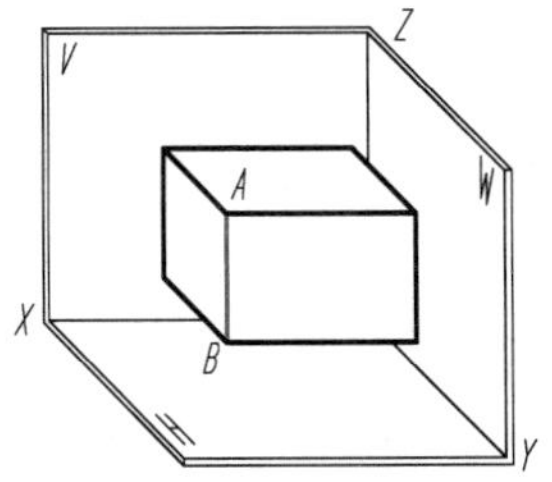 V Z A W X B H Y	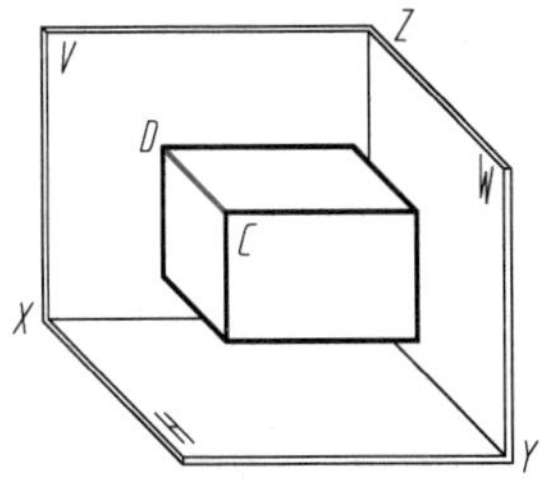 V Z D W C X H Y	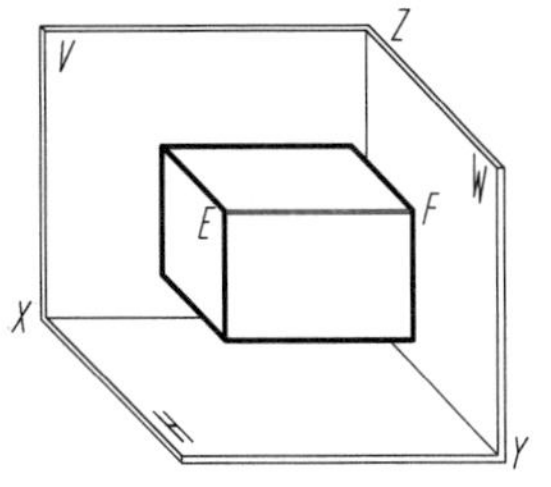 V Z E F W X H Y
轴测图	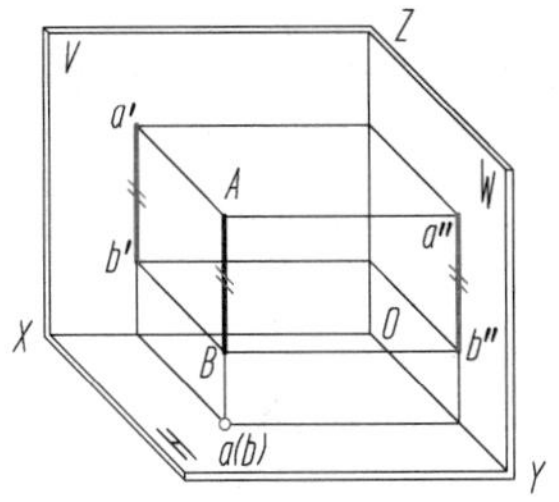 V Z a' A W b' a'' X O B b'' H a(b) Y	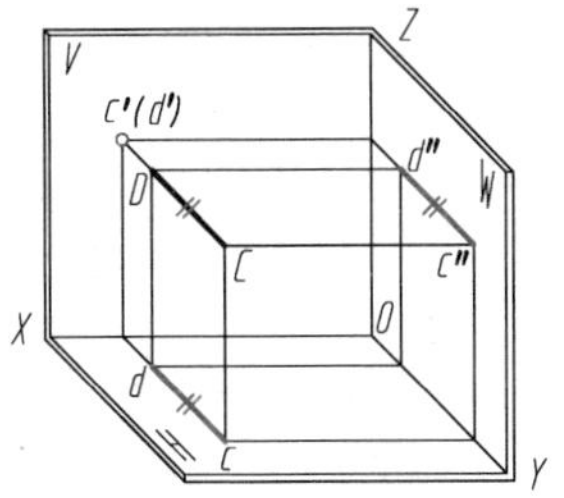 V Z c'(d') d'' D W C c'' X O d H c Y	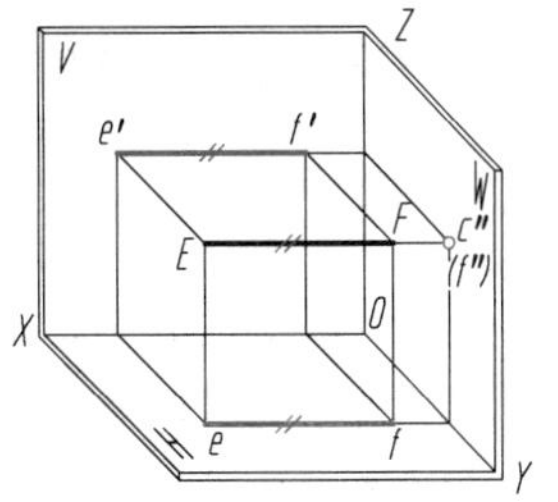 V Z e' f' W F c'' (f'') E X O H e f Y
投影	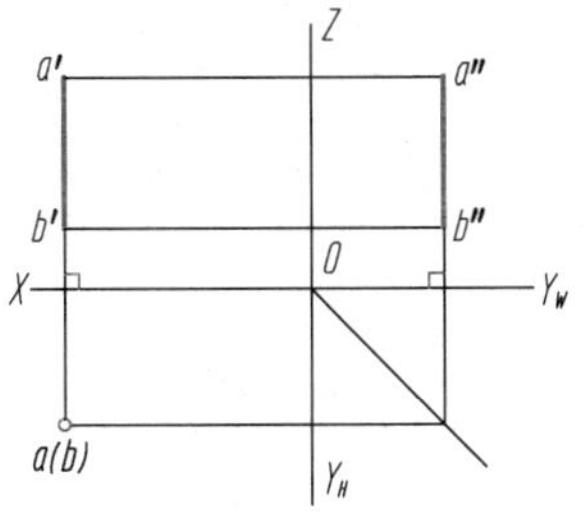 Z a' a'' b' b'' O X Y_W a(b) Y_H	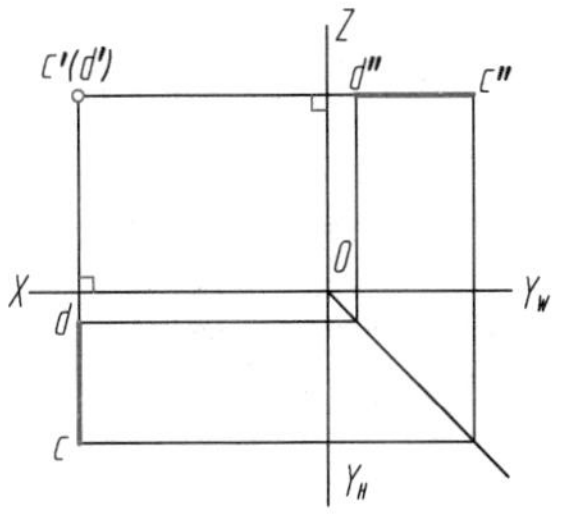 Z c'(d') d'' c'' O X Y_W d c Y_H	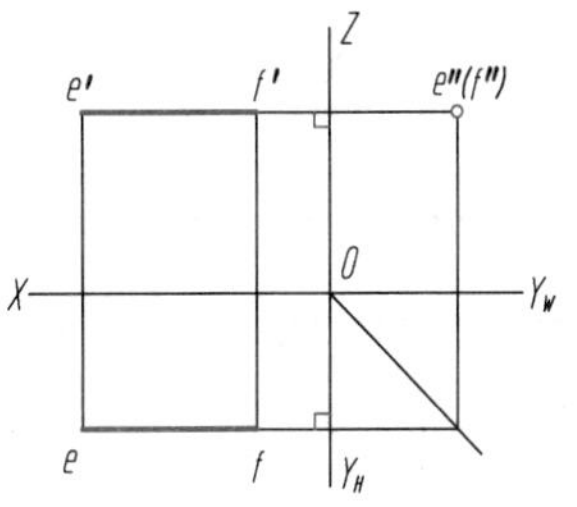 Z e' f' e''(f'') O X Y_W e f Y_H
投影特性	① 水平投影积聚成一点 a（b） ② $a'b'=a''b''=AB$ 实长，且 $a'b'\perp X$ 轴，$a''b''\perp Y_W$ 轴	① 正面投影积聚成一点 c'（d'） ② $cd=c''d''=CD$ 实长，且 $cd\perp X$ 轴，$c''d''\perp Z$ 轴	① 侧面投影积聚成一点 e''（f''） ② $ef=e'f'=EF$ 实长，且 $ef\perp Y_H$ 轴，$e'f'\perp Z$ 轴
	① 直线在所垂直的投影面上的投影，积聚成一点 ② 其他两面投影反映该直线的实长，且分别垂直于相应的投影轴		

3．一般位置直线

与三个基本投影面均成倾斜位置的直线，称为一般位置直线。如图 2-22 中的直线 AB，在空间上与三个基本投影面都倾斜，和三个基本投影面的夹角 α、β、γ 都不等于零，所以直线的投影都小于实长。此时，它们与各投影轴的夹角，也不反映直线 AB 与基本投影面的真实倾角。由此可知一般位置直线的投影特性为：

① 直线的三个投影都倾斜于投影轴，且都小于直线的实长。

② 直线的各投影与投影轴的夹角，均不反映空间直线与各基本投影面的倾角。

【例 2-6】　分析图 2-23 所示正三棱锥三条棱线 SA、SB、AC 与投影面的相对位置。

分析

① 棱线 SA。SA 的三个投影 sa、$s'a'$、$s''a''$ 与投影轴都倾斜，可确定为一般位置直线，其三个投影均小于实长，如图 2-23（a）所示。

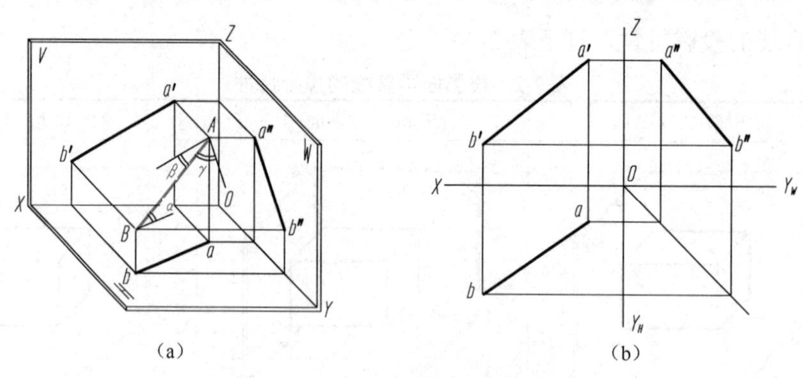

(a)　　(b)

图 2-22　一般位置直线的投影

② 棱线 SB。sb 平行于 Y_H 轴，$s'b'$平行于 Z 轴，可确定 SB 为侧平线，其侧面投影 $s''b''$ 等于实长，如图 2-23（b）所示。

③ 棱线 AC。侧面投影 a''（c''）重影，可确定 AC 为侧垂线，其正面投影 $a'c'$和水平投影 ac 等于实长，如图 2-23（c）所示。

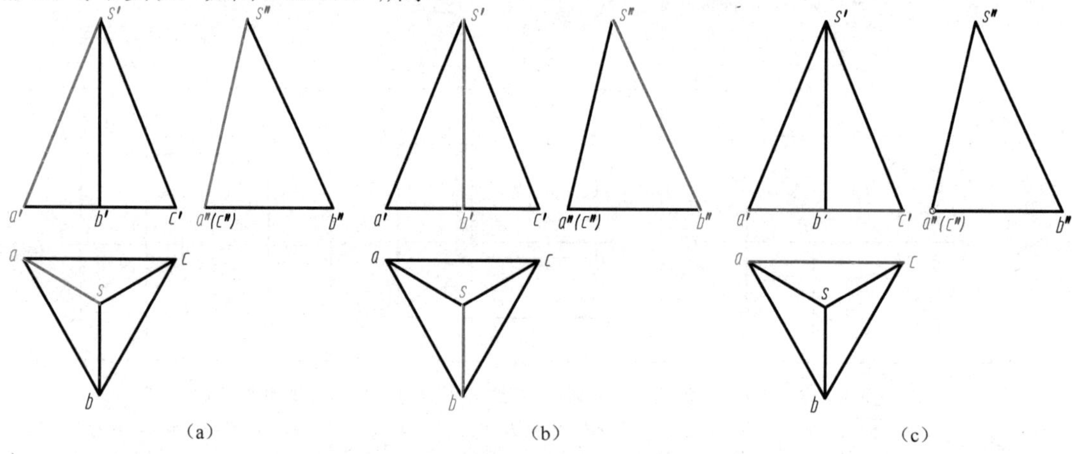

(a)　　(b)　　(c)

图 2-23　分析棱线与投影面的相对位置

三、属于直线的点

直线上点的投影有下列从属关系：

如果一个点在直线上，则此点的各个投影必在该直线的同面投影上。反之，如果点的各个投影都在直线的同面投影上，则该点一定在该直线上。如图 2-24 所示，点 K 在直线 AB

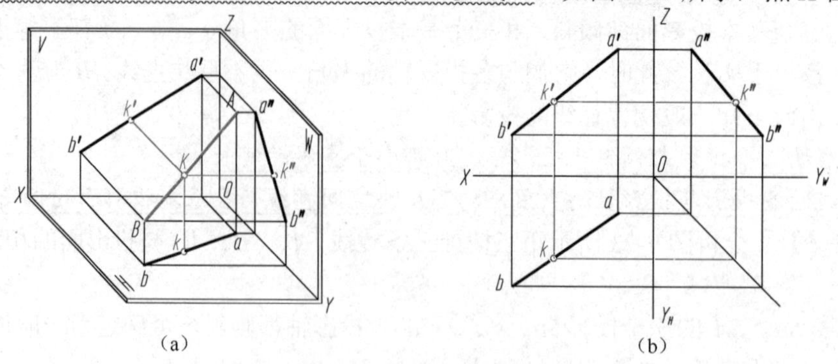

(a)　　(b)

图 2-24　直线上点的投影

上，则 k 在 ab 上，k'在 $a'b'$上，k''在 $a''b''$上。

提示：若点的一个投影不在直线的同面投影上，则可判定该点不在该直线上。

【例 2-7】 如图 2-25（a）所示，已知点 M 在直线 AB 上，求作它们的第三面投影。

分析

由于点 M 在直线 AB 上，所以点 M 的另两面投影必在 AB 的同面投影上。

作图

① 首先求出直线 AB 的水平投影 ab，如图 2-25（b）所示。

② 过 m'作 OX、OZ 轴垂线，分别与 ab、$a''b''$相交，求得 m 和 m''，如图 2-25（c）所示。

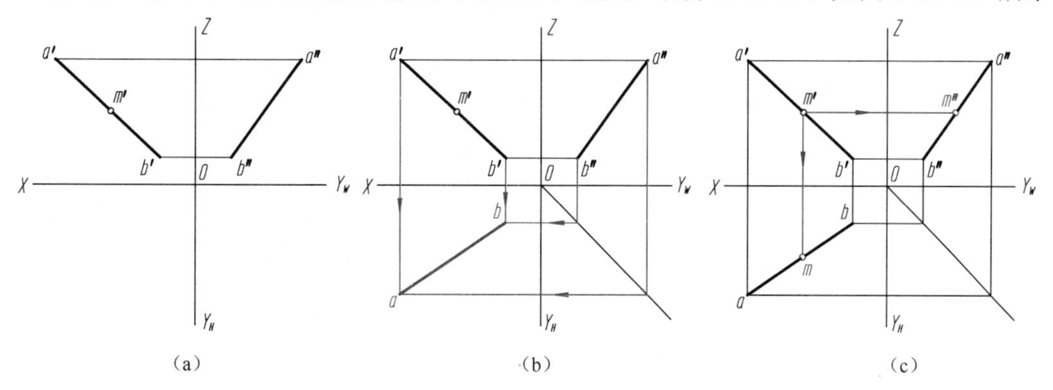

图 2-25　求直线上点的投影

四、两直线的相对位置

空间两直线的相对位置有三种，即平行、相交和交叉。平行两直线和相交两直线都可以组成一个平面，而交叉两直线则不能，所以交叉两直线又称为异面直线。

1．平行两直线

若空间两直线相互平行，则其各组同面投影必相互平行；若两直线的各组同面投影分别相互平行，则空间两直线必相互平行。

如图 2-26 所示，$AB // CD$，则 $ab // cd$、$a'b' // c'd'$、$a''b'' // c''d''$。

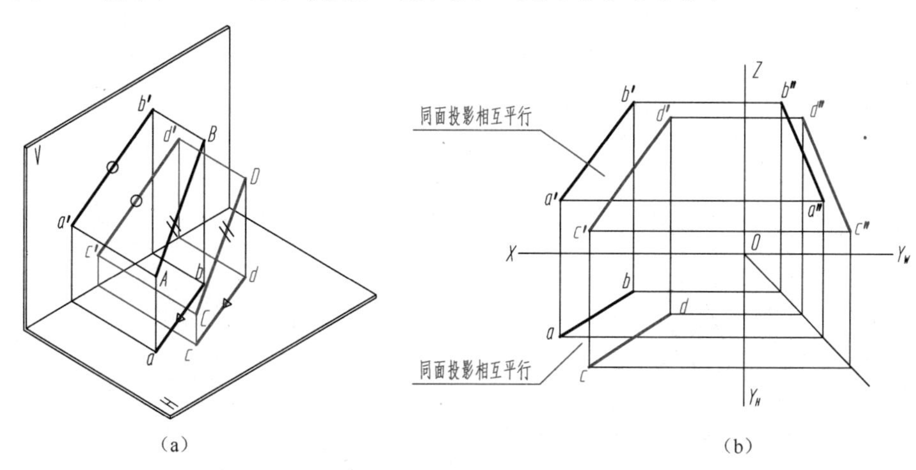

图 2-26　平行两直线的投影

> 提示：对两条一般位置直线来说，只要有任意两个同面投影相互平行，就可判定这两条直线在空间一定平行。但对两条同为某一投影面的平行线来说，则需从两直线在该投影面上的投影来判定。

【例 2-8】 如图 2-27（a）所示，判断 *AB* 与 *CD* 两直线是否平行。

分析

AB 和 *CD* 为两条侧平线。在这种情况下，仅凭 $ab // cd$ 和 $a'b' // c'd'$，还不能判定 *AB* 与 *CD* 是否平行，必须求出它们的侧面投影才能判定。

作图

① 首先求出直线 *AB* 的侧面投影 $a''b''$，如图 2-27（b）所示。

② 再求出直线 *CD* 的侧面投影 $c''d''$。由于 $a''b''$ 与 $c''d''$ 交叉，故 *AB* 与 *CD* 不平行，如图 2-27（c）所示。

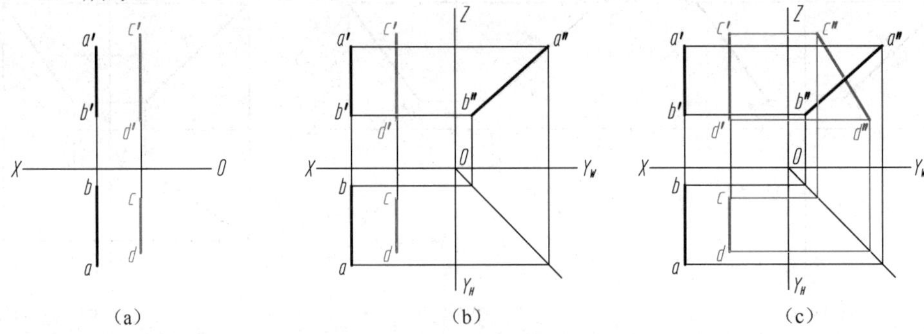

图 2-27 判断两直线是否平行

同样，判定两水平线是否平行，应从它们的水平投影进行判定；判定两正平线是否平行，应从它们的正面投影进行判定。

2．相交两直线

若空间两直线相交，则其各组同面投影必定相交，交点为两直线的共有点，且符合点的投影规律；若两直线的各组同面投影都相交，且交点符合点的投影规律，则两直线在空间必定相交。

如图 2-28（a）所示，直线 *AB* 和 *CD* 相交于点 *K*，点 *K* 是直线 *AB* 和 *CD* 的共有点。根据点属于直线的投影特性，可知 *k* 既属于 *ab*，又属于 *cd*，即 *k* 一定是 *ab* 和 *cd* 的交点。同理，k'必定是 $a'b'$和 $c'd'$的交点；k''也必定是 $a''b''$和 $c''d''$的交点。由于 *k*、k'和 k''是点 *K* 的三面投影，因此，*k*、k'的连线垂直于 *X* 轴，k'和 k''的连线垂直于 *Z* 轴，如图 2-28（b）所示。

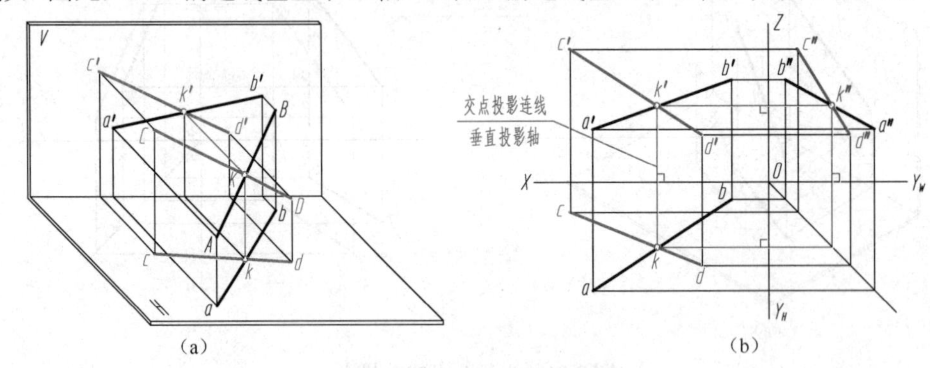

图 2-28 相交两直线的投影

> 提示：对两条一般位置直线来说，只要任意两个同面投影交点的连线垂直于相应的投影轴，就可判定这两条直线在空间一定相交。

【例 2-9】　如图 2-29（a）所示，已知两相交直线 AB 和 CD 的水平投影，直线 AB 和点 C 的正面投影，求直线 CD 的正面投影。

分析

水平投影 ab 与 cd 的交点 k 应为交点 K 的水平投影。利用两直线相交的投影特性，即可求得交点 K 的正面投影 k'。d'应在 $c'k'$的延长线上。

作图

① 过 ab 与 cd 的交点 k 作 X 轴的垂线，与 $a'b'$相交于 k'，如图 2-29（b）所示。

② 过 d 作 X 轴的垂线，与 $c'k'$的延长线相交于 d'，则 $c'd'$即为所求，如图 2-29（c）所示。

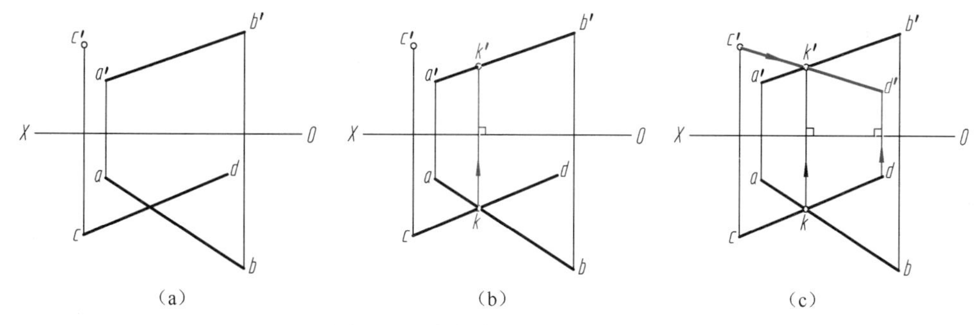

图 2-29　求直线 CD 的正面投影

3. 交叉两直线

在空间既不平行又不相交的两直线，称为交叉两直线，亦称异面直线；如果两直线的投影不符合平行或相交两直线的投影规律，则可判定为空间交叉两直线。

如图 2-30（a）所示，直线 AB 与 CD 不平行，它们的各组同面投影不会都平行（可能有一两组平行）；又因 AB、CD 不相交，各组同面投影交点的连线不会垂直于相应的投影轴，即不符合点的投影规律，如图 2-30（b）所示。

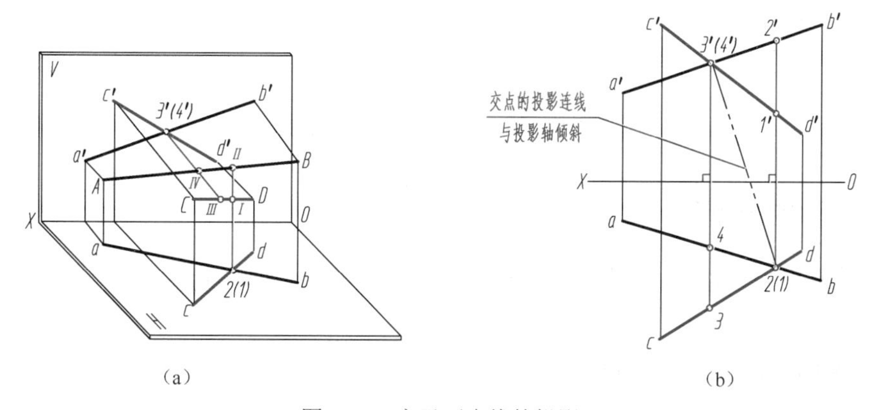

图 2-30　交叉两直线的投影

那么，ab 与 cd 的交点又有什么意义呢？它实际上是直线 AB 上的点 II和直线 CD 上的

点 *I* 这一对重影点在 *H* 面上的投影。

从正面投影可以看出：$z_{II}>z_I$，对水平投影来说，直线 *AB* 上的点 *II* 在直线 *CD* 上的点 *I* 的上方，点 *II* 是可见的，而点 *I* 是不可见的，故标记为 2（1）。

a'b' 与 *c'd'* 的交点，则是直线 *CD* 上的点 *III* 和直线 *AB* 上的点 *IV* 这一对重影点在 *V* 面上的投影。由于 $y_{III}>y_{IV}$，直线 *CD* 上的点 *III* 在直线 *AB* 上的点 *IV* 的前方，因此点 *III* 可见，而点 *IV* 不可见，故标记为 3′（4′）。

重影点这一概念常用来判别可见性。

【例 2-10】 如图 2-31（a）所示，试判别两根交叉管子 *AB* 和 *CD* 的相对位置，并判别可见性，省略不可见部分的细虚线。

判别

① 首先将交叉两管子抽象成交叉两直线，如图 2-31（b）所示。它们的水平投影 *ab* 和 *cd* 交于一点 2（1），即为交叉两直线对 *H* 面的重影点的投影。点 *II* 比点 *I* 高，故可判定直线 *CD* 上的点 *II* 在直线 *AB* 上的点 *I* 的上方，因此管子 *AB* 的水平投影被管子 *CD* 的水平投影遮挡；点 3′（4′）为交叉两直线对 *V* 面的重影点的投影。点 *III* 在点 *IV* 的前面，故可判定直线 *AB* 上的点 *III* 在直线 *CD* 上的点 *IV* 的前面，因此管子 *CD* 的正面投影被管子 *AB* 的正面投影遮挡。

② 根据以上分析，将正面投影和水平投影中被遮挡的部分擦掉（或用细虚线表示），如图 2-31（c）所示。

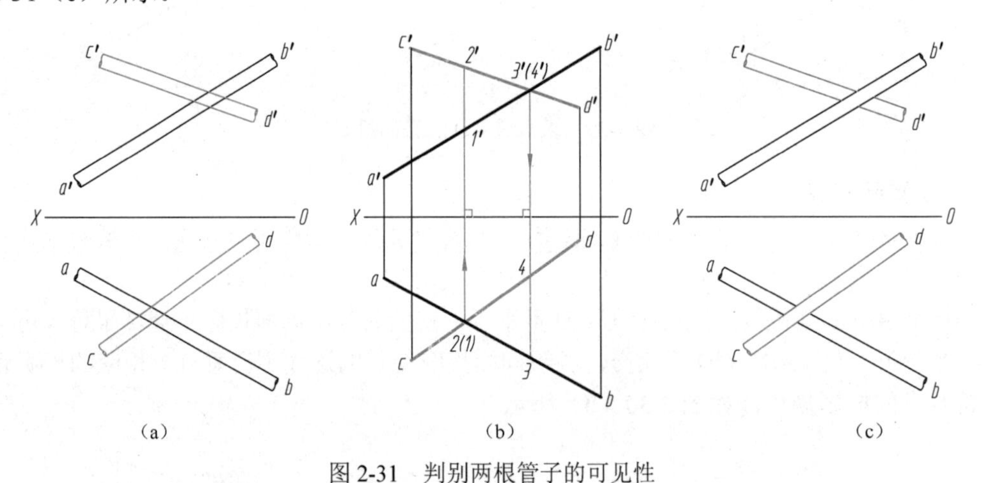

图 2-31 判别两根管子的可见性

第五节 平面的投影

一、平面的表示法

不属于同一直线的三点可确定一平面。因此，平面可以用图 2-32 中任何一组几何要素的投影来表示。在投影图中，常用平面图形来表示空间的平面。

二、各种位置平面的投影

在三投影面体系中，按与投影面的相对位置，平面可分为三种：

（1）投影面平行面（特殊位置平面） 平行于一个基本投影面的平面，如图 2-33 中的

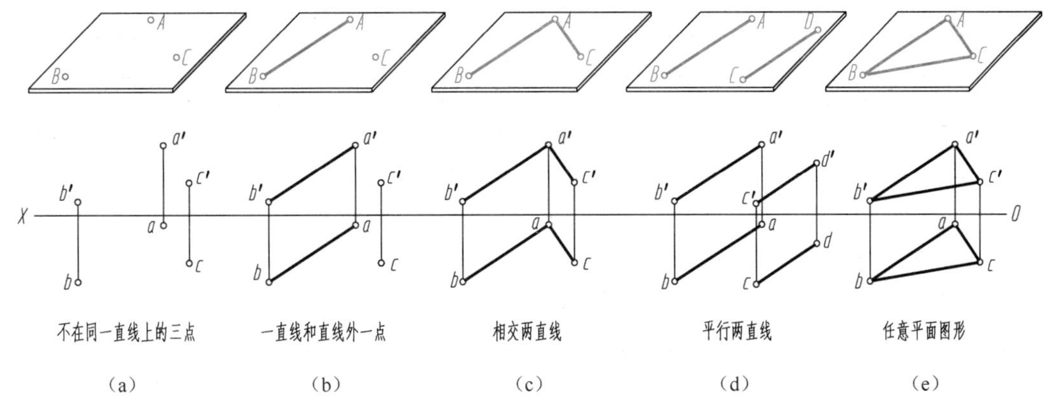

图 2-32　平面的表示法

A 面、*B* 面和 *C* 面。

(2) 投影面垂直面（特殊位置平面）　与一个基本投影面垂直，与另两个基本投影面成倾斜位置的平面，如图 2-33 中的 *D* 面、*E* 面和 *F* 面。

(3) 一般位置平面　与三个基本投影面均成倾斜位置的平面，如图 2-33 中的 *G* 面。

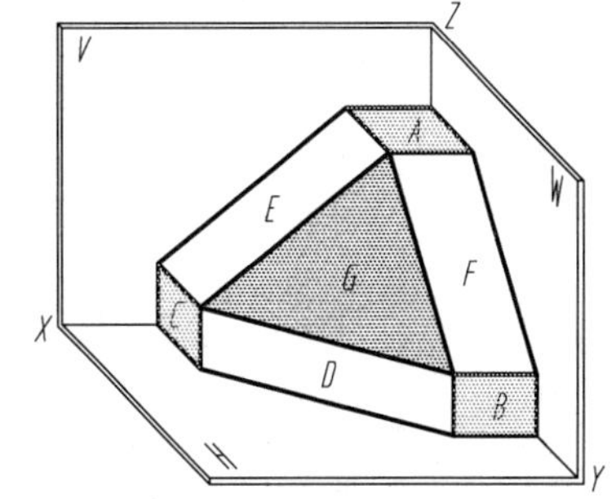

图 2-33　各种位置平面的投影

1. 投影面平行面

投影面平行面共有三种：

水平面——平行于 *H* 面的平面（图 2-33 中的 *A* 面）。

正平面——平行于 *V* 面的平面（图 2-33 中的 *B* 面）。

侧平面——平行于 *W* 面的平面（图 2-33 中的 *C* 面）。

各种平行面的投影特性，列于表 2-3 中。

2. 投影面垂直面

表 2-3　投影面平行面的投影特性

名称	水平面（// *H* 面）	正平面（// *V* 面）	侧平面（// *W* 面）
轴测图	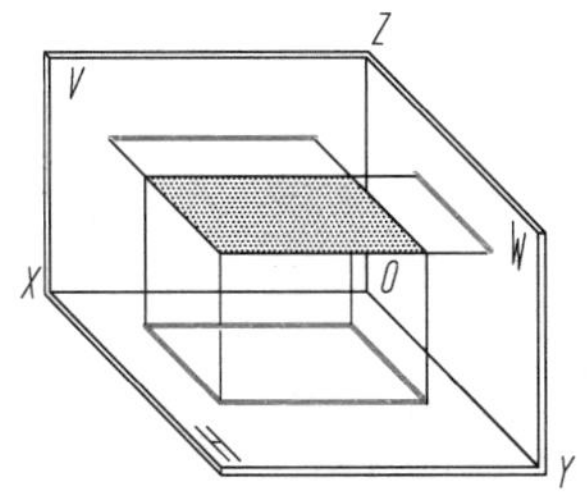	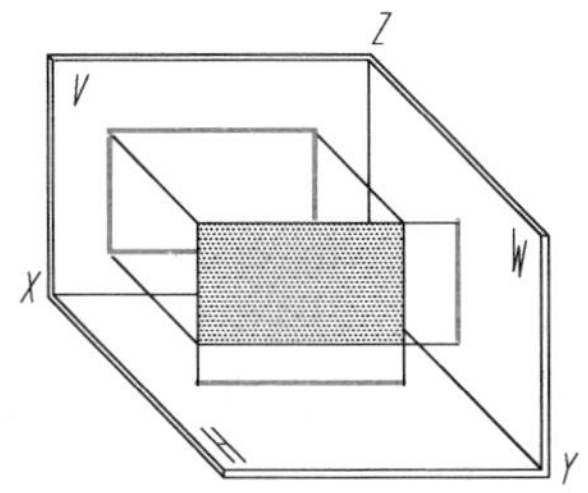	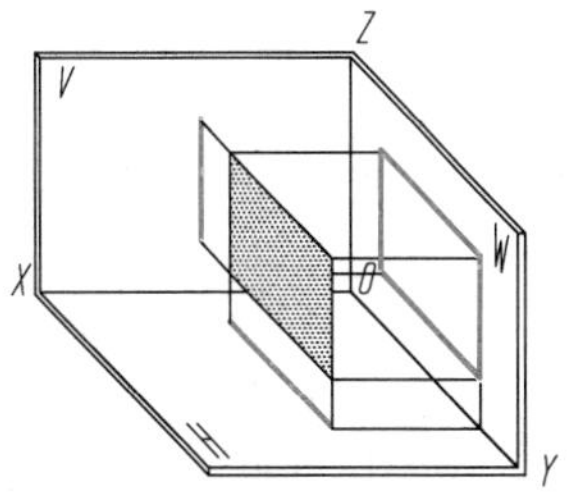
投影	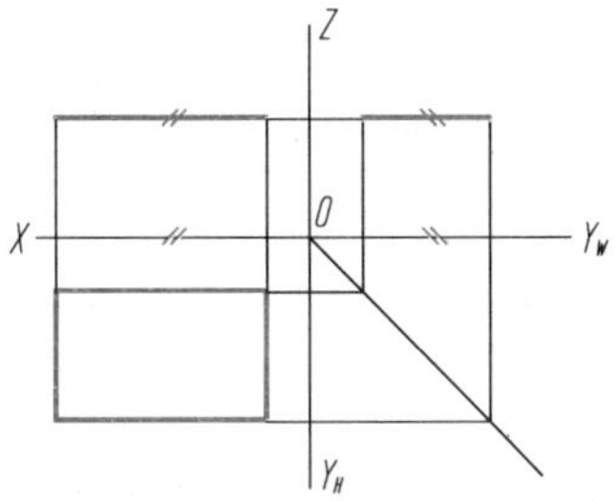	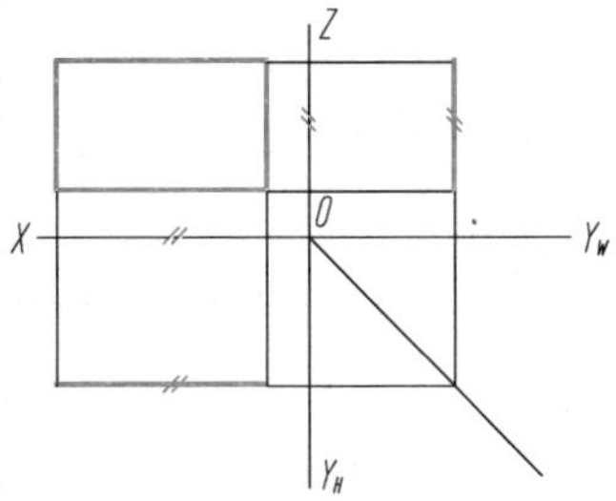	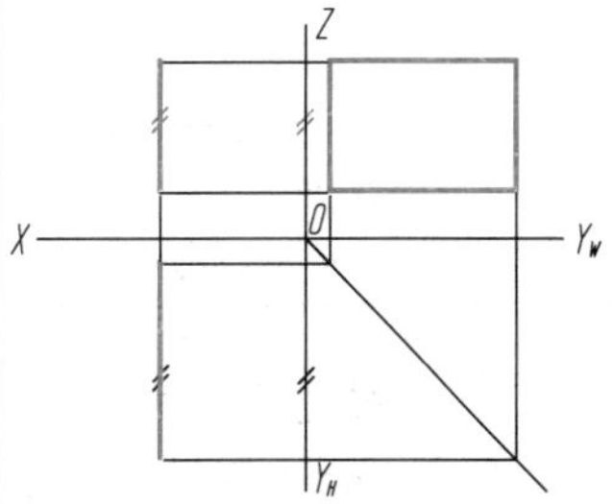

续表

名称	水平面（//*H*面）	正平面（//*V*面）	侧平面（//*W*面）
投影特性	① 水平投影反映实形 ② 正面投影积聚成直线，且平行于 *X* 轴 ③ 侧面投影积聚成直线，且平行于 Y_W 轴	① 正面投影反映实形 ② 水平投影积聚成直线，且平行于 *X* 轴 ③ 侧面投影积聚成直线，且平行于 *Z* 轴	① 侧面投影反映实形 ② 正面投影积聚成直线，且平行于 *Z* 轴 ③ 水平投影积聚成直线，且平行于 Y_H 轴
	① 平面在所平行的投影面上的投影反映实形 ② 其他两面投影积聚成直线，且平行于相应的投影轴		

投影面垂直面也有三种：

铅垂面——垂直于 *H* 面，与 *V* 面、*W* 面倾斜的平面（图 2-33 中的 *D* 面）。

正垂面——垂直于 *V* 面，与 *H* 面、*W* 面倾斜的平面（图 2-33 中的 *E* 面）。

侧垂面——垂直于 *W* 面，与 *V* 面、*H* 面倾斜的平面（图 2-33 中的 *F* 面）。

各种垂直面的投影特性，列于表 2-4 中。

表 2-4　投影面垂直面的投影特性

名称	铅垂面（⊥*H*面）	正垂面（⊥*V*面）	侧垂面（⊥*W*面）
轴测图	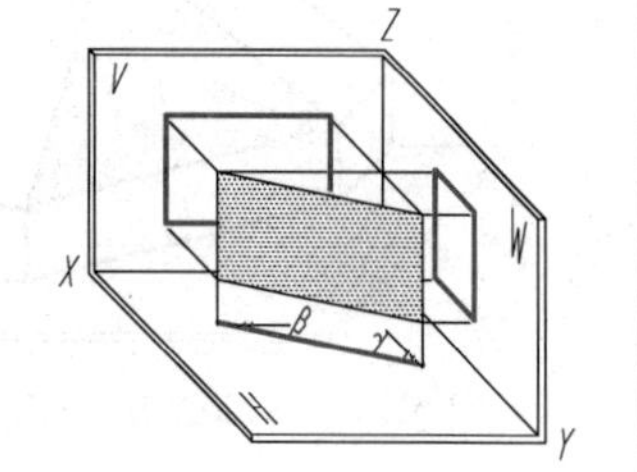	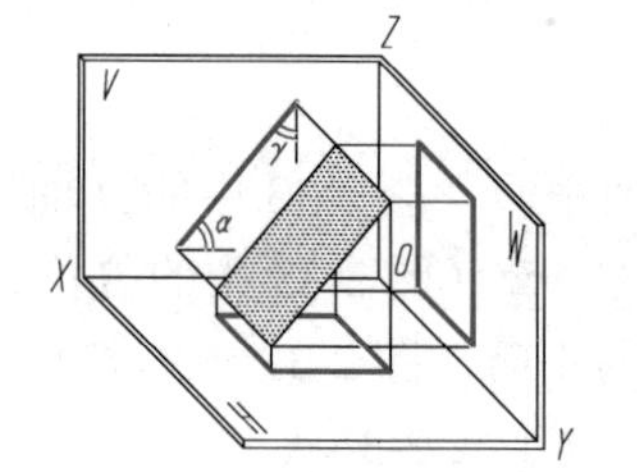	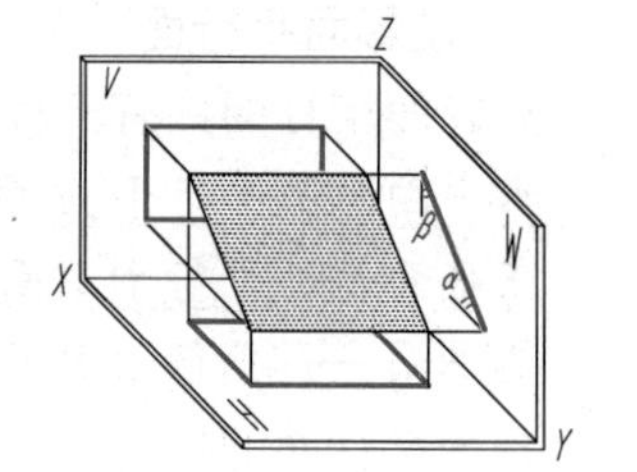
投影	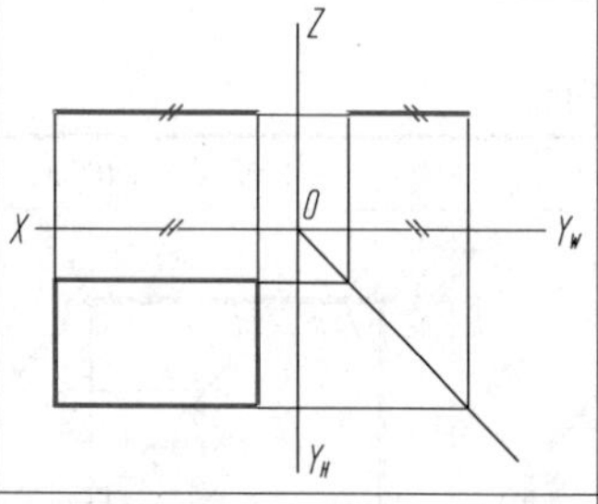	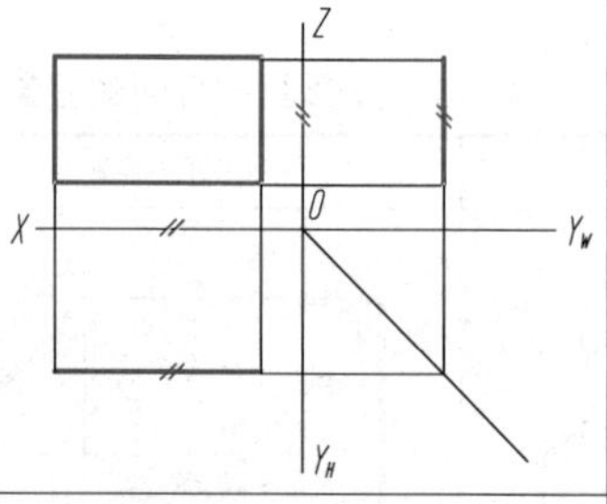	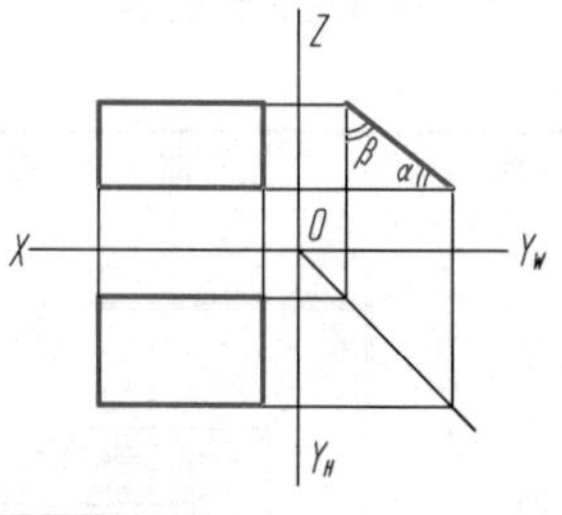
投影特性	① 水平投影积聚成直线，该直线与 *X*、Y_H 轴的夹角 β、γ，等于平面对 *V*、*W* 面的倾角 ② 正面投影和侧面投影为原形的类似形	① 正面投影积聚成直线，该直线与 *X*、*Z* 轴的夹角 α、γ，等于平面对 *H*、*W* 面的倾角 ② 水平面投影和侧面投影为原形的类似形	① 侧面投影积聚成直线，该直线与 Y_W、*Z* 轴的夹角 α、β，等于平面对 *H*、*V* 面的倾角 ② 正面投影和水平面投影为原形的类似形
	① 平面在所垂直的投影面上的投影，积聚成与投影轴倾斜的直线，该直线与投影轴的夹角等于平面对相应投影面的倾角 ② 其他两面投影均为原形的类似形		

3. 一般位置平面

由于一般位置平面与三个基本投影面都倾斜，其三面投影均不反映实形，都是小于原平面的类似形。

如图 2-34（a）所示，图中的 G 面对三个投影面都倾斜，其水平投影、正面投影和侧面投影都没有积聚性，均为小于实形的三角形，如图 2-34（b）所示。

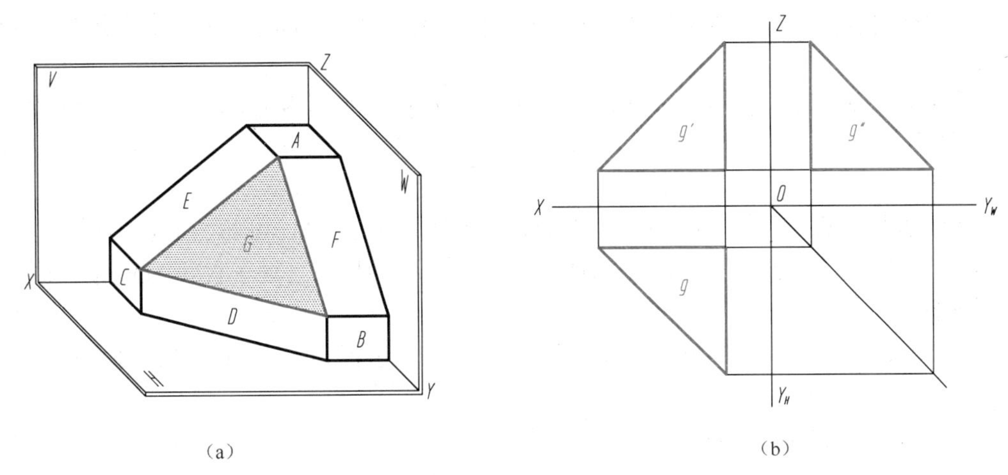

图 2-34　一般位置平面的投影特性

【例 2-11】　分析图 2-35 中正三棱锥的三个面（底面 ABC、后面 SAC、左前面 SAB）与投影面的相对位置。

分析

① 底面 ABC。如图 2-35（a）所示，其 V 面和 W 面的投影积聚成水平线，分别平行于 X 轴和 Y 轴，可确定底面 ABC 是水平面，水平投影反映实形。

② 后面 SAC。如图 2-35（b）所示，从 W 面投影中的重影点 a''（c''）可知，AC 边是侧垂线。根据几何定理，平面内的任一直线垂直于另一平面，则两平面相互垂直。由此可判断后面 SAC 是侧垂面，侧面投影积聚成一直线。

③ 左前面 SAB。如图 2-35（c）所示，棱面 SAB 的三个投影 sab、$s'a'b'$、$s''a''b''$都没有积聚性，均为类似形（三角形），由此可判断左前面 SAB 是一般位置平面。

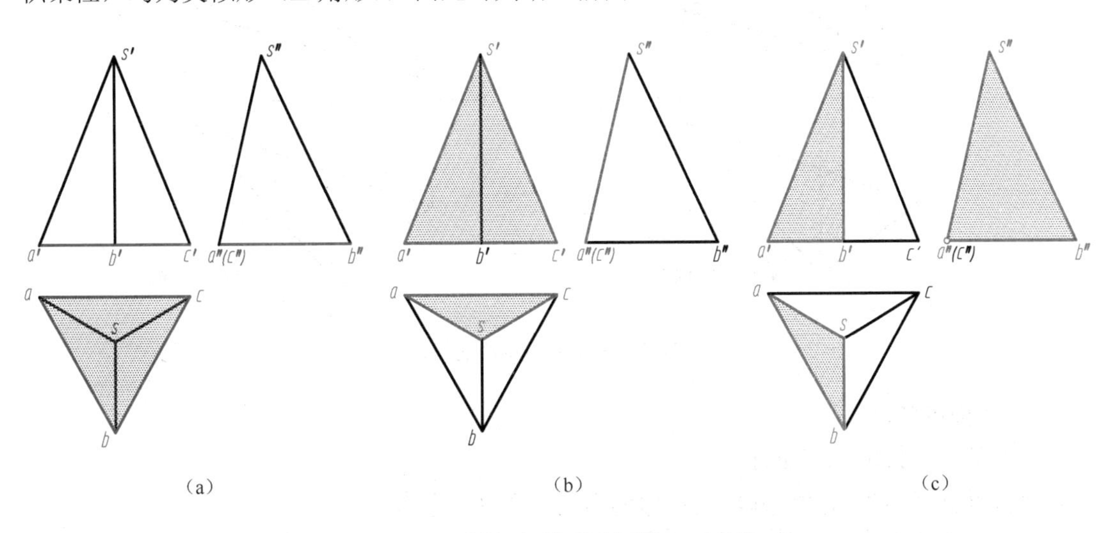

图 2-35　分析平面与投影面的相对位置

三、平面内直线和点的投影

1. 平面内的直线

直线从属于平面的几何条件是：

一直线经过平面内的任意两点；或一直线经过平面内的一点，且平行于平面内的另一已知直线。

【例 2-12】 如图 2-36（a）所示，已知△*ABC* 所在平面内的直线 *EF* 的正面投影 *e'f'*，求水平投影 *ef*。

分析

如图 2-36（b）所示，直线 *EF* 在△*ABC* 平面内，延长 *EF*，可与△*ABC* 的边线交于 *M*、*N*，则直线 *EF* 是△*ABC* 平面内直线 *MN* 的一部分，它的投影必属于直线 *MN* 的同面投影。

作图

① 延长 *e'f'*，交 *a'b'* 于 *m'*、交 *b'c'* 于 *n'*，由 *m'*、*n'* 求得 *m*、*n* 并作连线，如图 2-36（c）所示。

② 过 *e'f'* 作 *X* 轴的垂线，在 *mn* 线上求得 *ef*，连接 *ef* 即为所求，如图 2-36（d）所示。

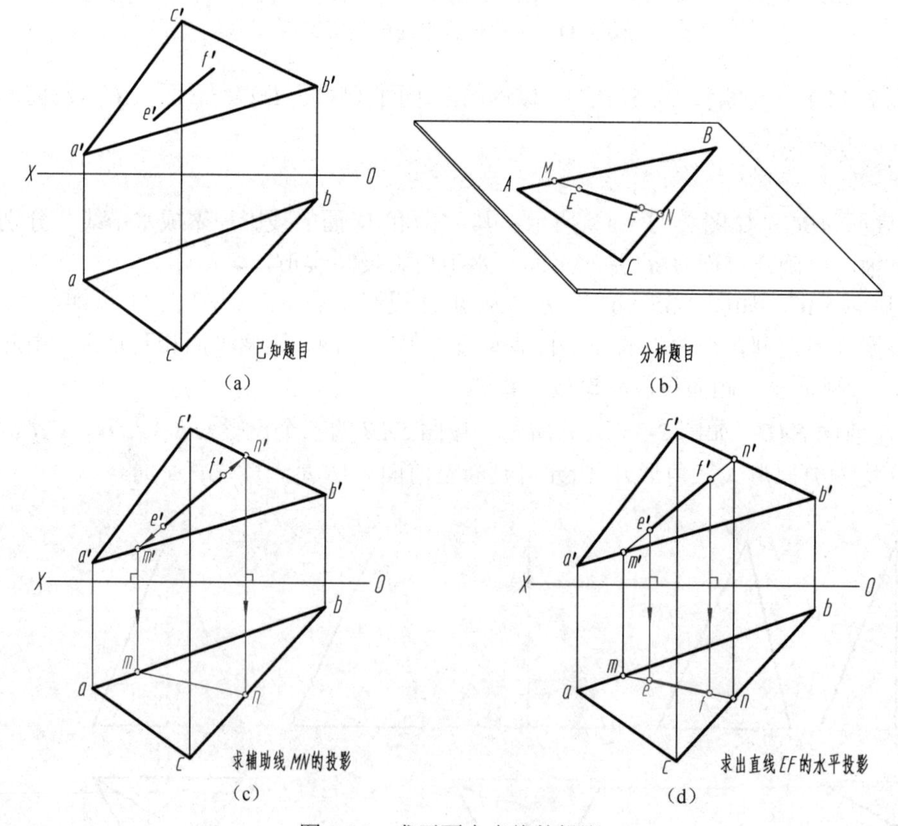

图 2-36 求平面内直线的投影

2. 平面内的点

点从属于平面的几何条件是：

若一点在平面内的任一直线上，则此点必定在该平面内。

因此，在平面内取点时，应先在平面内取直线，再在该直线上取点。

【例 2-13】 如图 2-37（a）所示，已知△*ABC* 所在平面内点 *E* 的正面投影 *e*′和点 *F* 的水平投影 *f*，求作它们的另一面投影。

分析

因为点 *E*、*F* 在△*ABC* 所在平面上，故过点 *E*、*F* 在△*ABC* 平面上各作一条辅助直线，则点 *E*、*F* 的两个投影必定在相应的辅助直线的同面投影上。

作图

① 过 *e*′任作一条辅助直线 *a*′1′，求出水平投影 *a*1，如图 2-37（b）所示。

② 过 *e*′作 *X* 轴的垂线与 *a*1 相交，交点 *e* 即为所求，如图 2-37（c）所示。

③ 连接 *fa* 作为辅助直线，*fa* 与 *bc* 相交于 2，如图 2-37（d）所示。

④ 过 2 作 *X* 轴的垂线与 *b*′*c*′相交，求出正面投影 2′，如图 2-37（e）所示。

⑤ 过 *f* 作 *X* 轴的垂线，与 *a*′2′的延长线相交，交点 *f*′即为所求，如图 2-37（f）所示。

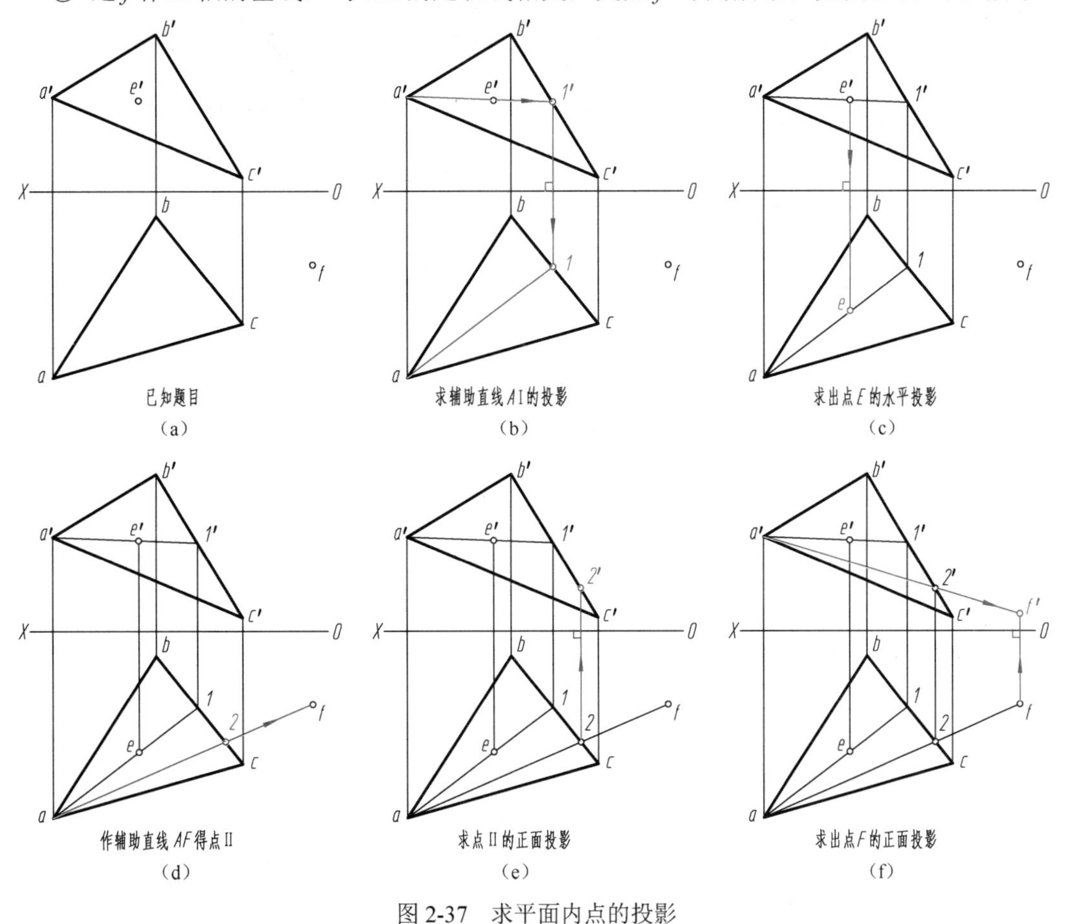

图 2-37　求平面内点的投影

【例 2-14】 如图 2-38（a）所示，在△*ABC* 平面上取一点 *K*，距离 *V* 面 14mm，距离 *H* 面 16mm。

分析

按题目要求，点 *K* 是已知平面上距离 *V* 面 14mm 的点，它一定位于该面上的一条距离 *V* 面为 14mm 的正平线上。同时，点 *K* 距离 *H* 面 16mm，它也一定位于该面上的一条距离 *H* 面为 16mm 的水平线上。因此，点 *K* 必然是该面上的上述两投影面平行线的交点。

作图

① 先在平面上作距离 V 面为 14mm 的正平线（12→1′2′）；再在该面上作距离 H 面为 16mm 的水平线（3′4′→34），如图 2-38（b）所示。

② 正平线与水平线同面投影的交点 k 和 k'，即为所求点 K 的投影，如图 2-38（c）所示。

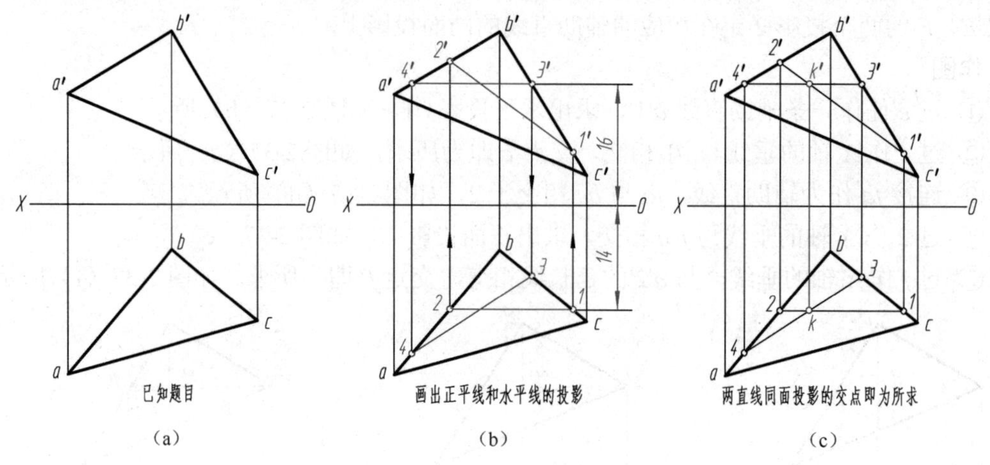

图 2-38　在一般位置平面内取点

第三章　立体及其表面交线

第一节　几何体的投影

几何体分为平面立体和曲面立体。表面均为平面的立体，称为平面立体；表面由曲面、或曲面与平面组成的立体，称为曲面立体。

本节重点讨论上述两类立体的三视图画法，以及在立体表面上取点的作图问题。

一、平面立体

1．棱柱

（1）三棱柱的三视图　图 3-1（a）表示一个正三棱柱的投影。它的顶面和底面为水平面，三个矩形侧面中，后面是正平面，左右两面为铅垂面，三条侧棱为铅垂线。

画三棱柱的三视图时，先画顶面和底面的投影，在水平投影中，它们均反映实形（等边三角形）且重影；其正面和侧面投影都有积聚性，分别为平行于 X 轴和 Y 轴的直线；三条侧棱的水平投影都有积聚性，为三角形的三个顶点，它们的正面和侧面投影，均平行于 Z 轴且反映了棱柱的高。画完这些面和棱线的投影，即得到三棱柱的三视图，如图 3-1（b）所示。

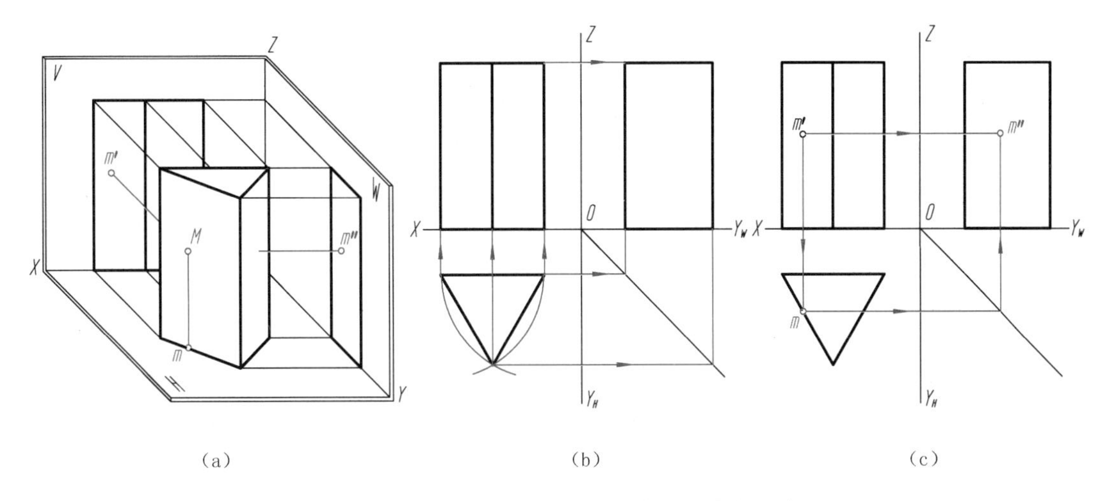

图 3-1　正三棱柱的三视图及其表面上点的求法

（2）棱柱表面上的点　求体表面上点的投影，应依据在平面上取点的方法作图。但需判别点的投影的可见性：若点所在表面的投影可见，则点的同面投影也可见；反之为不可见。对不可见的点的投影，需加圆括号表示。

如图 3-1（c）所示，已知三棱柱上一点 M 的正面投影 m'，求 m 和 m''的方法是：按 m' 的位置和可见性，可判定点 M 在三棱柱的左侧面上。因点 M 所在平面为铅垂面，因此，其水平投影 m 必落在该平面有积聚性的水平投影上。于是，根据 m'和 m 即可求出侧面投影 m''。由于点 M 在三棱柱的左侧面上，该棱面的侧面投影可见，故 m''可见（不加圆括号）。

提示：对不可见的点的投影，需加圆括号表示；具有积聚性平面上的点，在其积聚性投影中视为可见的。

2. 棱锥

（1）棱锥的三视图　图 3-2（a）表示正三棱锥的投影。它由底面△*ABC* 和三个棱面△*SAB*、△*SBC* 和△*SAC* 所组成。底面为水平面，其水平投影反映实形，正面和侧面投影积聚成直线。棱面△*SAC* 为侧垂面，侧面投影积聚成直线，水平面投影和正面投影都是类似形。棱面△*SAB* 和△*SBC* 为一般位置平面，其三面投影均为类似形。棱线 *SB* 为侧平线，棱线 *SA*、*SC* 为一般位置直线，棱线 *AC* 为侧垂线，棱线 *AB*、*AC* 为水平线。它们的投影特性读者可自行分析。

画正三棱锥的三视图时，先画出底面△*ABC* 的各面投影，如图 3-2（b）所示；再画出锥顶 *S* 的各面投影，连接各顶点的同面投影，即为正三棱锥的三视图，如图 3-2（c）所示。

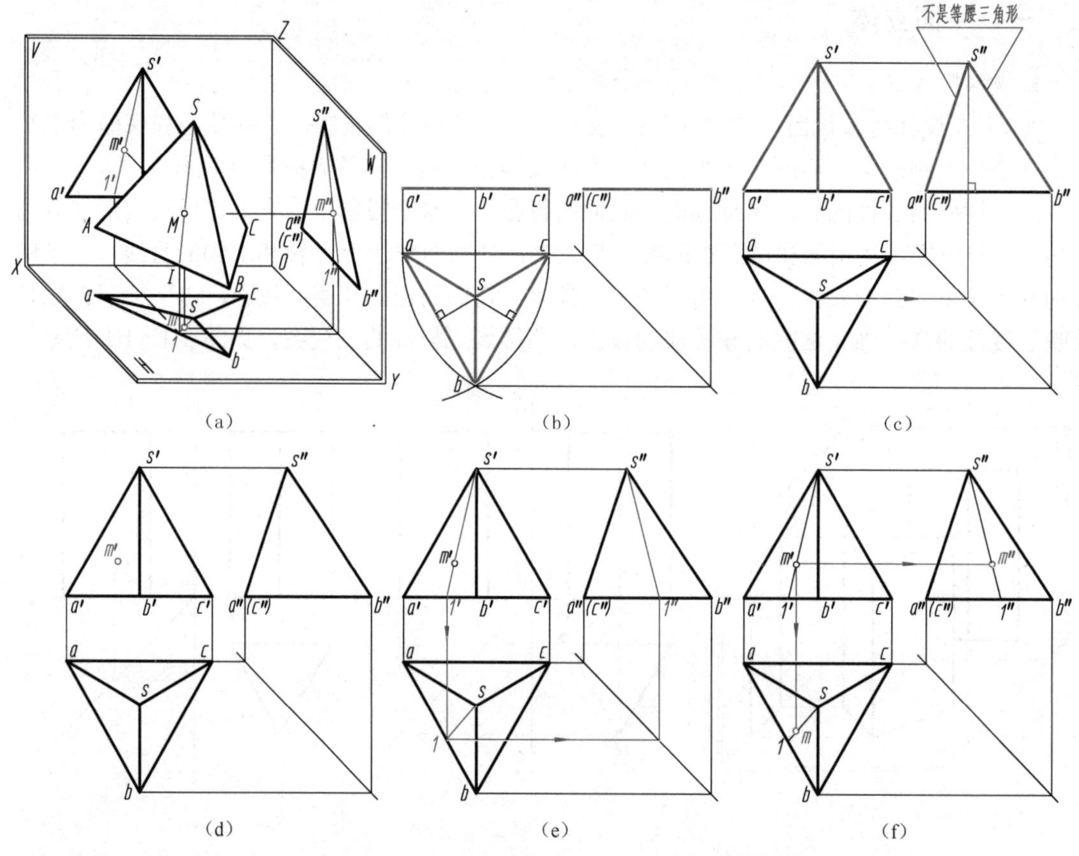

图 3-2　正三棱锥的三视图及其表面上点的求法

提示：正三棱锥的左视图并不是等腰三角形，如图 3-2（c）所示。

（2）棱锥表面上的点　正三棱锥的表面有特殊位置平面，也有一般位置平面。特殊位置平面上的点的投影，可利用该平面投影的积聚性直接作图；一般位置平面上点的投影，可通过在平面上作辅助线的方法求得。

如图 3-2（d）所示，已知棱面△*SAB* 上点 *M* 的正面投影 *m'*，求点 *M* 的其他两面投影。棱面△*SAB* 是一般位置平面，先过锥顶 *S* 及点 *M* 作一辅助线，求出辅助线的其他两面投影 *s*1

和 $s''1''$，如图 3-2（e）所示；然后根据点在直线上的投影特性，由 m'求出其水平投影 m 和侧面投影 m''，如图 3-2（f）所示。

提示：若过点 M 作一水平辅助线，同样可求得点 M 的其他两面投影。

二、曲面立体

1．圆柱

（1）圆柱面的形成　如图 3-3（a）所示，圆柱面可看作一条直线 AB 围绕与它平行的轴线 OO 回转而成。OO 称为轴线，直线 AB 称为母线，母线转至任一位置时称为素线。这种由一条母线绕轴线回转而形成的表面称为回转面；由回转面构成的立体称为回转体。

（2）圆柱的三视图　由图 3-3（b）可以看出，圆柱的主视图为一个矩形线框。其中左右两轮廓线是两组由投射线组成（和圆柱面相切）的平面与 V 面的交线。这两条交线也正是圆柱面上最左、最右素线的投影，它们把圆柱面分为前后两部分，其投影前半部分可见，后半部分不可见，而这两条素线是可见与不可见的分界线。最左、最右素线的侧面投影和轴线的侧面投影重合（不需画出其投影），水平投影在横向对称中心线和圆周的交点处。矩形线框的上、下两边分别为圆柱顶面、底面的积聚性投影。

图 3-3（c）为圆柱的三视图。俯视图为一圆形线框。由于圆柱轴线是铅垂线，圆柱表面所有素线都是铅垂线，因此，圆柱面的水平投影积聚成一个圆。同时，圆柱顶面、底面的投影（反映实形），也与该圆相重合。画圆柱的三视图时，一般先画投影具有积聚性的圆，再根据投影规律和圆柱的高度完成其他两个视图。

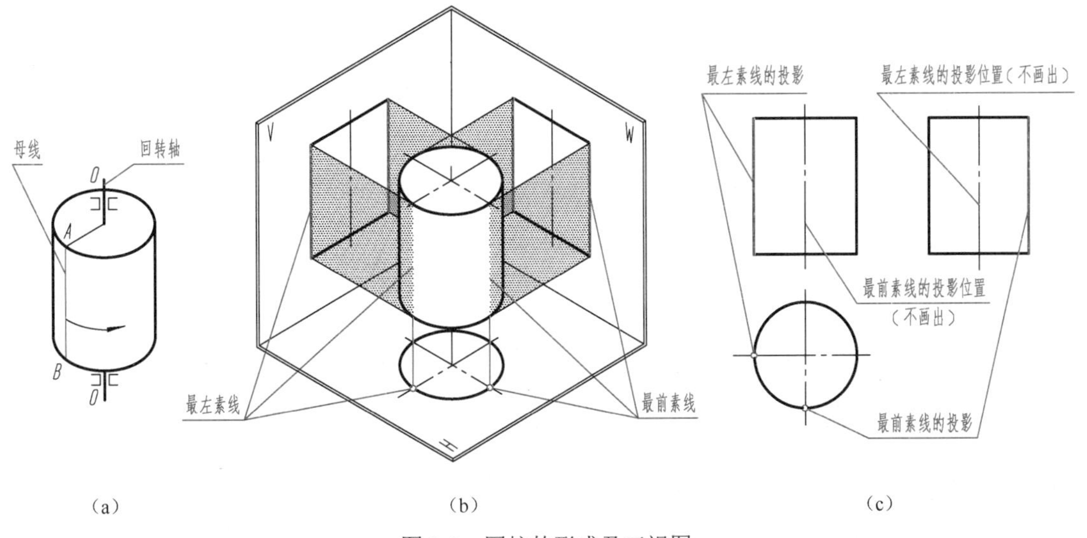

图 3-3　圆柱的形成及三视图

（3）圆柱表面上的点　如图 3-4（a）所示，已知圆柱面上点 M 的正面投影 m'，求另两面投影 m 和 m''。根据给定的 m'的位置，可判定点 M 在前半圆柱面的左半部分；因圆柱面的水平投影有积聚性，故 m 必在前半圆周的左部，m''可根据 m'和 m 求得，如图 3-4（b）所示。又知圆柱面上点 N 的侧面投影 n''，其他两面投影 n 和 n'的求法和可见性，如图 3-4（c）所示。

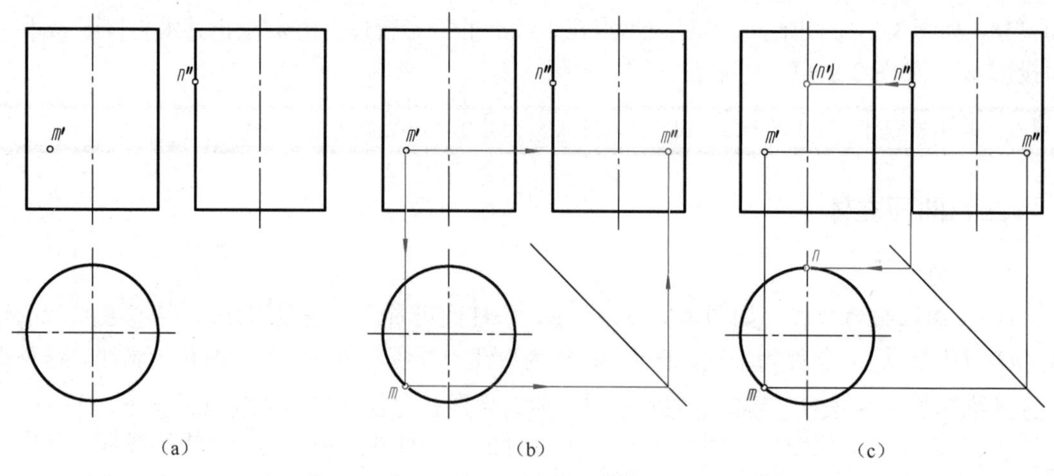

图 3-4　圆柱表面上点的求法

2．圆锥

（1）圆锥面的形成　圆锥面可看作由一条直母线 *SA* 围绕和它相交的轴线回转而成，如图 3-5（a）所示。

（2）圆锥的三视图　图 3-5（b）为圆锥的三视图。俯视图的圆形，反映圆锥底面的实形，同时也表示圆锥面的投影。主、左视图的等腰三角形线框，其下边为圆锥底面的积聚性投影。主视图中三角形的左、右两边，分别表示圆锥面最左素线 *SA* 和最右素线 *SB*（反映实长）的投影，它们是圆锥面正面投影可见与不可见部分的分界线；左视图中三角形的两边，分别表示圆锥面最前、最后素线 *SC*、*SD* 的投影（反映实长），它们是圆锥面侧面投影可见与不可见的分界线。

画圆锥的三视图时，先画出圆锥底面的各个投影，再画出锥顶点的投影，然后分别画出特殊位置素线的投影，即完成圆锥的三视图。

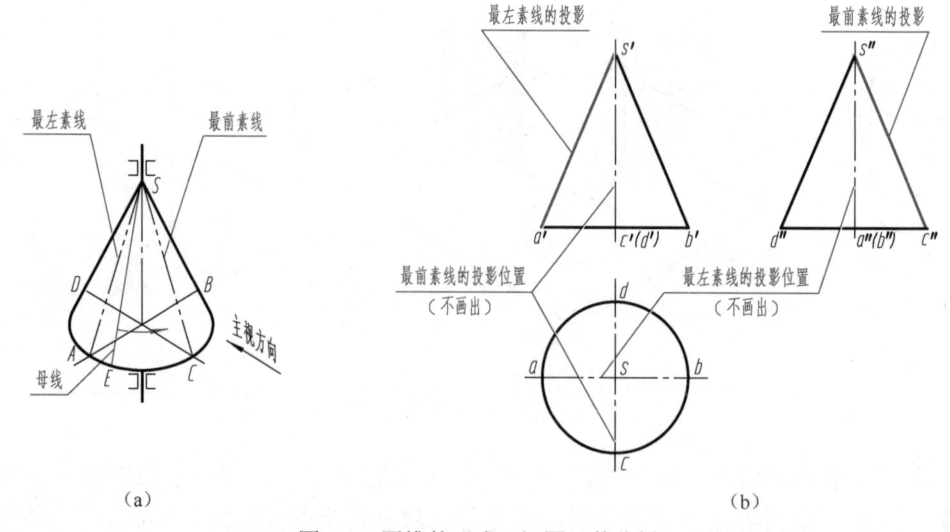

图 3-5　圆锥的形成、视图及其分析

（3）圆锥表面上的点　如图 3-6（a）、（d）所示，已知圆锥面上的点 *M* 的正面投影 *m*′，在圆锥表面作辅助线或辅助圆，都可求出 m 和 m''。根据 M 的位置和可见性，可判定点 M 在前、左圆锥面上，点 M 的三面投影均可见。作图可采用如下两种方法。

第一种方法——辅助素线法

① 过锥顶 S 和点 M 作一辅助线 S Ⅰ，即连接 $s'm'$，并延长到与底面的正面投影相交于 $1'$，求得 $s1$ 和 $s''1''$，如图 3-6（b）所示。

② 根据点在直线上的投影规律作出 m 和 m''，如图 3-6（c）所示。

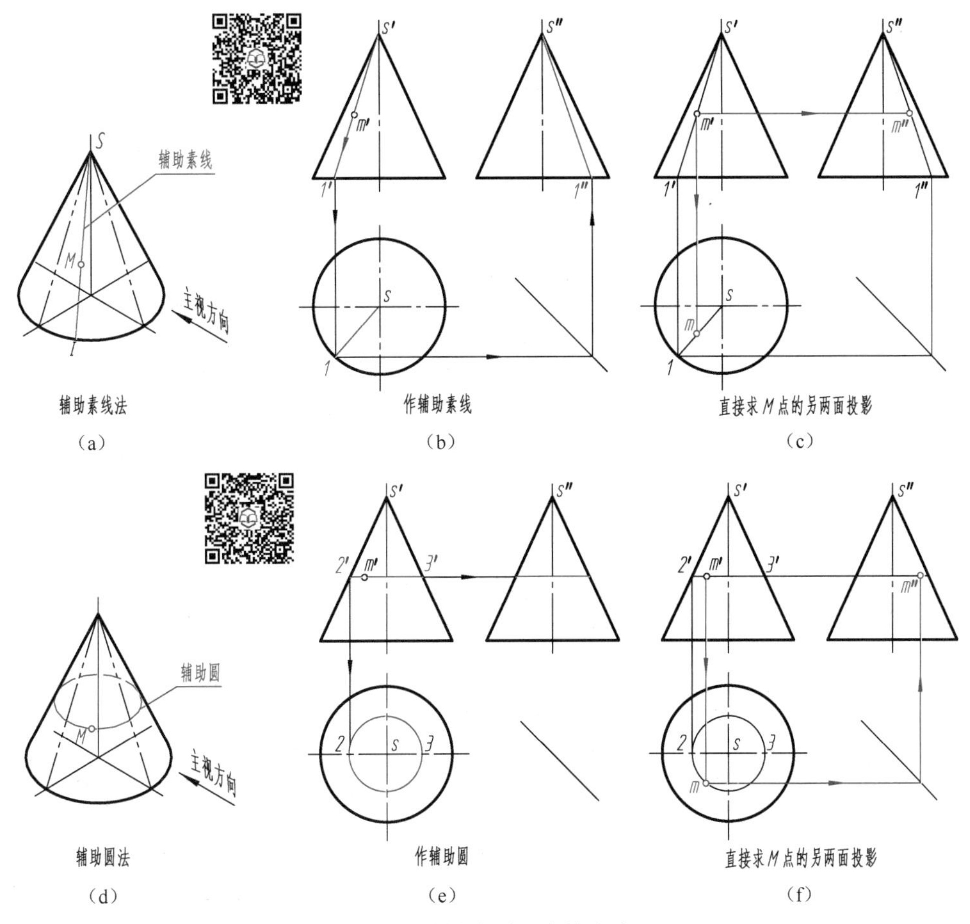

图 3-6　圆锥表面上点的求法

第二种方法——辅助圆法

① 过点 M 在圆锥面上作垂直于圆锥轴线的水平辅助圆（该圆的正面投影积聚为一直线），即过 m'所作的 $2'3'$；它的水平投影为一直径等于 $2'3'$的圆，圆心为 s，如图 3-6（e）所示。

② 由 m'作 X 轴的垂线，与辅助圆的交点即为 m。再根据 m'和 m 求出 m''，如图 3-6（f）所示。

3．圆球

（1）圆球面的形成　如图 3-7（a）所示，圆球面可看作一个圆（母线），围绕它的直径回转而成。

（2）圆球的三视图　图 3-7（b）为圆球的三视图。它们都是与圆球直径相等的圆，均表示圆球面的投影。球的各个投影虽然都是圆形，但各个圆的意义不同。正面投影的圆是平行于正面的圆素线（前、后两半球的分界线，圆球正面投影可见与不可见的分界线）的投影；按此做类似的分析，水平投影的圆，是平行于水平面的圆素线的投影；侧面投影的圆，是平行于侧面的圆素线的投影。这三条圆素线的其他两面投影，都与圆的相应中心线重合。

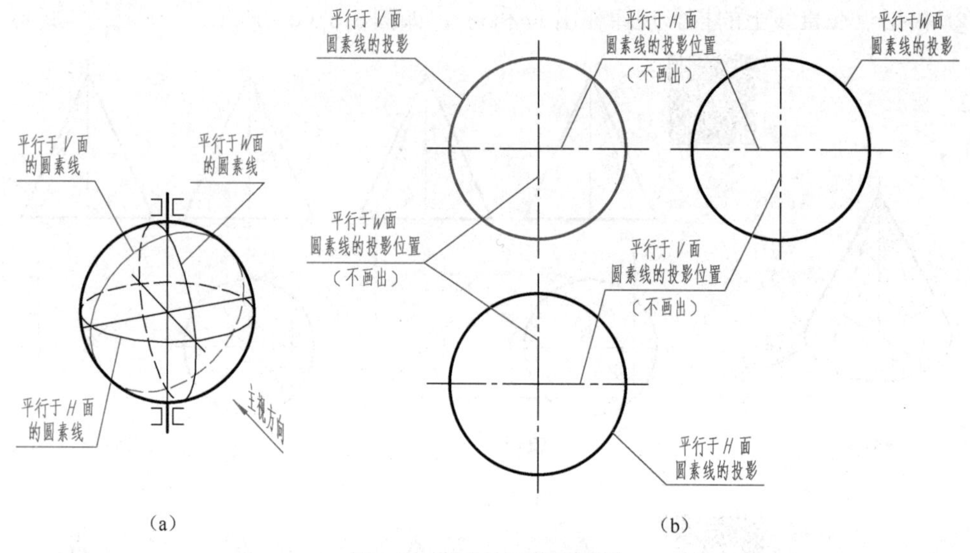

图 3-7　圆球的形成及视图

（3）圆球表面上的点　如图 3-8（a）所示，已知圆球面上点 M 的水平投影 m 和点 N 的正面投影 n'，求其他两面投影。

根据点的位置和可见性，可判定：点 N 在前、后两半球的分界线上（点 N 在右半球，其侧面投影不可见），n 和 n'' 可直接求出，如图 3-8（b）所示。

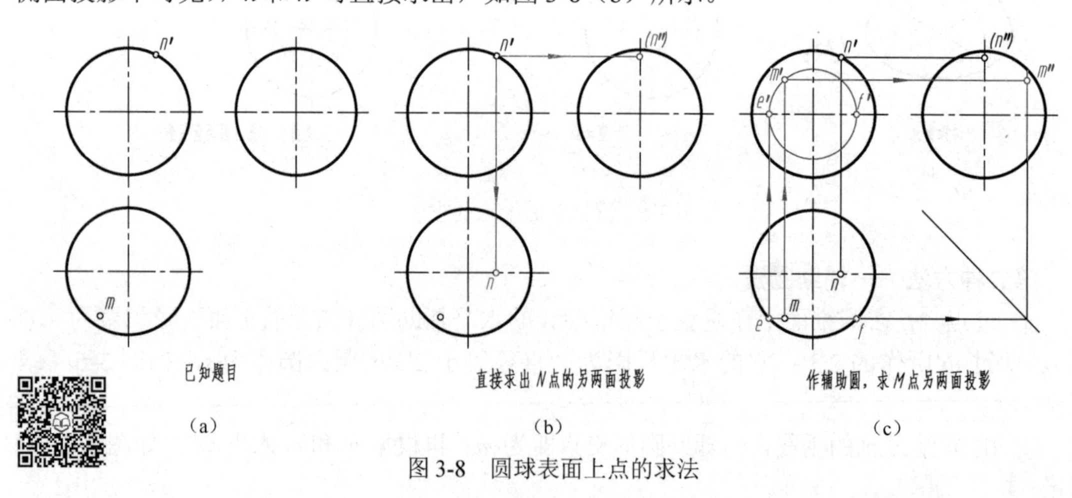

图 3-8　圆球表面上点的求法

点 M 在前、左、上半球（点 M 的三面投影均为可见），需采用辅助圆法求 m' 和 m''，即过点 m 在球面上作一平行于水平面的辅助圆（也可作平行于正面或侧面的圆）。因点在辅助圆上，故点的投影必在辅助圆的同面投影上。作图时，先在水平投影中过 m 作 X 轴的平行线

ef（ef 为辅助圆在水平投影面上的积聚性投影），其正面投影为直径等于 ef 的圆，由 m 作 X 轴的垂线，与辅助圆正面投影的交点即为 m'，再由 m'求得 m''，如图 3-8（c）所示。

第二节　截　交　线

当立体被平面截断成两部分时，其中任何一部分均称为截断体，用来截切立体的平面称为截平面，截平面与立体表面的交线称为截交线。截交线有以下两个基本性质：

（1）共有性　截交线是截平面与立体表面共有的线。

（2）封闭性　由于任何立体都有一定的范围，所以截交线一定是闭合的平面图形。

一、平面截切平面立体

截切平面立体时，其截交线为一平面多边形。

【例 3-1】　正六棱锥被正垂面 P 截切，求截切后正六棱锥截交线的投影。

分析

由图 3-9（a）中可见，正六棱锥被正垂面 P 截切，截交线是六边形，六个顶点分别是截平面与六条侧棱的交点。由此可见，平面立体的截交线是一个平面多边形；多边形的每一条边，是截平面与平面立体各棱面的交线；多边形的各个顶点就是截平面与平面立体棱线的交点。求平面立体的截交线，实质上就是求截平面与各条棱线交点的投影。

作图

① 利用截平面的积聚性投影，先找出截交线各顶点的正面投影 a'、b'、c'、d'（B、C 各为前后对称的两个点）；再依据直线上点的投影特性，求出各顶点的水平投影 a、b、c、d 及侧面投影 a''、b''、c''、d''，如图 3-9（b）所示。

② 擦去作图辅助线，依次连接各顶点的同面投影，即为截交线的投影，如图 3-9（c）所示。

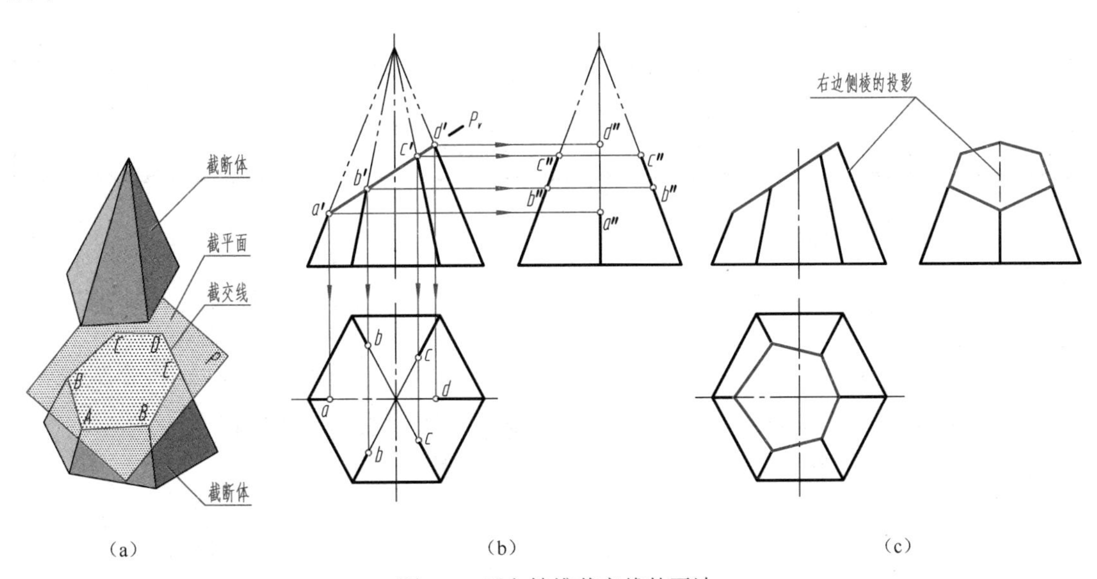

图 3-9　正六棱锥截交线的画法

> 提示：正六棱锥右边棱线的侧面投影中有一段不可见，应画成细虚线。

【例 3-2】 如图 3-10（a）所示，在四棱柱上方截切一个矩形通槽，试完成四棱柱矩形通槽的水平投影和侧面投影。

分析

如图 3-10（b）所示，四棱柱上方的矩形通槽是由三个特殊位置平面截切而成的。槽底是水平面，其正面投影和侧面投影均积聚成水平方向的直线，水平投影反映实形。两侧壁是侧平面，其正面投影和水平投影均积聚成竖直方向的直线，侧面投影反映实形且重合在一起。可利用积聚性求出通槽的水平投影和侧面投影。

作图

① 根据通槽的主视图，先在俯视图中作出两侧壁的积聚性投影；再按“高平齐、宽相等”的投影规律，作出通槽的侧面投影，如图 3-10（c）所示。

② 擦去作图辅助线，校核截切后的图形轮廓，加深描粗，如图 3-10（d）所示。

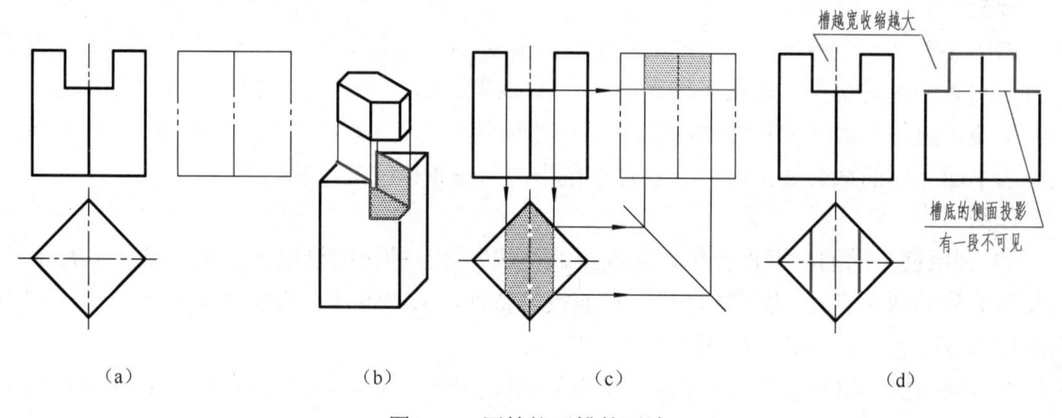

图 3-10　四棱柱开槽的画法

> 提示：① 因四棱柱最前、最后两条侧棱在开槽部位被切掉，故左视图中的左右轮廓线，在开槽部位向内“收缩”。其收缩程度与槽宽有关，槽越宽收缩越大。② 注意区分槽底侧面投影的可见性，即槽底的侧面投影积聚成直线，中间一段不可见，应画成细虚线。

二、平面截切曲面立体

平面截切曲面立体时，截交线的形状取决于曲面立体的表面形状，以及截平面与曲面立体的相对位置。

1．平面截切圆柱

圆柱截交线的形状，因截平面相对于圆柱轴线的位置不同而有三种情况，见表 3-1。

【例 3-3】 求作圆柱被正垂面截切时截交线的投影。

分析

由图 3-11（a）可见，圆柱被平面斜截，其截交线为椭圆。椭圆的正面投影积聚为一斜线，水平投影与圆柱面投影重合，仅需求出侧面投影。由于已知截交线的正面投影和水平投

表 3-1　圆柱的三种截交线

截平面的位置	与轴线平行	与轴线垂直	与轴线倾斜
轴测图			
投影			
截交线的形状	矩　形	圆	椭　圆

影，所以根据“高平齐、宽相等”的投影规律，便可直接求出截交线的侧面投影。

作图

① 求特殊点。由截交线的正面投影，直接作出截交线上的特殊点（即最高、最前、最后、最低点）的侧面投影，如图 3-11（b）所示。

② 求中间点。作图时，在投影为圆的视图上任意取两点（或取等分点）及其对称点。根据水平投影 1、2（I、II 点各为前后对称的两个点），利用投影关系求出正面投影 1′、2′ 和侧面投影 1″、2″，如图 3-11（c）所示。

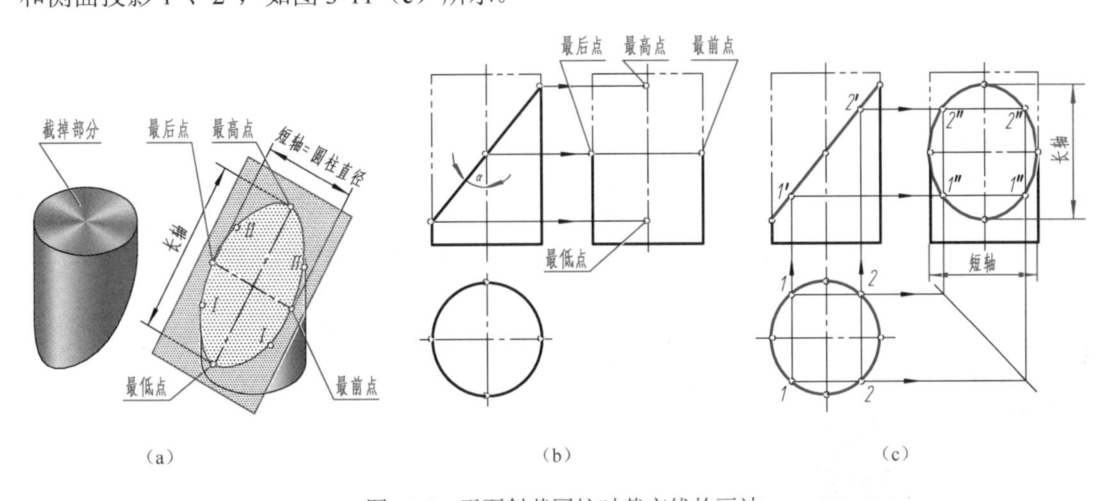

图 3-11　平面斜截圆柱时截交线的画法

③ 连点成线。将各点光滑地连接起来，即为截交线的侧面投影。

在图 3-11（c）中，截交线——椭圆的长轴是正平线，它的两个端点在最左和最右素线上；短轴与长轴相互垂直平分，是一条正垂线，两个端点在最前和最后素线上。这两条轴的侧面投影仍然相互垂直平分，它们是截交线侧面投影椭圆的长轴和短轴。确定了长、短轴，就可以用近似画法作出椭圆。

如图 3-11（b）所示，随着截平面与圆柱轴线夹角 α 的变化，椭圆的侧面投影也会发生如下变化：

当 α<45°时，椭圆长轴与圆柱轴线方向相同，如图 3-11（c）所示。

当 α=45°时，椭圆长轴的侧面投影等于短轴，即椭圆的侧面投影为圆，如图 3-12（a）所示。

当 α>45°时，椭圆长轴垂直于圆柱轴线，如图 3-12（b）所示。

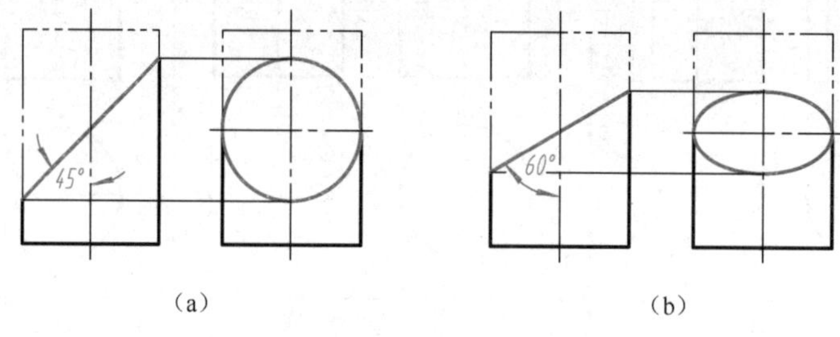

图 3-12　平面斜截圆柱时椭圆的变化

【例 3-4】　如图 3-13（a）所示，试完成开槽圆柱的水平投影和侧面投影。

分析

如图 3-13（b）所示，开槽部分的侧壁是由两个侧平面、槽底是由一个水平面截切而成的，圆柱面上的截交线分别位于被切出槽的各个平面上。由于这些面均为投影面平行面，其投影具有积聚性或真实性，因此，截交线的投影应依附于这些面的投影，不需另行求出。

作图

① 根据开槽圆柱的主视图，先在俯视图中作出两侧壁的积聚性投影；再按“高平齐、宽相等”的投影规律，作出通槽的侧面投影，如图 3-13（c）所示。

② 擦去作图辅助线，校核截切后的图形轮廓，加深描粗，如图 3-13（d）所示。

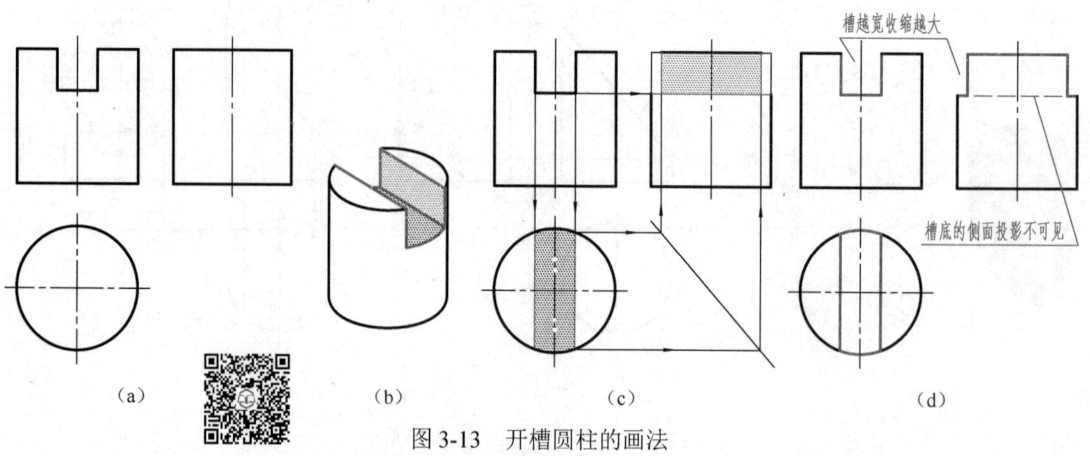

图 3-13　开槽圆柱的画法

提示：① 因圆柱的最前、最后两条素线均在开槽部位被切掉，故左视图中的轮廓线，在开槽部位向内"收缩"。其收缩程度与槽宽有关，槽越宽收缩越大。② 注意区分槽底侧面投影的可见性，即槽底的侧面投影积聚成直线，中间一段不可见，应画成细虚线。

2．平面截切圆锥

圆锥截交线的形状，因截平面相对于圆锥轴线的位置不同而有五种情况，见表 3-2。

表 3-2　圆锥的五种截交线

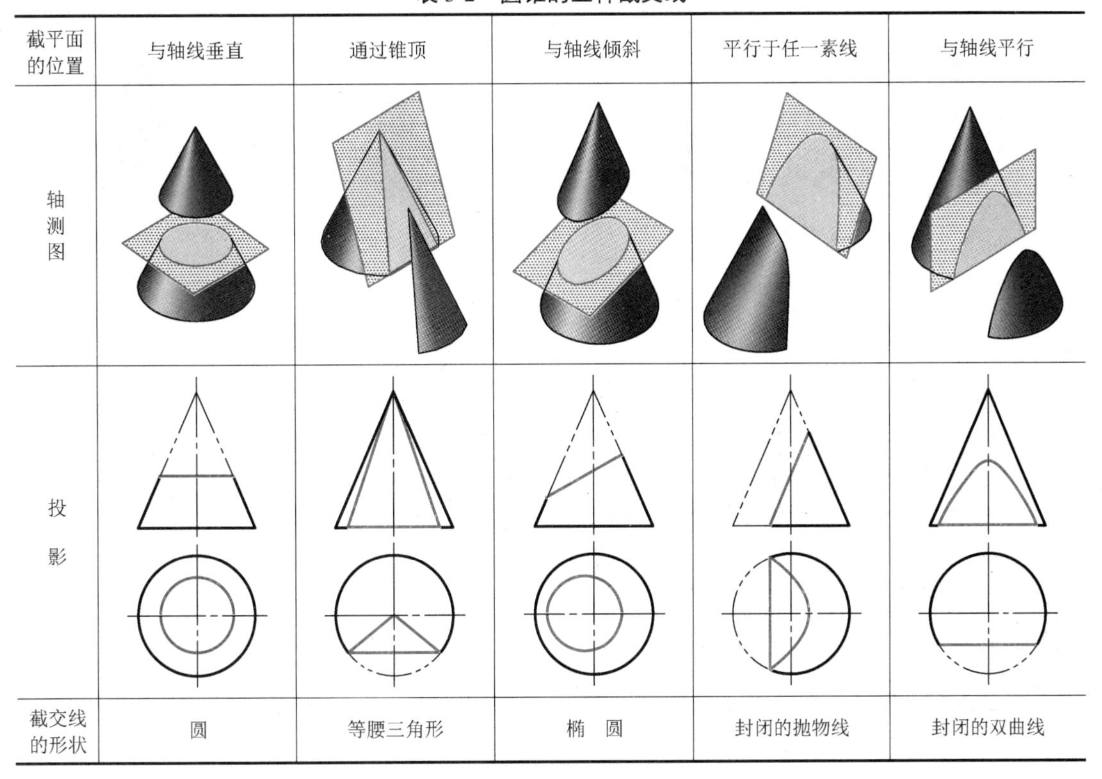

截平面的位置	与轴线垂直	通过锥顶	与轴线倾斜	平行于任一素线	与轴线平行
轴测图					
投影					
截交线的形状	圆	等腰三角形	椭　圆	封闭的抛物线	封闭的双曲线

【例 3-5】　如图 3-14（a）所示，圆锥被倾斜于轴线的平面截切，用辅助线法补全圆锥的水平投影和侧面投影。

分析

如图 3-14（b）所示，截交线上任一点 M，可看成是圆锥表面某一素线 SⅠ与截平面 P 的交点。因 M 点在素线 SⅠ上，故 M 点的三面投影分别在该素线的同面投影上。由于截平面 P 为正垂面，截交线的正面投影积聚为一直线，故需求作截交线的水平投影和侧面投影。

作图

① 求特殊点。C 为截交线的最高点，根据 c'，求出 c 及 c''；A 为截交线的最低点，根据 a'，求出 a 及 a''；$a'c'$的中点 d'为截交线的最前、最后点的正面投影，过 d'作辅助线 $s'1'$，求出 $s1$、$s''1''$，进而求出 d 和 d''；B 为前后转向素线上的点，根据 b'，求出 b''，进而求出 b，如图 3-14（c）所示。

② 用辅助线法求中间点。过锥顶作辅助线 $s'2'$与截交线的正面投影相交，得 m'，求出辅助线的其余两投影 $s2$ 及 $s''2''$，进而求出 m 和 m''，如图 3-14（d）所示。

③ 连点成线。去掉多余图线，将各点的同面投影依次连成光滑的曲线，即为截交线的投影，如图 3-14（e）所示。

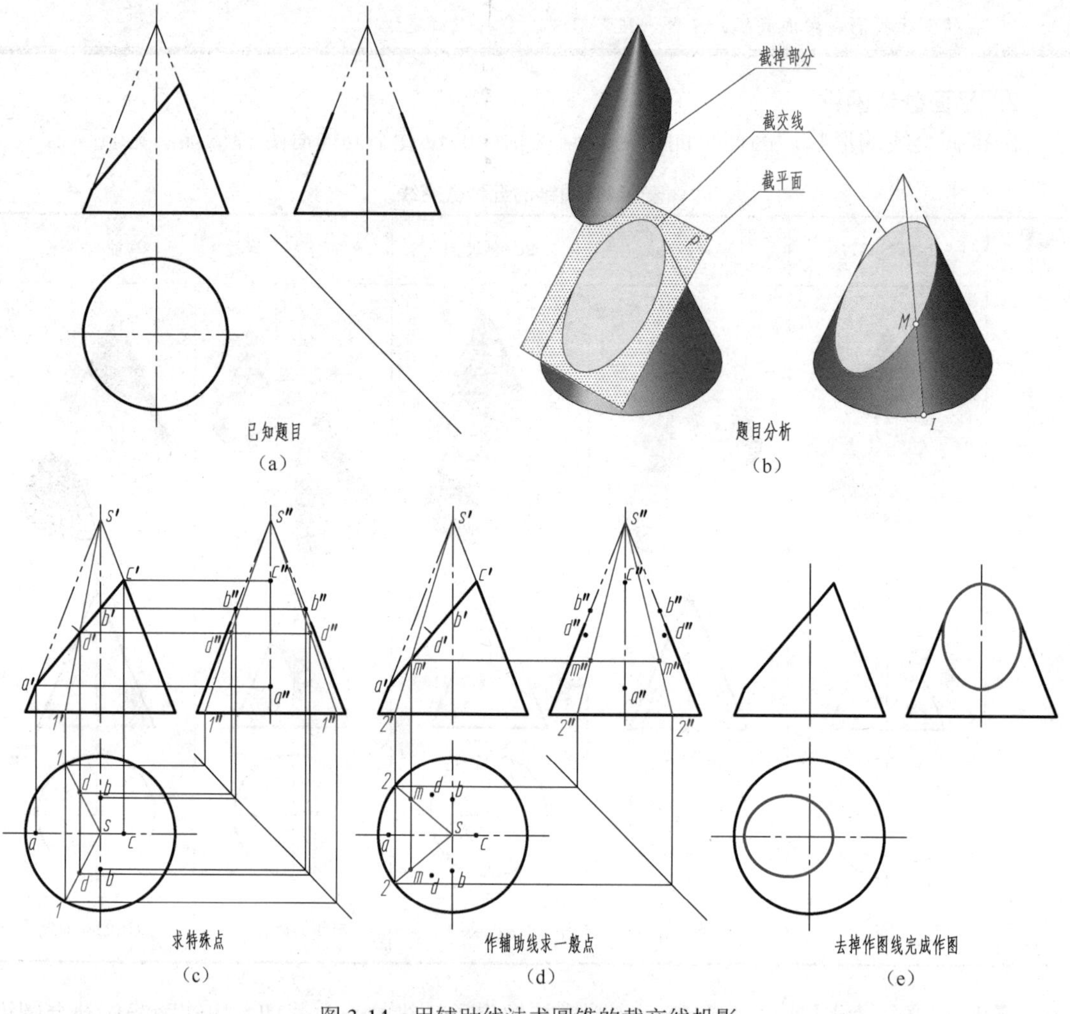

（a）（b）（c）（d）（e）

图 3-14　用辅助线法求圆锥的截交线投影

> 提示：若在 b' 和 c' 之间再作一条辅助线，又可求出两个中间点投影。中间点越多，求得的截交线越准确。

3. 平面截切圆球

圆球被任意方向的平面截切，其截交线都是圆。当截平面为投影面平行面时，截交线在所平行的投影面上的投影为一圆，其余两面投影积聚为直线。该直线的长度等于切口圆的直径，其直径的大小与截平面至球心的距离 B 有关，如图 3-15 所示。

【例 3-6】　试完成开槽半圆球的水平投影和侧面投影。

分析

如图 3-16（a）所示，由于半圆球被两个对称的侧平面和一个水平面截切，所以两个侧壁平面与球面的截交线各为一段平行于侧面的圆弧，而水平面与球面的截交线为两段水平圆弧。

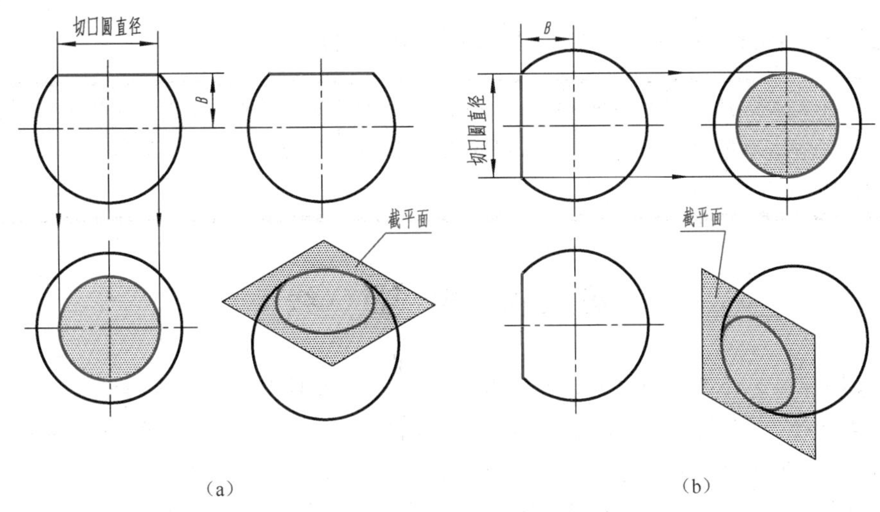

图 3-15　平面截切圆球时截交线的投影

作图

① 沿槽底作一辅助平面，确定辅助圆弧半径 R_1（R_1 小于半圆球的半径 R），画出辅助圆弧的水平投影，再根据槽宽画出槽底的水平投影，如图 3-16（b）所示。

② 沿侧壁作一辅助平面，确定辅助圆弧半径 R_2（R_2 小于半圆球的半径 R），画出辅助圆弧的侧面投影，如图 3-16（c）所示。

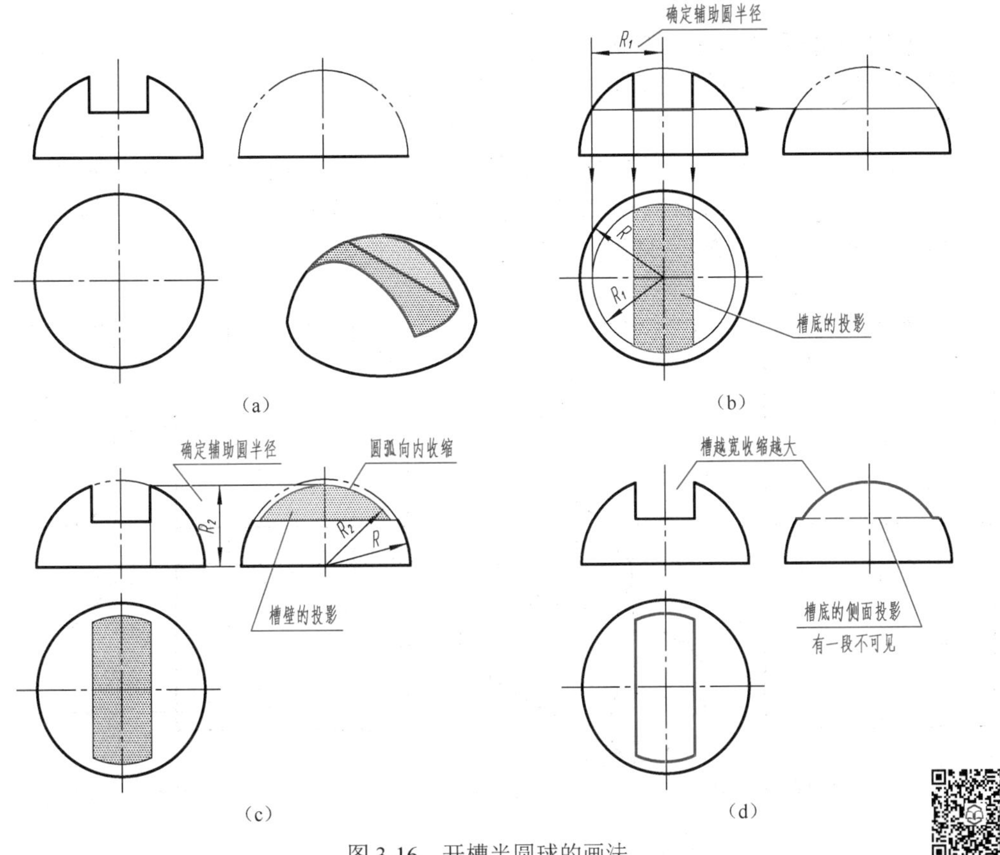

图 3-16　开槽半圆球的画法

③ 去掉多余图线再描深，完成作图，如图 3-16（d）所示。

> 提示：① 因圆球的最高处在开槽后被切掉，故左视图上方的轮廓线向内“收缩”，其收缩程度与槽宽有关，槽愈宽、收缩愈大。② 注意区分槽底侧面投影的可见性，槽底的中间部分是不可见的，应画成细虚线。

第三节 相 贯 线

两立体表面相交时产生的交线，称为相贯线。相贯线具有下列基本性质：

（1）共有性　相贯线是两立体表面上的共有线，也是两立体表面的分界线，所以相贯线上的所有点，都是两立体表面上的共有点。

（2）封闭性　一般情况下，相贯线是闭合的空间曲线或折线，在特殊情况下是平面曲线或直线。

由于两相交立体的形状、大小和相对位置不同，相贯线的形状也比较复杂。本节仅以常见的两回转体（圆柱与圆柱、圆柱与圆锥）正交为例，介绍求两回转体相贯线的一般方法及简化画法。

一、圆柱与圆柱正交

1．利用投影的积聚性求相贯线

【例 3-7】　圆柱与圆柱异径正交，补画相贯线的正面投影。

分析

如图 3-17（a）所示，小圆柱的轴线垂直于水平面，相贯线的水平投影为圆（与小圆柱面的积聚性投影重合），大圆柱的轴线垂直于侧面，相贯线的侧面投影为一段圆弧（与大圆柱面的部分积聚性投影重合），只需补画相贯线的正面投影。

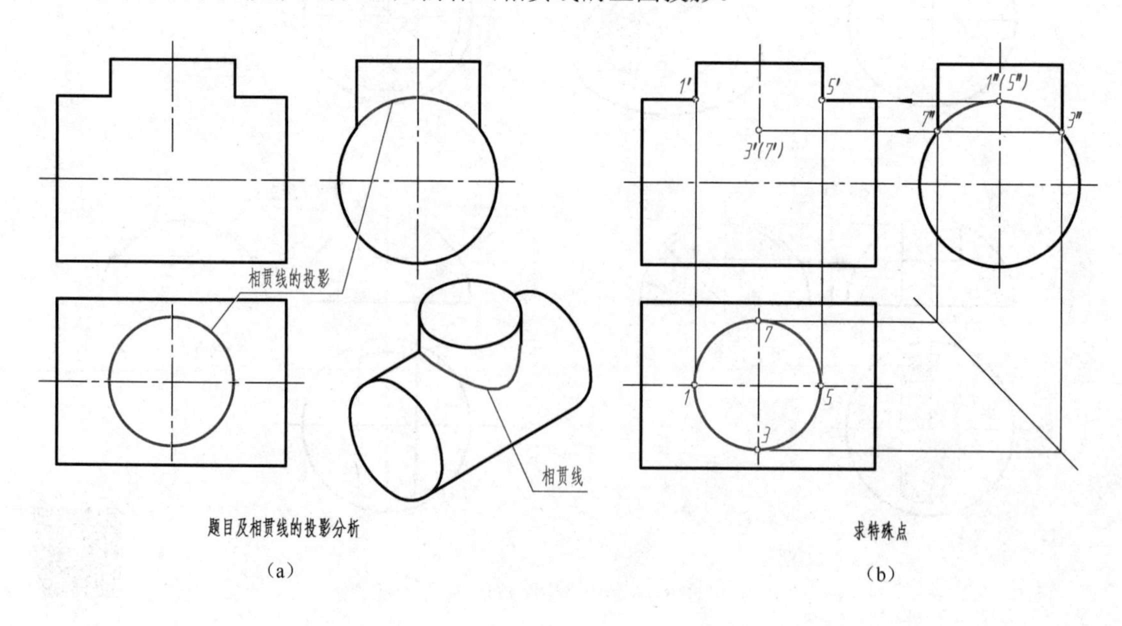

题目及相贯线的投影分析

（a）

求特殊点

（b）

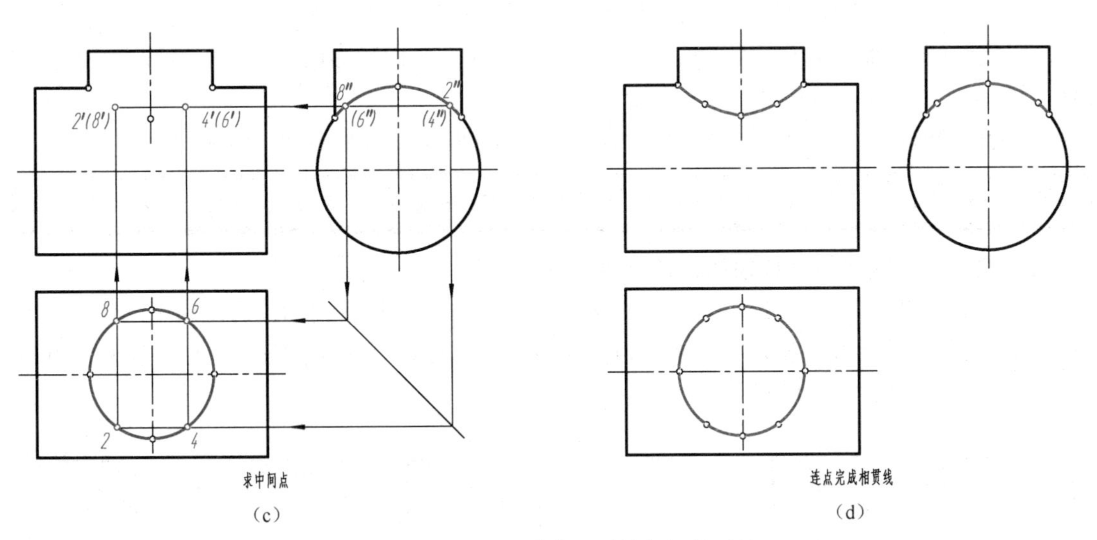

图 3-17　两圆柱异径正交相贯线投影的画法

作图

① 求特殊点。由水平投影看出，1、5 两点既是最左、最右点的投影，也是最高点，同时也是两圆柱正面投影外形轮廓线的交点，可由 1、5 对应求出 1″（5″）及 1′、5′；由侧面投影看出，小圆柱与大圆柱的交点 3″、7″，既是相贯线最低点的投影，也是最前、最后点的投影，由 3″、7″可直接对应求出 3、7 及 3′（7′），如图 3-17（b）所示。

② 求中间点。中间点决定曲线的趋势。在侧面投影中，任取对称点 2″（4″）及 8″（6″），然后按点的投影规律，求出其水平投影 2、4、6、8 和正面投影 2′（8′）及 4′（6′），如图 3-17（c）所示。

③ 连点成线。按顺序光滑地连接 1′、2′、3′、4′、5′各点，即得到相贯线的正面投影，如图 3-17（d）所示。

2．两圆柱正交时相贯线的变化

当两圆柱的相对位置不变，而两圆柱的直径发生变化时，相贯线的形状和位置也将随之变化。

当 $\phi_1 > \phi$时，相贯线的正面投影为上、下对称的曲线，如图 3-18（a）所示。

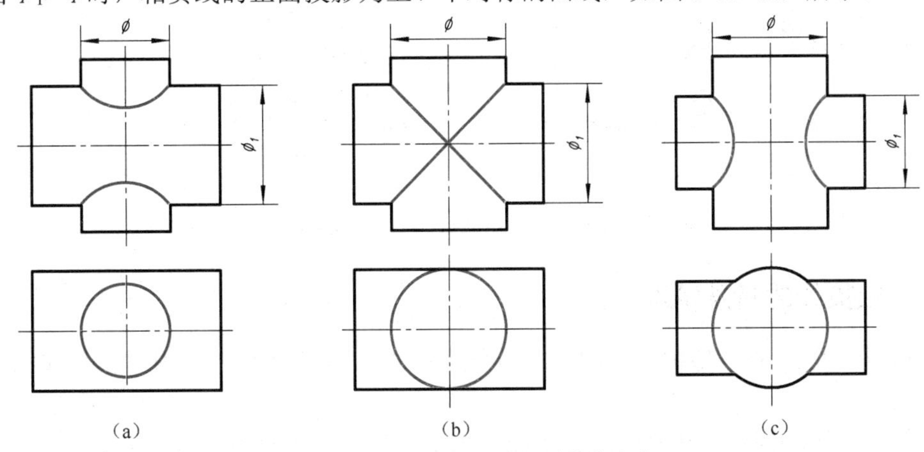

图 3-18　两圆柱正交时相贯线的变化

当 $\phi_1=\phi$时，相贯线在空间为两个相交的椭圆，其正面投影为两条相交的直线，如图 3-18（b）所示。

当 $\phi_1<\phi$时，相贯线的正面投影为左、右对称的曲线，如图 3-18（c）所示。

提示：从图 3-18(a)、(c)的正面投影中可以看出，两圆柱正交时相贯线的弯曲方向，朝向较大圆柱的轴线。

3．两圆柱正交时相贯线投影的简化画法

为了简化作图，国家标准规定，允许采用简化画法作出相贯线的投影，即用圆弧代替非圆曲线。当两圆柱异径正交，且不需要准确地求出相贯线时，可采用简化画法作出相贯线的投影，作图方法如图 3-19 所示。

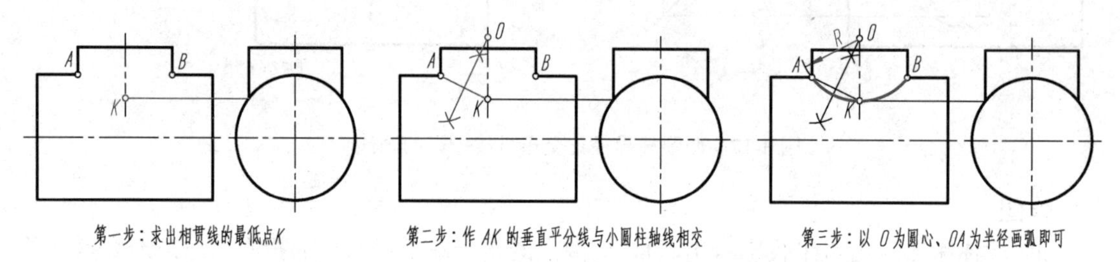

图 3-19　两圆柱正交时相贯线投影的简化画法

二、内相贯线投影的画法

当圆筒上钻有圆孔时，孔与圆筒外表面及内表面均有相贯线，如图 3-20（a）所示。在两回转体内表面产生的交线，称为内相贯线。内相贯线和外相贯线的画法相同，内相贯线的投影因为不可见而画成细虚线，如图 3-20（b）所示。

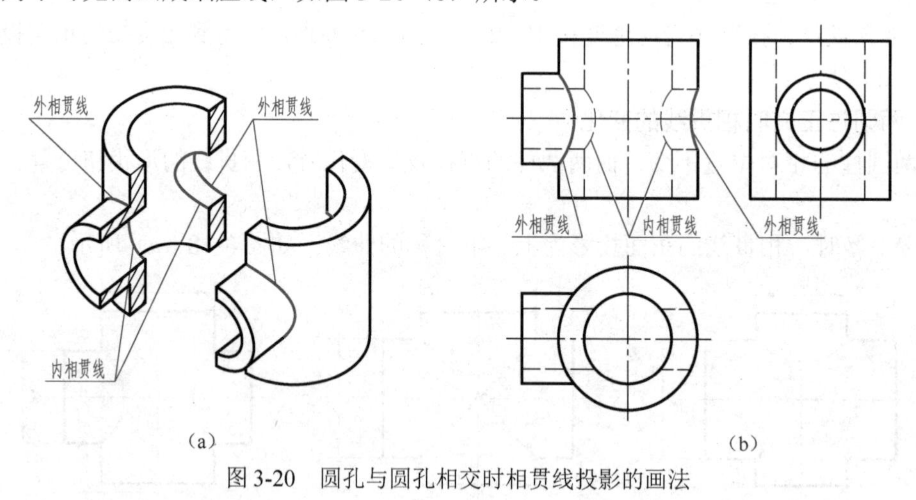

图 3-20　圆孔与圆孔相交时相贯线投影的画法

三、相贯线的特殊情况

两回转体相交，在一般情况下相贯线为空间曲线。在特殊情况下，相贯线为平面曲线或直线。

① 当两个同轴回转体相交时，相贯线一定是垂直于轴线的圆。当回转体轴线平行于某

一投影面时，这个圆在该投影面上的投影为垂直于轴线的直线，如图 3-21 中的红色图线所示。

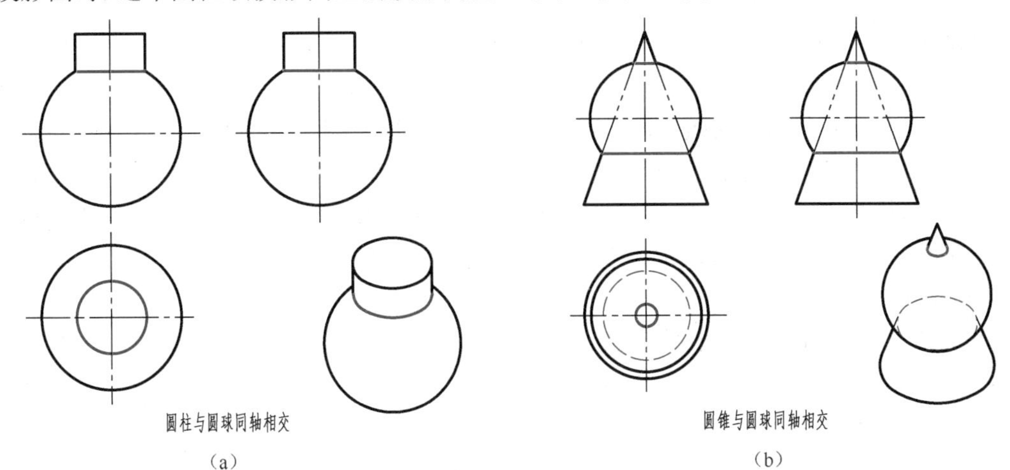

（a）　（b）

图 3-21　同轴回转体的相贯线——圆

② 当轴线相交的两圆柱（或圆柱与圆锥）公切于同一球面时，相贯线一定是平面曲线，即两个相交的椭圆，如图 3-22 中的红色图线所示。

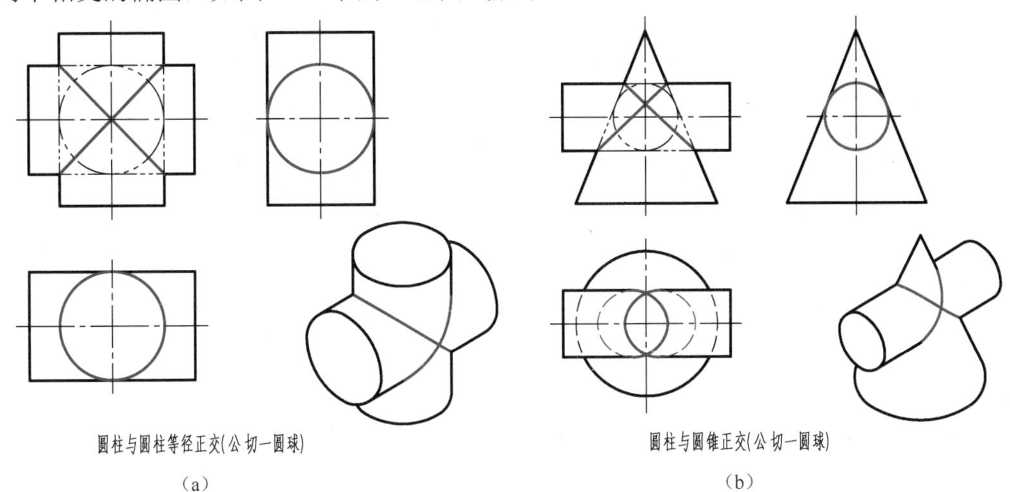

（a）　（b）

图 3-22　两回转体公切于同一球面的相贯线——椭圆

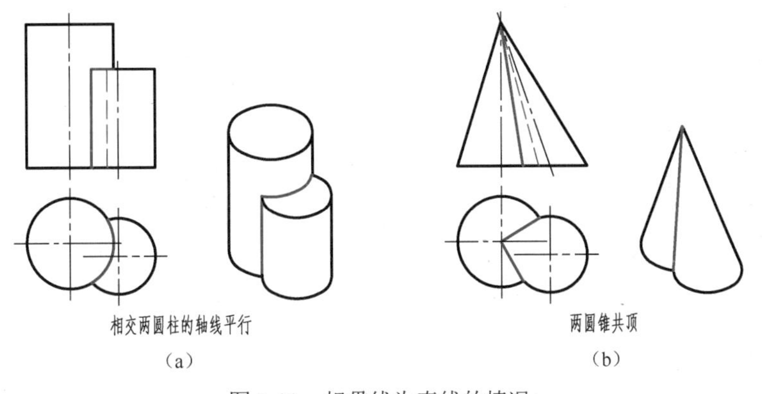

（a）　（b）

图 3-23　相贯线为直线的情况

③ 当相交两圆柱的轴线平行时，相贯线为直线，如图 3-23（a）所示。当两圆锥共顶时，相贯线也是直线，如图 3-23（b）所示。

【例 3-8】 已知相贯体的俯、左视图，求作主视图。

分析

由图 3-24（a）可知，该相贯体由一直立圆筒与一水平半圆筒正交，内外表面都有交线。外表面为两个等径圆柱面相交，相贯线为两条平面曲线（椭圆），其水平投影和侧面投影分别与两圆柱面的投影重合，正面投影为两条直线。内表面的相贯线为两段空间曲线，其水平投影和侧面投影也分别与两圆孔的投影重合，正面投影为两段不可见的曲线。

作图

① 根据左、俯视图，按投影关系，用粗实线画出两等径圆柱的外围轮廓，用细虚线画出两圆孔的轮廓，如图 3-24（b）所示。

② 由于直立圆筒与水平半圆筒外径相同且正交，据此画出外表面相贯线的正面投影（两段 45°斜线），如图 3-24（c）所示。

③ 采用相贯线的简化画法（参见图 3-19），作出两圆孔相贯线的正面投影（两段细虚线圆弧），如图 3-24（d）所示。

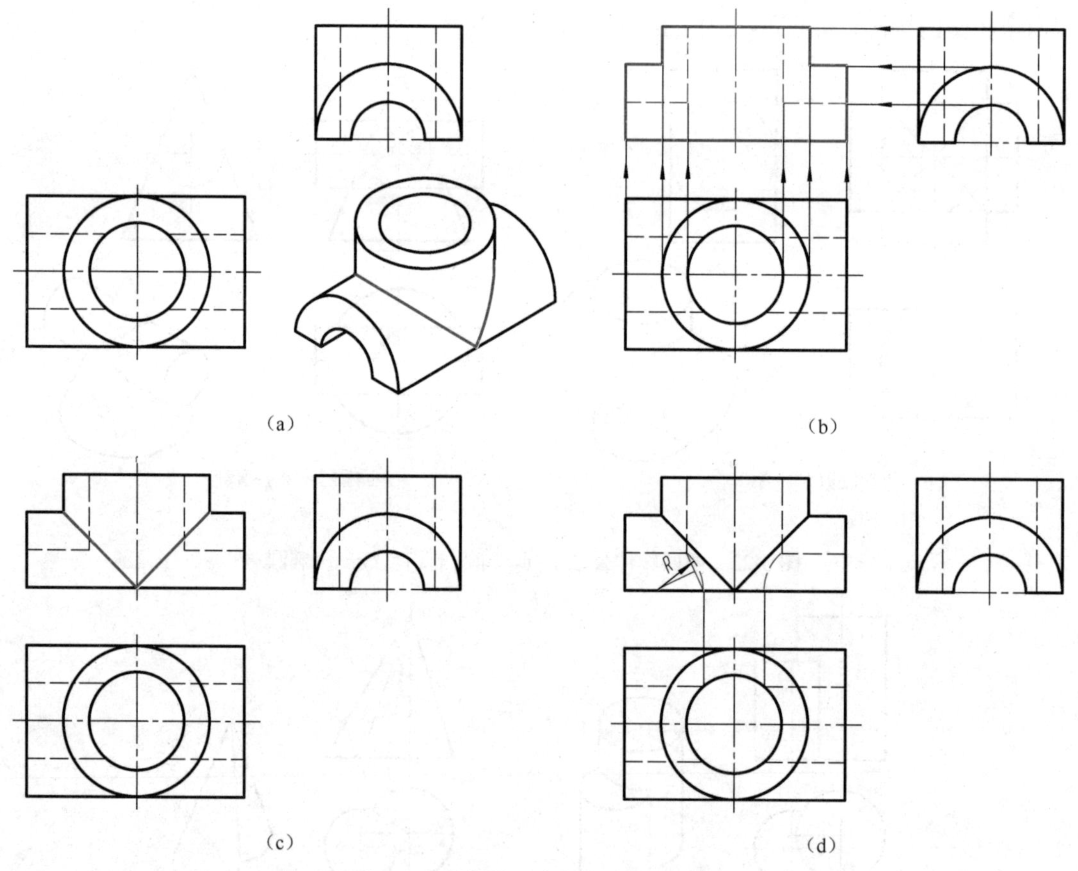

图 3-24 根据俯、左视图求作主视图

第四章　组合体和轴测图

第一节　组合体的基本知识

任何复杂的机器零件，从形体的角度来分析，都可以看成是由若干基本形体（圆柱、圆锥、圆球等），按一定的方式（叠加、切割或穿孔等）组合而成的。由两个或两个以上的基本形体组合构成的整体，称为组合体。

一、组合体的构成

如图 4-1（a）所示轴承座，可看成是由两个尺寸不同的四棱柱和一个半圆柱叠加起来后，再切去一个较大圆柱体和两个小圆柱体而形成的组合体，如图 4-1（b）、（c）所示。

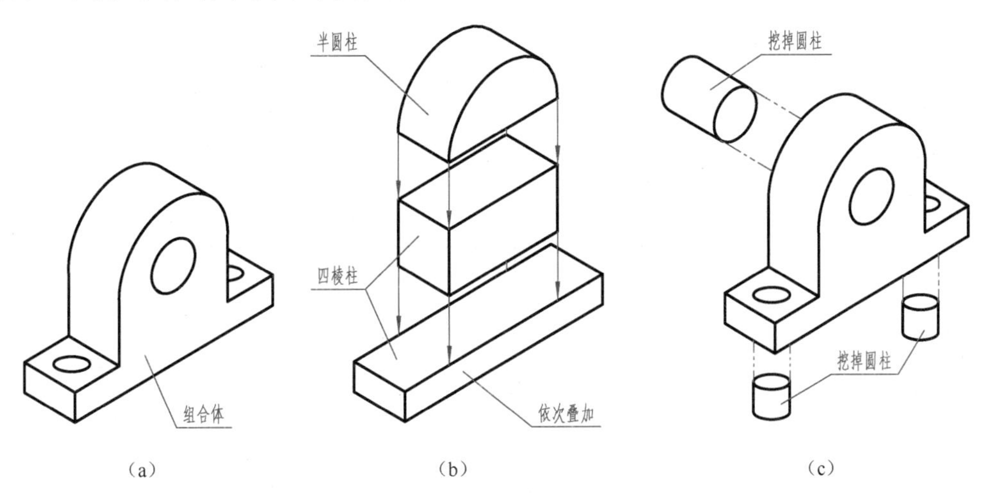

图 4-1　轴承座的形体分析

既然如此，画组合体的三视图时，可采用“先分后合”的方法。就是说，先在想象中将组合体分解成若干个基本形体，然后按其相对位置逐个画出各基本形体的投影，综合起来，即得到整个组合体的视图。这样，就把一个复杂的问题，分解成几个简单的问题加以解决。

为了便于画图，通过分析，将组合体分解成若干个基本形体，并搞清它们之间相对位置和组合形式的方法，称为形体分析法。

二、组合体的组合形式

组合体的组合形式，可粗略地分为叠加型、切割型和综合型三种。讨论组合体的组合形式，关键是搞清相邻两形体间的接合形式，以利于分析接合处的投影。

1．叠加型

叠加型是两形体组合的基本形式，按照形体表面接合的方式不同，又可细分为共面、相切、相交和相贯四种形式。

（1）共面　两形体以平面相接合时，它们的分界线为直线或平面曲线。画这种组合形式的视图时，应注意区别分界处的情况：

——当两形体的表面不平齐（不共面）时，中间应画线，如图 4-2（b）所示；

——当两形体的表面平齐（共面）时，中间不能画线，如图 4-3（b）所示。

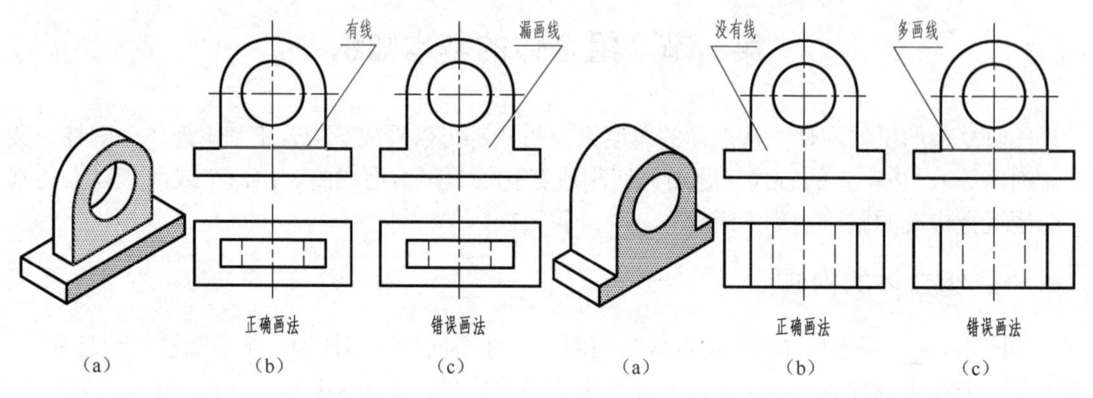

图 4-2　两体表面不平齐中间应画线　　图 4-3　两体表面平齐中间不应画线

（2）相切　图 4-4（a）中的组合体由耳板和圆筒组成。耳板前后两平面与左右一小一大两圆柱面光滑连接，即相切。在水平投影中，表现为直线和圆相切。在其正面和侧面投影中，相切处不画线，耳板上表面的投影只画至切点处，如图 4-4（b）所示。图 4-4（c）是在相切处画线的错误图例。

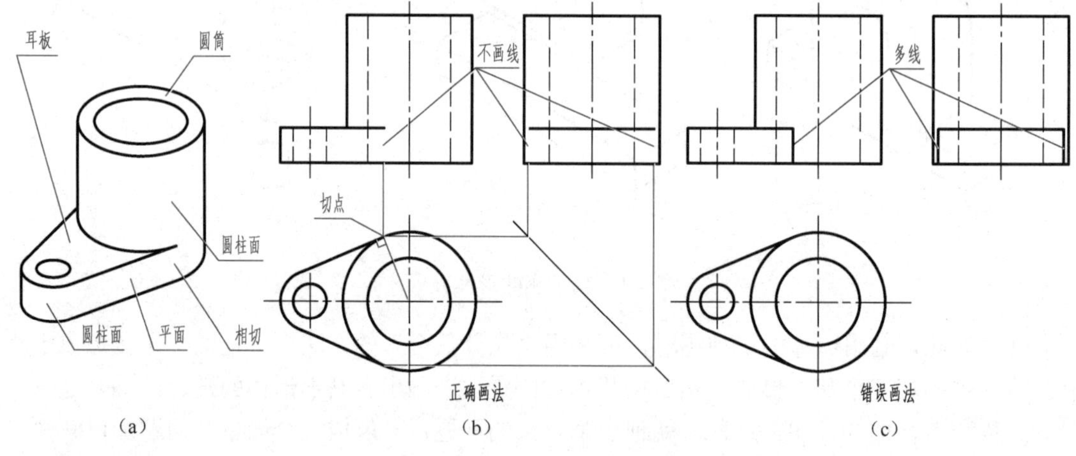

图 4-4　两形体表面相切的画法

（3）相交　图 4-5（a）中的组合体也是由耳板和圆筒组成，但耳板前后两平面平行，与右侧大圆柱面相交。在水平投影中，表现为直线和圆相交。在其正面和侧面投影中，相交处应画出交线，如图 4-5（b）所示。图 4-5（c）是在相交处漏画线的错误图例。

2．切割型

如图 4-6（a）所示，组合体是由一个长方体经数个平面切割而形成的。画图时，可先画出完整长方体的三视图，再逐一画出被切部分的投影，即可得到切割型组合体的三视图，如图 4-6（b）所示。

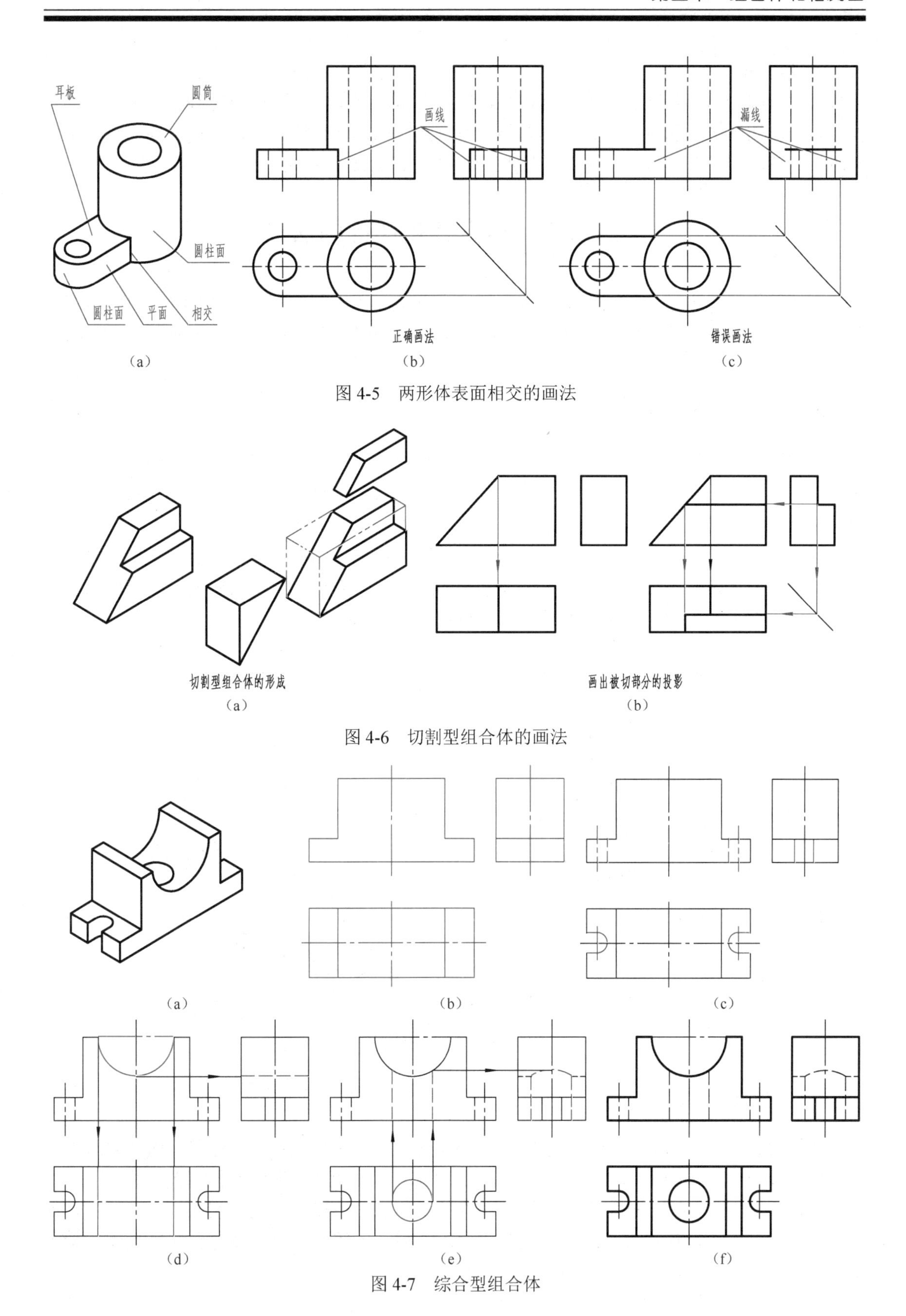

图 4-5　两形体表面相交的画法

图 4-6　切割型组合体的画法

图 4-7　综合型组合体

3. 综合型

大部分组合体都是既有叠加又有切割，属综合型。画图时，一般可先画叠加各形体的投影，再画被切各形体的投影。如图 4-7（a）所示组合体，就是按底板、四棱柱叠加后，再切掉两个 U 形柱、半圆柱和一个小圆柱的顺序画出的，如图 4-7（b）～（f）所示。

第二节　组合体视图的画法

形体分析法是将复杂形体简单化的一种思维方法。画组合体视图，一般采用形体分析法，将组合体分解为若干基本形体，分析它们的相对位置和组合形式，逐个画出各基本形体的三视图。

一、形体分析

拿到组合体实物（或轴测图）后，首先应对它进行形体分析，要搞清楚它的前后、左右和上下六个面的形状，并根据其结构特点，想一想大致可以分成几个组成部分；它们之间的相对位置关系如何；是什么样的组合形式；等等，为后面的画图工作做好准备。

图 4-8（a）所示为支架，按它的结构特点可分为底板、圆筒、肋板和支承板四个部分，如图 4-8（b）所示。底板、肋板和支承板之间的组合形式为叠加；支承板的左右两侧面和圆筒外表面相切；肋板和圆筒属于相贯，其相贯线为圆弧和直线。

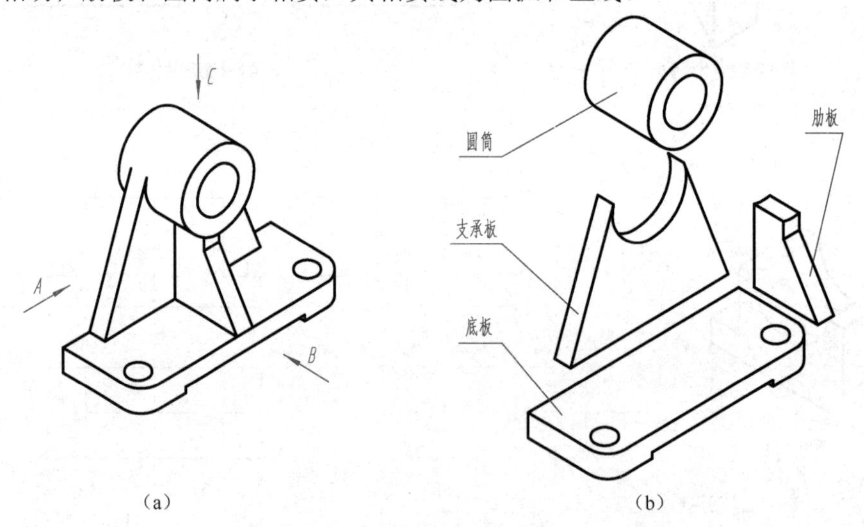

图 4-8　支架的形体分析

二、视图选择

（1）主视图的选择　主视图是表达组合体的一组视图中最主要的视图。通常要求主视图能较多地反映物体的形体特征，即反映各组成部分的形状特点和相互位置关系。

如图 4-8（a）所示，分别从 *A*、*B*、*C* 三个方向看去，可以得到的三组不同的三视图，如图 4-9 所示。经比较可很容易地看出，*B* 方向的三视图比较好，主视图能较多地反映支架各组成部分的形状特点和相互位置关系。

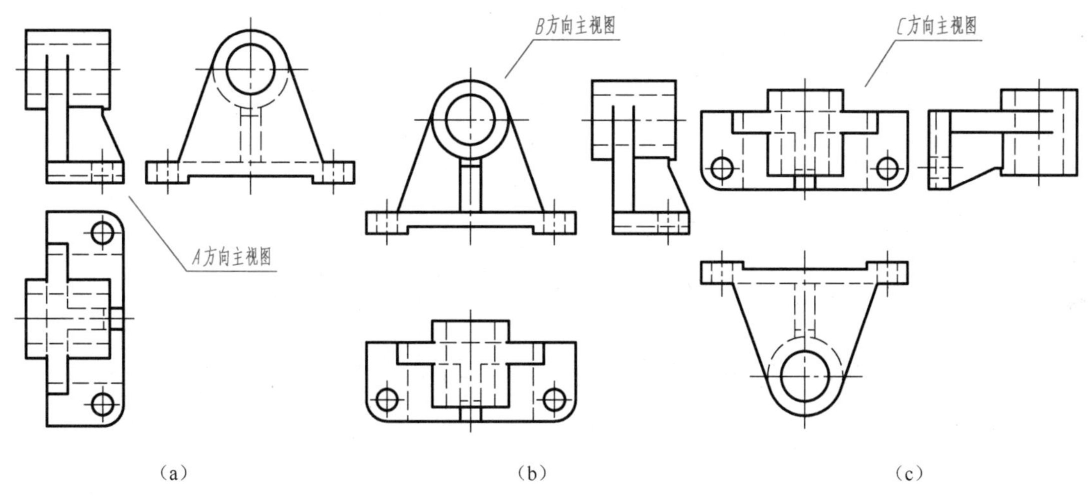

图 4-9　不同三视图的比较

（2）视图数量的确定　在组合体形状表达完整、清晰的前提下，其视图数量越少越好。支架的主视图按箭头方向确定后，还要画出俯视图，表达底板的形状和两孔的中心位置；画出左视图，表达肋板的形状。因此，要完整表达出该支架的形状，必须要画出主、俯、左三个视图。

三、画图的方法与步骤

支架的画图步骤如图 4-10 所示。

（1）选比例，定图幅　视图确定以后，便要根据组合体的大小和复杂程度，选定作图比例和图幅。应注意，所选的图纸幅面要比绘制视图所需的面积大一些，以便标注尺寸和画标题栏。

（2）布置视图　布图时，应将视图匀称地布置在幅面上，视图间的空当应保证能注全所需的尺寸，如图 4-10（a）所示。

（3）绘制底稿　为了迅速而正确地画出组合体的三视图，画底稿时，应注意以下两点：

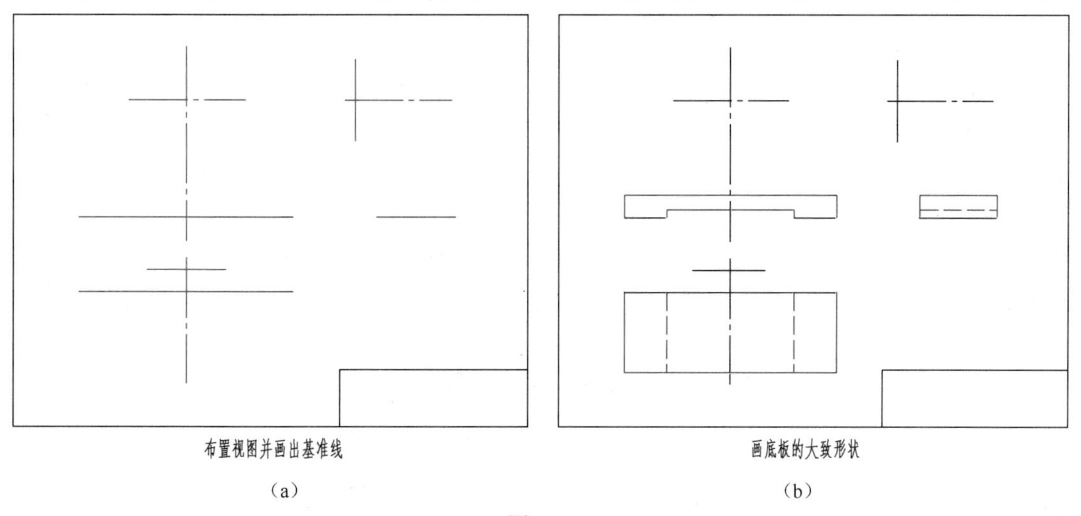

图 4-10

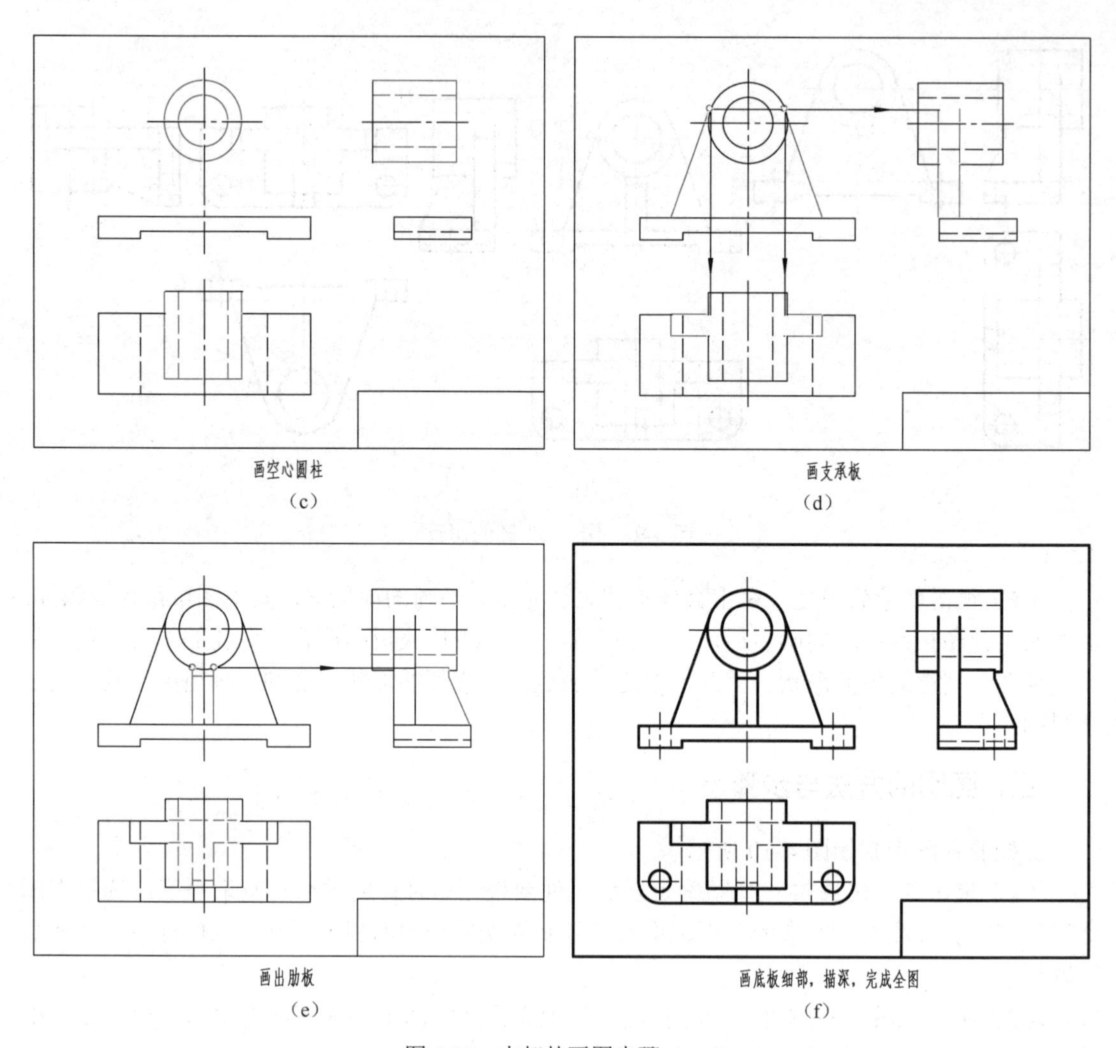

图 4-10　支架的画图步骤

① 画图的先后顺序，一般应从形状特征明显的视图入手。先画主要部分，后画次要部分；先画可见部分，后画不可见部分；先画圆或圆弧，后画直线。

② 画图时，物体的每一组成部分，最好是三个视图配合着画，不要先把一个视图画完再画另一个视图，如图 4-10（b）～（e）所示。这样既可以提高绘图速度，又能避免多线、漏线。

（4）检查描深　底稿完成后，应认真进行检查：在三视图中依次核对各组成部分的投影对应关系正确与否；分析清楚相邻两形体衔接处的画法有无错误，是否多线、漏线；再以实物或轴测图与三视图对照，确认无误后，描深图线，完成全图，如图 4-10（f）所示。

第三节　组合体的尺寸注法

视图只能表达组合体的结构和形状，要表示它的大小，则需通过图中所标注的尺寸。组合体尺寸标注的基本要求是：正确、完整、清晰。正确是指所注尺寸符合国家标准的规定；

完整是指所注尺寸既不遗漏，也不重复；清晰是指尺寸注写布局整齐、清楚，便于看图。

一、基本几何体的尺寸注法

基本几何体的尺寸注法，是组合体尺寸标注的基础。基本几何体的大小通常是由长、宽、高三个方向的尺寸来确定的。

1. 平面立体的尺寸注法

棱柱、棱锥及棱台，除了标注确定其顶面和底面形状大小的尺寸外，还要标注高度尺寸。为了便于看图，确定顶面和底面形状大小的尺寸，宜标注在反映其实形的视图上，如图 4-11 所示。标注正方形尺寸时，在正方形边长尺寸数字前，加注正方形符号“□”，如图 4-11（b）所示的正四棱台。

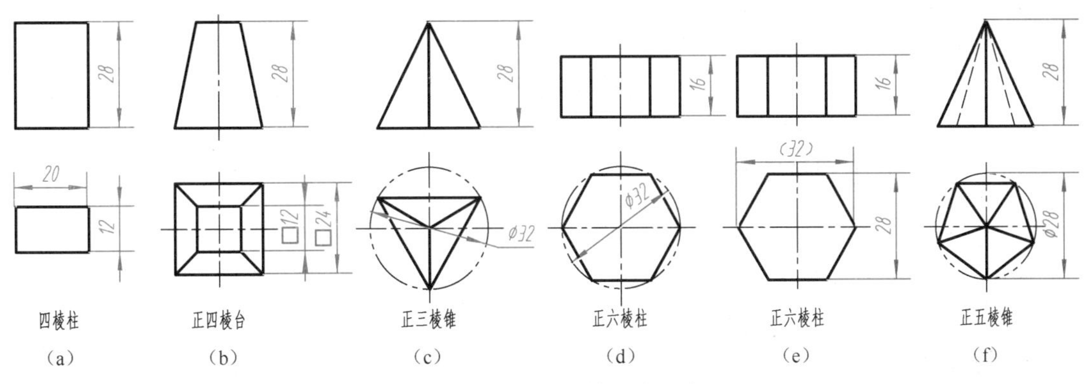

图 4-11　平面立体的尺寸注法

2. 曲面立体的尺寸注法

圆柱、圆锥、圆台和圆环，应标注圆的直径和高度尺寸，并在直径数字前加注直径符号“ *ϕ*”，如图 4-12（a）～（d）所示。标注圆球尺寸时，在直径数字前加注球直径符号“*Sϕ*”或“*SR*”，如图 4-12（e）、（f）所示。直径尺寸一般标注在非圆视图上。

当尺寸集中标注在一个非圆视图上时，一个视图即可表达清楚它们的形状和大小。如图4-12 所示，各基本几何体均用一个视图即可。

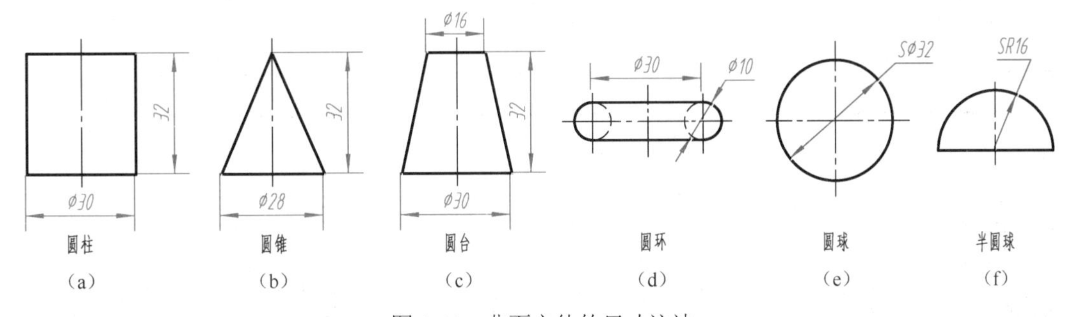

图 4-12　曲面立体的尺寸注法

3. 带切口几何体的尺寸注法

对带切口的几何体，除标注基本几何体的尺寸外，还要注出确定截平面位置的尺寸。但要注意，由于几何体与截平面的相对位置确定后，切口的交线即完全确定，因此，不应在切口的交线上标注尺寸。图 4-13 中画“×”的红色尺寸为多余尺寸。

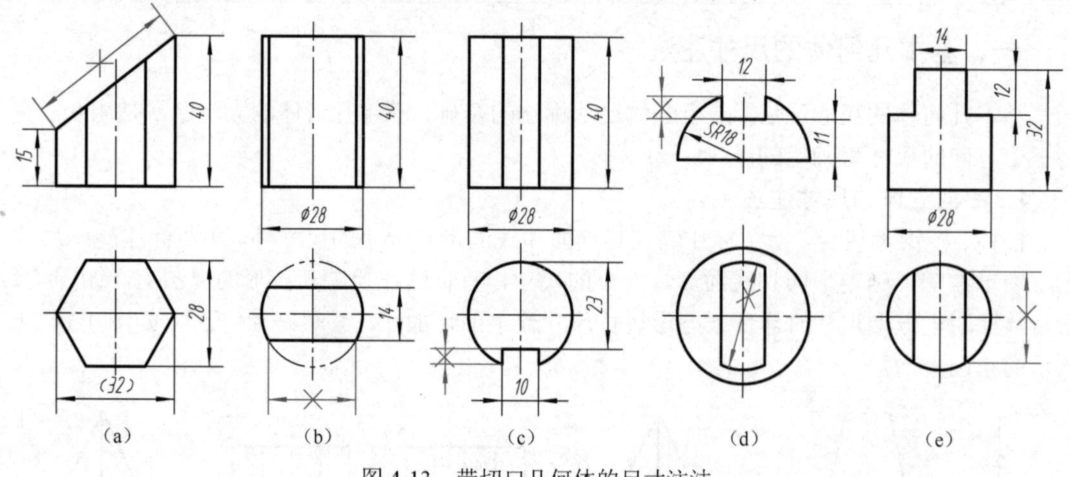

图 4-13　带切口几何体的尺寸注法

二、尺寸标注的基本要求

1．正确性

应确保尺寸数值正确无误，所注的尺寸（包括尺寸数字、符号、箭头、尺寸线和尺寸界线等）要符合国家标准的有关规定。

2．完整性

为了将尺寸注得完整，应先按形体分析法注出确定各基本形体的定形尺寸，再标注确定它们之间相对位置的定位尺寸，最后根据组合体的结构特点，注出总体尺寸。

（1）定形尺寸　确定组合体中各基本形体的形状和大小的尺寸，称为定形尺寸。

如图 4-14（a）所示，底板的定形尺寸有长 70、宽 40、高 12，圆孔直径 2× ϕ10，圆角半径 $R$10；立板的定形尺寸有长 32、宽 12、高 38，圆孔直径 ϕ16。

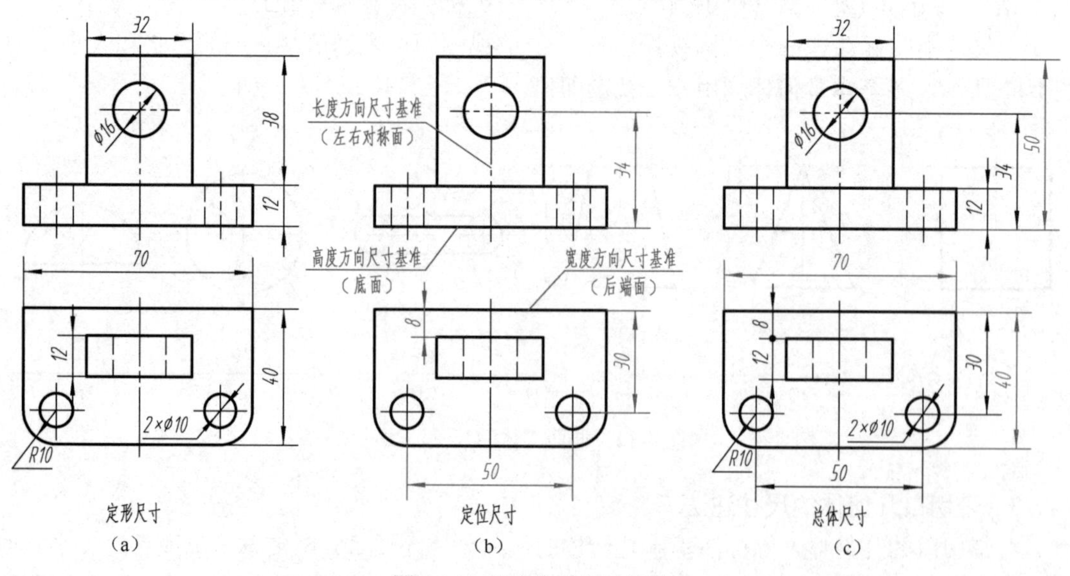

图 4-14　组合体的尺寸注法

> 提示：相同的圆孔要标注孔的数量（如 2× ϕ10），但相同的圆角不需标注数量。两者都不要重复标注。

（2）定位尺寸　确定组合体中各基本形体之间相对位置的尺寸，称为定位尺寸。

标注定位尺寸时，应先选择尺寸基准。尺寸基准是指标注或测量尺寸的起点。由于组合体具有长、宽、高三个方向的尺寸，每个方向都应有尺寸基准，以便从基准出发，确定基本形体在各方向上的相对位置。选择尺寸基准必须体现组合体的结构特点，并便于尺寸度量。通常以组合体的底面、端面、对称面、回转体轴线等作为尺寸基准。

如图 4-14（b）所示，组合体左右对称面为长度方向的尺寸基准，由此注出两圆孔的定位尺寸 50；后端面为宽度方向的尺寸基准，由此注出底板上圆孔的定位尺寸 30，立板与后端面的定位尺寸 8；底面为高度方向的尺寸基准，由此注出立板上圆孔与底面的定位尺寸 34。

（3）总体尺寸　确定组合体外形的总长、总宽、总高尺寸，称为总体尺寸。

如图 4-14（c）所示，该组合体总长和总宽尺寸即底板的长 70、宽 40，不再重复标注。总高尺寸 50 从高度方向的尺寸基准注出。总高尺寸标注之后，要去掉立板的高度尺寸 38，否则会出现多余尺寸。

> 提示：当组合体的一端或两端为回转体时，总体尺寸是不能直接注出的，否则会出现重复尺寸。如图 4-15（a）所示组合体，其总长尺寸（76=52+$R$12 × 2）和总高尺寸（42=28+$R$14）是间接确定的，因此，图 4-15（b）所示标注总长 76、总高 42 是错误的。

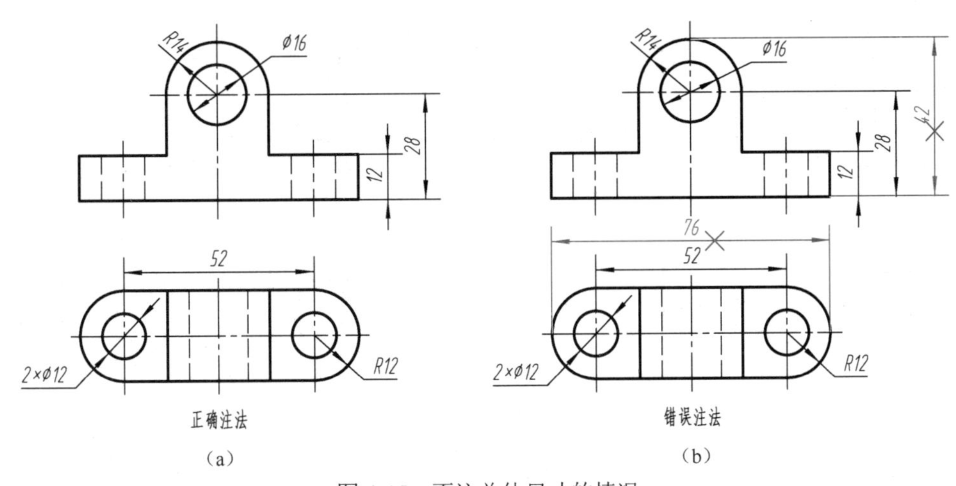

图 4-15　不注总体尺寸的情况

综上所述，定形尺寸、定位尺寸、总体尺寸可以相互转化。实际标注尺寸时，应认真分析，避免多注或漏注尺寸。

3. 清晰性

尺寸标注除要求完整外，还要求标得清晰、明显，以方便看图。为此，标注尺寸时应注意以下几个问题：

① 定形尺寸尽可能标注在表示形体特征明显的视图上，定位尺寸尽可能标注在位置特征清楚的视图上。如图 4-16（a）、（b）所示，将五棱柱的五边形尺寸标注在主视图上，比分开标注要好。如图 4-16（c）所示，腰形板的俯视图形体特征明显，半径 $R$4、$R$7 等尺寸标注

在俯视图上是正确的，而图 4-16（d）的标注是错误的。如图 4-14（b）所示，底板上两圆孔的定位尺寸 50、30 注在俯视图上，则两圆孔的相对位置比较明显。

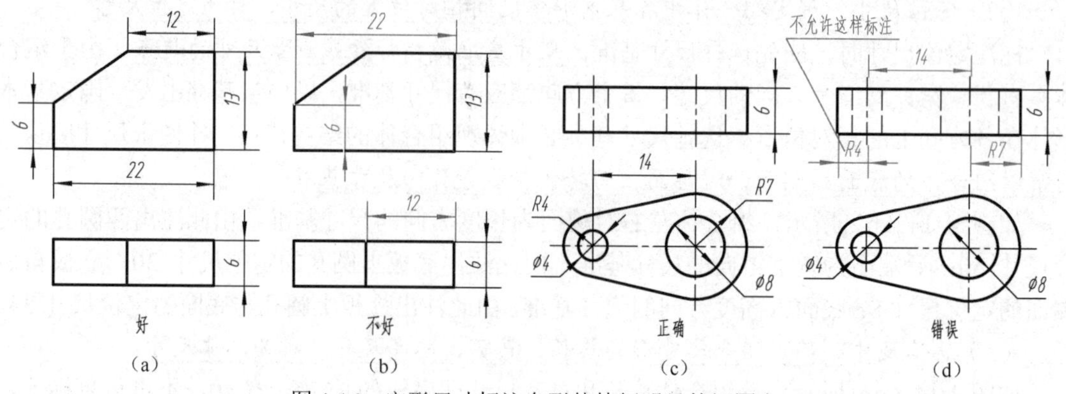

图 4-16　定形尺寸标注在形体特征明显的视图上

② 同一形体的尺寸应尽量集中标注。如图 4-14（c）所示，底板的长度 70、宽度 40、两圆孔直径 2× ϕ10、圆角半径 R10、两圆孔定位尺寸 50、30 都集中注在俯视图上，便于看图时查找。圆柱开槽后表面产生截交线，其尺寸集中标注在主视图上比较好，如图 4-17（a）所示。两圆柱相交表面产生相贯线，其尺寸的正确注法如图 4-17（c）所示。相贯线本身不需标注尺寸，图 4-17（d）的注法是错误的。

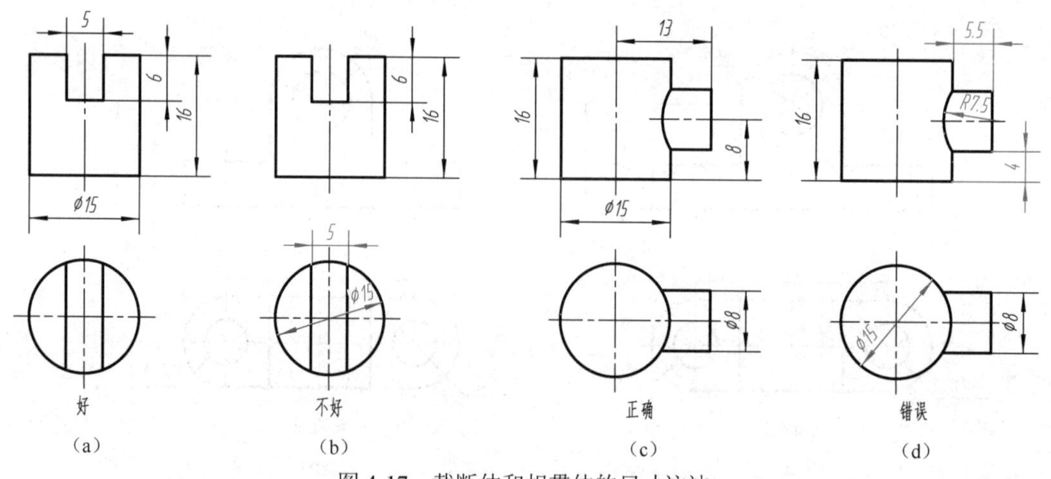

图 4-17　截断体和相贯体的尺寸注法

③ 直径尺寸尽量注在投影为非圆的视图上，圆弧的半径应注在投影为圆的视图上。尺寸尽量不注在细虚线上。如图 4-18（a）所示，圆的直径 ϕ20、ϕ30 注在主视图上是正确的，注在左视图上是错误的。ϕ14 注在左视图上是为了避免在细虚线上标注尺寸。R20 只能注在投影为圆的左视图上，而不允许注在主视图上。

④ 平行排列的尺寸应将较小尺寸注在里面（靠近视图），大尺寸注在外面。如图 4-18（a）所示，12、16 两个尺寸应注在 42 的里面，注在 42 的外面是错误的，如图 4-18（b）所示。

⑤ 尺寸应尽量注在视图外边，相邻视图的相关尺寸最好注在两个视图之间，避免尺寸线、尺寸界线与轮廓线相交，如图 4-19（a）所示。图 4-19（b）所示的尺寸注法不够清晰。

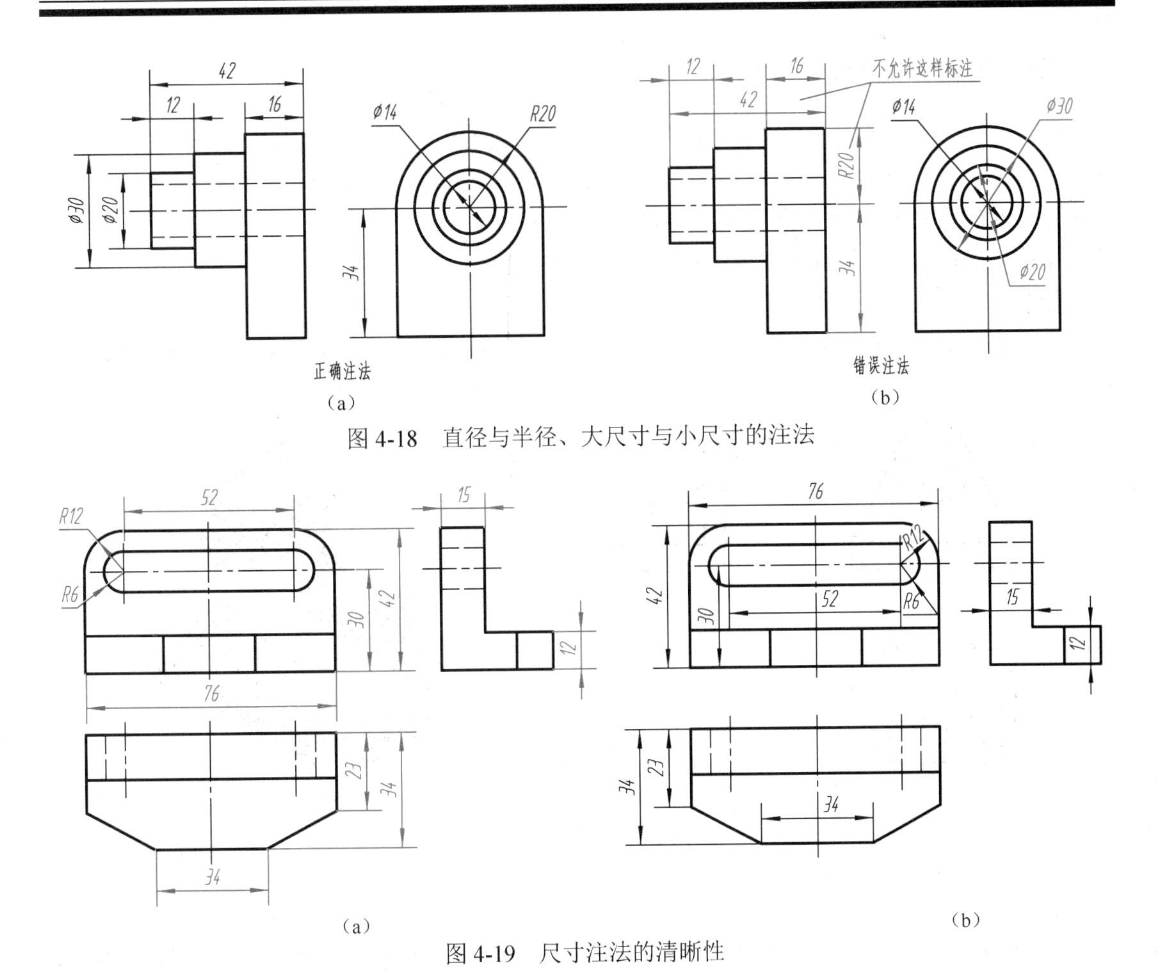

(a)　(b)

图 4-18　直径与半径、大尺寸与小尺寸的注法

(a)　(b)

图 4-19　尺寸注法的清晰性

三、常见结构的尺寸注法

组合体常见结构的尺寸注法如图 4-20 所示。

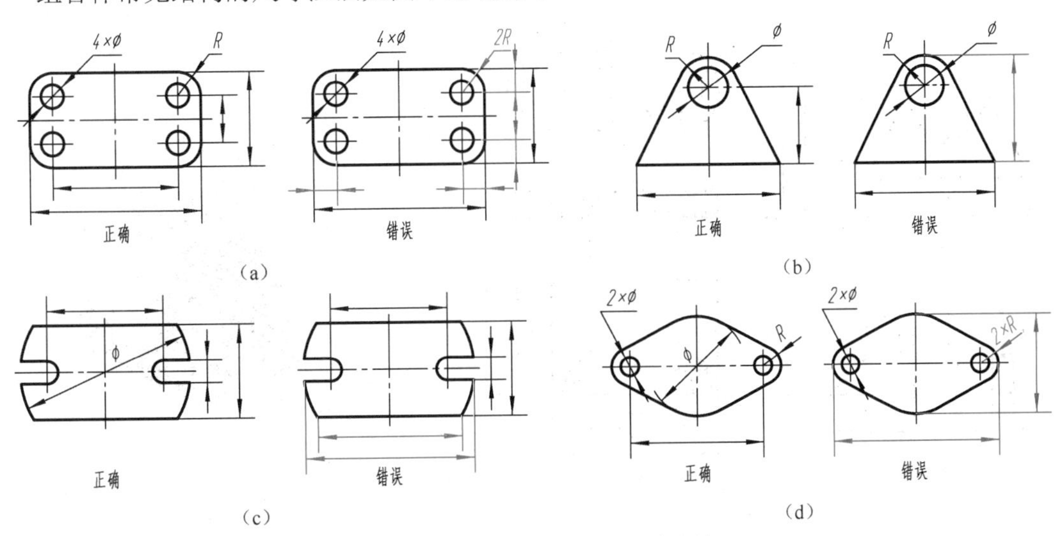

(a)　(b)　(c)　(d)

图 4-20　组合体常见结构的尺寸注法

四、组合体的标注示例

组合体是由一些基本形体按一定的连接关系组合而成的。因此，在标注组合体的尺寸时，首先应按形体分析法将组合体分解为若干部分，逐个注出各部分的尺寸和各部分之间的定位尺寸，以及组合体长、宽、高三个方向的总体尺寸。

【例 4-1】 标注图 4-21（a）所示轴承座的尺寸。

分析

根据轴承座的结构特点，将轴承座分解成底板、圆筒、支承板和肋板四部分，如图 4-21（b）所示。

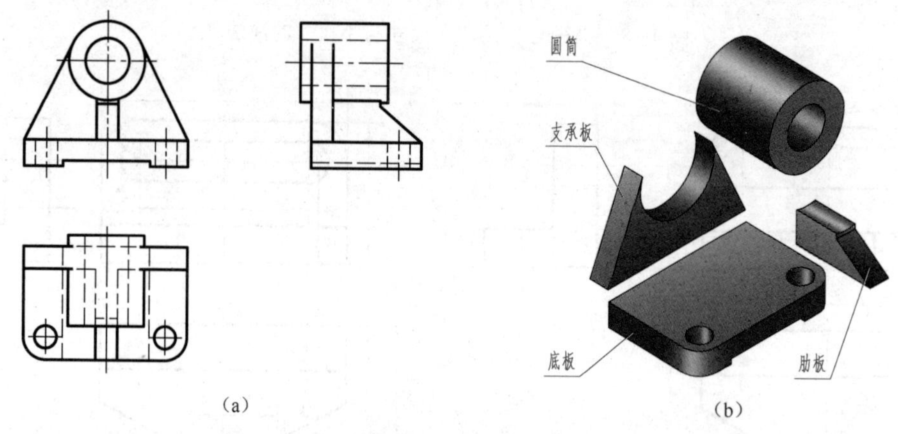

图 4-21 轴承座及形体分析

标注

① 逐个注出各组成部分的尺寸。标注尺寸时，分别注出底板、圆筒、支承板、肋板的尺寸，如图 4-22（a）所示。

② 选定尺寸基准，标注定位尺寸。由轴承座的结构特点可知，底板的底面是轴承座的安装面，底面可作为高度方向的尺寸基准；轴承座左右对称，其对称面可作为长度方向的尺

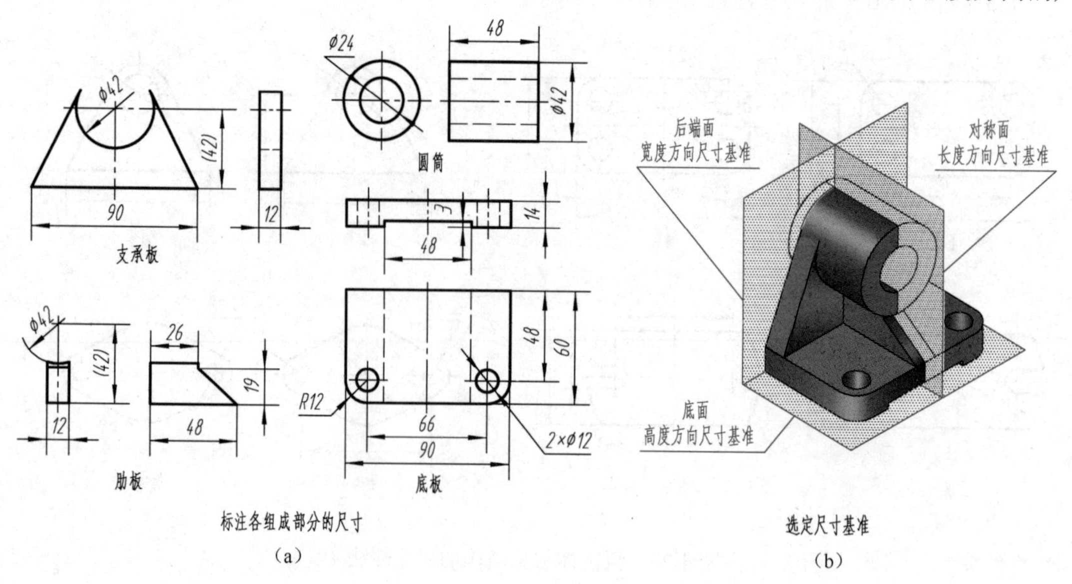

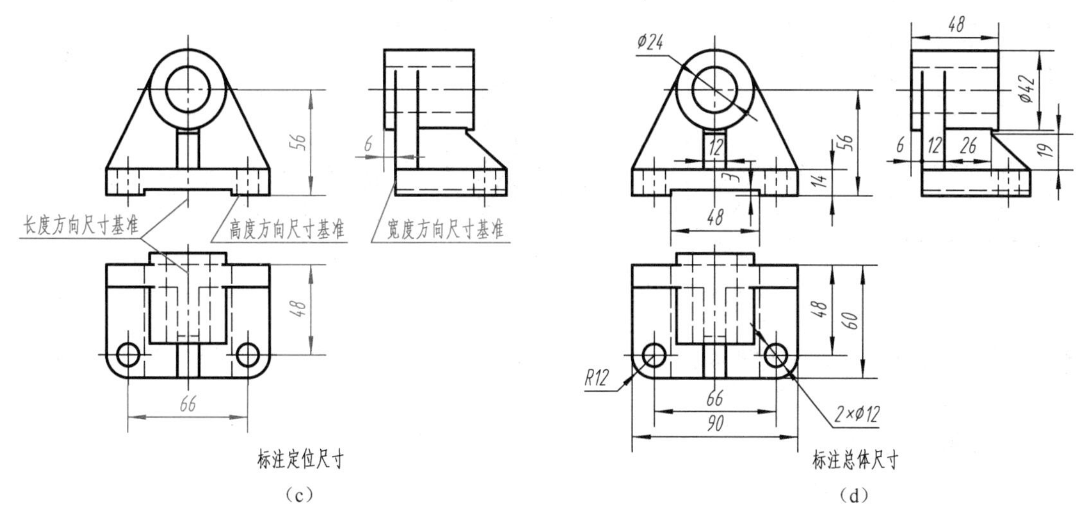

图 4-22　轴承座的尺寸标注

寸基准；底板和支承板的后端面可作为宽度方向的尺寸基准，如图 4-22（b）所示。

尺寸基准选定后，按各部分的相对位置，标注它们的定位尺寸。圆筒与底板上下方向的相对位置，需标注圆筒轴线到底板底面的中心距 56；圆筒与底板前后方向的相对位置，需标注圆筒后端面与支承板后端面定位尺寸 6；由于轴承座左右对称，长度方向的定位尺寸可以省略不注；标注底板上两个圆孔的定位尺寸 66、48，如图 4-22（c）所示。

③ 标注总体尺寸。如图 4-22（d）所示，底板的长度 90 是轴承座的总长（与定形尺寸重合，不另行注出）；总宽由底板宽度 60 和圆筒在支承板后面伸出的长度 6 所确定；总高由圆筒的定位尺寸 56 加上圆筒外径 $\phi42$ 的 1/2 所确定。

按上述步骤注出尺寸后，还要按形体逐个检查有无重复或遗漏，进行修正和调整。

第四节　看组合体视图的方法

画图，是将物体用正投影法表示在二维平面上；看图，则是依据视图，通过投影分析想象出物体的形状，是通过二维图形建立三维物体的过程。画图与看图是相辅相成的，看图是画图的逆过程。“照物画图”与“依图想物”相比，后者的难度要大一些。为了能够正确而迅速地看懂组合体视图，必须掌握看图的基本要领和基本方法，通过反复实践，不断培养空间思维能力，提高看图水平。

一、看图的基本要领

1．将几个视图联系起来看

一个视图可以表示出形状不同的多个物体，所以一个视图不能确定物体的形状。有时两个视图，也无法确定物体的形状。如图 4-23 中的主、俯两视图，它们也可表示出多种不同形状的物体。由此可见，看图时，必须把所给的视图联系起来看，才能想象出物体的确切形状。

2．搞清视图中图线和线框的含义

视图是由一个个封闭线框组成的，而线框又是由图线构成的。因此，弄清图线及线框的

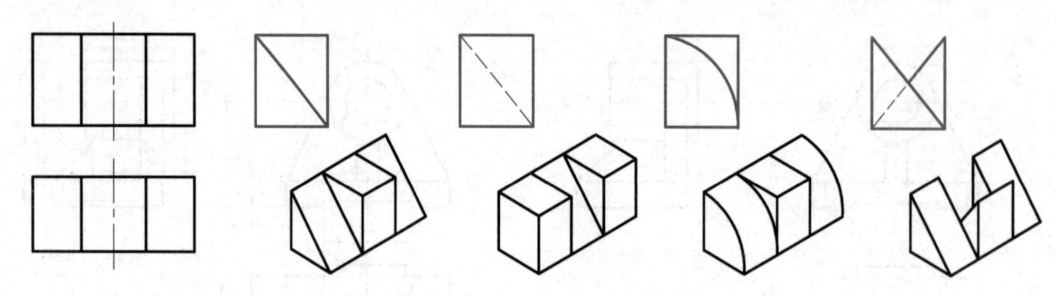

图 4-23　两个视图不能确切表示物体的形状

含义，是十分必要的。通过对图 4-24 所示组合体视图进行分析，视图中图线和线框的含义如下：

图线的含义

① 有积聚性的面的投影。

② 面与面的交线（棱边线）。

③ 曲面的转向轮廓线。

线框的含义

① 一个封闭的线框，表示物体的一个面，可能是平面、曲面、组合面或孔洞。

② 相邻的两个封闭线框，表示物体上位置不同的两个面。由于不同线框代表不同的面，它们表示的面有前、后、左、右、上、下的相对位置关系，可以通过这些线框在其他视图中的对应投影来加以判断。

③ 一个大封闭线框内所包含的各个小线框，表示在大平面体（或曲面体）上凸出或凹下各个小平面体（或曲面体）。

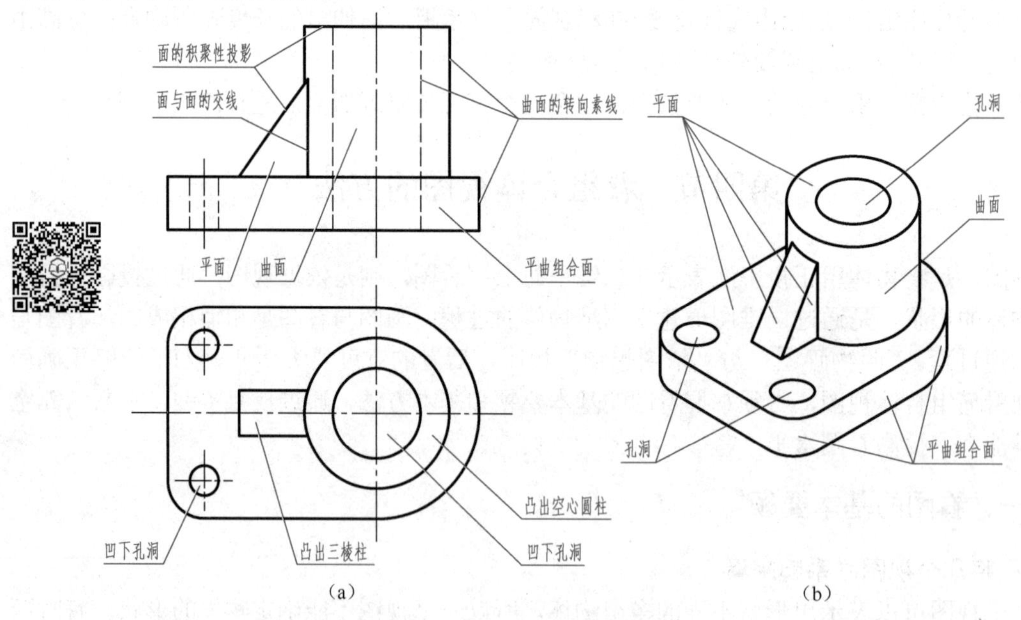

图 4-24　视图中图线与线框的分析

二、看图的方法和步骤

对组合体进行形体分析是看图的主要方法。只有将复杂的图形分解出几个简单图形来，看懂简单图形的形状并加以综合，才能达到看懂复杂图形的目的。看图的步骤如下：

（1）抓住特征分部分　所谓特征，是指物体的形状特征和位置特征。

① 形状特征明显的视图。图 4-25（a）为底板的三视图，假如只看俯、左两视图，那么除了板厚以外，其他形状就很难分析了；如果将主、俯视图配合起来看，即使不要左视图，也能想象出它的全貌。显然，主视图是反映该物体形状特征最明显的视图。用同样的分析方法可知，图 4-25（b）中的俯视图、图 4-25（c）中的左视图是形状特征最明显的视图。

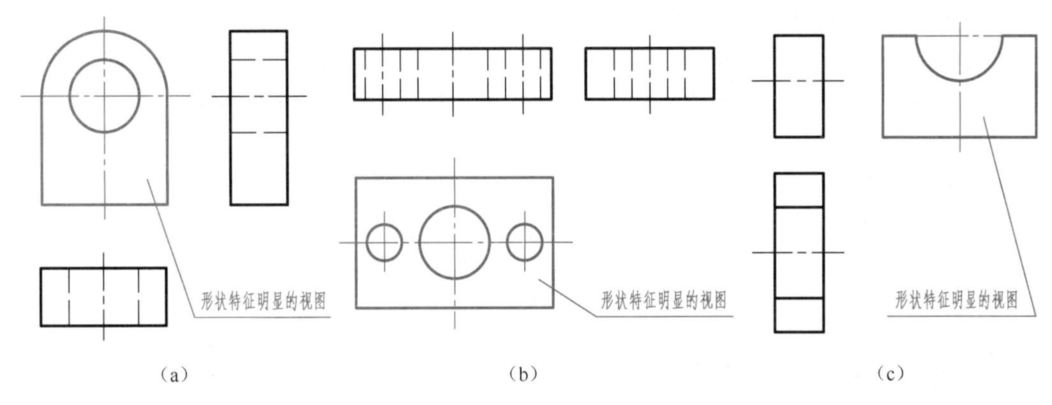

图 4-25　形状特征明显的视图

② 位置特征明显的视图。在图 4-26（a）中，如果只看主、俯视图，圆线框和矩形线框两个形体哪个凸出？哪个凹进？无法确定。因为这两个线框既可以表示图 4-26（b）所示的情况，也可以表示图 4-26（c）所示的情况。如果将主、左视图配合起来看，则不仅形状容易想清楚，而且圆线框凸出、矩形线框凹进也确定了，即只是图 4-26（c）所示的一种情况。显然，左视图是位置特征最明显的视图。

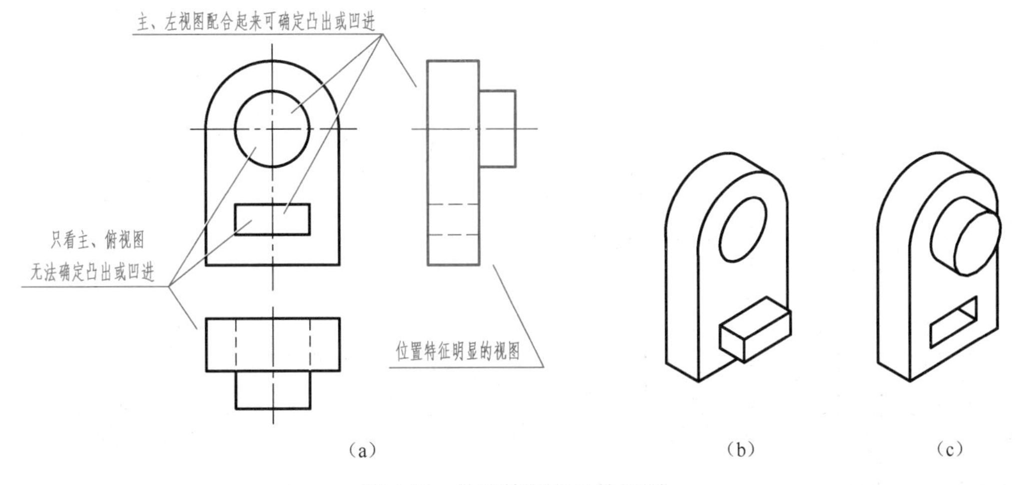

图 4-26　位置特征明显的视图

> 提示：组合体上每一组成部分的特征，并非总是全部集中在一个视图上。因此，在分部分时，无论哪个视图（一般以主视图为主），只要形状、位置特征有明显之处，就应从该视图入手，这样就能较快地将其分解成若干个组成部分。

（2）对准投影想形状　依据“三等”规律，从反映特征部分的线框（一般表示该部分形体）出发，分别在其他两视图上对准投影，并想象出它们的形状。

（3）综合起来想整体　想出各组成部分形状之后，再根据整体三视图，分析它们之间的相对位置和组合形式，进而综合想象出该组合体的整体形状。

【例 4-2】　看懂图 4-27（a）所示轴承座的三视图。

看图步骤如下：

第一步：抓住特征分部分

通过形体分析可知，主视图较明显地反映出Ⅰ（座体）、Ⅱ（肋板）两形体的特征，而左视图则较明显地反映出形体Ⅲ（底板）的特征。据此，该轴承座可大体分为三部分，如图 4-27（a）所示。

第二步：对准投影想形状

形体Ⅰ（座体）、Ⅱ（肋板）从主视图出发，形体Ⅲ（底板）从左视图出发，依据“三等”规律，分别在其他两视图上找出对应投影（如图中的红色轮廓线所示），并想出它们的形状，如图 4-27（b）、（c）、（d）中的轴测图所示。

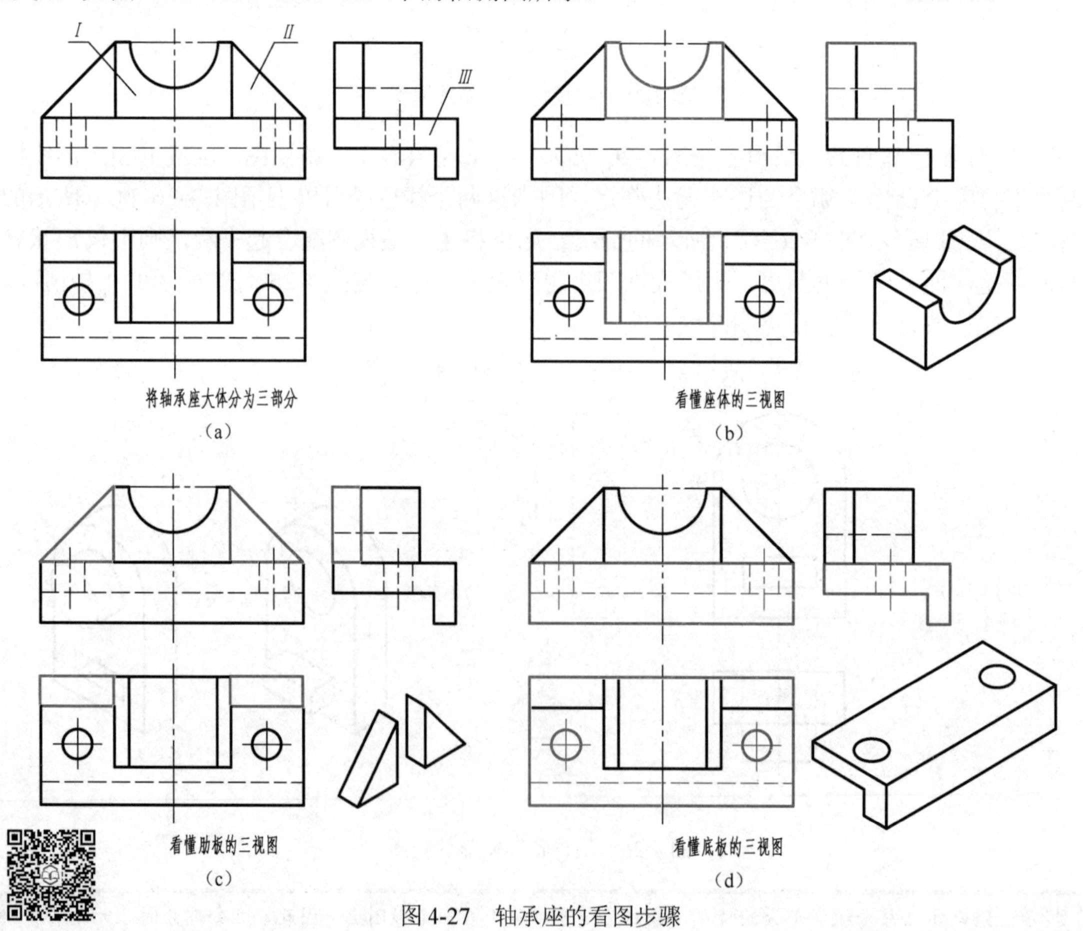

图 4-27　轴承座的看图步骤

第三步：综合起来想整体

座体Ⅰ在底板Ⅲ的上面，两形体的对称面重合且后面靠齐；肋板Ⅱ在座体Ⅰ的左、右两侧，且与其相接，后面靠齐。综合想象出物体的整体形状，如图 4-28 所示。

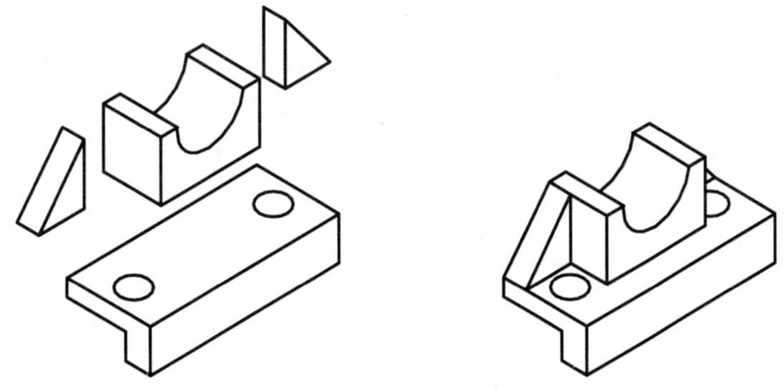

图 4-28　轴承座轴测图

三、由已知两视图补画第三视图（简称二求三）

由已知两视图补画第三视图是训练看图能力，培养空间想象力的重要手段。补画视图，实际上是看图和画图的综合练习，一般按以下两步进行：

① 根据已给的视图按前述方法将图看懂，并想象出物体的形状。

② 在想象出形状的基础上再进行作图。作图时，应根据已知的两个视图，按各组成部分逐个画出第三视图，进而完成整个物体的第三视图。

【例 4-3】　根据图 4-29（a）所示的主、俯两视图，补画左视图。

分析

根据已知的两视图，可以看出该物体是由底板、前半圆板和后立板叠加起来后，在后面切去一个上下通槽、钻一个前后通孔而形成的。

作图

按形体分析法，依次画出底板、后立板、前半圆板和通槽、通孔等细节，如图 4-29（b）～（f）所示。

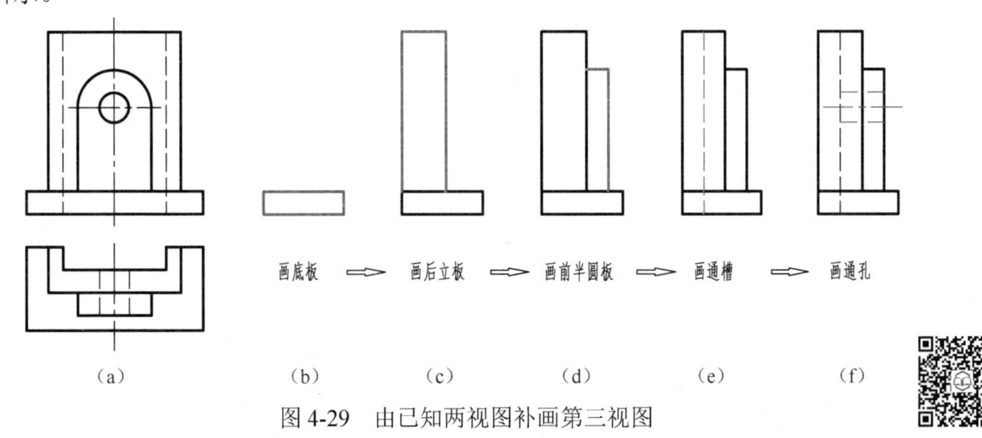

（a）　（b）　（c）　（d）　（e）　（f）

图 4-29　由已知两视图补画第三视图

【例 4-4】　根据图 4-30（a）所示机座的两视图，补画左视图。

分析

看懂机座的主视图和俯视图，想象出它的形状。从主视图着手，按主视图上的封闭粗实线线框，可将机座大致分成三部分，即底板、圆柱体、右端与圆柱面相交的厚肋板。

再进一步分析细节，如主视图的细虚线和俯视图的细虚线表示什么？通过逐个对投影的方法知道，主视图右边的细虚线表示直径不同的阶梯圆柱孔，左边的细虚线表示一个长方形槽和上下挖通的缺口。

在形体分析的基础上，根据三部分在俯视图上的对应投影，综合想象出机座的整体形状，如图 4-30（b）所示。

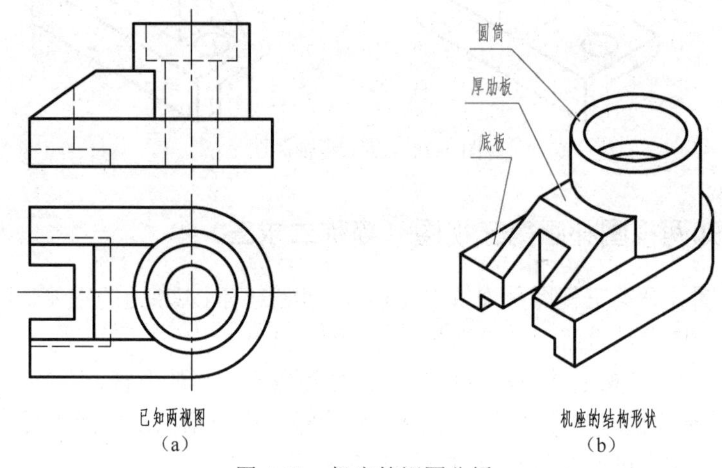

已知两视图
（a）

机座的结构形状
（b）

图 4-30 机座的视图分析

作图

① 按形体分析法，先补画出底板的左视图，如图 4-31（a）所示。

② 在底板的上方补画出圆筒（含阶梯孔）的左视图，如图 4-31（b）所示。

③ 补画出厚肋板的左视图，如图 4-31（c）所示。

④ 最后补画出上、下挖通的缺口等细节，完成机座的左视图，如图 4-31（d）所示。

由此可知，看懂已知的两视图，想象出组合体的形状，是补画第三视图的必备条件。所以看图和画图是密切相关的。在整个看图过程中，一般是以形体分析法为主，边分析、边作图、边想象。这样就能较快地看懂组合体的视图，想出其整体形状，正确地补画出第三视图。

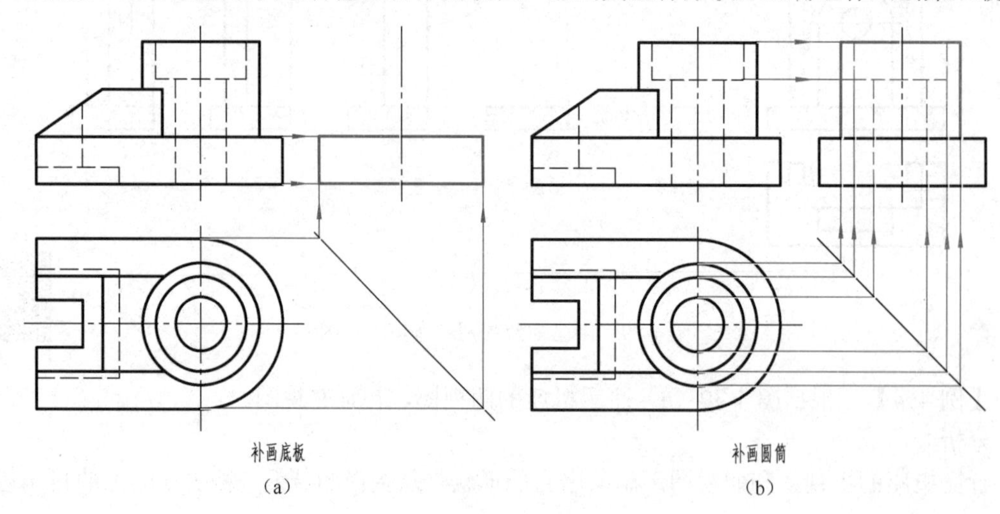

补画底板
（a）

补画圆筒
（b）

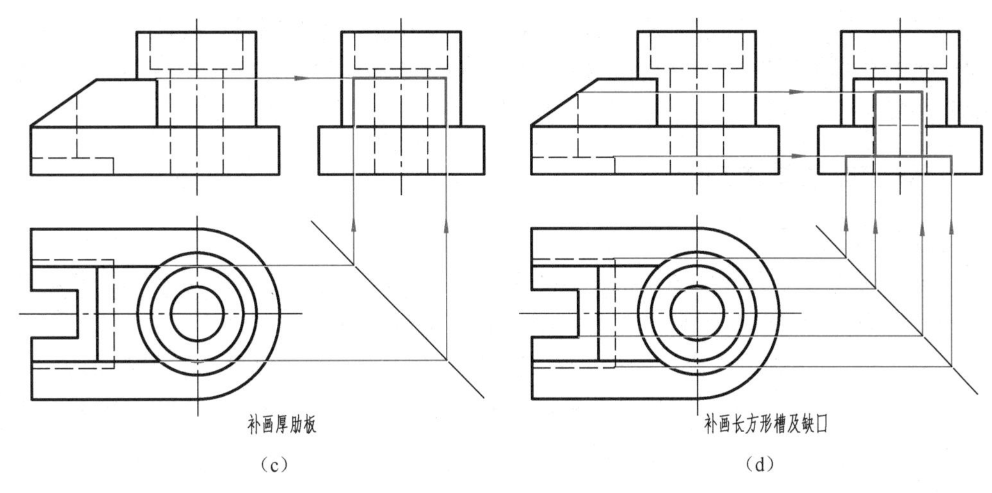

（c）　　　　　　　　　（d）

图 4-31　补画机座左视图的步骤

四、补画视图中的漏线

补漏线就是在给出的三视图中，补画缺漏的图线。首先，运用形体分析法，看懂三视图所表达的组合体形状，然后细心检查组合体中各组成部分的投影是否有漏线，最后补画缺漏的图线。

【例 4-5】　补画图 4-32（a）所示组合体三视图中缺漏的图线。

分析

通过投影分析可知，三视图所表达的组合体由圆柱体和座板叠加而成，两组成部分分界处的表面是相切的，如图 4-32（b）中轴测图所示。

作图

对照各组成部分在三视图中的投影，发现在主视图中相切处（座板最前面）缺少一条粗实线；在左视图缺少座板顶面的投影（一条细虚线）。将它们逐一补上，如图 4-32（c）中的红色线所示。

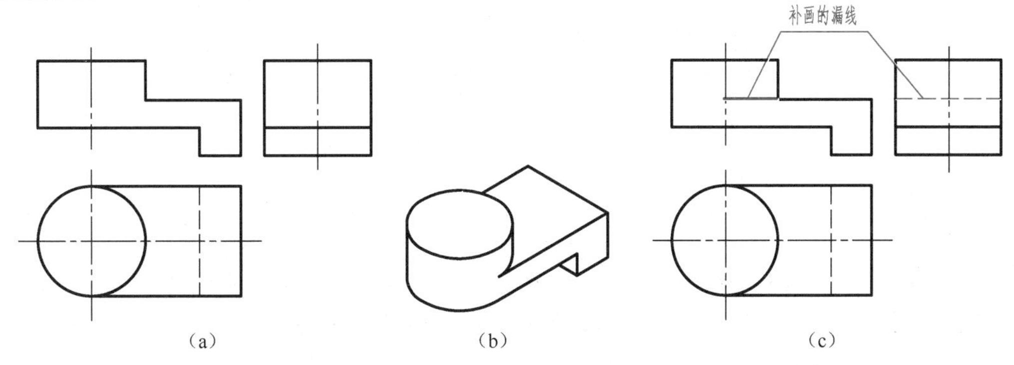

（a）　　　　　　（b）　　　　　　（c）

图 4-32　补画组合体视图中缺漏的图线

第五节　轴　测　图

在工程图样中，主要是用视图来表达物体的形状和大小。由于视图是按正投影法绘制的，每个视图只能反映物体二维空间的大小，所以缺乏立体感。轴测图是一种能同时反映物体三个方向形状的单面投影图，具有较强的立体感。但轴测图度量性差，作图复杂，在工程上只作为辅助图样。

一、轴测图的基本知识

1．轴测图的形成

将物体连同其参考直角坐标体系，沿不平行于任一坐标面的方向，用平行投影法将其投射在单一投影面上所得到的图形，称为轴测投影，亦称轴测图。

图 4-33（a）表示物体在空间的投射情况，投影面 *P* 称为轴测投影面，其投影放正之后，即为常见的正等轴测图。由于这样的图形能同时反映出物体长、宽、高三个方向的形状，所以具有立体感。

2．术语和定义（GB/T 4458.3－2013）

（1）轴测轴　空间直角坐标轴在轴测投影面上的投影称为轴测轴，如图 4-33（b）中的 *OX* 轴、*OY* 轴、*OZ* 轴。

（2）轴间角　在轴测图中，两根轴测轴之间的夹角，称为轴间角，如图 4-33（b）中的 $\angle XOY$、$\angle YOZ$、$\angle XOZ$。

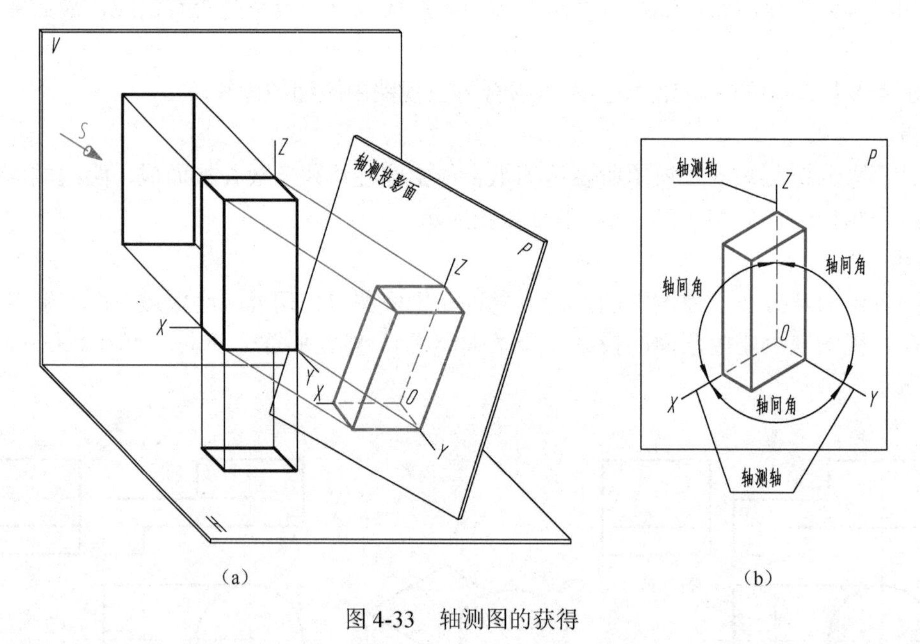

（a）　　　　　　（b）

图 4-33　轴测图的获得

（3）轴向伸缩系数　轴测轴上的单位长度与相应投影轴上单位长度的比值，称为轴向伸缩系数。不同的轴测图，其轴向伸缩系数不同，如图 4-34 所示。

二、一般规定

理论上轴测图可以有许多种，但从作图简便等因素考虑，一般采用以下两种。

1．正等轴测投影（正等轴测图）

用正投影法得到的轴测投影，称为正轴测投影。三个轴向伸缩系数均相等的正轴测投影，称为正等轴测投影，简称正等测。此时三个轴间角相等。绘制正等测轴测图时，其轴间角和轴向伸缩系数 p、q、r，按图 4-34（a）中的规定绘制。

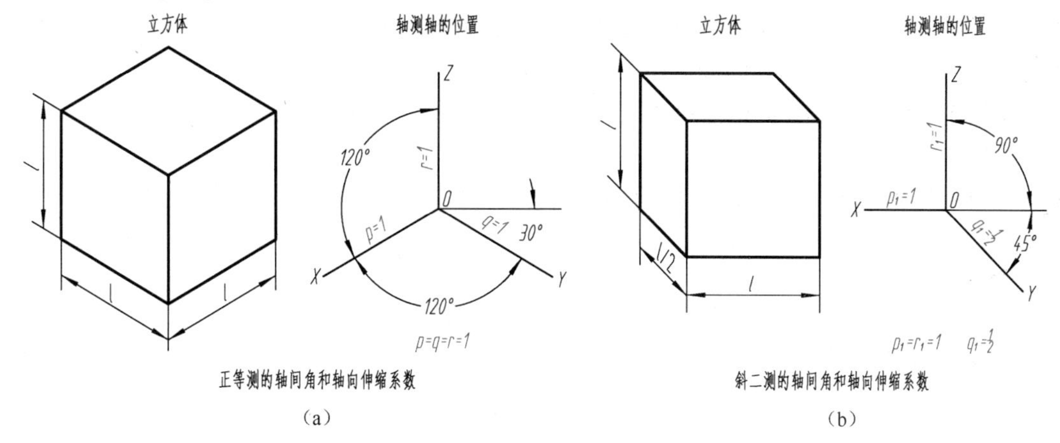

图 4-34　轴间角和轴向伸缩系数的规定

2．斜二等轴测投影（斜二等轴测图）

轴测投影面平行于一个坐标平面，且平行于坐标平面的那两个轴的轴向伸缩系数相等的斜轴测投影，称为斜二等轴测投影，简称斜二测。绘制斜二测轴测图时，其轴间角和轴向伸缩系数 p_1、q_1、r_1，按图 4-34（b）中的规定绘制。

3．轴测图的投影特性

① 物体上与坐标轴平行的线段，在轴测图中平行于相应的轴测轴。

② 物体上相互平行的线段，在轴测图中也相互平行。

三、正等轴测图

1．正等测轴测轴的画法

在绘制正等测轴测图时，先要准确地画出轴测轴，然后才能根据轴测图的投影特性，画出轴测图。如图 4-34（a）所示，正等测中的轴间角相等，均为 120°。绘图时，可利用丁字尺和 30°三角板配合，准确地画出轴测轴，如图 4-35 所示。

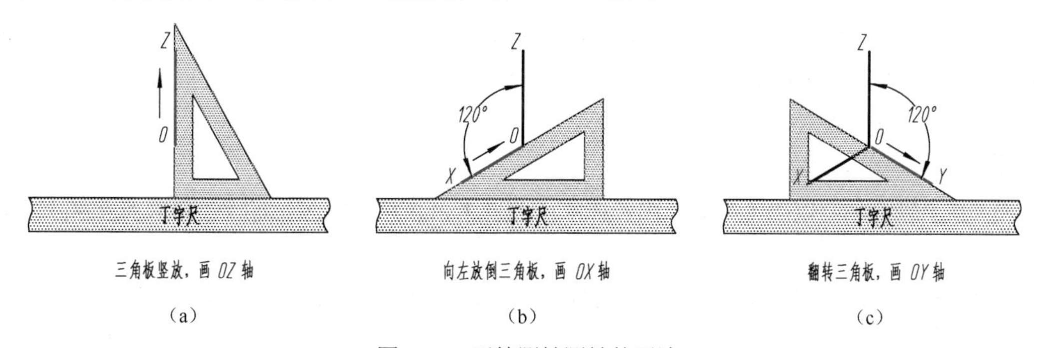

图 4-35　正等测轴测轴的画法

2．平面立体的正等测画法

画轴测图时，应用粗实线画出物体的可见轮廓。一般情况下，在轴测图中表示不可见轮廓的细虚线省略不画。必要时，用细虚线画出物体的不可见轮廓。

绘制轴测图的常用方法是坐标法。作图时，首先定出空间直角坐标系，画出轴测轴；再按立体表面上各顶点或线段的端点坐标，画出其轴测图；最后分别连线，完成整个轴测图。为简化作图步骤，要充分利用轴测图平行性的投影特性。

【例 4-6】 画出图 4-36（a）所示某段管路 $A \to B \to C \to D \to E \to F$ 的正等测。

分析

若画出其正等测，关键是先按坐标画出管路上 A、B、C、D、E、F 各个点的轴测图，进而连点成线。

作图

① 画出轴测轴，根据 A、B、C、D、E、F 各点的 x、y 坐标，确定各点在水平面的位置，如图 4-36（b）所示。

② 据 A、B、C、D 各点的 z 坐标（E、F 两点的 z 坐标为零），向上拔高（平行于 Z 轴），即完成管路的正等测，如图 4-36（c）所示。

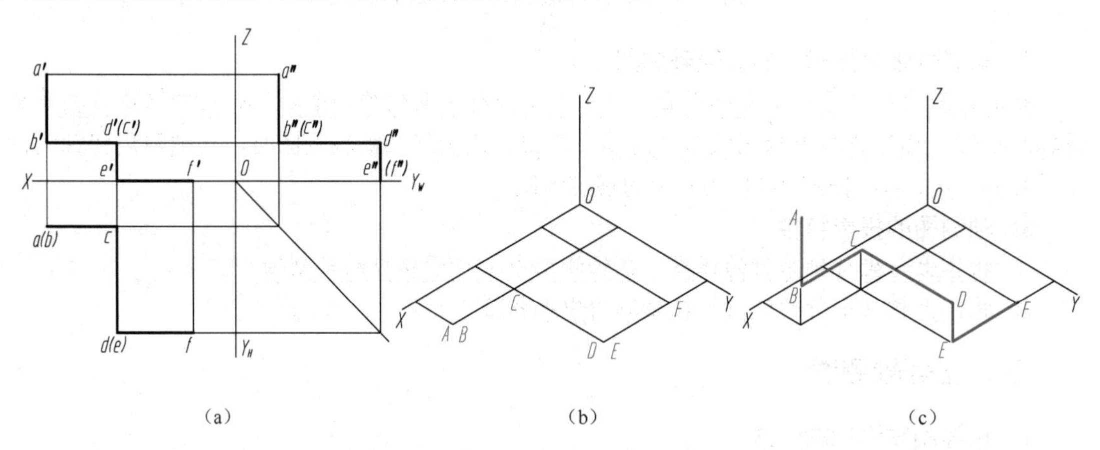

（a）　（b）　（c）

图 4-36 某段管路的正等测画法

【例 4-7】 根据图 4-37（a）所示正六棱柱的两视图，画出其正等测。

分析

由于正六棱柱前后、左右对称，故选择顶面的中点作为坐标原点，棱柱的轴线作为 Z 轴，顶面的两条对称中心线作为 X、Y 轴，如图 4-37（a）所示。用坐标法从顶面开始作图，可直接作出顶面六边形各顶点的坐标。

作图

① 画出轴测轴，定出Ⅰ、Ⅱ、Ⅲ、Ⅳ点；通过Ⅰ、Ⅱ点，作 X 轴的平行线，如图 4-37（b）所示。

② 在过Ⅰ、Ⅱ点的平行线上，确定 m、n 点，连接各顶点得到六边形的正等测，如图 4-37（c）所示。

③ 过六边形的各顶点，向下作 Z 轴的平行线，并在其上截取高度 h，画出底面上可见的各条边，如图 4-37（d）所示。

④ 擦去作图线并描深，完成正六棱柱的正等测，如图 4-37（e）所示。

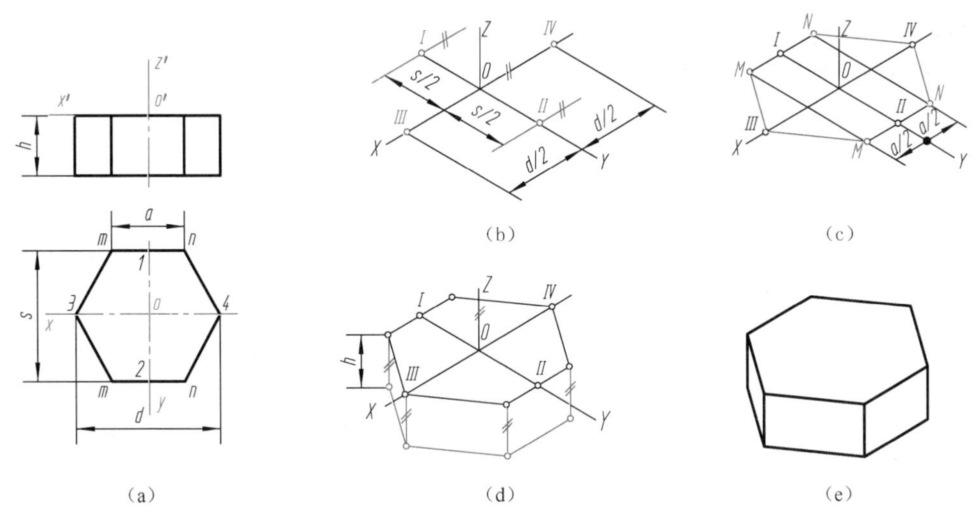

(a)　(b)　(c)　(d)　(e)

图 4-37　正六棱柱正等测的作图步骤

3. 曲面立体的正等测画法

【例 4-8】　已知圆的直径为 $\phi 24$，圆平面与水平面平行（即椭圆长轴垂直于 Z 轴），用六点共圆法画出圆的正等测。

作图

① 画出轴测轴 X、Y、Z 以及椭圆长轴，如图 4-38（a）所示。

② 以 O 为圆心、$R12$ 为半径画圆，与 X、Y、Z 相交，得 A、B、C、D、1、2 六点，如图 4-38（b）所示。

③ 连接 $A2$ 和 $D2$，与椭圆长轴交于点 3、点 4，如图 4-38（c）所示。

④ 分别以点 2、点 1 为圆心、R（$A2$）为半径画大圆弧；再分别以点 3、点 4 为圆心、r（$D4$）为半径画小圆弧。四段相切于 A、B、C、D 四点，如图 4-38（d）所示。

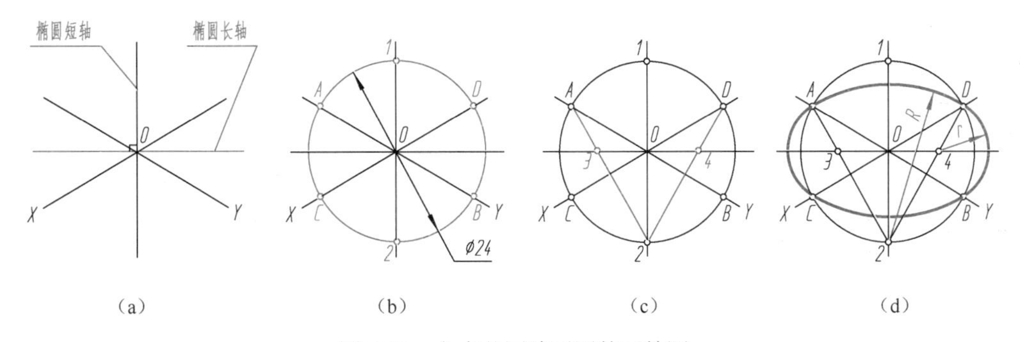

(a)　(b)　(c)　(d)

图 4-38　六点共圆法画圆的正等测

【例 4-9】　根据图 4-39（a）所示圆柱的视图，画出圆柱的正等测。

分析

圆柱轴线垂直于水平面，其上、下底两个圆与水平面平行（即椭圆长轴垂直于 Z 轴）且大小相等。可根据其直径 d 和高度 h 作出两个大小完全相同、中心距为 h 的两个椭圆，然后作两个椭圆的公切线即成。

作图

① 采用六点共圆法，画出上底圆的正等测，如图 4-39（b）所示。

② 向下量取圆柱的高度 h，画出下底圆的正等测，如图 4-39（c）所示。

③ 分别作出两椭圆的公切线，如图 4-39（d）所示。

④ 擦去作图线并描深，完成圆柱的正等测，如图 4-39（e）所示。

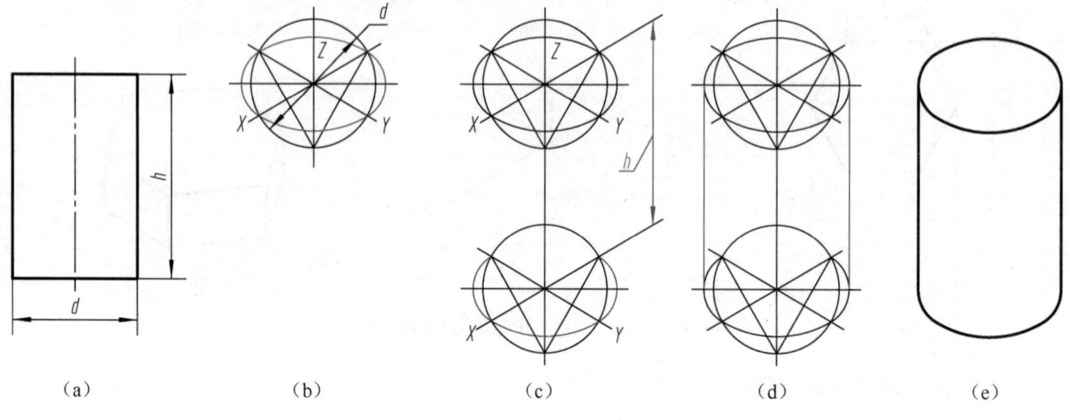

图 4-39 圆柱的正等测画法

【例 4-10】 根据图 4-40（a）所示带圆角平板的两视图，画出其正等测。

分析

平行于坐标面的圆角，实质上是平行于坐标面的圆的一部分。因此，其轴测图是椭圆的一部分。特别是常见的 1/4 圆周的圆角，其正等测恰好是近似椭圆的四段圆弧中的一段。

作图

① 首先画出平板上面（矩形）的正等测，如图 4-40（b）所示。

② 沿棱线分别量取 R，确定圆弧与棱线的切点；过切点作棱线的垂线，垂线与垂线的交点即为圆心，圆心到切点的距离即连接弧半径 R_1 和 R_2；分别画出连接弧，如图 4-40（c）所示。

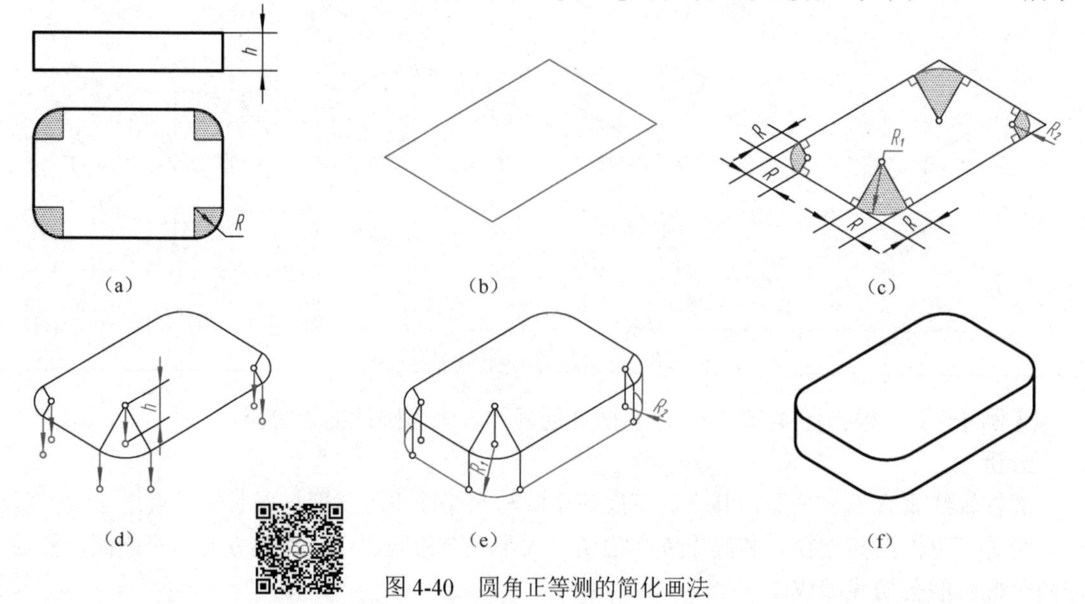

图 4-40 圆角正等测的简化画法

③ 分别将圆心和切点向下平移 h（板厚），如图 4-40（d）所示。

④ 画出平板下面（矩形）和相应圆弧的正等测，作出左右两段小圆弧的公切线，如图 4-40（e）所示。

⑤ 擦去作图线并描深，完成带圆角平板的正等测，如图 4-40（f）所示。

4. 组合体的正等测画法

画组合体轴测图的基本方法是叠加法和切割法，有时也可两种方法并用。

叠加法　叠加法就是先将组合体分解成若干基本形体，再按其相对位置逐个画出各基本形体的正等测，然后完成整体的正等测。

【例 4-11】　根据组合体三视图，作其正等测（图 4-41）。

分析

该组合体由底板、立板及一个三角形肋板叠加而成。画其正等测时，可采用叠加法，依次画出底板、立板及三角形肋板。

作图

① 首先在组合体三视图中确定坐标轴，画出轴测轴，如图 4-41（a）、（b）所示。

② 画出底板的正等测，如图 4-41（c）所示。

③ 在底板上添画立板的正等测，如图 4-41（d）所示。

④ 在底板之上、立板的前面添画三角形肋板的正等测，如图 4-41（e）所示。

⑤ 擦去多余图线并描深，完成组合体的正等测，如图 4-41（f）所示。

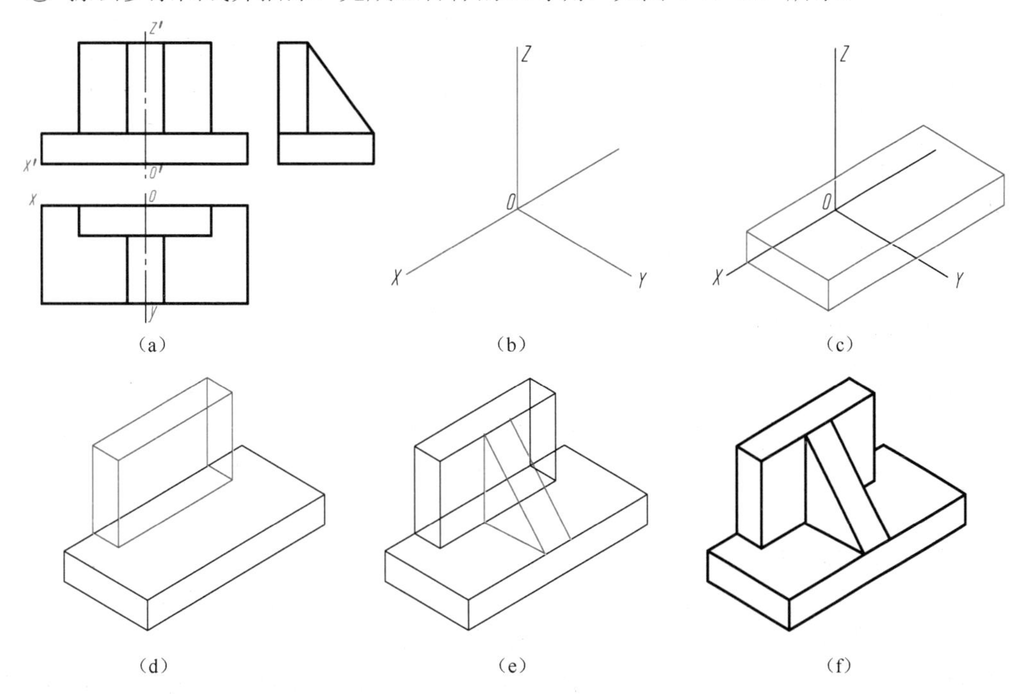

图 4-41　用叠加法画组合体的正等测

切割法　切割法就是先画出完整的几何体的正等测（通常为方箱），再按其结构特点逐个切去多余部分，然后完成切割后组合体的正等测。

【例 4-12】　根据图 4-42（a）所示组合体三视图，用切割法画出其正等测。

分析

组合体是由一长方体经过多次切割而形成的。画其轴测图时，可用切割法，即先画出整体（方箱），在方箱基础上，再逐步截切而成。

作图

① 先画出轴测轴，再画出长方体（方箱）的正等测，如图 4-42（b）、（c）所示。

② 在长方体的基础上，切去左上角，如图 4-42（d）所示。

③ 在左下方切出方形槽，如图 4-42（e）所示。

④ 去掉多余图线后描深，完成组合体的正等测，如图 4-42（f）所示。

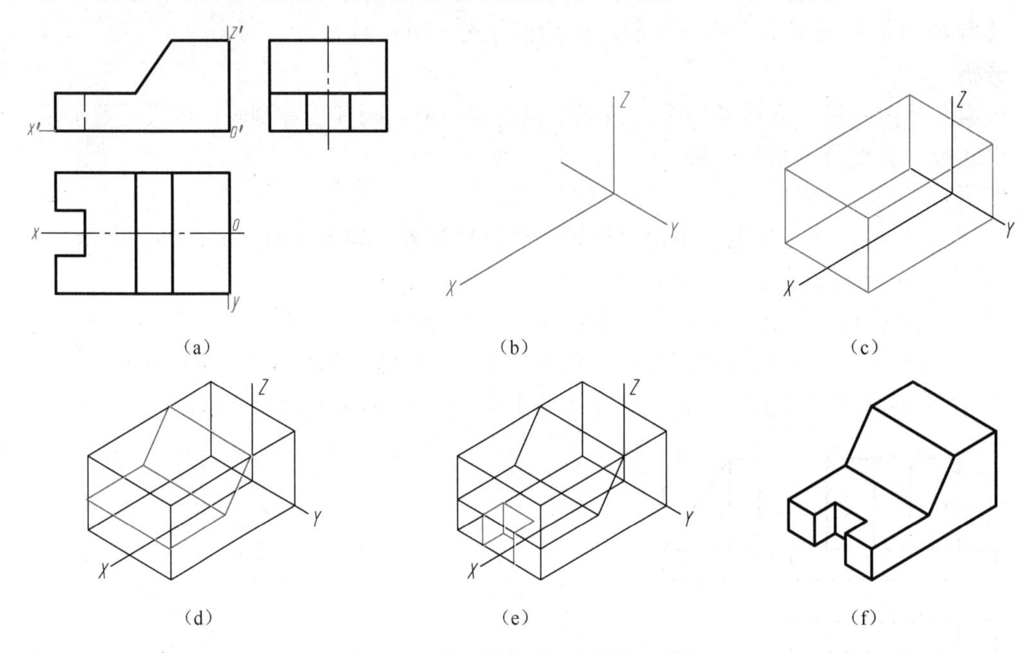

图 4-42　用切割法画组合体的正等测

四、斜二等轴测图

1. 斜二等轴测图的形成

在确定物体的直角坐标系时，使 X 轴和 Z 轴平行轴测投影面 P，用斜投影法将物体连同其直角坐标轴一起向 P 面投射，所得到的轴测图称为斜二等轴测图，简称斜二测，如图 4-43 所示。

2. 斜二测的轴间角和轴向伸缩系数

由于 XOZ 坐标面与轴测投影面平行，X、Z 轴的轴向伸缩系数相等，即 $p_1=r_1=1$，轴间角 $\angle XOZ=90°$。为了便于绘图，国家标准 GB/T 4458.3－2013《机械制图　轴测图》规定：选取 Y 轴的轴向伸缩系数 $q_1=1/2$，轴间角 $\angle XOY=\angle YOZ=135°$，如图 4-44（a）所示。随着投射方向的不同，$Y$ 轴的方向可以任意选定，如图 4-44（b）所示。只有按照这些规定绘制出来的斜轴测图，才能称为斜二等轴测图。

3. 斜二测的投影特性

斜二测的投影特性是：物体上凡平行于 XOZ 坐标面的表面，其轴测投影反映实形。利用这一特点，在绘制单方向形状较复杂的物体（主要是出现较多的圆）的斜二测时，比较简便易画。

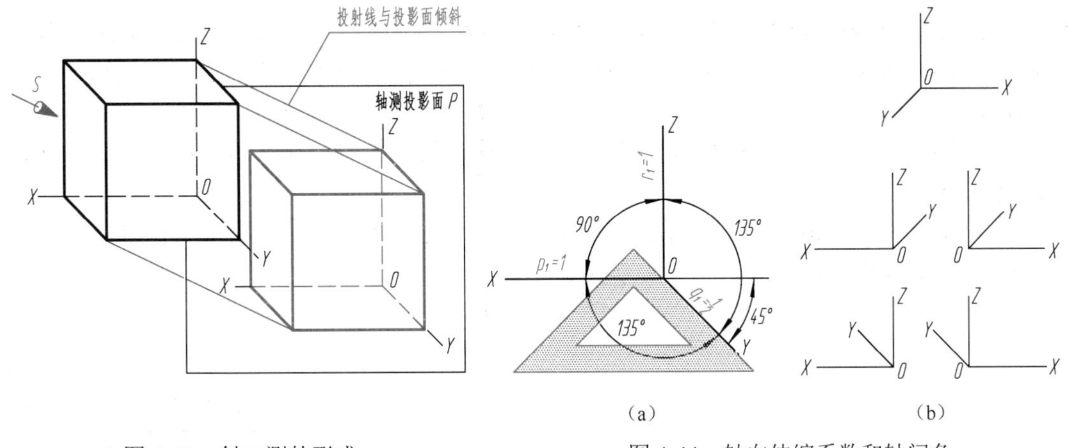

图 4-43　斜二测的形成

(a)　(b)

图 4-44　轴向伸缩系数和轴间角

4．斜二测的画法

斜二测的具体画法与正等测的画法相似，但它们的轴间角及轴向伸缩系数均不同。由于斜二测中 Y 轴的轴向伸缩系数 $q_1=1/2$，所以在画斜二测时，沿 Y 轴方向的长度应取物体上相应长度的一半。

【例 4-13】　根据图 4-45（a）所示立方体的三视图，画出其斜二测。

分析

立方体的所有棱线，均平行于相应的投影轴，画其斜二测时，Y 轴方向的长度应取相应长度的一半。

作图

① 首先在视图上确定原点和坐标轴，画出 XOY 坐标面的轴测图（与主视图相同），如图 4-45（b）所示。

② 沿 Y 轴向前量取 $L/2$ 画出前面，连接前后两个面，完成立方体的斜二测，如图 4-45（c）所示。

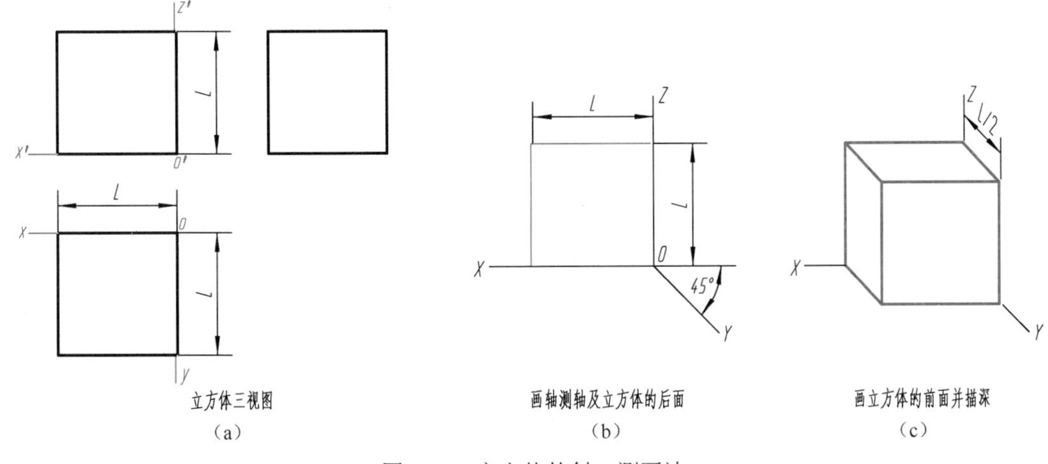

立方体三视图
(a)
画轴测轴及立方体的后面
(b)
画立方体的前面并描深
(c)

图 4-45　立方体的斜二测画法

【例 4-14】 根据图 4-46（a）所示支架的两视图，画出其斜二测。

分析

支架表面上的圆（半圆）均平行于正面。确定直角坐标系时，使坐标轴 *Y* 与圆孔轴线重合，坐标原点与前表面圆的中心重合，使坐标面 *XOZ* 与正面平行，选择正面作轴测投影面，如图 4-46（a）所示。这样，物体上的圆和半圆，其轴测图均反映实形，作图比较简便。

作图

① 首先在视图上确定原点和坐标轴，画出 *XOY* 坐标面的轴测图（与主视图相同），如图 4-46（b）所示。

② 沿 *Y* 轴向后量取 *L*/2 画出后面，连接前后两个面，如图 4-46（c）、（d）所示。

③ 去掉多余图线后描深，完成支架的斜二测，如图 4-46（e）所示。

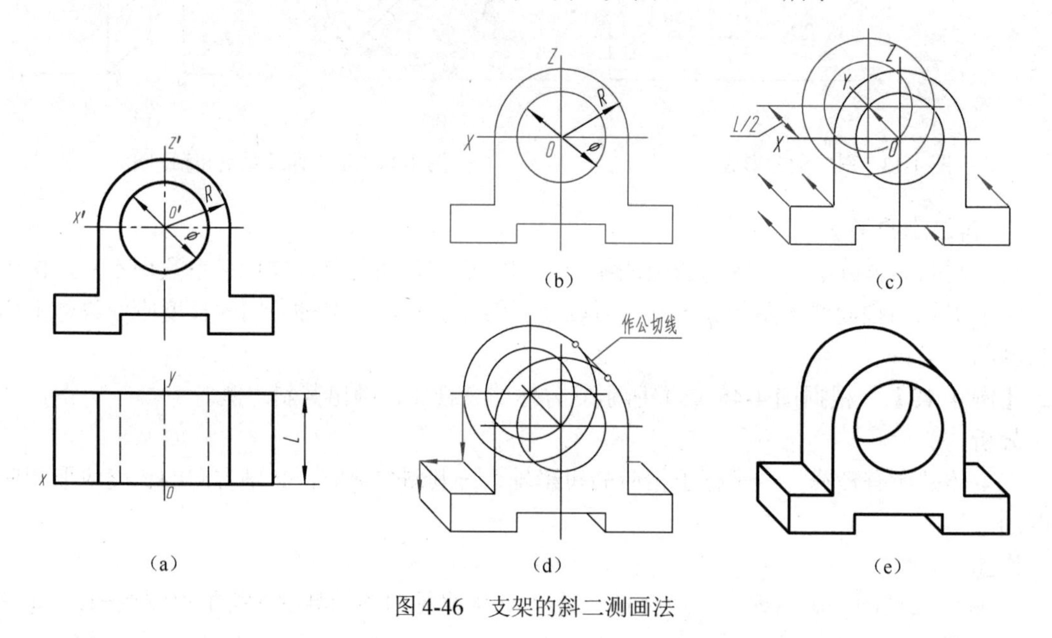

图 4-46　支架的斜二测画法

第五章　图样的基本表示法

第一节　视　图

根据有关标准和规定，用正投影法所绘制出物体的图形，称为视图。视图主要用于表达物体的可见部分，必要时才画出其不可见部分。

一、基本视图（GB/T 13361－2012、GB/T 17451－1998）

将物体向基本投影面投射所得的视图，称为基本视图。

当物体的构形复杂时，为了完整、清晰地表达物体各方面的形状，国家标准规定，在原有三个投影面的基础上，再增设三个投影面，组成一个正六面体，如图 5-1（a）所示。六面体的六个面称为基本投影面。将物体置于六面体中，分别向六个基本投影面投射，即得到六个基本视图（通常用大写字母 *A*、*B*、*C*、*D*、*E*、*F* 表示）。

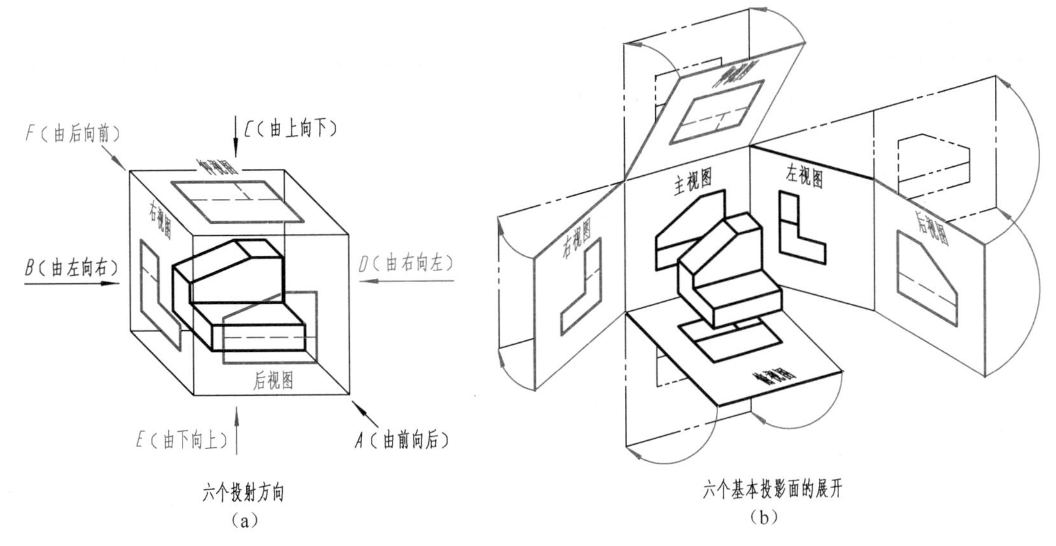

图 5-1　基本视图

主视图（或称 *A* 视图）——由前向后投射所得的视图。

左视图（或称 *B* 视图）——由左向右投射所得的视图。

俯视图（或称 *C* 视图）——由上向下投射所得的视图。

右视图（或称 *D* 视图）——由右向左投射所得的视图。

仰视图（或称 *E* 视图）——由下向上投射所得的视图。

后视图（或称 *F* 视图）——由后向前投射所得的视图。

六个基本投影面展开的方法如图 5-1（b）所示，即正面保持不动，其他投影面按箭头所示方向旋转到与正面共处在同一平面。

六个基本视图在同一张图样内按图 5-2 配置时，各视图一律不注图名。六个基本视图仍符合“长对正、高平齐、宽相等”的投影规律。除后视图外，其他视图靠近主视图的一边是物体的后面，远离主视图的一边是物体的前面。

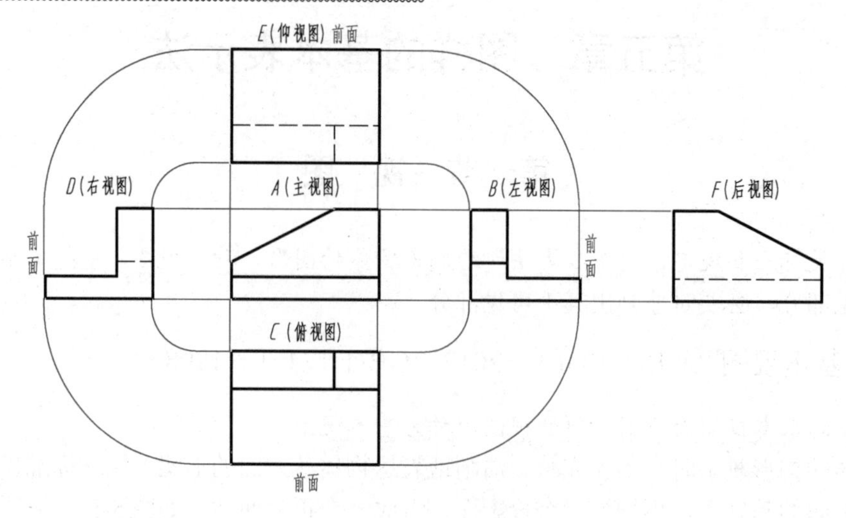

图 5-2　六个基本视图的配置

提示：在绘制工程图样时，一般并不需要将物体的六个基本视图全部画出，而是根据物体的结构特点和复杂程度，选择适当的基本视图。优先采用主、左、俯视图。

二、向视图（GB/T 17451－1998）

向视图是可以自由配置的基本视图。

在实际绘图过程中，有时难以将六个基本视图按图 5-2 的形式配置，此时如采用向视图的形式配置，即可使问题得到解决。如图 5-3 所示，在向视图的上方标注"×"（×为大写拉丁字母），在相应的视图附近，用箭头指明投射方向，并标注相同的字母。

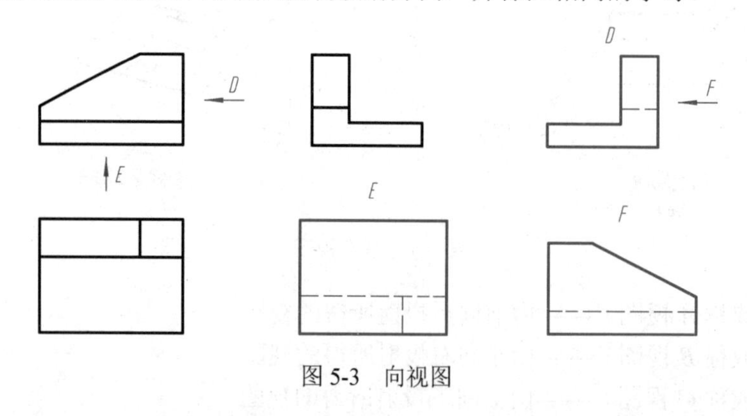

图 5-3　向视图

提示：向视图是基本视图的一种表达形式，它们的主要区别在于视图的配置形式不同。

三、局部视图（GB/T 17451－1998、GB/T 4458.1－2002）

将物体的某一部分向基本投影面投射所得的视图，称为局部视图。

如图 5-4（a）所示，组合体左侧有一凸台。在主、俯视图中，圆筒和底板的结构已表达清楚，唯有凸台未表达清楚，如图 5-4（b）所示。若画出完整的左视图，虽然可以将凸台结构表达清楚，但大部分结构与主视图重复，如图 5-4（e）所示。此时采用 *A* 向局部视图，只画出凸台部分的结构，省略大部分左视图，可使图形重点更突出、表达更清晰。

局部视图可按基本视图的位置配置，如图 5-4（c）所示；也可按向视图的配置形式配置并标注，如图 5-4（d）所示；在局部视图上方标出视图的名称“×”（大写拉丁字母），在相应的视图附近用箭头指明投射方向，并注上同样的字母，如图 5-4（b）～（d）所示。

局部视图的断裂边界通常以波浪线（或双折线）表示，如图 5-4（c）、（d）所示。国家标准还规定，当所表示的局部结构是完整的，且外轮廓又封闭时，波浪线可省略不画。如图 5-4（a）所示，组合体的左部凸台下端与底板融为一体，并非整体外凸，图 5-4（c）中下端的横线实际上是底板上表面的投影，凸台的投影并未自成封闭状。在这种情况下，必须画出底部的断裂边界线，图 5-4（d）所示是其错误画法和正确画法的对比。

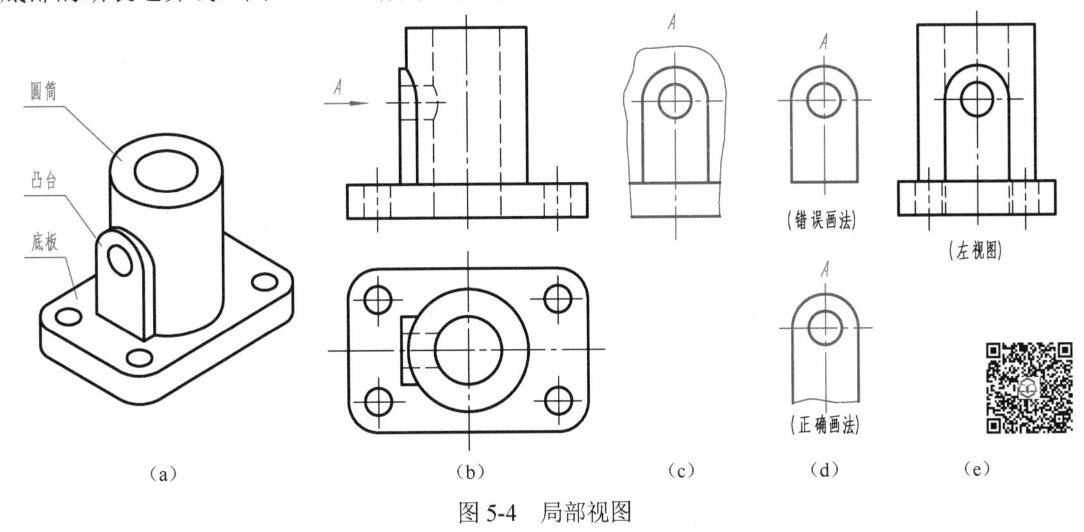

图 5-4　局部视图

当局部视图按基本视图的形式配置，中间又无其他图形隔开时，可省略标注。局部视图也可按向视图的配置形式配置并标注，如图 5-4（d）所示。

为了节省绘图时间和图幅，对称物体的视图也可按局部视图绘制，即只画 1/2 或 1/4，并在对称线的两端画出对称符号（即两条与对称线垂直的平行细实线），如图 5-5 所示。

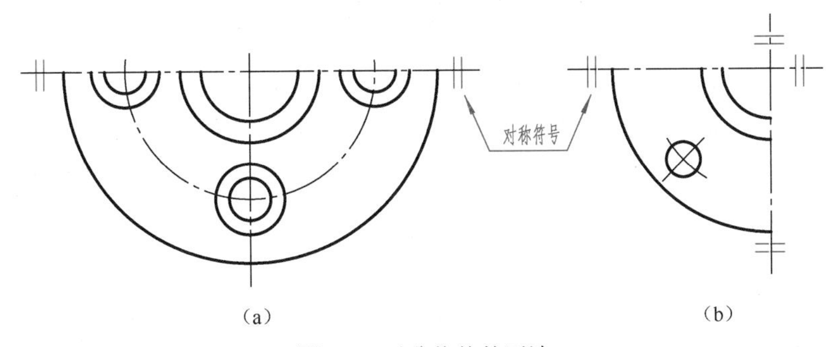

图 5-5　对称物体的画法

四、斜视图（GB/T 17451－1998）

将物体向不平行于基本投影面的平面投射所得的视图，称为斜视图。斜视图通常用于表达物体上的倾斜部分。

如图 5-6 所示，物体左侧部分与基本投影面倾斜，其基本视图不反映实形。为此增设一个与倾斜部分平行的辅助投影面 P(P 面垂直于 V 面)，将倾斜部分向 P 面投射，得到反映该部分实形的视图，即斜视图。

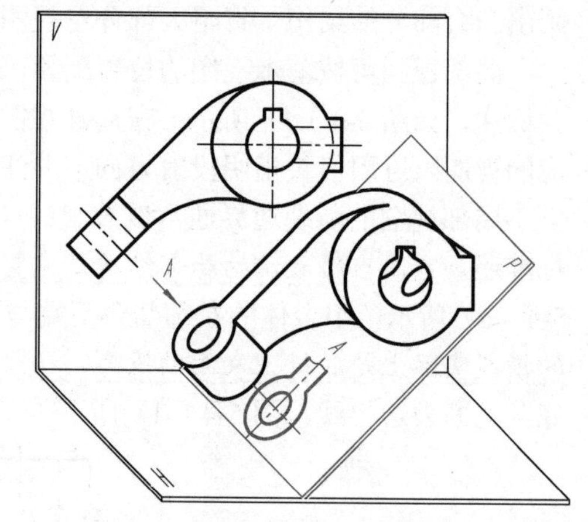

图 5-6　斜视图的形成

斜视图一般只画出倾斜部分的局部形状，其断裂边界用波浪线表示，并通常按向视图的配置形式配置并标注，如图 5-7（a）中的 A 图。

必要时，允许将斜视图旋转配置。此时，表示该视图名称的大写拉丁字母，要靠近旋转符号的箭头端；也允许将旋转角度标注在字母之后，如图 5-7（b）中的"⌒ $A$45°"。旋转符号的箭头指向，应与实际旋转方向一致。旋转符号是一个半圆，其半径等于字体高度 h。

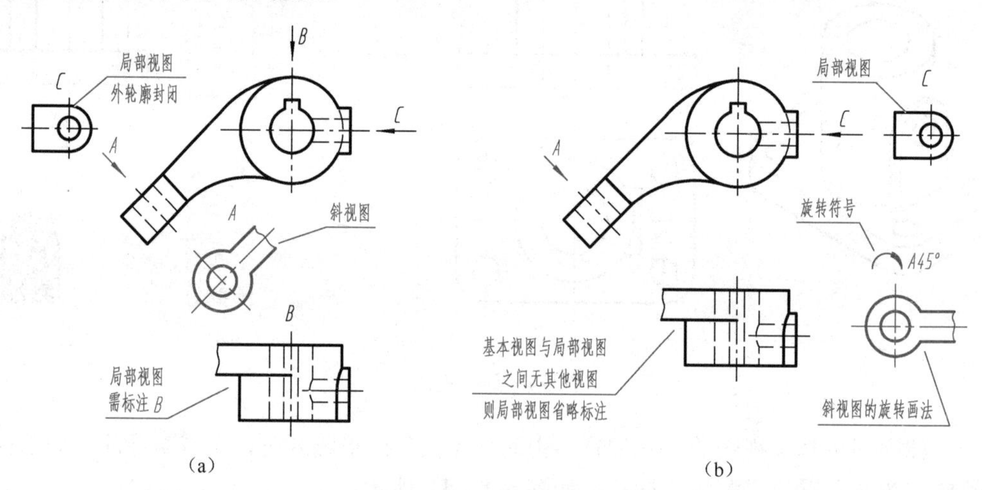

图 5-7　局部视图与斜视图的配置

第二节　剖　视　图

当物体的内部结构比较复杂时，视图中就会出现较多的细虚线，既影响图形清晰，又不利于标注尺寸。为了清晰地表示物体的内部形状，国家标准 GB/T 17452－1998《技术制图　图样画法　剖视图和断面图》和 GB/T 4458.6－2002《机械制图　图样画法　剖视图和断面图》规定了剖视图的画法。

一、剖视图的基本概念

1．剖视图的获得（GB/T 17452－1998、GB/T 4458.6－2002）

假想用剖切面剖开物体，将处在观察者和剖切面之间的部分移去，而将其余部分向投影面投射所得的图形，称为剖视图，简称剖视，如图 5-8（a）所示。

如图 5-8（b）、（c）所示，将视图与剖视图进行比较：由于主视图采用了剖视，原来不可见的孔变成了可见的，视图上的细虚线在剖视图中变成了粗实线，再加上在剖面区域内画出了规定的剖面符号，使图形层次分明，更加清晰。

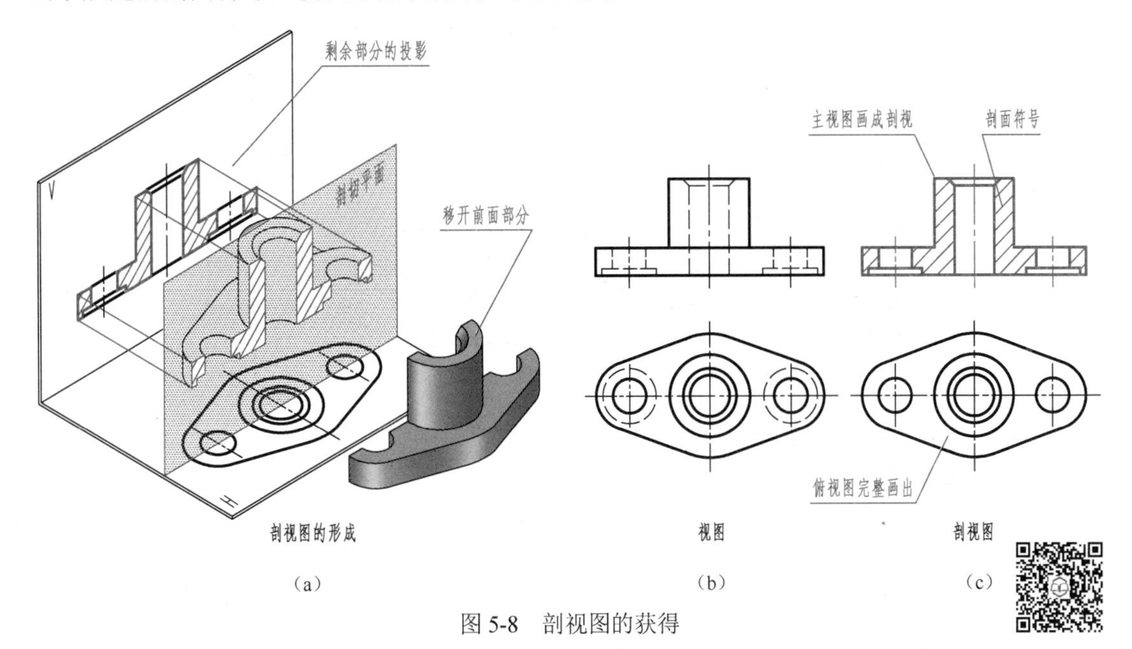

图 5-8　剖视图的获得

2. 剖面区域的表示法（GBT 17453—2005、GB/T 4457.5—2013）

假想用剖切面剖开物体，剖切面与物体的接触部分，称为剖面区域。通常要在剖面区域画出剖面符号。剖面符号的作用一是明显地区分被剖切部分与未剖切部分，增强剖视的层次感；二是识别相邻零件的形状结构及装配关系；三是区分材料的类别。

① 不需在剖面区域中表示物体的材料类别时，应按国家标准 GB/T 17453—2005《技术制图　图样画法　剖面区域的表示法》中的规定：剖面符号用通用的剖面线表示；同一物体的各个剖面区域，其剖面线的方向及间隔应一致。通用剖面线是与图形的主要轮廓线或剖面

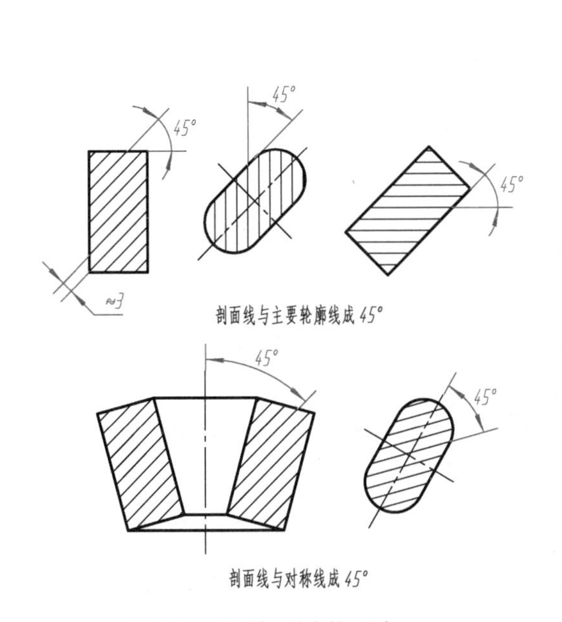

图 5-9　通用剖面线的画法

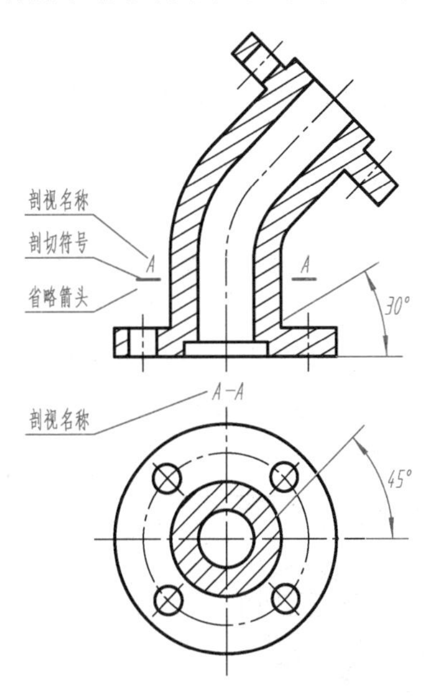

图 5-10　30°或 60°剖面线的画法

区域的对称线成 45°角、且间距（≈3mm）相等的细实线，如图 5-9 所示。

在图 5-10 的主视图中，由于物体倾斜部分的轮廓与底面成 45°，而不宜将剖面线画成与主要轮廓成 45°时，可将该图形的剖面线画成与底面成 30°或 60°的平行线，但其倾斜方向仍应与其他图形的剖面线一致。

② 需要在剖面区域中表示物体的材料类别时，应根据国家标准 GB/T 4457.5－2013《机械制图　剖面符号》中的规定绘制，常用的剖面符号如图 5-11 所示。

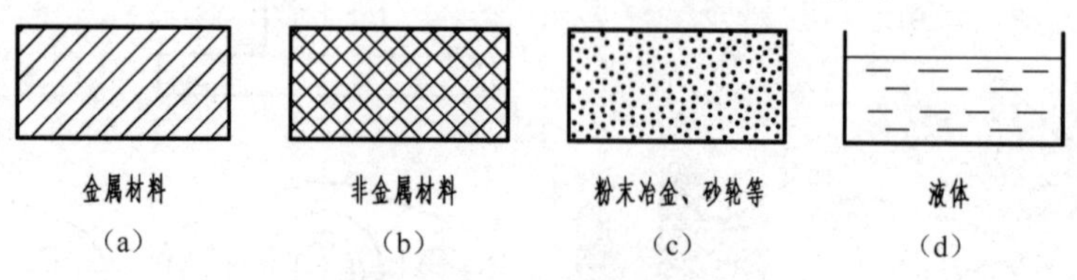

图 5-11　常用的剖面符号

3. 剖视的标注

为了便于看图，在画剖视图时，应将剖切位置、剖切后的投射方向和剖视图名称标注在相应的视图上，标注的内容如图 5-10 所示。

（1）*剖切符号*　表示剖切面的位置。在相应的视图上，用剖切符号（线长 5～8mm 的粗实线）表示剖切面的起、迄和转折处位置，并尽可能不与图形的轮廓线相交。

（2）*投射方向*　在剖切符号的两端外侧，用箭头指明剖切后的投射方向。

（3）*剖视图的名称*　在剖视图的上方用大写拉丁字母标注剖视图的名称“×—×”，并在剖切符号的一侧注上同样的字母。

在下列情况下，可省略或简化标注。

① 当单一剖切平面通过物体的对称面或基本对称面，且剖视图按投影关系配置，中间又没有其他图形隔开时，可以省略标注，如图 5-8（c）所示。

② 当剖视图按投影关系配置，中间又没有其他图形隔开时，可以省略箭头，如图 5-10 中的主视图所示。

二、画剖视图应注意的问题

① 剖切面一般应通过物体的对称面、基本对称面或内部孔、槽的轴线，并与投影面平行。如图 5-8（c）、图 5-10 中的剖切面通过物体的前后对称面且平行于正面。

② 因为剖视图是物体被剖切后剩余部分的完整投影，所以，凡是剖切面后面的可见棱线或轮廓线应全部画出，不得遗漏，如表 5-1 所示。

③ 在剖视图中，表示物体不可见部分的细虚线，如在其他视图中已表达清楚，可以省略不画。如图 5-8（a）所示，腰圆形底板上的两个沉孔，在主、俯视中均不可见，用细虚线

表 5-1　剖视图中漏画线的示例

轴 测 剖 视 图	正 确 画 法	漏 线 示 例
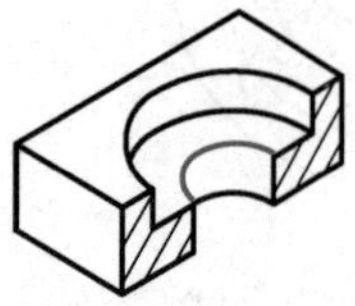	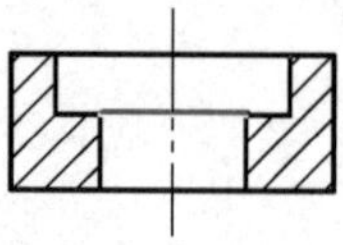	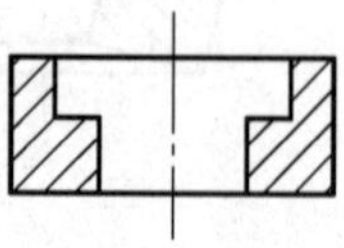

续表

轴测剖视图	正确画法	漏线示例

表示，如图 5-8（b）所示。采用剖视后，主视图中的细虚线变成了粗实线，沉孔结构在主视图中已表达清楚，俯视图中的细虚线圆予以省略，如图 5-8（c）所示。

对剖视图中尚未表达清楚的结构，不需要画出所有的细虚线，应根据物体的特点，画出必要的细虚线即可，如图 5-12（a）、（b）中主视图所示。

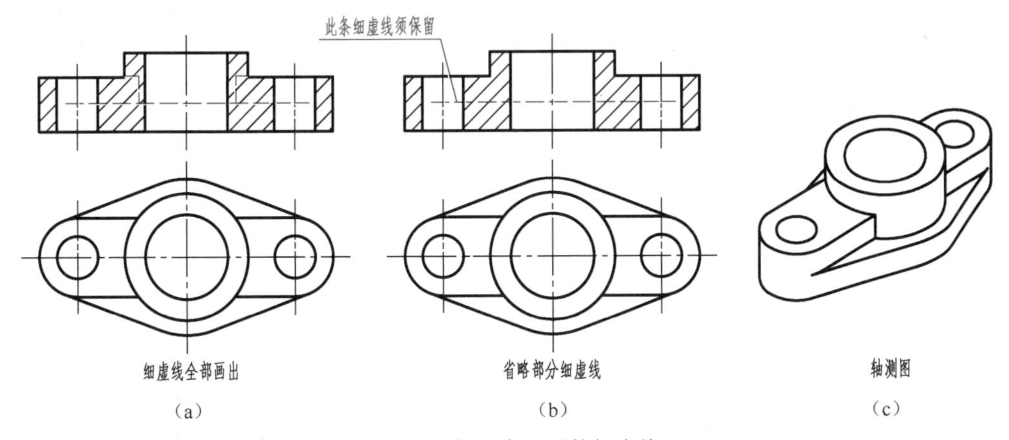

图 5-12　剖视中必要的细虚线

④ 由于剖切是假想的，所以一个视图画成剖视后，在画其他视图时，仍应按完整物体画出，如图 5-8（c）中的俯视图。

三、剖视图的种类

根据剖开物体的范围，可将剖视图分为全剖视图、半剖视图和局部剖视图。国家标准规定，剖切面可以是平面，也可以是曲面；可以是单一的剖切面，也可以是组合的剖切面。绘图时，应根据物体的结构特点，恰当地选用单一剖切面、几个平行的剖切平面或几个相交的剖切面（交线垂直于某一投影面），绘制物体的全剖视图、半剖视图和局部剖视图。

1．全剖视图

用剖切面完全地剖开物体所得的剖视图，称为全剖视图，简称全剖视。全剖视主要用于表达外形简单、内形复杂而又不对称的物体。全剖视的标注规则如前所述。

（1）用单一剖切面获得的全剖视图　单一剖切面通常指平面或柱面。图 5-8、图 5-10、图 5-12 都是用单一剖切平面剖切得到的全剖视图，是最常用的剖切形式。

图 5-13（b）中的“$A-A$”剖视图，是用单一斜剖切面完全地剖开物体得到的全剖视图。主要用于表达物体上倾斜部分的结构形状。用单一斜剖切面获得的剖视图，一般按投影关系配置，也可将剖视图平移到适当位置。必要时允许将图形旋转配置，但必须标注旋转符号。对此类剖视图必须进行标注，不能省略。

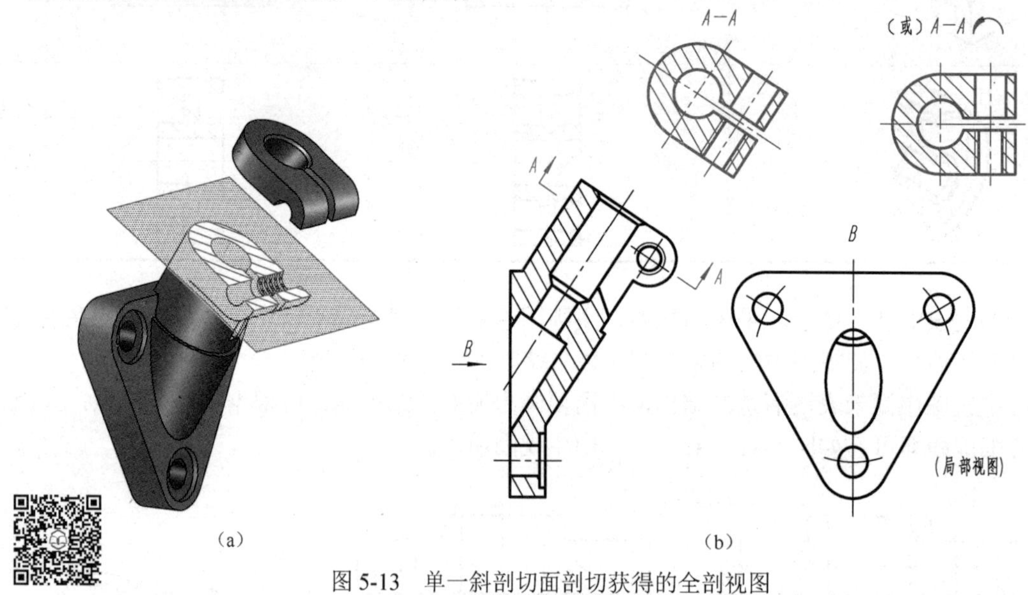

图 5-13　单一斜剖切面剖切获得的全剖视图

（2）用几个平行的剖切平面获得的全剖视图　当物体上有若干不在同一平面上而又需要表达的内部结构时，可采用几个平行的剖切平面剖开物体。几个平行的剖切平面可能是两个或两个以上，各剖切平面的转折必须是直角。

如图 5-14（a）所示，物体上的三个孔不在前后对称面上，用一个剖切平面不能同时剖到。这

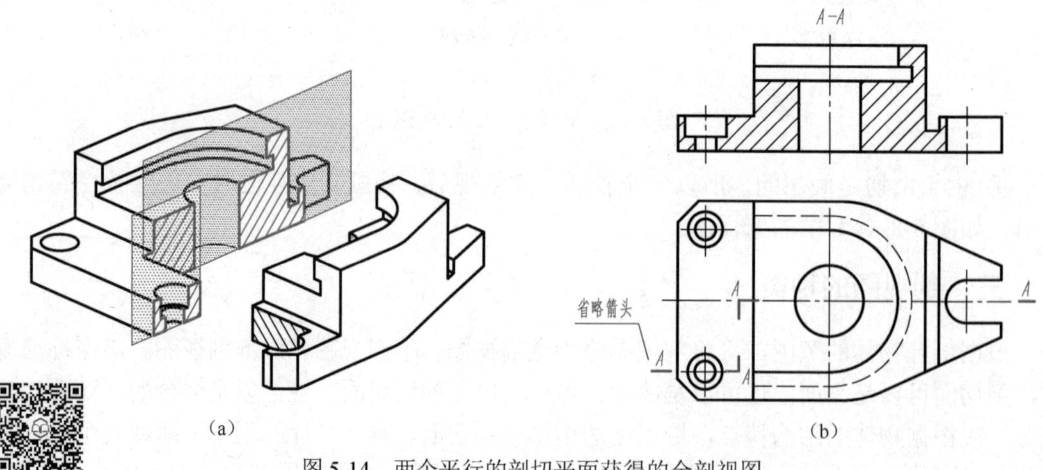

图 5-14　两个平行的剖切平面获得的全剖视图

时，可用两个相互平行的剖切平面分别通过左侧的阶梯孔和前后对称面，再将两个剖切平面后面的部分，同时向基本投影面投射，即得到用两个平行平面剖切的全剖视图。

用几个平行的剖切平面剖切时，应注意以下几点：

① 在剖视图的上方，用大写拉丁字母标注图名“×—×”，在剖切平面的起、迄和转折处画出剖切符号，并注上相同的字母。若剖视图按投影关系配置，中间又没有其他图形隔开时，允许省略箭头，如图 5-14（b）所示。

② 在剖视图中一般不应出现不完整的结构要素，如图 5-15（a）所示。在剖视图中不应画出剖切平面转折处的界线，且剖切平面的转折处也不应与图中的轮廓线重合，如图 5-15（b）所示。

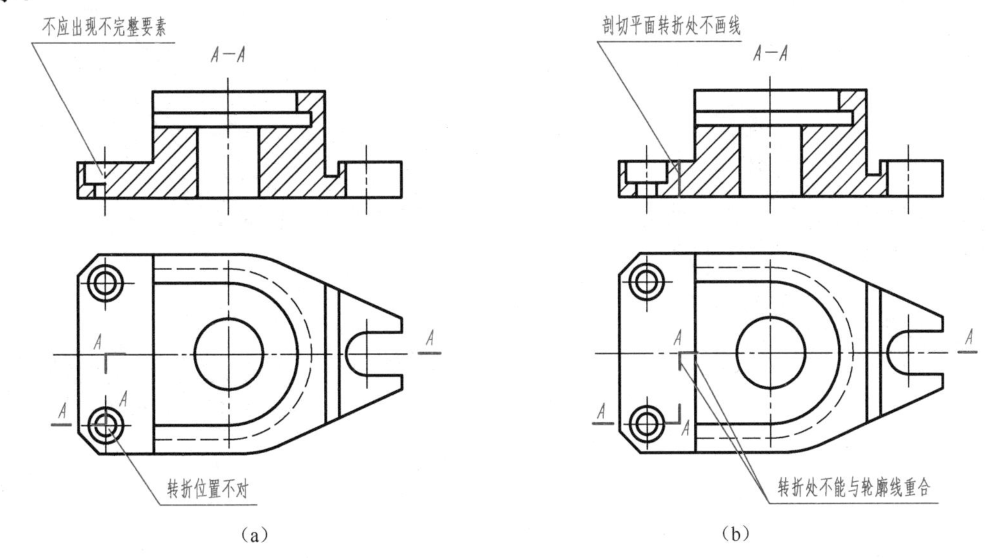

图 5-15　用几个平行平面剖切时的错误画法

（3）用几个相交的剖切面获得的全剖视图　当物体上的孔（槽）等结构不在同一平面上，但却沿物体的某一回转轴线周向分布时，可采用几个相交于回转轴线的剖切面剖开物体，将剖切面剖开的结构及有关部分，旋转到与选定的投影面平行后，再进行投射。几个相交剖

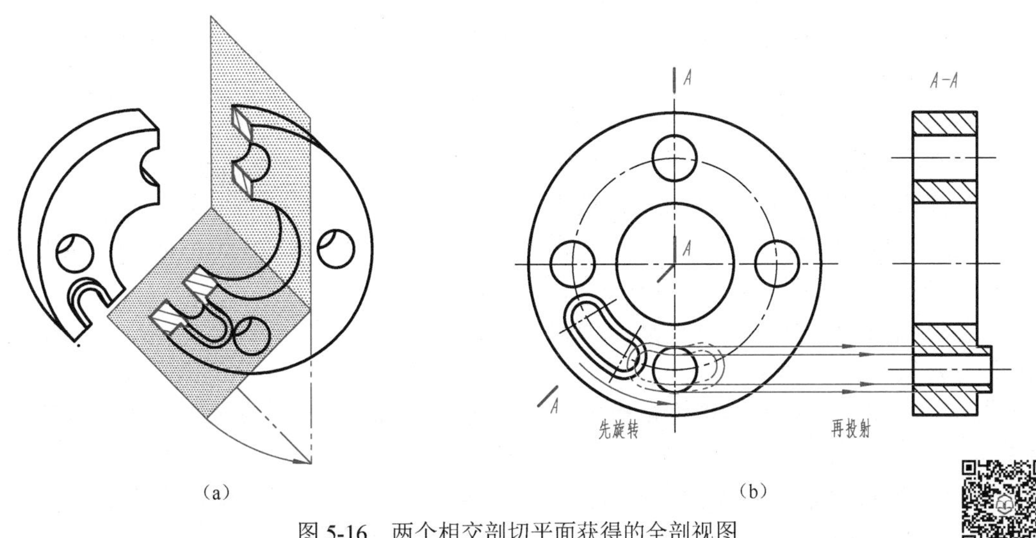

图 5-16　两个相交剖切平面获得的全剖视图

切面的交线，必须垂直于某一基本投影面。

如图 5-16（a）所示，用相交的侧平面和正垂面将物体剖切，并将倾斜部分绕轴线旋转到与侧面平行后再向侧面投射，即得到用两个相交平面剖切的全剖视图，如图 5-16（b）所示。

用几个相交的剖切面剖切时，应注意以下几点：

① 剖切平面后的其他结构，一般仍按原来的位置进行投射，如图 5-17（b）所示。

② 剖切平面的交线应与物体的回转轴线重合。

③ 必须对剖视图进行标注，其标注形式及内容，与几个平行平面剖切的剖视图相同。

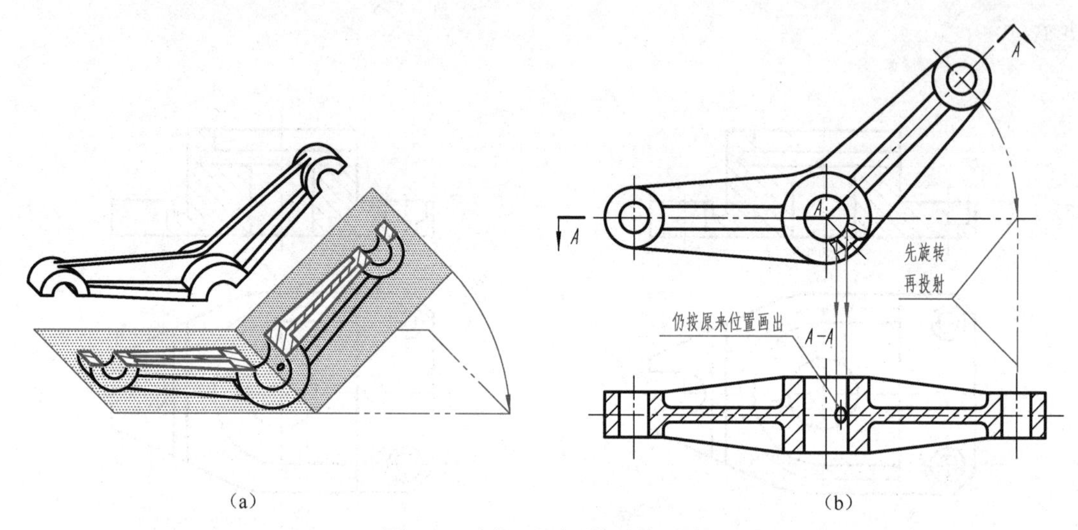

图 5-17　剖切平面后的结构画法

2．半剖视图

当物体具有垂直于投影面的对称平面时，在该投影面上投射所得的图形，可以对称线为界，一半画成剖视图，另一半画成视图，这种组合的图形称为半剖视图，简称半剖视，如图 5-18（a）所示。半剖视图主要用于内、外形状都需要表示的对称物体。

画半剖视图时应注意以下几点：

① 视图部分和剖视图部分必须以细点画线为界。在半剖视图中，剖视部分的位置通常按以下原则配置：

——在主视图中，位于对称中心线的右侧。

——在左视图中，位于对称中心线的右侧。

——在俯视图中，位于对称中心线的下方。

② 由于物体的内部形状已在半个剖视中表示清楚，所以在半个视图中的细虚线省略，但对孔、槽等需用细点画线表示其中心位置。

③ 对于那些在半剖视中不易表达的部分，如图 5-18（b）中安装板上的孔，可在视图中以局部剖视的方式表达。

④ 半剖视的标注方法与全剖视相同。但要注意：剖切符号应画在图形轮廓线以外，如图 5-18（a）主视图中的“*A*—　—*A*”。

⑤ 在半剖视中标注对称结构的尺寸时，由于结构形状未能完整显示，则尺寸线应略超过对称中心线，并只在另一端画出箭头，如图 5-19 所示。

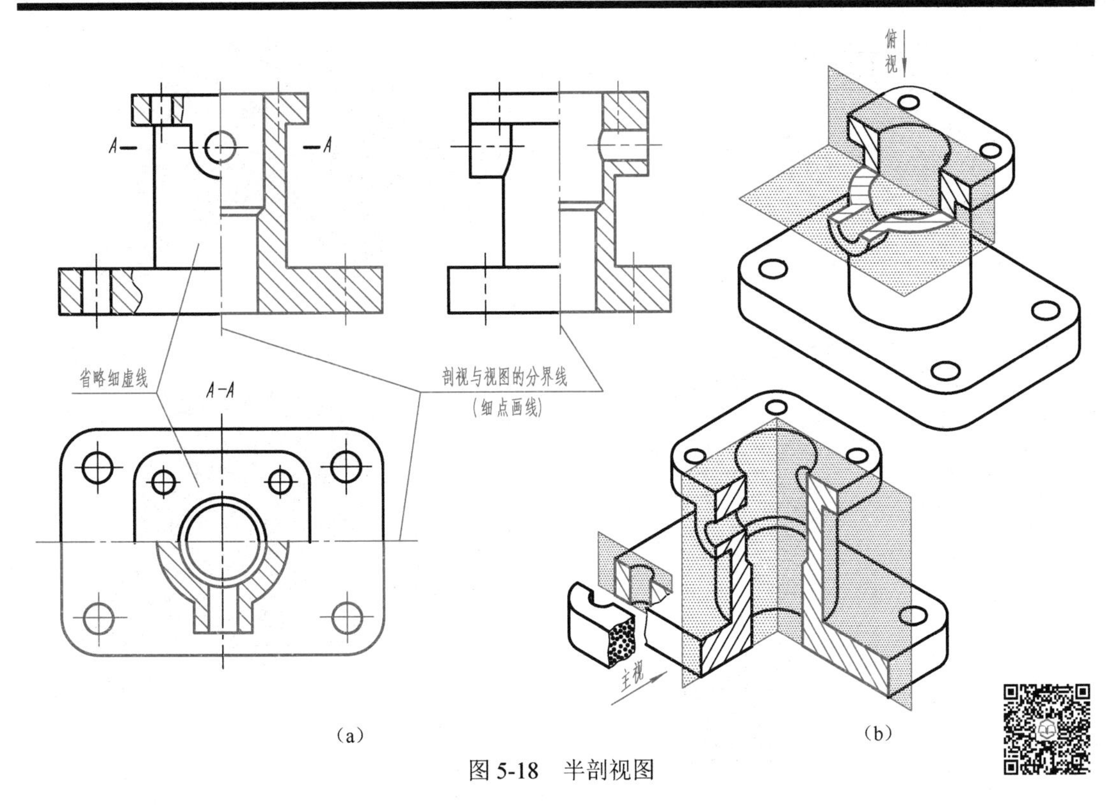

（a）　（b）

图 5-18　半剖视图

⑥ 当物体形状接近对称，且不对称部分已在其他视图中表达清楚时，也可画成半剖视图，如图 5-20 所示。

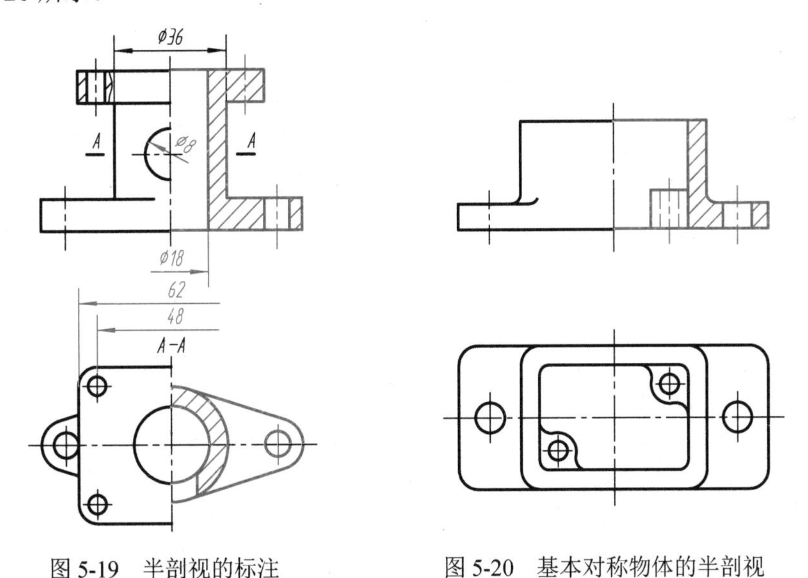

图 5-19　半剖视的标注　　图 5-20　基本对称物体的半剖视

3. 局部剖视图

用剖切面局部地剖开物体所得的剖视图，称为局部剖视图，简称局部剖视。当物体只有局部内形需要表示，而又不宜采用全剖视时，可采用局部剖视表达，如图 5-21 所示。局部剖视是一种灵活、便捷的表达方法。它的剖切位置和剖切范围，可根据实际需要确定。但在一个视图中，过多地选用局部剖视，会使图形零乱，给看图造成困难。

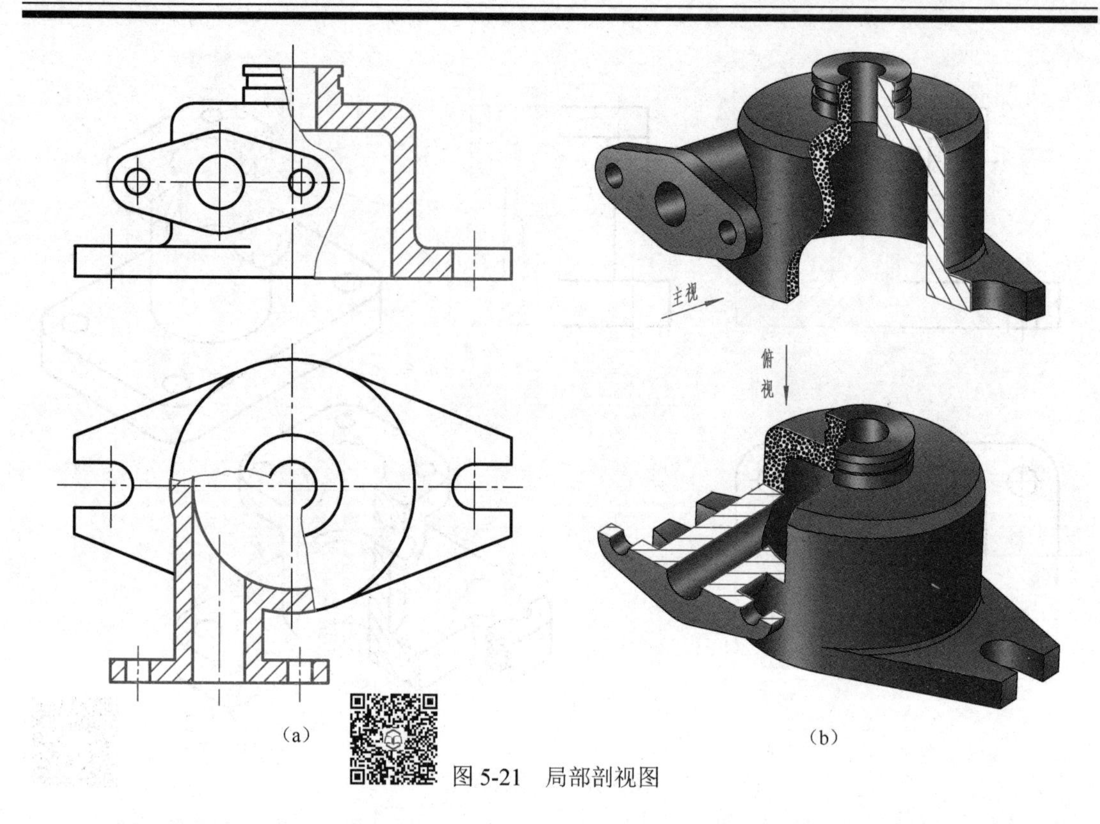

图 5-21　局部剖视图

画局部剖视时应注意以下几点：

① 当被剖结构为回转体时，允许将该结构的轴线作为局部剖视与视图的分界线，如图 5-22（a）所示。当对称物体的内部（或外部）轮廓线与对称中心线重合而不宜采用半剖视时，可采用局部剖视，如图 5-22（b）所示。

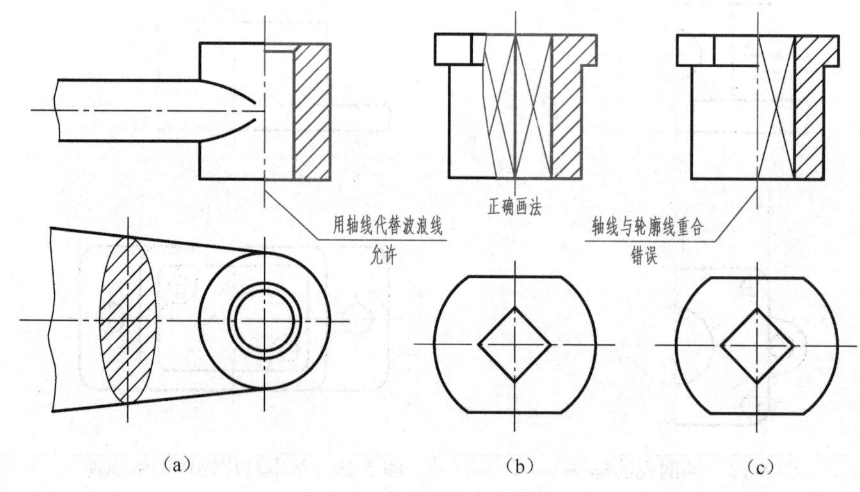

图 5-22　局部剖视的特殊情况

② 局部剖视的视图部分和剖视部分以波浪线分界。波浪线要画在物体的实体部分，不应超出视图的轮廓线，也不能与其他图线重合，如图 5-23 所示。

③ 对于剖切位置明显的局部剖视，一般不予标注，如图 5-21、图 5-22 所示。必要时，可按全剖视的标注方法标注。

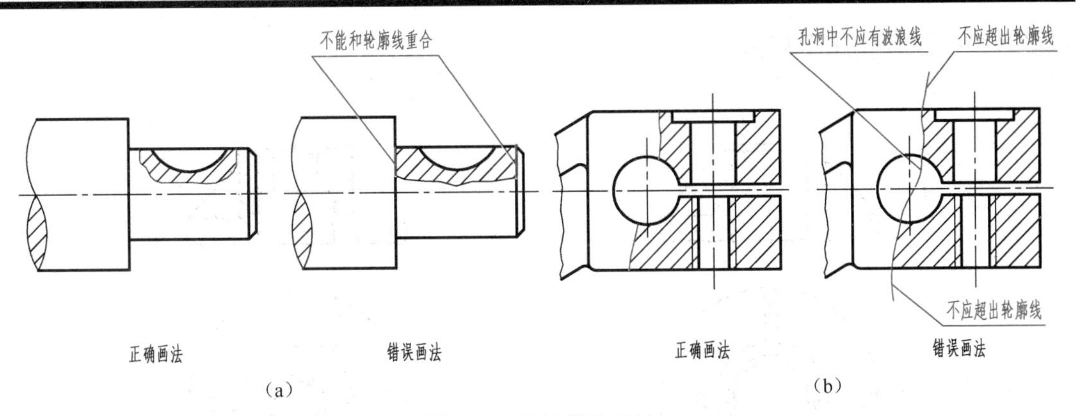

图 5-23　波浪线的画法

四、剖视图中肋板的画法

1．肋板的规定画法

画各种剖视图时，对于物体上的肋板、轮辐及薄壁等，若按纵向剖切，这些结构都不画剖面符号，而用粗实线将它们与相邻部分分开。

如图 5-24（a）中的左视图，当采用全剖视时，剖切平面通过中间肋板的纵向对称平面，在肋板的范围内不画剖面符号，肋板与其他部分的分界处均用粗实线绘出。

图 5-24（a）中的“*A*—*A*”剖视，因为剖切平面垂直于肋板和支承板（即横向剖切），所以仍要画出剖面符号。

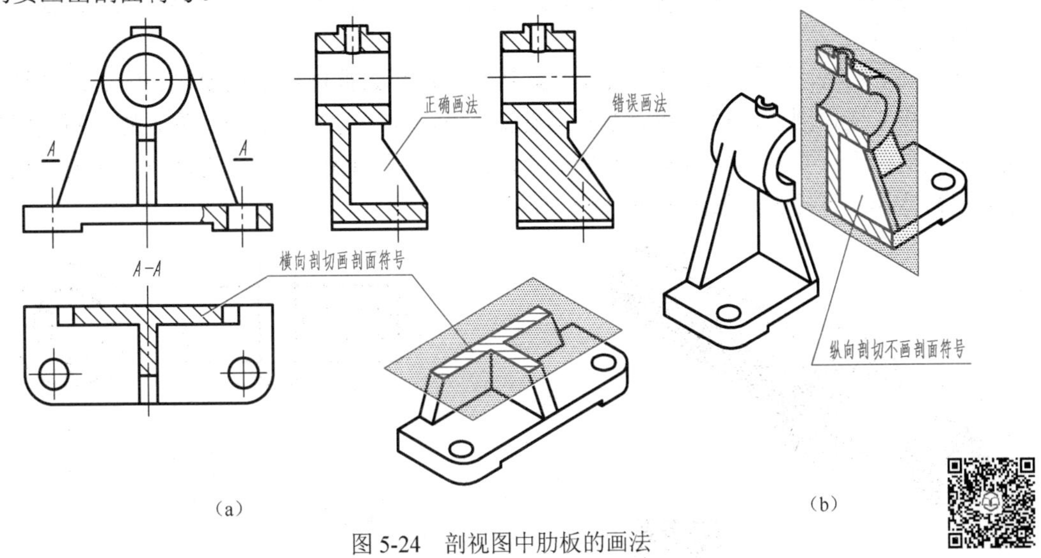

图 5-24　剖视图中肋板的画法

2．均布肋板的画法

回转体物体上均匀分布的肋板、孔等结构不处于剖切平面上时，可假想将这些结构旋转到剖切平面上画出，如图 5-25 所示。EQS 表示“均匀分布”。

第三节　断 面 图

断面图主要用于表达物体某一局部的断面形状，例如物体上的肋板、轮辐、键槽、小孔，以及各种型材的断面形状等。

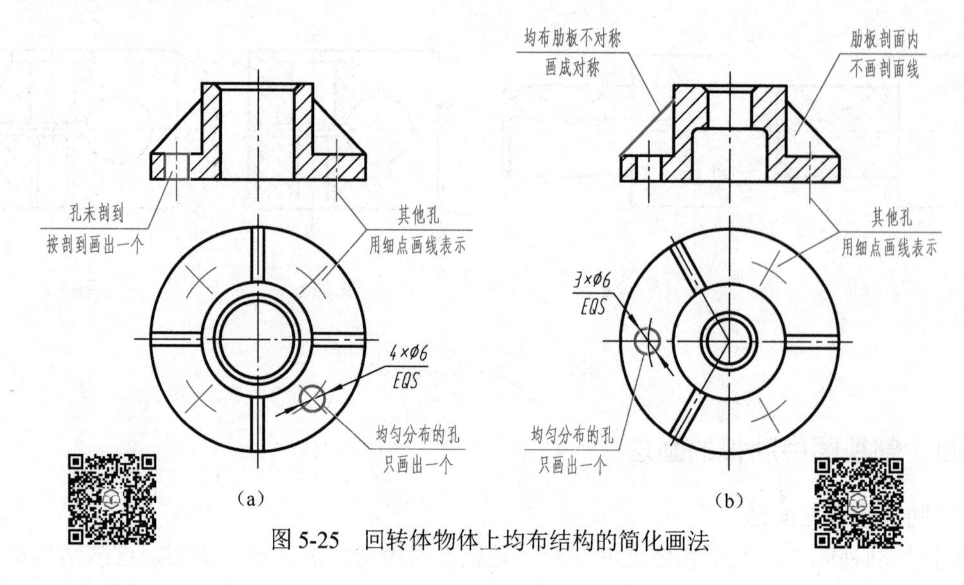

图 5-25 回转体物体上均布结构的简化画法

根据在图样中的不同位置，断面可分为移出断面图和重合断面图。

一、移出断面图（GB/T 17452—1998、GB/T 4458.6—2002）

1．移出断面图的获得

假想用剖切平面将物体的某处切断，仅画出该剖切面与物体接触部分的图形，称为断面图，简称断面。

如图 5-26（a）所示，断面图实际上就是使剖切平面垂直于结构要素的中心线（轴线或主要轮廓线）进行剖切，然后将断面图形旋转 90°，使其与纸面重合而得到的。断面图与剖视图的区别在于：断面图仅画出断面的形状，而剖视图除画出断面的形状外，还要画出剖切面后面物体的完整投影，如图 5-26（b）所示。

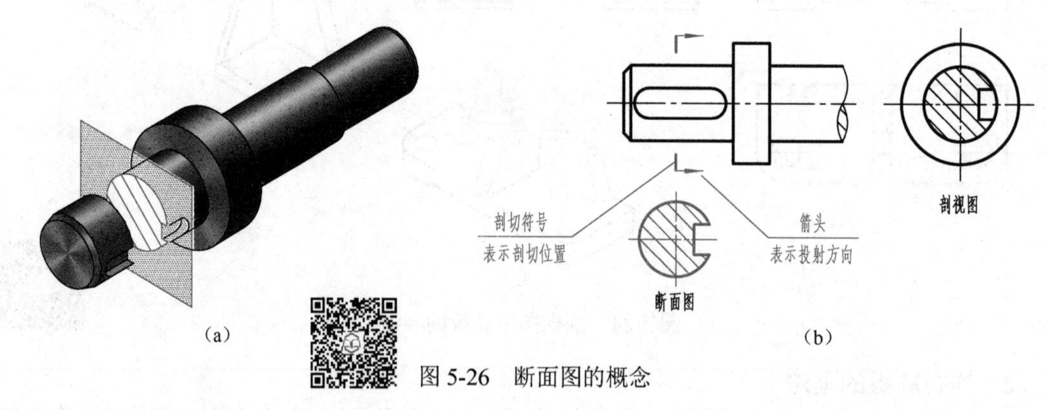

图 5-26 断面图的概念

画在视图之外的断面图，称为移出断面图，简称移出断面。移出断面的轮廓线用粗实线绘制，如图 5-27 所示。

2．画移出断面图的注意事项

① 移出断面图应尽量配置在剖切符号或剖切线的延长线上，如图 5-27（a）中圆孔和键槽处的断面图；也可配置在其他适当位置，如图 5-27（b）中的“$A-A$”“$B-B$”断面图；

断面图形对称时，也可画在视图的中断处，如图 5-28 所示。

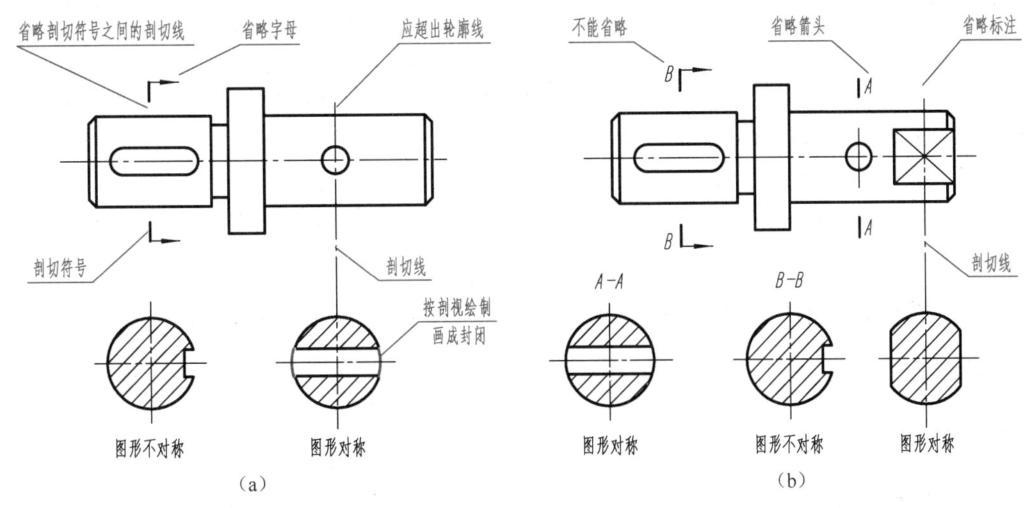

图 5-27　移出断面图的配置

② 当剖切平面通过回转面形成的孔或凹坑的轴线时，这些结构按剖视绘制，如图 5-27（b）中的“*A*—*A*”断面图和图 5-29 中的“*A*—*A*”断面图。

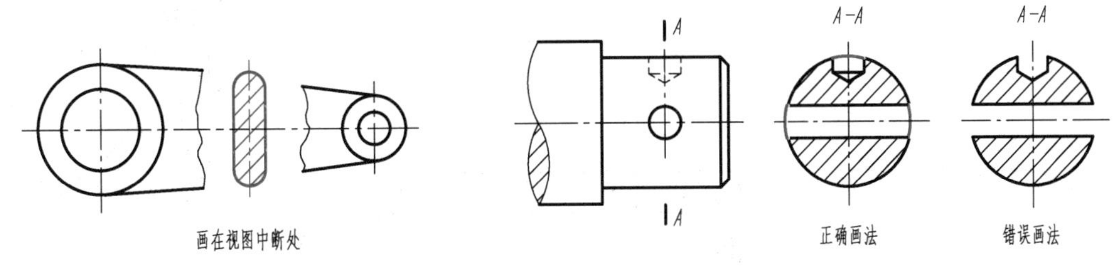

图 5-28　移出断面画在视图中断处　　　图 5-29　移出断面按剖视绘制（一）

③ 当剖切平面通过非圆孔，会导致出现完全分离的两个断面时，则这些结构应按剖视的要求绘制，如图 5-30 所示。

④ 为了得到断面实形，剖切平面一般应垂直于被剖切部分的轮廓线。当移出断面图是由两个或多个相交的剖切平面剖切得到时，断面的中间一般应断开，如图 5-31 所示。

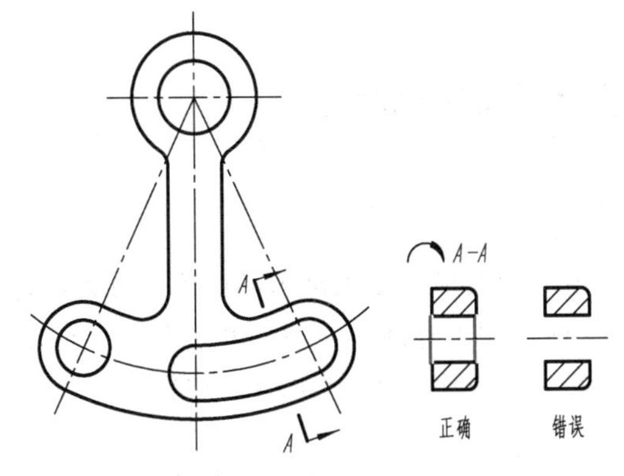

图 5-30　移出断面按剖视绘制（二）

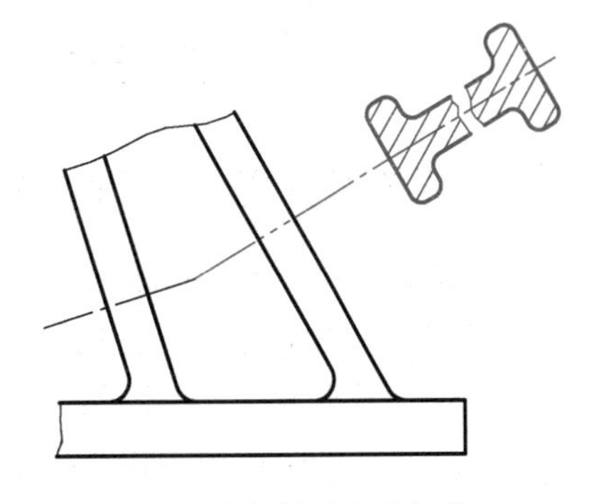

图 5-31　移出断面由两个或多个相交平面剖切时的画法

3. 移出断面图的标注

移出断面图的标注形式及内容与剖视图基本相同。根据具体情况，标注可简化或省略，如图 5-27（a）所示。

（1）对称的移出断面图　画在剖切符号的延长线上时，可省略标注；画在其他位置时，可省略箭头，如图 5-27（b）中的“*A*—*A*”断面。

（2）不对称的移出断面图　画在剖切符号的延长线上时，可省略字母；画在其他位置时，要标注剖切符号、箭头和字母（即哪一项都不能省略），如图 5-27（b）中的“*B*—*B*”断面。

二、重合断面图（GB/T 17452—1998、GB/T 4458.6—2002）

画在视图之内的断面图，称为重合断面图，简称重合断面。重合断面的轮廓线用细实线绘制，如图 5-32 所示。

画重合断面应注意以下两点：

① 重合断面图与视图中的轮廓线重叠时，视图的轮廓线应连续画出，不可间断，如图 5-32（a）所示。

② 重合断面图可省略标注，如图 5-32 所示。

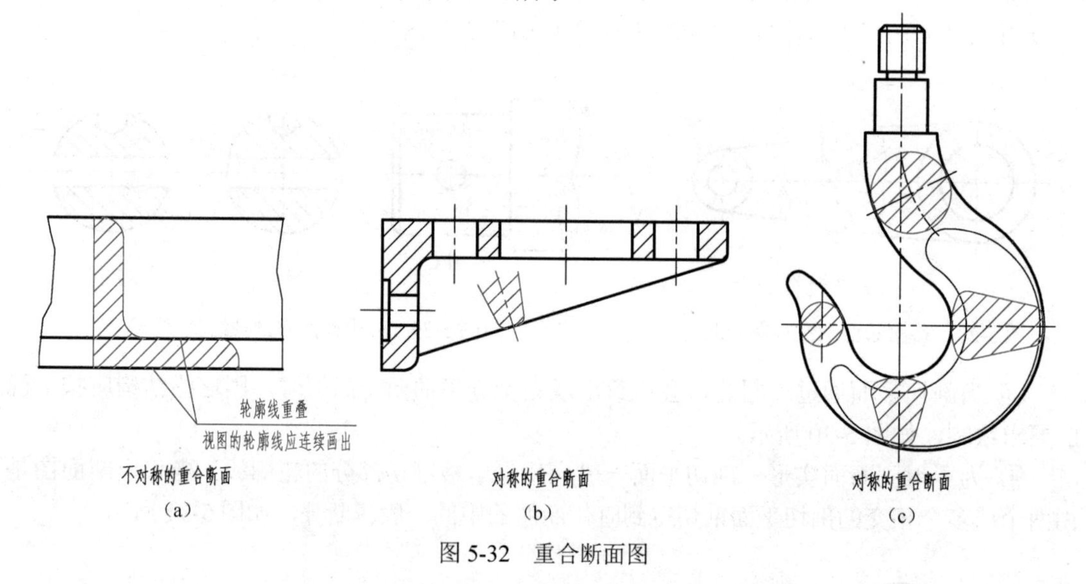

图 5-32　重合断面图

第四节　局部放大图和简化画法

一、局部放大图（GB/T 4458.1—2002）

将图样中所表示物体的部分结构，用大于原图形所采用的比例画出的图形，称为局部放大图。当物体上的细小结构在视图中表达不清楚，或不便于标注尺寸时，可采用局部放大图。

局部放大图的比例，系指该图形中物体要素的线性尺寸与实际物体相应要素的线性尺寸之比，而与原图形所采用的比例无关。

局部放大图可以画成视图、剖视图和断面图，它与被放大部分的表示方式无关。画局部放大图应注意以下几点：

① 用细实线圈出被放大的部位，并尽量将局部放大图配置在被放大部位附近。当同一物体上有几处被放大的部位时，应用罗马数字依次标明被放大的部位，并在局部放大图的上方，标注相应的罗马数字和所采用的比例，如图 5-33 所示。

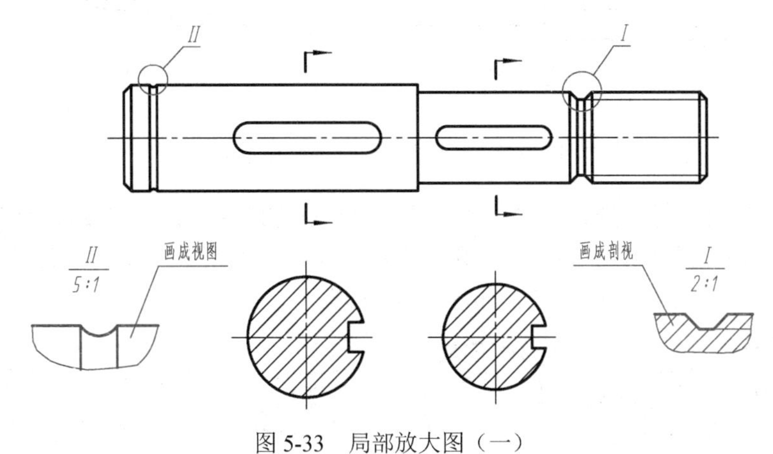

图 5-33　局部放大图（一）

② 当物体上只有一处被放大时，在局部放大图的上方只需注明所采用的比例，如图 5-34（a）所示。

③ 同一物体上不同部位的局部放大图，其图形相同或对称时，只需画出一个，如图 5-34（b）所示。

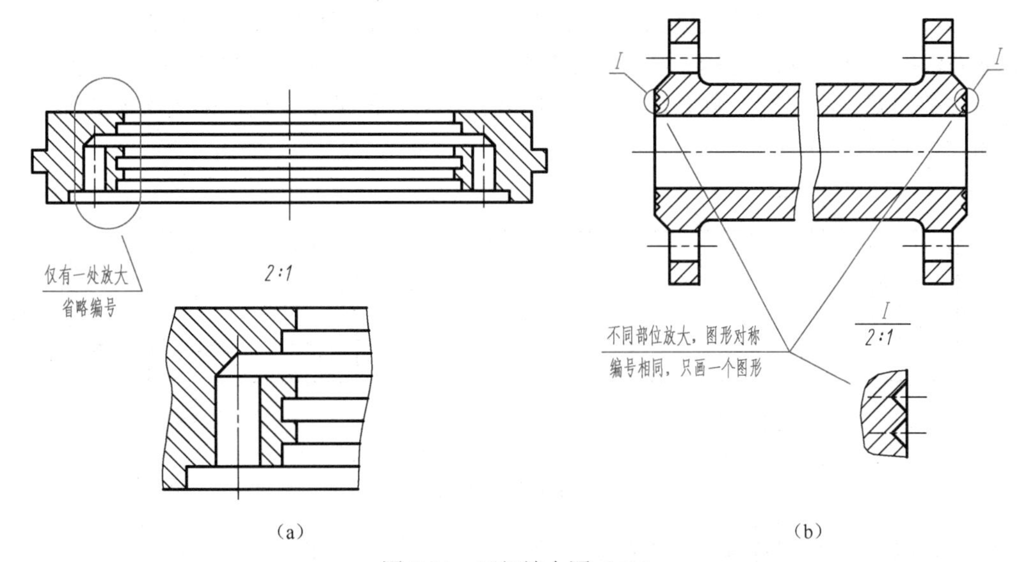

图 5-34　局部放大图（二）

二、简化画法（GB/T 16675.1—2012、GB/T 4458.1—2002）

简化画法是包括规定画法、省略画法、示意画法等在内的图示方法。国家标准规定了一系列的简化画法，其目的是减少绘图工作量，提高设计效率及图样的清晰度，满足手工绘图和计算机绘图的要求，适应国际贸易和技术交流的需要。

① 为了避免增加视图或剖视，对回转体上的平面，可用细实线绘出对角线表示，如图 5-35 所示。

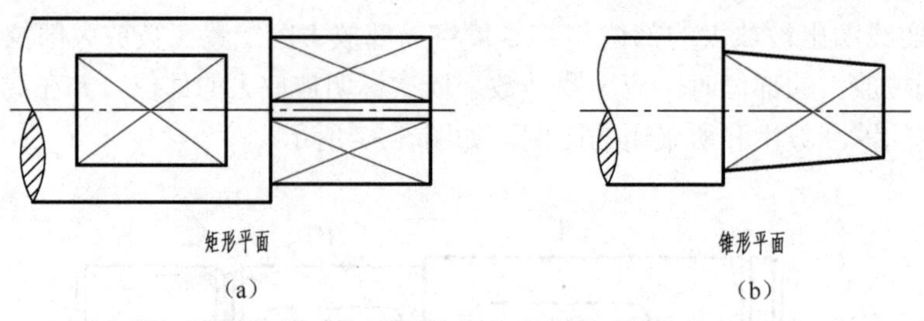

图 5-35　回转体上平面的简化画法

② 较长的零件（轴、杆、型材、连杆等）沿长度方向的形状一致或按一定规律变化时，可断开后（缩短）绘制，其断裂边界可用波浪线绘制，也可用双折线或细双点画线绘制，但在标注尺寸时，要标注零件的实长，如图 5-36 所示。

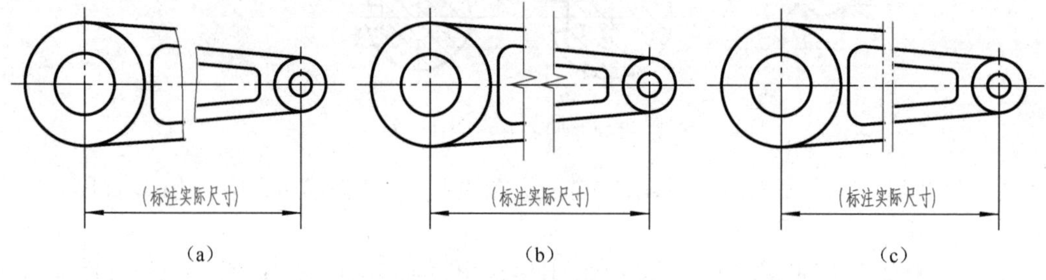

图 5-36　断开视图的画法

③ 零件中成规律分布的重复结构，允许只绘制出其中一个或几个完整的结构，但需反映其分布情况，并在零件图中注明重复结构的数量和类型。对称的重复结构，用细点画线表示各对称结构要素的位置，如图 5-37（a）所示。不对称的重复结构，则用相连的细实线代替，如图 5-37（b）所示。

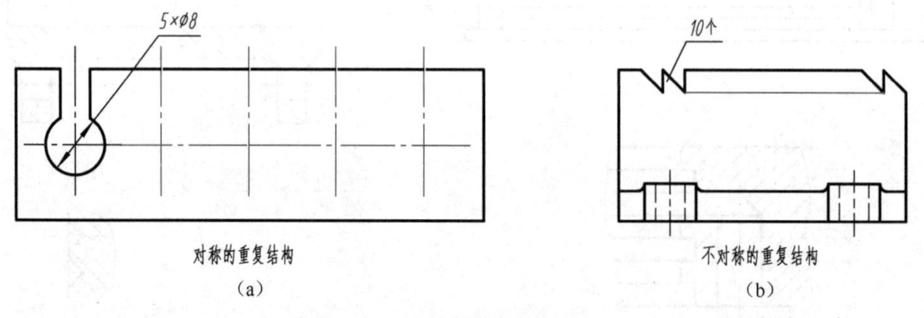

图 5-37　重复结构的省略画法

④ 若干直径相同且成规律分布的孔（圆孔、螺孔、沉孔等），可以仅画一个或少量几个，其余只需用细点画线表示其中心位置，但在零件图中要注明孔的总数，如图 5-38 所示。

第五节　第三角画法简介

国家标准 GB/T 17451—1998《技术制图　图样画法　视图》规定，“技术图样应采用正投影法绘制，并优先采用第一角画法”。在工程制图领域，世界上多数国家（如中国、英国、法国、德国、俄罗斯等）都采用第一角画法，而美国、日本、加拿大、澳大利亚等，则采用第三角画法。为了适应日益增多的国际技术交流和协作的需要，应当了解第三角画法。

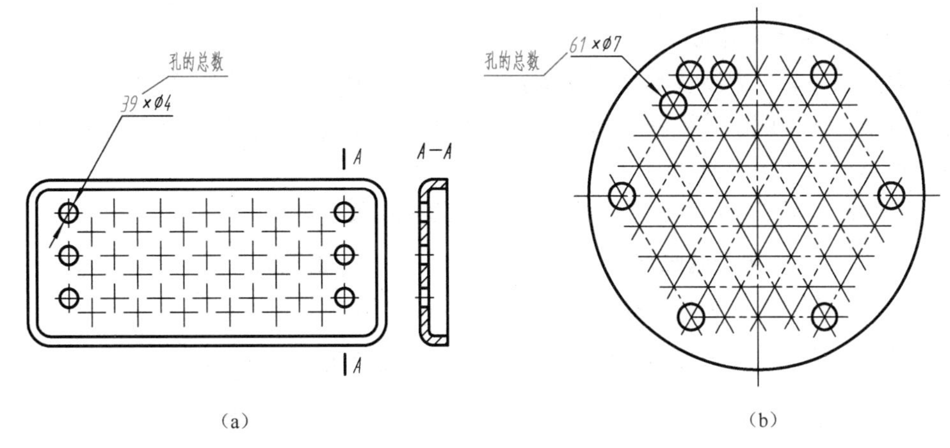

（a）　（b）

图 5-38　直径相同且成规律分布的孔的省略画法

一、第三角画法与第一角画法的异同点（GB/T 13361—2012）

如图 5-39 所示，用水平和铅垂的两投影面，将空间分成四个区域，每个区域为一个分角，分别称为第一分角、第二分角、第三分角、第四分角。

1．获得投影的方式不同

第一角画法是将物体放在第一分角内，使物体处于观察者与投影面之间进行投射（即保持人→物体→投影面的位置关系），而得到多面正投影的方法，如图 5-40（a）所示。

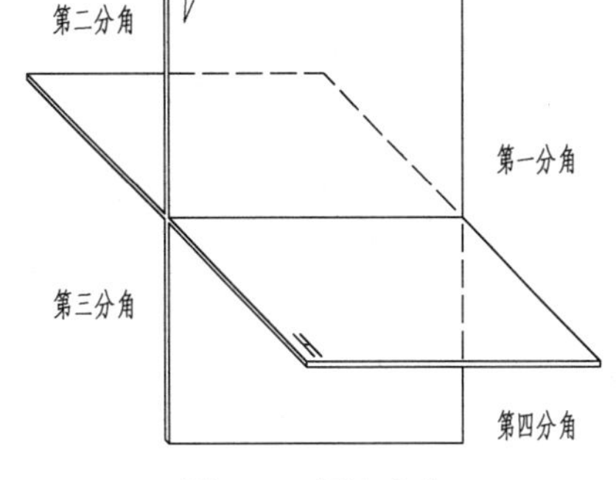

图 5-39　四个分角

第三角画法是将物体放在第三分角内，使投影面处于观察者与物体之间进行投射（假设投影面是透明的，并保持人→投影面→物体的位置关系），而得到多面正投影的方法，如图 5-40（b）所示。

与第一角画法类似，采用第三角画法获得的三视图符合多面正投影的投影规律，即

主、俯视图长对正；

主、右视图高平齐；

右、俯视图宽相等。

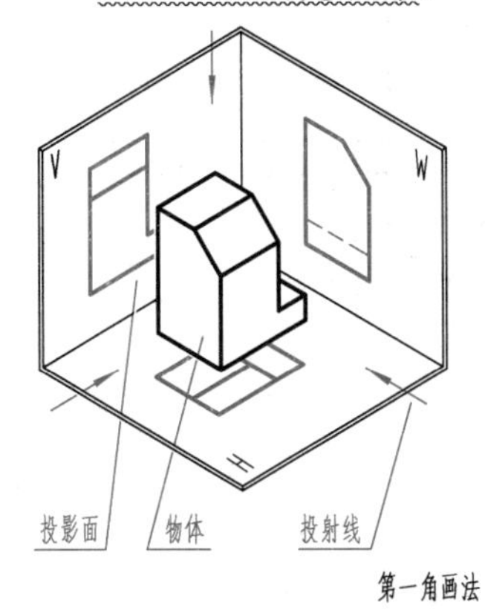

（a）

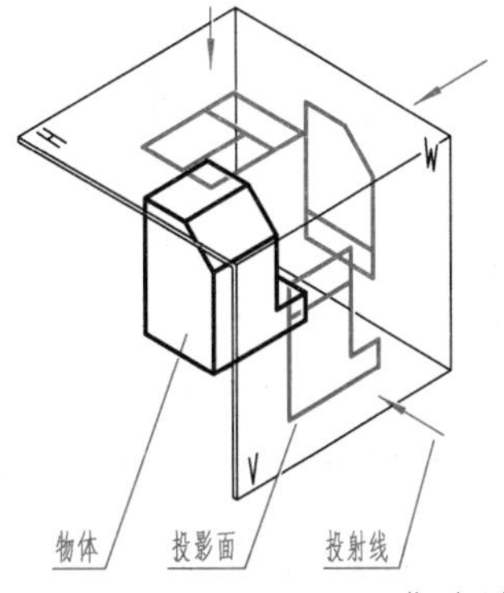

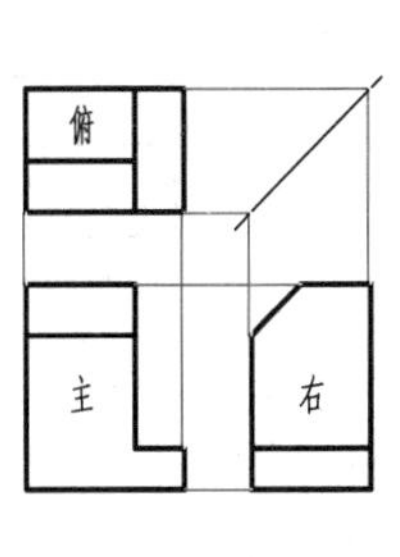

（b）

图 5-40　第一角画法与第三角画法获得投影的方式

2．视图的配置关系不同

第一角画法与第三角画法都是将物体放在六面投影体系当中，向六个基本投影面进行投射，得到六个基本视图，其视图名称相同。由于六个基本投影面展开方式不同，其基本视图的配置关系不同，如图 5-41 所示。

第一角画法与第三角画法各个视图与主视图的配置关系对比如下：

第一角画法	第三角画法
左视图在主视图的右方	左视图在主视图的左方
俯视图在主视图的下方	俯视图在主视图的上方
右视图在主视图的左方	右视图在主视图的右方
仰视图在主视图的上方	仰视图在主视图的下方
后视图在左视图的右方	后视图在右视图的右方

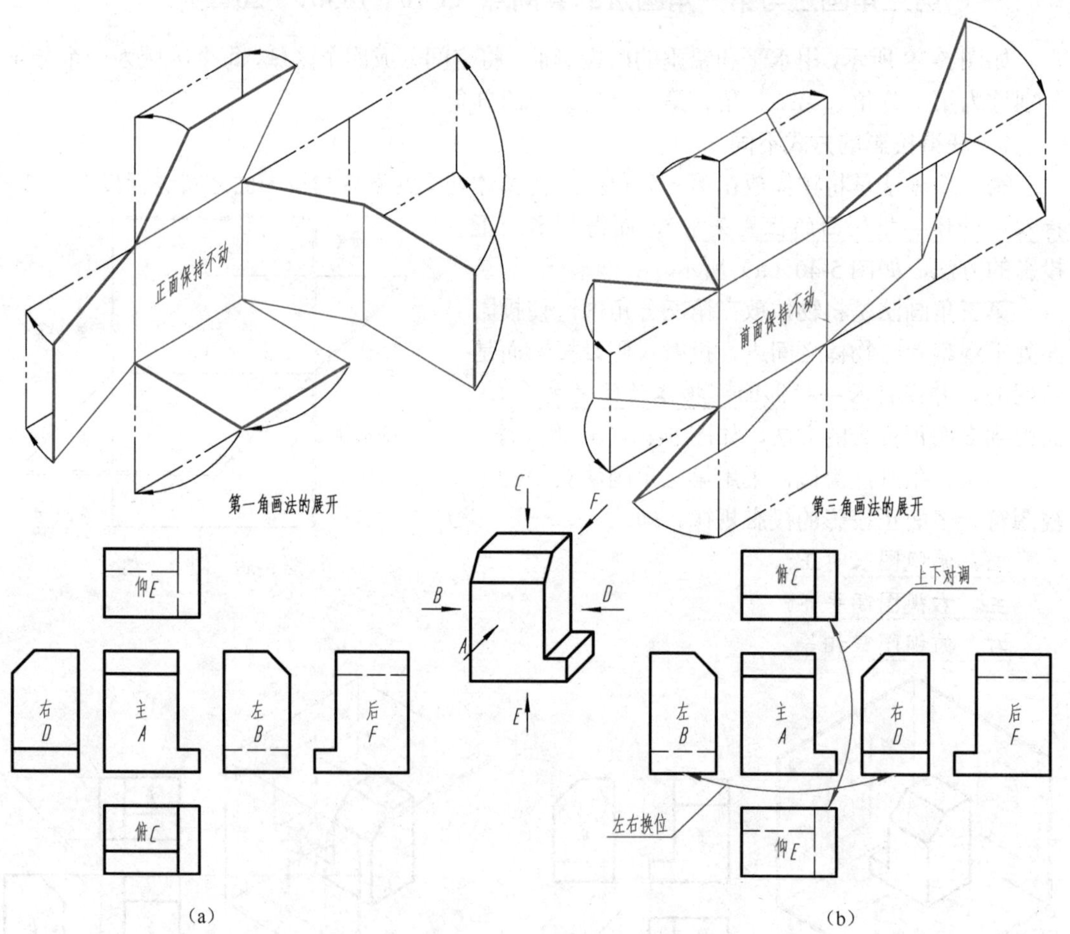

图 5-41 第一角画法与第三角画法配置关系的对比

从上述对比中可以清楚地看到：

第三角画法的主、后视图，与第一角画法的主、后视图一致（没有变化）。

第三角画法的左视图和右视图，与第一角画法的左视图和右视图左右换位。

第三角画法的俯视图和仰视图，与第一角画法的俯视图和仰视图上下对调。

由此可见，第三角画法与第一角画法的主要区别是视图的配置关系不同。第三角画法的俯视图、仰视图、左视图、右视图靠近主视图的一边（里边），均表示物体的前面；远离主视图的一边（外边），均表示物体的后面，与第一角画法的“外前、里后”正好相反。

二、第三角画法与第一角画法的识别符号（GB/T 14692—2008）

为了识别第三角画法与第一角画法，国家标准规定了相应的投影识别符号，如图 5-42 所示。该符号标在标题栏中“名称及代号区”的最下方。

采用第一角画法时，在图样中一般不必画出第一角画法的识别符号。采用第三角画法时，必须在图样中画出第三角画法的识别符号。

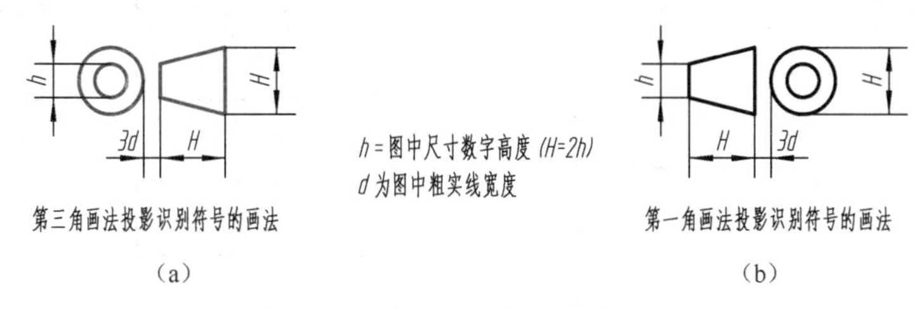

（a）（b）

图 5-42 第三角画法与第一角画法的投影识别符号

三、第三角画法的特点

第三角画法与第一角画法之间并没有根本的差别，只是各个国家应用的习惯不同而已。第一角画法的特点和应用读者都比较熟悉，下面仅将第三角画法的特点进行简要介绍。

1. 近侧配置识读方便

第一角画法的投射顺序是：人→物→图，这符合人们对影子生成原理的认识，易于初学者直观理解和掌握基本视图的投影规律。

第三角画法的顺序是：人→图→物，也就是说人们先看到投影图，后看到物体。具体到六个基本视图中，除后视图外，其他所有视图可配置在相邻视图的近侧，这样识读起来比较方便。这是第三角画法的一个特点，特别是在读轴向较长的轴杆类零件图时，这个特点会更加明显突出。图 5-43（a）是第一角画法，因左视图配置在主视图的右边，右视图配置在主视图的左边，在绘制和识图时，需横跨主视图左顾右盼，不甚方便。

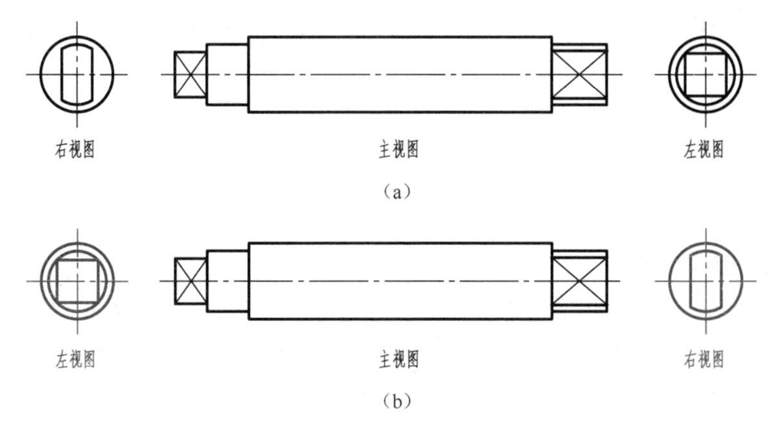

（a）

（b）

图 5-43 第三角画法的特点（一）

图 5-43（b）是第三角画法，其左视图是从主视图左端看到的形状，配置在主视图的左端，其右视图是从主视图右端看到的形状，配置在主视图的右端，这种近侧配置的特点，给绘图和识读带来了很大方便，可以减少和避免绘图和读图的错误。

2．易于想象空间形状

由物体的二维视图想象出物体的三维空间形状，对初学者来讲往往比较困难。第三角画法的配置特点，易于帮助人们想象物体的空间形体。在图 5-44（a）中，只要想象将其俯视图和左视图向主视图靠拢，并以各自的边棱为轴反转，即可容易地想象出该物体的三维空间形状。

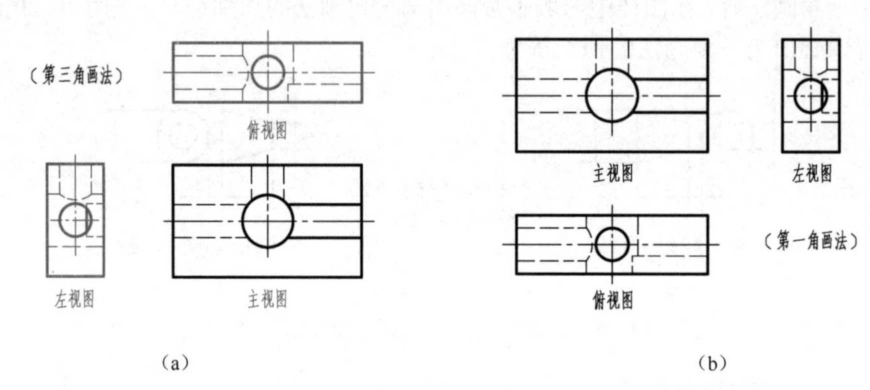

图 5-44　第三角画法的特点（二）

3．利于表达物体的细节

在第三角画法中，利用近侧配置的特点，可方便简明地采用各种辅助视图（如局部视图、斜视图等）表达物体的一些细节，在图 5-45（a）中，只要将辅助视图配置在适当的位置上，一般不需要加注表示投射方向的箭头。

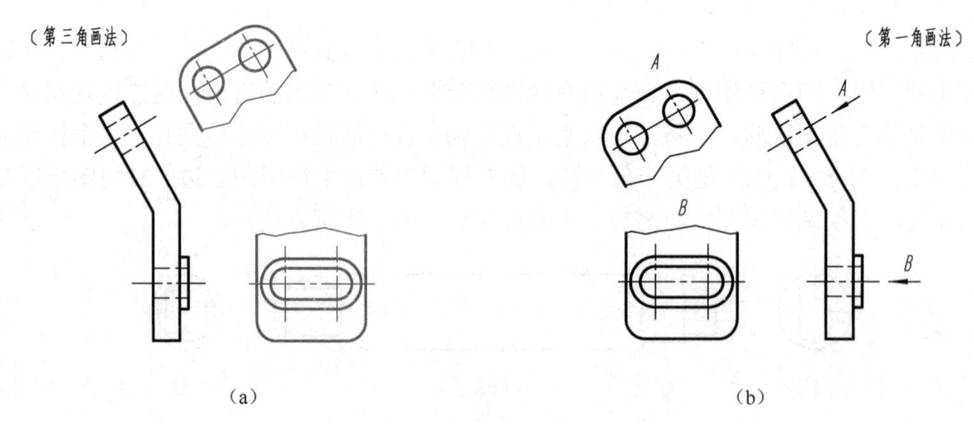

图 5-45　第三角画法的特点（三）

4．尺寸标注相对集中

在第三角画法中，由于相邻的两个视图中表示物体的同一棱边所处的位置比较近，给集中标注机件上某一完整的要素或结构的尺寸提供了可能。在图 5-46（a）中，标注物体上半圆柱开槽（并有小圆柱）处的结构尺寸，比图 5-46（b）的标注相对集中，方便读图和绘图。

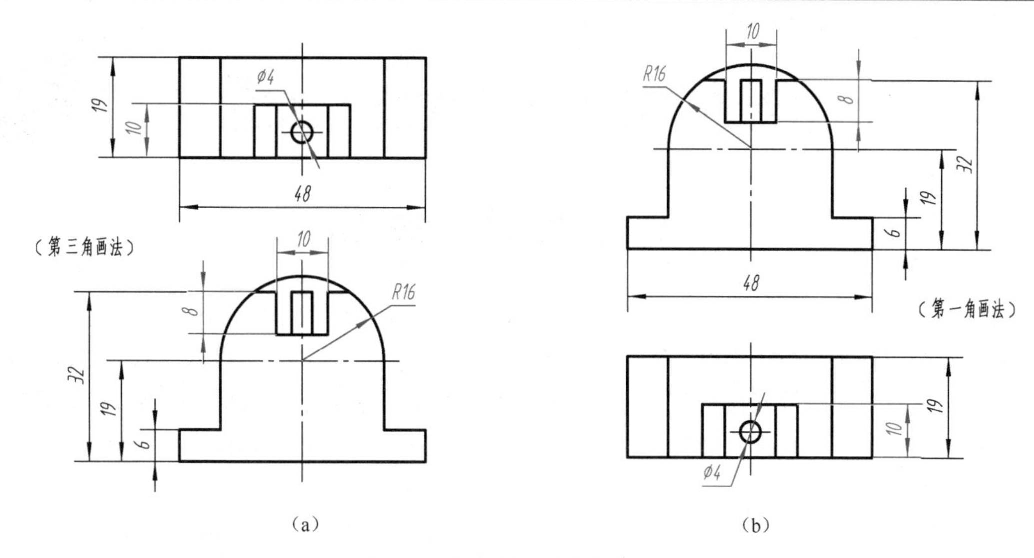

图 5-46　第三角画法的特点（四）

第六章　零件的连接及其画法

第一节　螺纹联接的表示法

化工设备是由许多零部件采用不同的连接方式装配而成的。连接通常分为可拆卸连接和不可拆卸连接两种类型。拆卸时，不破坏连接件或被连接件的，称为可拆卸连接。如法兰与法兰采用螺栓或双头螺柱联接，只要松开螺母，即可将其拆开；若拆卸时，必须破坏连接件或被连接件的，称为不可拆卸连接。如筒体与封头、接管与筒体都采用焊接的方法，只有破坏了才能拆卸下来。

螺纹是零件上常见的一种结构。螺纹是在圆柱或圆锥表面上，沿着螺旋线所形成的具有相同剖面的连续凸起（凸起是指螺纹两侧面间的实体部分，又称为牙）。

在圆柱或圆锥外表面上加工的螺纹，称为外螺纹，如图 6-1（a）所示；在圆柱或圆锥内表面上加工的螺纹，称为内螺纹，如图 6-1（b）所示。外螺纹和内螺纹成对使用，如图 6-1（c）所示。

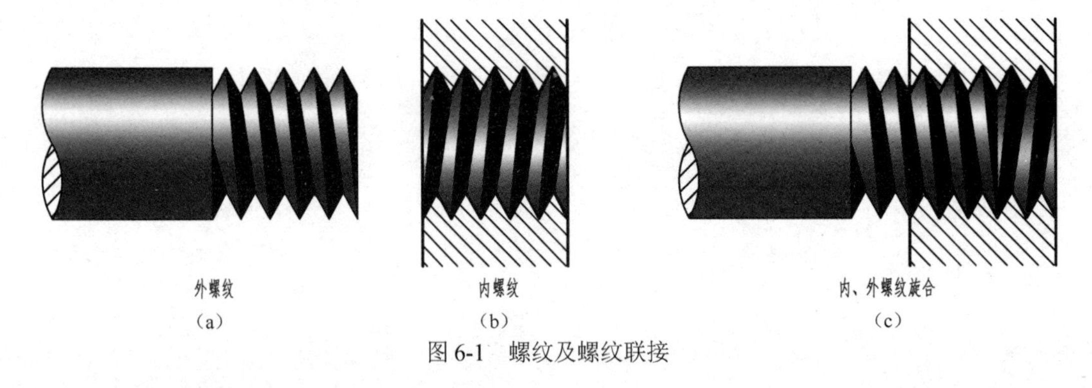

（a）　（b）　（c）

图 6-1　螺纹及螺纹联接

一、螺纹要素（GB/T 14791—2013）

1．牙型

在螺纹轴线平面内的螺纹轮廓形状，称为牙型。常见的有三角形、梯形和锯齿形等。相邻牙侧间的材料实体，称为牙体。连接两个相邻牙侧的牙体顶部表面，称为牙顶。连接两个相邻牙侧的牙槽底部表面，称为牙底，如图 6-2 所示。

2．直径

螺纹直径有大径（d、D）、中径（d_2、D_2）和小径（d_1、D_1）之分，如图 6-2 所示。其中，外螺纹大径 d 和内螺纹小径 D_1 亦称顶径。

大径（d、D）　与外螺纹牙顶或内螺纹牙底相切的假想圆柱或圆锥的直径。

小径（d_1、D_1）　与外螺纹牙底或内螺纹牙顶相切的假想圆柱或圆锥的直径。

中径（d_2、D_2）　中径圆柱或中径圆锥的直径。该圆柱（或圆锥）母线通过圆柱（或圆锥）螺纹上牙厚与牙槽宽相等的地方。

公称直径　代表螺纹尺寸的直径称为公称直径。对紧固螺纹和传动螺纹，其大径基本尺寸是螺纹的代表尺寸。对管螺纹，其管子公称尺寸是螺纹的代表尺寸。

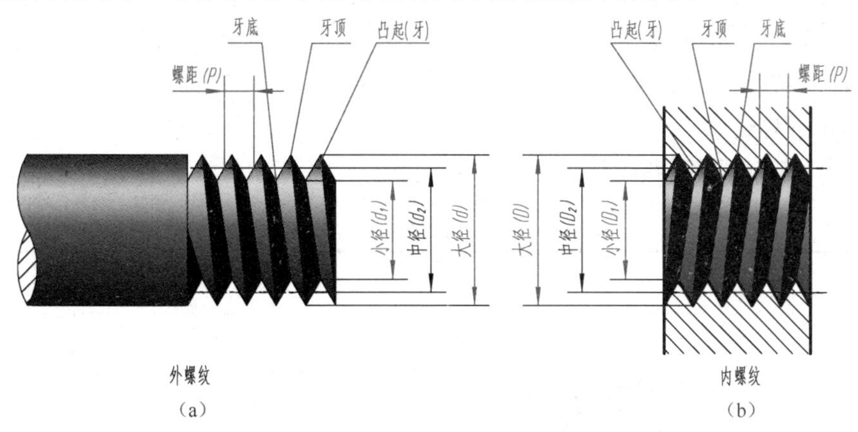

(a)　　(b)

图 6-2　螺纹的各部名称及代号

3．线数 n

螺纹有单线与多线之分，如图 6-3 所示。只有一个起始点的螺纹，称为单线螺纹；具有两个或两个以上起始点的螺纹，称为多线螺纹。线数的代号用 n 表示。

4．螺距 P 和导程 P_h

螺距是指相邻两牙体上的对应牙侧与中径线相交两点间的轴向距离；导程是最邻近的两同名牙侧与中径线相交两点间的轴向距离（导程就是一个点沿着在中径圆柱或中径圆锥上的螺旋线旋转一周所对应的轴向位移）。螺距和导程是两个不同的概念，如图 6-3 所示。

螺距、导程、线数之间的关系是：$P=P_h/n$。对于单线螺纹，则有 $P=P_h$。

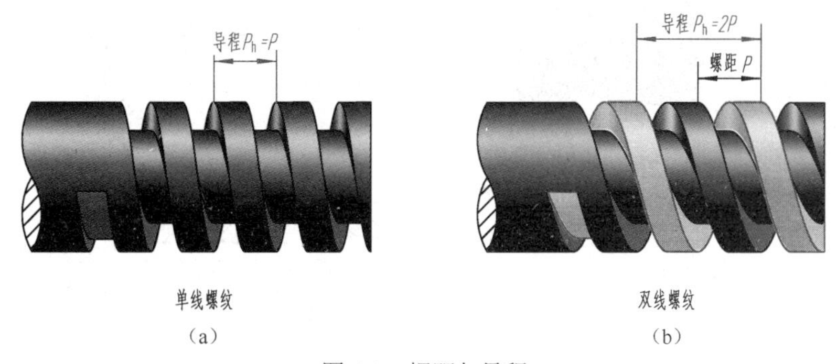

(a)　　(b)

图 6-3　螺距与导程

5．旋向

内、外螺纹旋合时的旋转方向称为旋向。螺纹的旋向有左、右之分。

右旋螺纹　顺时针旋转时旋入的螺纹，称为右旋螺纹（俗称正扣）。

左旋螺纹　逆时针旋转时旋入的螺纹，称为左旋螺纹（俗称反扣）。

旋向的判定　将外螺纹轴线垂直放置，螺纹的可见部分是右高左低者为右旋螺纹；左高右低者为左旋螺纹，如图 6-4 所示。

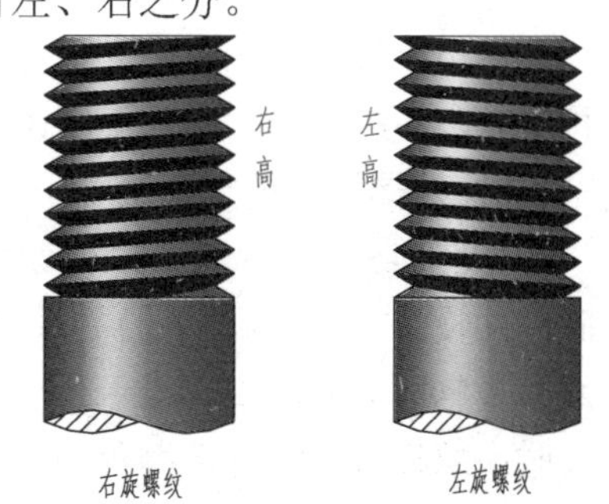

图 6-4　螺纹旋向的判定

对于螺纹来说，只有牙型、大径、螺距、线数和旋向等诸要素都相同，内、外螺纹才能旋合在一起。

螺纹三要素　在螺纹的诸要素中，牙型、大径和螺距是决定螺纹结构规格的最基本的要素，称为螺纹三要素。凡螺纹三要素符合国家标准的，称为标准螺纹；牙型不符合国家标准的，称为非标准螺纹。

表 6-1 中所列为常用标准螺纹的种类、标记和标注。

表 6-1　常用标准螺纹的种类、标记和标注

<table>
<tr><th colspan="3">螺纹类别</th><th>特征代号</th><th>牙　型</th><th>标注示例</th><th>说　明</th></tr>
<tr><td rowspan="2">联接和紧固用螺纹</td><td colspan="2">粗牙普通螺纹</td><td rowspan="2">M</td><td rowspan="2">60°</td><td>M16</td><td>粗牙普通螺纹
公称直径为 16mm；中径公差带和大径公差带均为 6g（省略不标）；中等旋合长度；右旋</td></tr>
<tr><td colspan="2">细牙普通螺纹</td><td>M16×1</td><td>细牙普通螺纹
公称直径为 16mm，螺距 1mm；中径公差带和小径公差带均为 6H（省略不标）；中等旋合长度；右旋</td></tr>
<tr><td rowspan="4">55° 管螺纹</td><td colspan="2">55° 非密封管螺纹</td><td>G</td><td rowspan="4">55°</td><td>G1　G1A</td><td>55° 非密封管螺纹
G——螺纹特征代号
1 ——尺寸代号
A——外螺纹公差等级代号</td></tr>
<tr><td rowspan="3">55° 密封管螺纹</td><td>圆锥内螺纹</td><td>Rc</td><td rowspan="3">Rc1½　R₂1½</td><td rowspan="3">55° 密封管螺纹
Rc——圆锥内螺纹
Rp——圆柱内螺纹
R_1——与圆柱内螺纹相配合的圆锥外螺纹
R_2——与圆锥内螺纹相配合的圆锥外螺纹
1½——尺寸代号</td></tr>
<tr><td>圆柱内螺纹</td><td>Rp</td></tr>
<tr><td>圆锥外螺纹</td><td>R_1
R_2</td></tr>
</table>

二、螺纹的规定画法（GB/T 4459.1—1995）

由于螺纹的结构和尺寸已经标准化，为了提高绘图效率，对螺纹的结构与形状，可不必按其真实投影画出，只需根据国家标准规定的画法和标记，进行绘图和标注即可。

1．外螺纹的规定画法

如图 6-5（a）所示，外螺纹牙顶圆的投影用粗实线表示，牙底圆的投影用细实线表示（牙底圆的投影按 $d_1=0.85d$ 的关系绘制），在螺杆的倒角或倒圆部分也应画出；在垂直于螺纹轴线的投影面的视图中，表示牙底圆的细实线只画约 3/4 圈（空出约 1/4 圈的位置不作规定）。此时，螺杆或螺纹孔上倒角圆的投影，不应画出。

螺纹终止线用粗实线表示。剖面线必须画到粗实线为止，如图 6-5（b）所示。

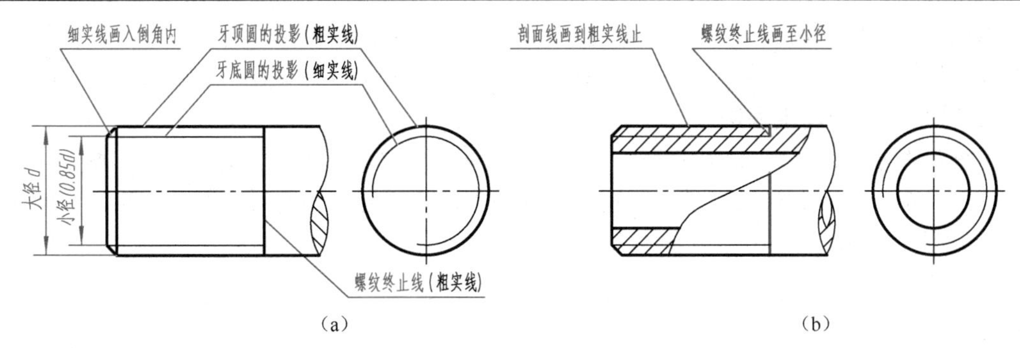

图 6-5　外螺纹的规定画法

2．内螺纹的规定画法

如图 6-6（a）所示，在剖视图或断面图中，内螺纹牙顶圆的投影和螺纹终止线用粗实线表示，牙底圆的投影用细实线表示，剖面线必须画到粗实线为止（牙顶圆的投影按 D_1=0.85D 的关系绘制）；在垂直于螺纹轴线的投影面的视图中，表示牙底圆投影的细实线仍画 3/4 圈，倒角圆的投影仍省略不画。

不可见螺纹的所有图线（轴线除外），均用细虚线绘制，如图 6-6（b）所示。

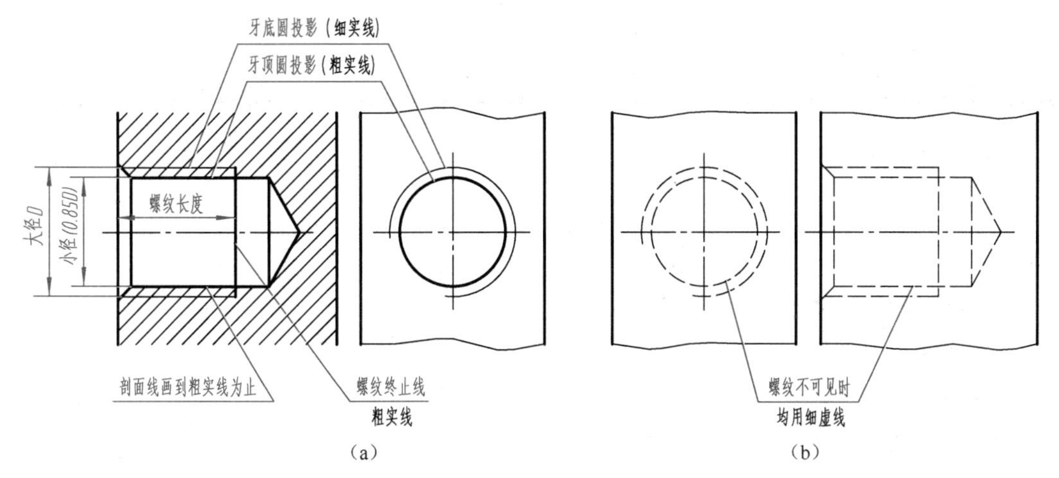

图 6-6　内螺纹的规定画法

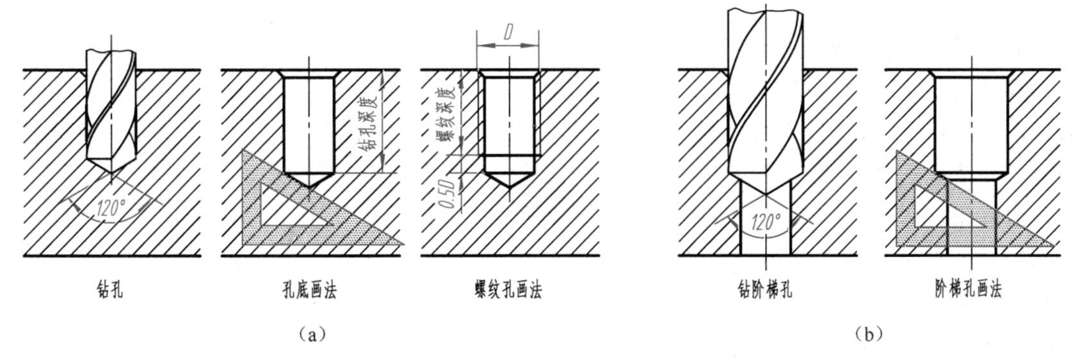

图 6-7　钻孔底部与阶梯孔的画法

由于钻头的顶角接近 120°，用它钻出的不通孔，底部有个顶角接近 120°的圆锥面，在图中，其顶角要画成 120°，但不必注尺寸。绘制不穿通的螺纹孔时，一般应将钻孔深度与螺纹部分深度分别画出，钻孔深度应比螺纹孔深度大 0.5*D*（螺纹大径），如图 6-7（a）所示。两级钻孔（阶梯孔）的过渡处，也存在 120°的尖角，作图时要注意画出，如图 6-7（b）所示。

3．螺纹联接的规定画法

用剖视表示内、外螺纹的联接时，其旋合部分应按外螺纹的画法绘制，其余部分仍按各自的画法表示，如图 6-8（a）所示。在端面视图中，若剖切平面通过旋合部分时，按外螺纹绘制，如图 6-8（b）所示。

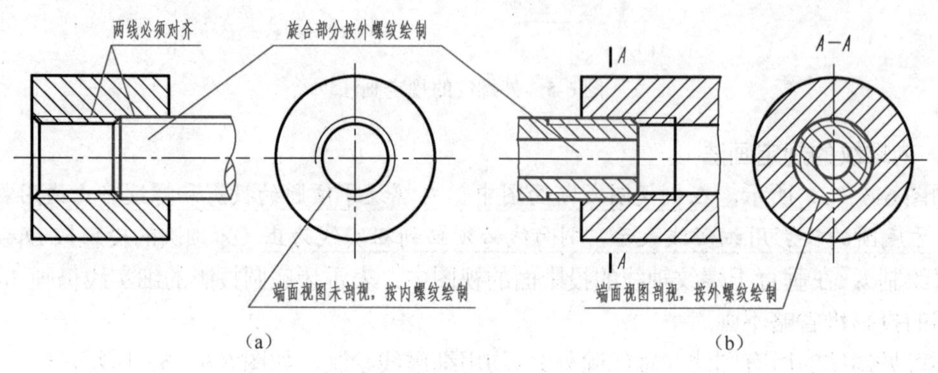

图 6-8　螺纹联接的规定画法

> 提示：画螺纹联接时，表示内、外螺纹牙顶圆投影的粗实线，与牙底圆投影的细实线应分别对齐。

三、螺纹的标记及标注（GB/T 4459.1—1995）

由于螺纹的规定画法不能表示螺纹种类和螺纹要素，因此绘制有螺纹的图样时，必须按照国家标准所规定的标记格式和相应代号进行标注。

1．普通螺纹的标记（GB/T 197—2018）

普通螺纹即普通用途的螺纹，单线普通螺纹占大多数，其标记格式如下：

[螺纹特征代号] [公称直径]×[P 螺距] - [公差带代号] - [旋合长度代号] - [旋向代号]

多线普通螺纹的标记格式如下：

[螺纹特征代号] [公称直径]×[Ph 导程 P 螺距] - [公差带代号] - [旋合长度代号] - [旋向代号]

标记的注写规则：

螺纹特征代号　螺纹特征代号为 M。

尺寸代号　公称直径为螺纹大径。单线螺纹的尺寸代号为“公称直径×P 螺距”，不必注写“P”字样。多线螺纹的尺寸代号为“公称直径×Ph 导程 P 螺距”，需注写“Ph”和“P”字样。粗牙普通螺纹不标注螺距。粗牙螺纹与细牙螺纹的区别见附表 1。

公差带代号　公差带代号由中径公差带和顶径公差带（对外螺纹指大径公差带、对内螺纹指小径公差带）组成。大写字母代表内螺纹，小写字母代表外螺纹。若两组公差带相同，则只写一组（常用的公差带见附表 1）。最常用的中等公差精度螺纹（外螺纹为 6g、内螺纹为 6H），不标注公差带代号。

旋合长度代号　旋合长度分为短（S）、中等（N）、长（L）三种。一般采用中等旋合长度，N 省略不注。

旋向代号　左旋螺纹以“LH”表示，右旋螺纹不标注旋向（所有螺纹旋向的标记，均与此相同）。

【例 6-1】 解释“M16×Ph3P1.5-7g6g-L-LH”的含义。

解 表示双线细牙普通外螺纹，大径为 16mm，导程为 3mm，螺距为 1.5mm，中径公差带为 7g，大径公差带为 6g，长旋合长度，左旋。

【例 6-2】 解释“M24-7G”的含义。

解 表示粗牙普通内螺纹，大径为 24mm，查附表 1 确认螺距为 3mm（省略），中径和小径公差带均为 7G，中等旋合长度（省略 N），右旋（省略旋向代号）。

【例 6-3】 已知公称直径为 12mm，细牙，螺距为 1mm，中径和小径公差带均为 6H 的单线右旋普通螺纹，试写出其标记。

解 标记为“M12×1”。

【例 6-4】 已知公称直径为 12mm，粗牙，螺距为 1.75mm，中径和大径公差带均为 6g 的单线右旋普通螺纹，试写出其标记。

解 标记为“M12”。

2. 管螺纹的标记（GB/T 7306.1～2—2000、GB/T 7307—2001）

管螺纹是在管子上加工的，主要用于联接管件，故称之为管螺纹。管螺纹的数量仅次于普通螺纹，是使用数量最多的螺纹之一。由于管螺纹具有结构简单、装拆方便的优点，所以在化工、石油、机床、汽车、冶金等行业中应用较多。

（1）55° 密封管螺纹标记　由于 55° 密封管螺纹只有一种公差，GB/T 7306.1～2—2000 规定其标记格式如下。

螺纹特征代号 | 尺寸代号 | 旋向代号

标记的注写规则：

螺纹特征代号 用 Rc 表示圆锥内螺纹，用 Rp 表示圆柱内螺纹，用 R_1 表示与圆柱内螺纹相配合的圆锥外螺纹，用 R_2 表示与圆锥内螺纹相配合的圆锥外螺纹。

尺寸代号 用 1/2，3/4，1，1½，…表示，详见附表 2。

旋向代号 与普通螺纹的标记相同。

【例 6-5】 解释“Rc1/2”的含义。

解 表示圆锥内螺纹，尺寸代号为 1/2（查附表 2，其大径为 20.955mm，螺距为 1.814mm），右旋（省略旋向代号）。

【例 6-6】 解释“Rp1½LH”的含义。

解 表示圆柱内螺纹，尺寸代号为 1½（查附表 2，其大径为 47.803mm，螺距为 2.309mm），左旋。

【例 6-7】 解释“$R_2$3/4”的含义。

解 表示与圆锥内螺纹相配合的圆锥外螺纹，尺寸代号为 3/4（查附表 2，其大径为 26.441mm，螺距为 1.814mm），右旋（省略旋向代号）。

（2）55° 非密封管螺纹标记　GB/T 7307—2001 规定 55° 非密封管螺纹标记格式如下。

螺纹特征代号 | 尺寸代号 | 公差等级代号 - 旋向代号

标记的注写规则：

螺纹特征代号 用 G 表示。

尺寸代号 用 1/2，3/4，1，1½，…表示，详见附表 2。

螺纹公差等级代号 对外螺纹分 A、B 两级标记；因为内螺纹公差带只有一种，所以不加标记。

旋向代号 当螺纹为左旋时，在外螺纹的公差等级代号之后加注“-LH”；在内螺纹的尺寸代号之后加注“LH”。

【例 6-8】 解释“G1½A”的含义。

解 表示圆柱外螺纹，尺寸代号为 1½（查附表 2，其大径为 47.803mm，螺距为 2.309mm），螺纹公差等级为 A 级，右旋（省略旋向代号）。

【例 6-9】 解释“G3/4A-LH”的含义。

解 表示圆柱外螺纹，螺纹公差等级为 A 级，尺寸代号为 3/4（查附表 2，其大径为 26.441mm，螺距为 1.814mm），左旋（注：左旋圆柱外螺纹在左旋代号 LH 前加注半字线）。

【例 6-10】 解释“G1/2”的含义。

解 表示圆柱内螺纹（未注螺纹公差等级），尺寸代号为 1/2（查附表 2，其大径为 20.955mm，螺距为 1.814mm），右旋（省略旋向代号）。

【例 6-11】 解释“G1½LH”的含义。

解 表示圆柱内螺纹（未注螺纹公差等级），尺寸代号为 1½（查附表 2，其大径为 47.803mm，螺距为 2.309mm），左旋（注：左旋圆柱内螺纹在左旋代号 LH 前不加注半字线）。

> 提示：管螺纹的尺寸代号并非公称直径，也不是管螺纹本身的真实尺寸，而是用该螺纹所在管子的公称通径（单位为 in，1in=25.4mm）来表示的。管螺纹的大径、小径及螺距等具体尺寸，只有通过查阅相关的国家标准（附表 2）才能知道。

3．螺纹的标注方法（GB/T 4459.1—1995）

公称直径以毫米为单位的螺纹（如普通螺纹、梯形螺纹等），其标记应直接注在大径的尺寸线或其引出线上，如图 6-9（a）～（c）所示；管螺纹的标记一律注在引出线上，引出线应由大径处或对称中心处引出，如图 6-9（d）、（e）所示。

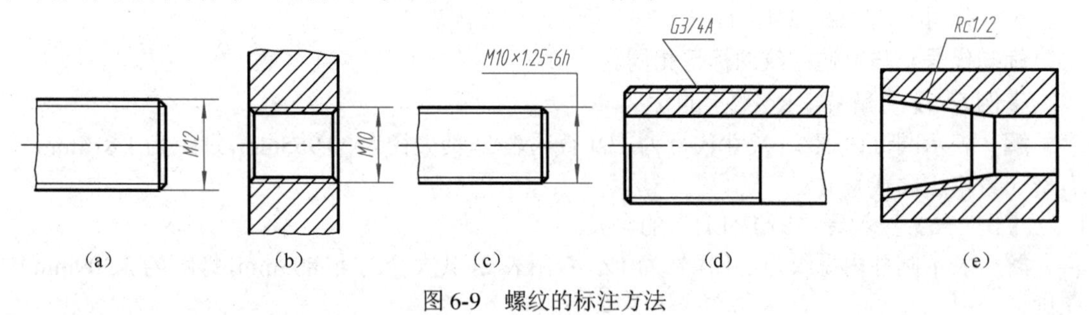

图 6-9 螺纹的标注方法

四、螺纹紧固件的画法

在化工设备上，常用螺纹紧固件将两个零件联接在一起，常见的有六角头螺栓联接和双头螺柱联接。

1．螺纹紧固件的规定标记

螺纹紧固件包括六角头螺栓、双头螺柱、六角螺母等，这些零件都是标准件。国家标准对它们的结构、形式和尺寸都作了规定，并制定了不同的标记方法。因此只要知道其规定标记，就可以从相关标准中查出它们的结构、形式及全部尺寸。

常用螺纹紧固件的标记及示例，如表 6-2 所示（表中的红色尺寸为规格尺寸）。

表 6-2 常用螺纹紧固件的标记及示例

名称	轴测图	画法及规格尺寸	标记示例及说明
六角头螺栓			**名称 标准编号 螺纹代号×长度** 螺栓 GB/T 5782 M16×80 螺纹规格为 M16、公称长度 l=80、性能等级为 8.8 级、表面不经处理、产品等级为 A 级的六角头螺栓 注：管法兰采用 GB/T 5782（附表 9）；省略标准编号中的年号，下同
等长双头螺柱			**名称 标准编号 螺纹代号×长度** 螺柱 GB/T 901 M12×100 螺纹规格为 M12、l=100、性能等级为 4.8 级、不经表面处理的等长双头螺柱 注：管法兰应采用 GB/T 901（附表 9）；设备法兰应采用 NB/T 47027（附表 13）
六角螺母			**名称 标准编号 螺纹代号** 螺母 GB/T 6170 M16 螺纹规格为 M16、性能等级为 8 级、不经表面处理、产品等级为 A 级的 1 型六角螺母 注：管法兰采用 GB/T 6170（附表 9）
垫圈			**名称 标准编号 螺纹代号** 垫圈 GB/T 97.1 16 标准系列、公称规格 16mm、由钢制造的硬度等级为 200HV 级、不经表面处理、产品等级为 A 级的平垫圈

2. 螺栓联接

螺栓联接是将六角头螺栓的杆身穿过两个被联接零件上的通孔，再用六角螺母拧紧，使两个零件联接在一起的一种联接方式，如图 6-10（a）所示。

画图时必须遵守下列基本规定：

① 两个零件的接触面或配合面只画一条粗实线，不得将轮廓线加粗。凡不接触的表面，不论间隙多小，在图上应画出间隙。如六角头螺栓与孔之间，即使间隙很小，也必须画两条线。图 6-10（b）是六角头螺栓联接的装配图，其中六角螺母与被联接件、两个被联接件的表面相接触，中间画一条粗实线；六角头螺栓与两个被联接件之间有间隙，在图上夸大画出（两条线）。

② 在剖视图中，相互接触的两个零件其剖面线的倾斜方向应相反；而同一个零件在各剖视中，剖面线的倾斜方向、倾斜角度和间隔应相同，以便在装配图中区分不同的零件。如图 6-10（b）中，相邻两个被联接件的剖面线相反。

③ 在装配图中，螺纹紧固件及实心杆件，如六角头螺栓、六角螺母等零件，当剖切平面通过其基本轴线时，均按未剖绘制。当剖切平面垂直于这些零件的轴线时，则应按剖开绘制。在图 6-10（b）中的主、左视图中，虽然剖切平面通过六角头螺栓和六角螺母的轴线，

但不画剖面线，按其外形画出。

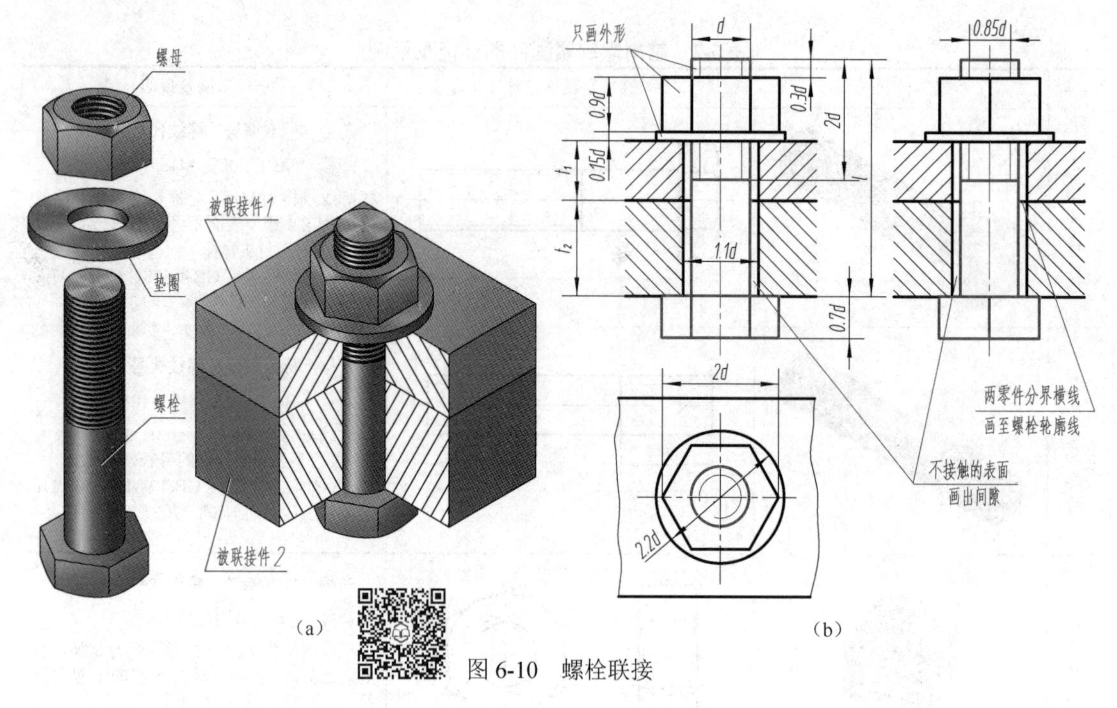

(a)　　　　　　　　　　　　　　　　　　　　　　　　　　　　(b)

图 6-10　螺栓联接

3. 等长双头螺柱联接

在化工设备的法兰连接中，多采用等长双头螺柱联接，如图 6-11（a）所示。等长双头螺柱联接是用等长双头螺柱与两个六角螺母配合使用（不放垫圈），把上、下两个零件联接在一起，其画法如图 6-11（b）所示。

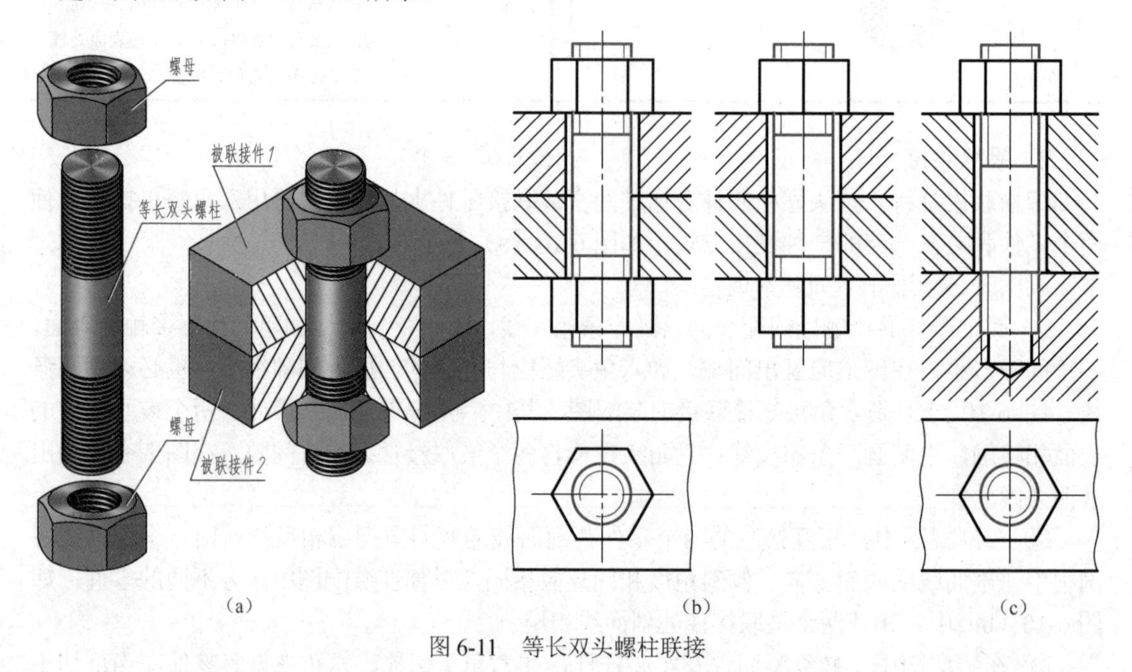

(a)　　　　　　　　　　　　(b)　　　　　　　　　　　　(c)

图 6-11　等长双头螺柱联接

双头螺柱联接也经常用在被联接零件中有一个由于太厚而不宜钻成通孔的场合。此时，双头螺柱的一端旋入下部较厚零件的螺纹孔；双头螺柱的另一端穿过上部零件的通孔后，再用螺母拧紧，如图 6-11（c）所示。绘制双头螺柱联接装配图时应注意以下几点：

① 双头螺柱的旋入端应画成全部旋入螺纹孔内，即旋入端的螺纹终止线与两个被联接件的接触面应画成一条线，如图 6-11（c）所示。

② 不穿通的螺纹孔深度应大于双头螺柱旋入端的螺纹长度。在装配图中，不穿通的螺纹孔可采用简化画法，即不画钻孔深度，仅按螺纹孔深度画出，如图 6-11（c）所示。

第二节　焊接的表示法

焊接是采用加热或加压，或两者并用，用或不用填充金属，使分离的两工件材质间达到原子间永久结合的一种加工方法。用来表达金属焊接件的工程图样，称为金属焊接图，简称焊接图。焊接是一种不可拆卸的连接形式，由于它施工简便、连接可靠，在工程中被广泛采用。GB/T 324—2008《焊缝符号表示法》规定，推荐用焊缝符号表示焊缝或接头，也可以采用一般的技术制图方法表示。

一、焊缝的规定画法

1. 焊接接头形式

两焊接件用焊接的方法连接后，其熔接处的接缝称焊缝，在焊接处形成焊接接头。由于两焊接件间相对位置不同，焊接接头有对接、搭接、角接和T形接头等基本形式，如图6-12（a）所示。对接接头在化工设备中应用最多，如筒体本体、筒体与封头均采用对接焊接；搭接接头在化工设备中应用很少，通常只见于补强圈或垫板与筒体（或封头）的焊接；角接接

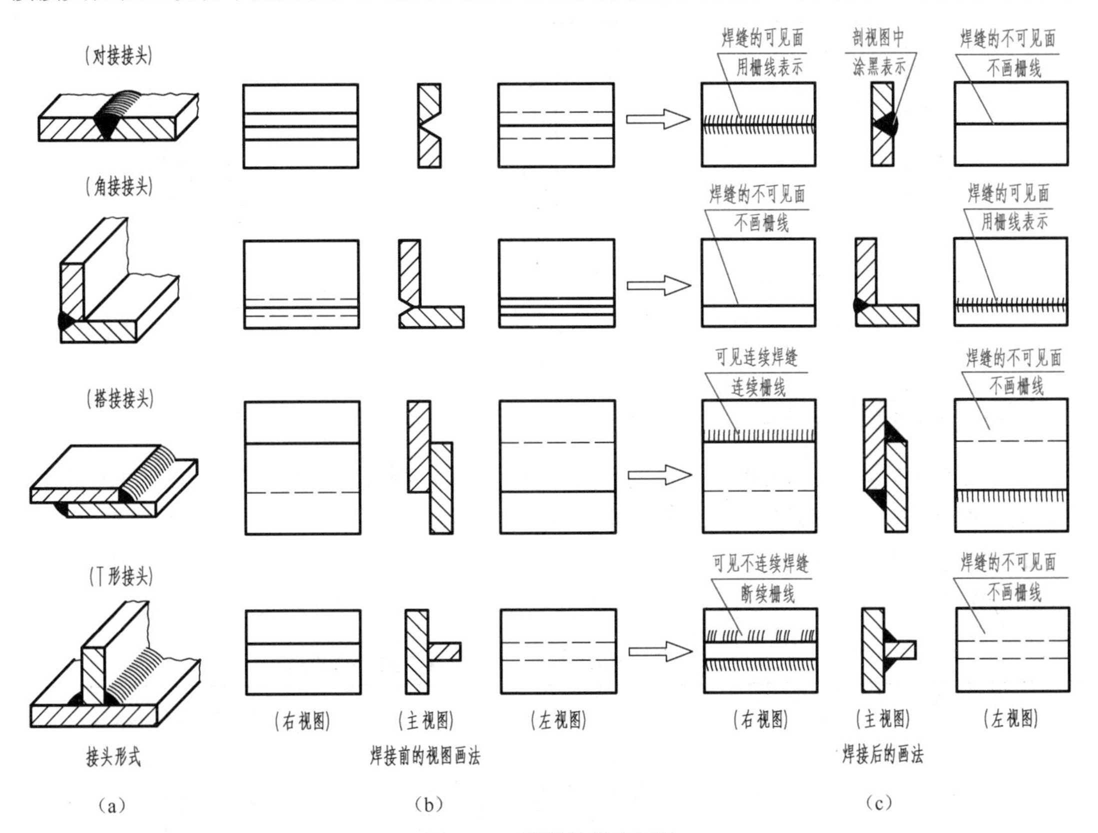

图 6-12　焊缝的规定画法

头用于接管（或容器法兰）与封头（或筒体）的焊接；T形接头则用于鞍式支座的焊接。

2．可见焊缝的画法

用视图表示焊缝时，当施焊面（或带坡口的一面）处于可见时，焊缝用栅线（一系列细实线）表示。此时表示两个被焊接件相接的轮廓线应保留，如图 6-12（c）右视图中的第一个图例所示。

3．不可见焊缝的画法

当施焊面（或带坡口的一面）处于不可见时，表示焊缝的栅线省略不画，如图 6-12（c）左视图中的第一个图例所示。

4．剖视图中焊缝的画法

用剖视图或断面图表示焊缝接头或坡口的形状时，焊缝的金属熔焊区通常应涂黑表示，如图 6-12（c）中的主视图所示。

对于常压、低压设备，在剖视图上的焊缝，按焊接接头的形式画出焊缝的剖面，剖面符号用涂黑表示；视图中的焊缝，可省略不画，如图 6-13 所示。

对于中压、高压设备或设备上某些重要的焊缝，则需用局部放大图（亦称节点图），详细地表示出焊缝结构的形状和有关尺寸，如图 6-14 所示。

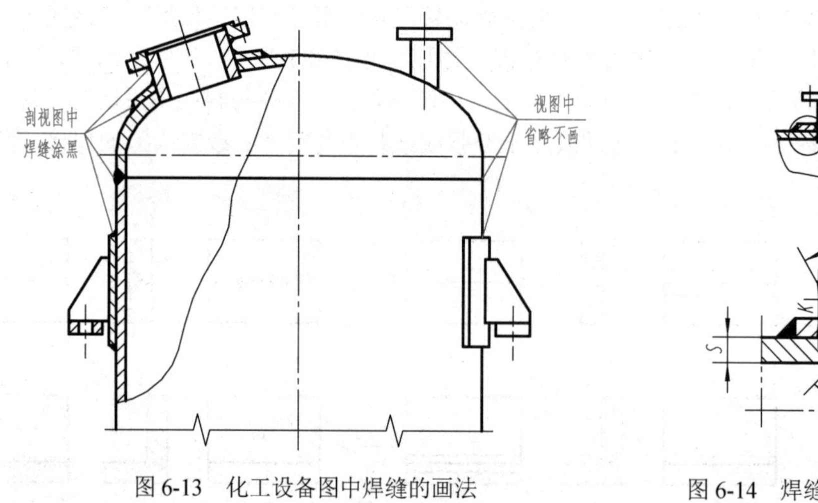

图 6-13　化工设备图中焊缝的画法

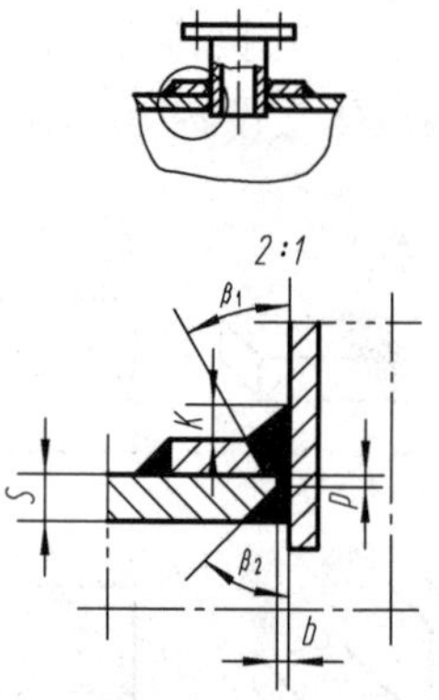

图 6-14　焊缝的局部放大图

二、焊缝符号表示法

根据 GB/T 324－2008《焊缝符号表示法》的规定，焊缝符号一般由基本符号与指引线组成。必要时还可以加上辅助符号、补充符号和焊缝尺寸符号。

1．焊缝的基本符号

焊缝的基本符号表示焊缝横截面的形式或特征，常见焊缝的基本符号见表6-3。

表 6-3　常见焊缝的基本符号（摘自 GB/T 324－2008）

名　称	图形符号	示　意　图	标注示例
I 形焊缝	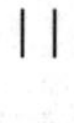 ‖	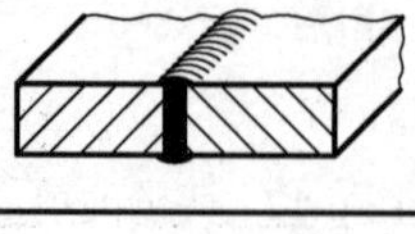	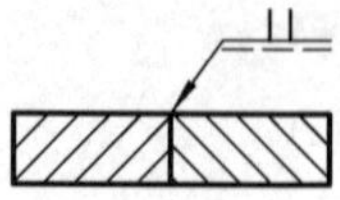

续表

名　称	图形符号	示　意　图	标注示例
V 形焊缝	V		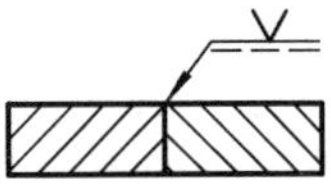
单边 V 形焊缝			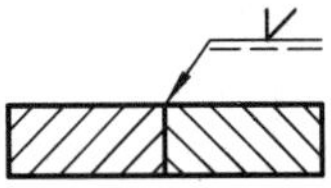
带钝边 V 形焊缝	Y		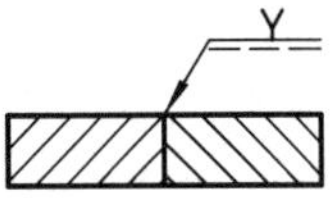
带钝边单边 V 形焊缝			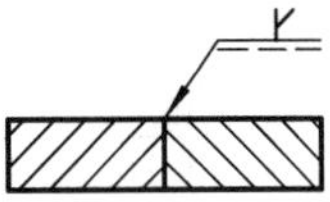
带钝边 U 形焊缝			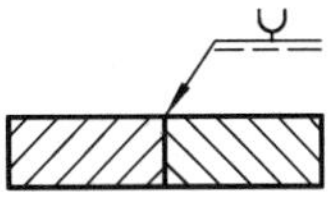
带钝边 J 形焊缝			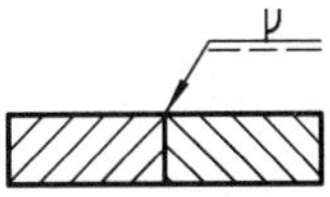
角焊缝		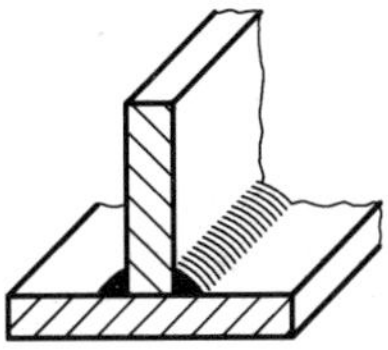	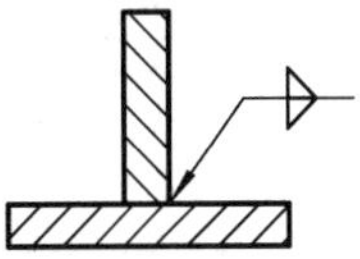

2．焊缝的补充符号

焊缝的补充符号是补充说明有关焊缝或接头的某些特征，如表面形状、衬垫、分布、施焊地点等，见表6-4。

表 6-4　焊缝的补充符号（摘自 GB/T 324－2008）

名　称	图形符号	示　意　图	标注示例	说　　明
平面	—		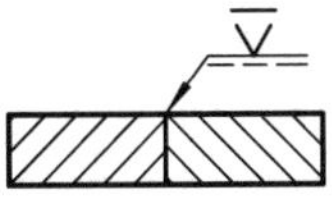	平齐的 V 形焊缝，焊缝表面经过加工后平整
凹面		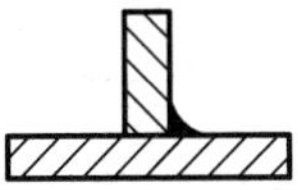	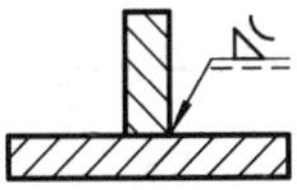	角焊缝表面凹陷
凸面		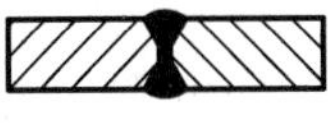	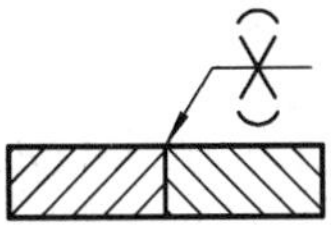	双面 V 形焊缝，焊缝表面凸起

续表

名称	图形符号	示意图	标注示例	说明
圆滑过渡	⌣	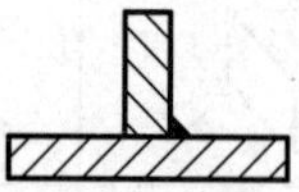	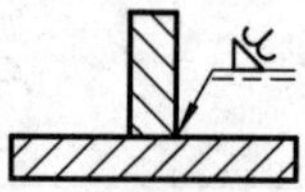	表面过渡平滑的角焊缝
三面焊缝	⊏	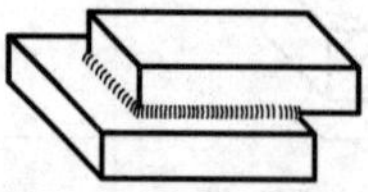	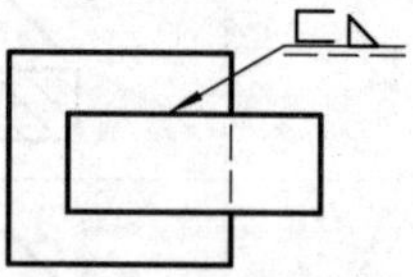	三面带有（角）焊缝，符号开口方向与实际方向一致
周围焊缝	○	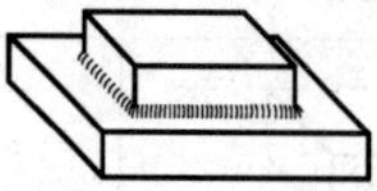	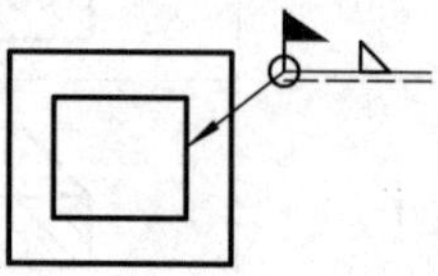	沿着工件周边施焊的焊缝，周围焊缝符号标注在基准线与箭头线的交点处
现场焊缝	⚑			在现场焊接的焊缝
尾部	<	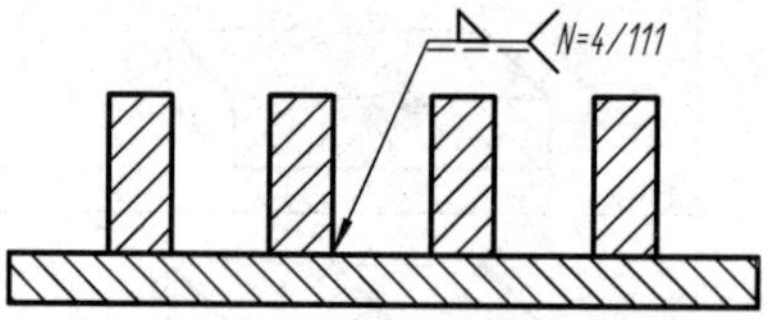 N=4/111		有 4 条相同的角焊缝，采用焊条电弧焊

3．焊缝的尺寸符号

焊缝尺寸符号是用字母代表对焊缝的尺寸要求，当需要注明焊缝尺寸时才标注。焊缝尺寸符号的含义见表 6-5。

表 6-5　焊缝尺寸符号的含义（摘自 GB/T 324－2008）

名称	符号	符号含义
工件厚度	δ	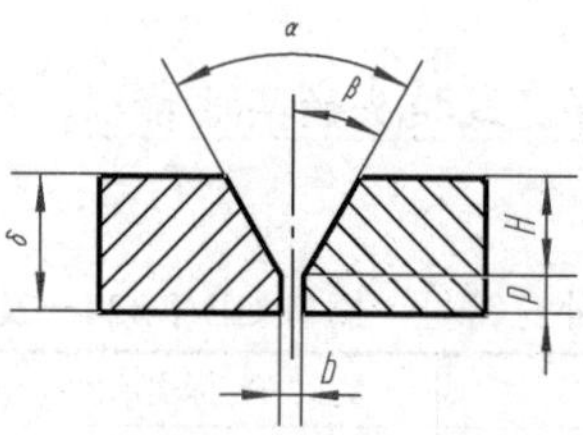 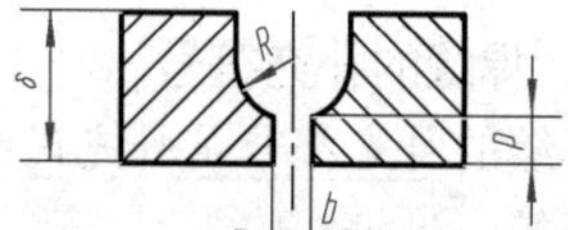 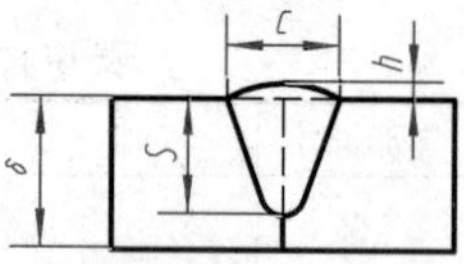
坡口角度	α	
坡口面角度	β	
根部间隙	b	
钝　边	p	
坡口深度	H	
焊缝宽度	c	
余　高	h	
焊缝有效厚度	S	
根部半径	R	
焊脚尺寸	K	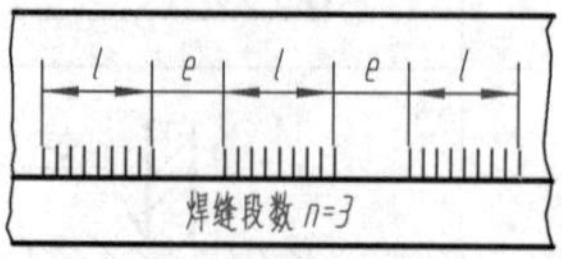 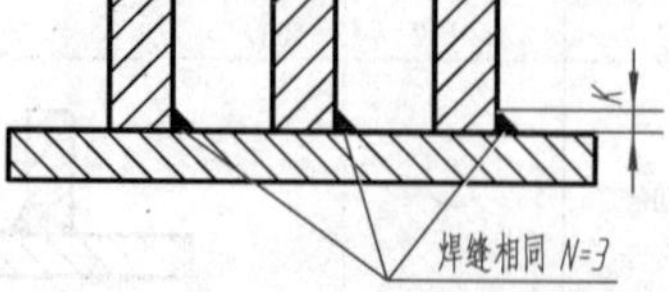
焊缝长度	l	焊缝段数 $n=3$
焊缝间距	e	
焊缝段数	n	
相同焊缝数量	N	焊缝相同 $N=3$

4．焊缝指引线

焊缝符号的基准线由两条相互平行的细实线和细虚线组成，如图 6-12 所示。焊缝符号的指引线箭头直接指向的接头侧为“接头的箭头侧”，与之相对的则为“接头的非箭头侧”。

必要时，可以在焊缝符号中标注表 6-5 中的焊缝尺寸，焊缝尺寸在焊接符号中的标注位置如图 6-15 所示。其标注规则如下：

——焊缝的横向尺寸标注在基本符号的左侧；

——焊缝的纵向尺寸标注在基本符号的右侧；

——焊缝的坡口角度、坡口面角度、根部间隙尺寸标注在基本符号的上侧或下侧；

——相同焊缝数量及焊接方法代号等可以标在尾部；

——当尺寸较多不易分辨时，可在尺寸数值前标注相应的尺寸符号。

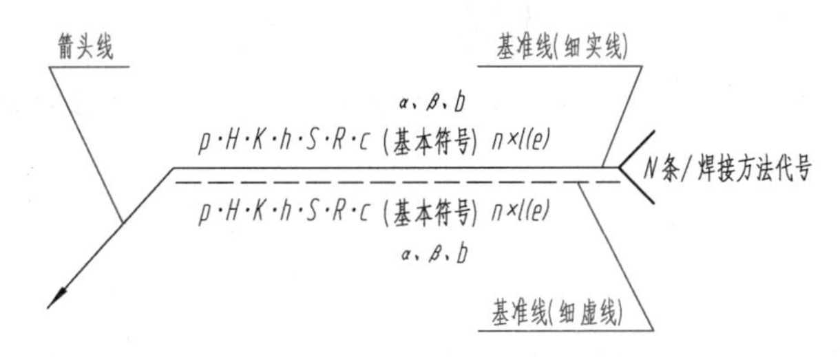

图 6-15　焊缝标注指引线

> 提示：基准线一般与主标题栏平行。指引线有箭头的一端指向有关焊缝，细虚线表示焊缝在接头的非箭头侧。

5. 焊接工艺方法代号

随着焊接技术的发展，焊接工艺方法有近百种之多。GB/T 5185－2005《焊接及相关工艺方法代号》规定，用阿拉伯数字代号表示各种焊接工艺方法，并可在图样中标出。焊接工艺方法一般采用三位数字表示：

——一位数代号表示工艺方法大类；

——二位数代号表示工艺方法分类；

——三位数代号表示某种工艺方法。

常用的焊接工艺方法代号见表 6-6。

表 6-6　焊接工艺方法代号（摘自 GB/T 5185－2005）

代号	工艺方法	代号	工艺方法	代号	工艺方法	代号	工艺方法
1	电弧焊	2	电阻焊	3	气焊	74	感应焊
11	无气体保护电弧焊	21	点焊	311	氧乙炔焊	82	电弧切割
111	焊条电弧焊	211	单面点焊	312	氧丙烷焊	84	激光切割
12	埋弧焊	212	双面点焊	41	超声波焊	91	硬钎焊
15	等离子弧焊	22	缝焊	52	激光焊	94	软钎焊

三、常见焊缝的标注方法

箭头线相对焊缝的位置一般没有特殊要求，箭头线可以标在有焊缝一侧，也可以标在没有焊缝一侧。

1. 基本符号相对基准线的位置

如图 6-16（a）所示，某焊缝的坡口朝右时，如果箭头线位于焊缝一侧，则将基本符号标在基准线的细实线上，如图 6-16（b）所示；如果箭头线位于非焊缝一侧，则将基本符号标在基准线的细虚线上，如图 6-16（c）所示。

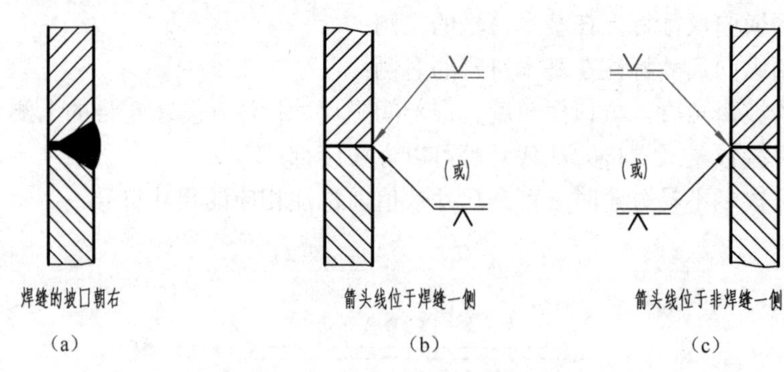

图 6-16　基本符号相对基准线的位置

2．双面焊缝的标注

图6-17（a）所示为双面V形焊缝，可以省略基准线的细虚线，如图6-17（b）所示。图6-17（c）所示为双面焊缝（左侧为角焊缝，右侧为I形焊缝），也可以省略基准线的细虚线，如图6-17（d）所示。

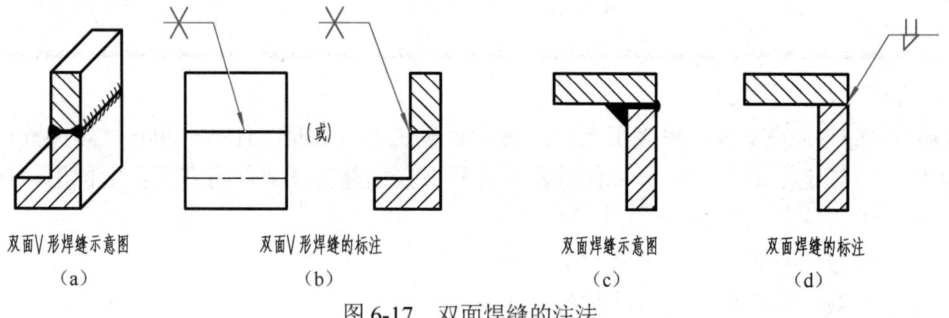

图 6-17　双面焊缝的注法

3．对称焊缝的标注

有对称板的焊缝在两面焊接时，称为对称焊缝。标注对称焊缝时，要注意“对称板”的选择，如图6-18（a）所示。对称焊缝的正确注法，如图6-18（b）所示。图6-18（c）所示的注法是错误的。

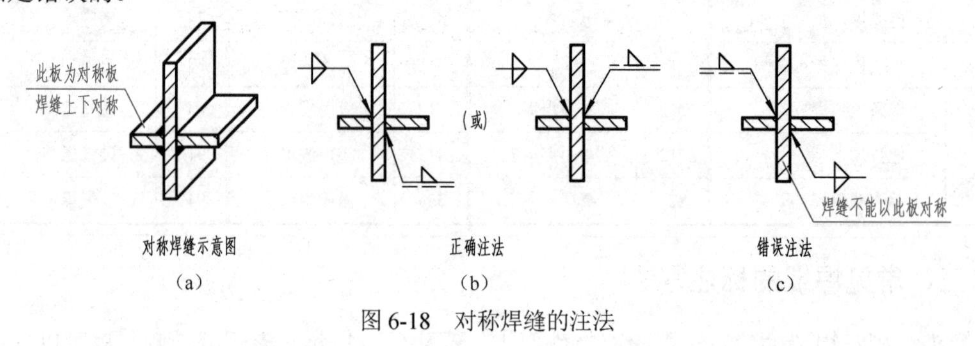

图 6-18　对称焊缝的注法

4．省略标注

焊条电弧焊（焊接工艺代号为 111）或没有特殊要求的焊缝，可省略尾部符号和标注。

常见焊缝的标注方法如下。

【例 6-12】 一对对接接头，焊缝形式及尺寸如图 6-19（a）所示。其接头板厚 10mm，根部间隙 2mm，钝边 3mm，坡口角度 60°。共有 4 条焊缝，每条焊缝长 100mm，采用埋弧焊进行焊接。试用焊缝符号表示法，将其标注出来。

解　标注结果如图 6-19（b）所示。

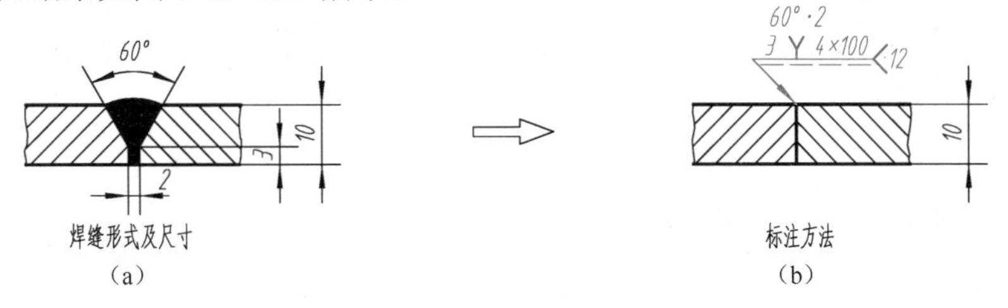

图 6-19　对接接头的标注方法

【例 6-13】 一对角接接头，焊缝形式及尺寸如图 6-20（a）所示。该焊缝为双面焊缝，上面为带钝边单边 V 形焊缝，下面为角焊缝。钝边为 3mm，坡口面角度为 50°，根部间隙为 2mm，焊脚尺寸为 6mm。试用焊缝符号表示法，将其标注出来。

解　标注结果如图 6-20（b）所示。

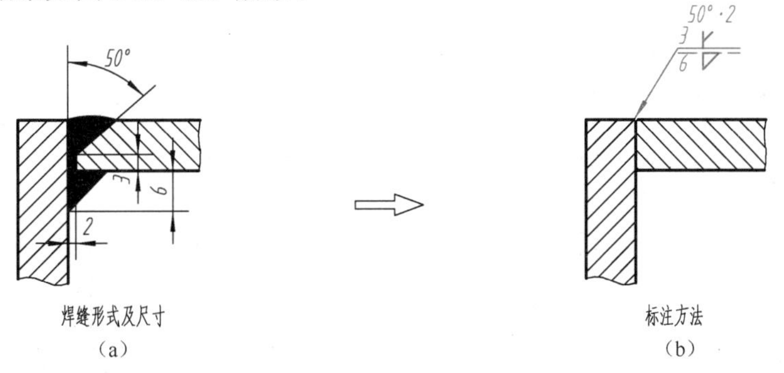

图 6-20　角接接头的标注方法

> 提示：① 当同一图样上全部焊缝所采用的焊接方法完全相同时，焊缝符号尾部表示焊接方法的代号可省略不注，但必须在技术要求或其他技术文件中注明“全部焊缝均采用……焊”等字样。② 当大部分焊接方法相同时，也可在技术要求或其他技术文件中注明“除图样中注明的焊接方法外，其余焊缝均采用……焊”等字样。

【例 6-14】 一对搭接接头，焊缝形式及焊缝符号标注如图 6-21 所示。试解释焊缝符号的含义。

解　“⊏”表示三面焊缝，“◺”表示单面角焊缝，“K”表示焊脚尺寸。

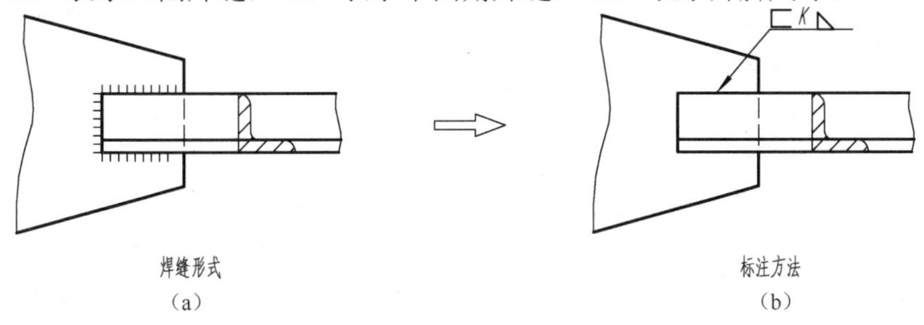

图 6-21　解释焊缝符号的含义

【例 6-15】 图 6-22 所示为某化工设备的支座焊接图。试解释图中三种不同焊缝符号所表示的含义。

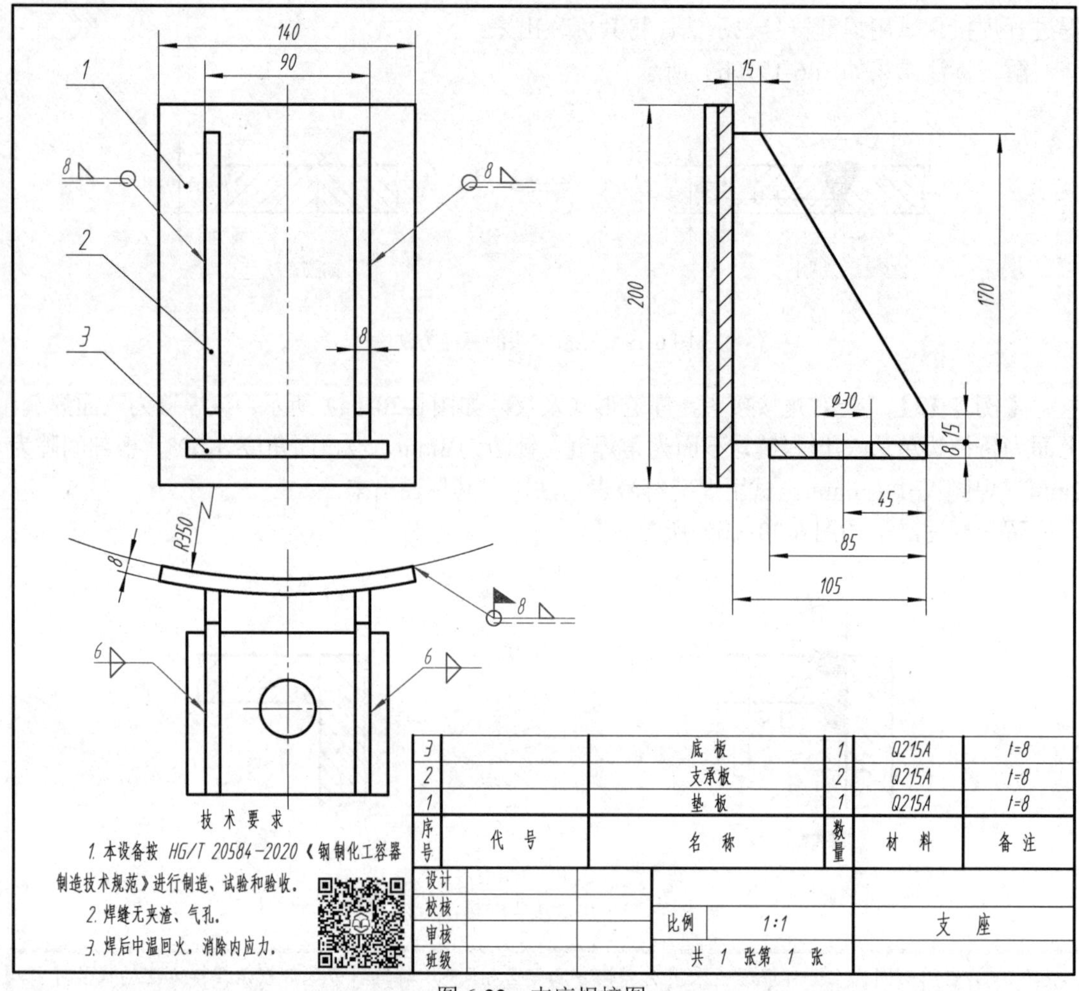

图 6-22 支座焊接图

解 ① 件 1（垫板）与设备吻合，与设备之间吊装现场焊接，四周全部采用角焊缝焊接，焊脚尺寸为 8mm。

② 件 2（支承板）与件 1（垫板）之间采用四周全部角焊缝焊接，焊脚尺寸为 8mm。

③ 件 3（底板）与件 2（支承板）之间采用双面角焊缝焊接，焊脚尺寸为 6mm。

【例 6-16】 一对 T 形接头，焊缝形式及尺寸如图 6-23（a）所示。该焊缝为对称角焊缝，焊脚尺寸为 4 mm，在现场装配时进行焊接。试用焊缝符号表示法，将其标注出来。

解 标注结果如图 6-23（b）所示。

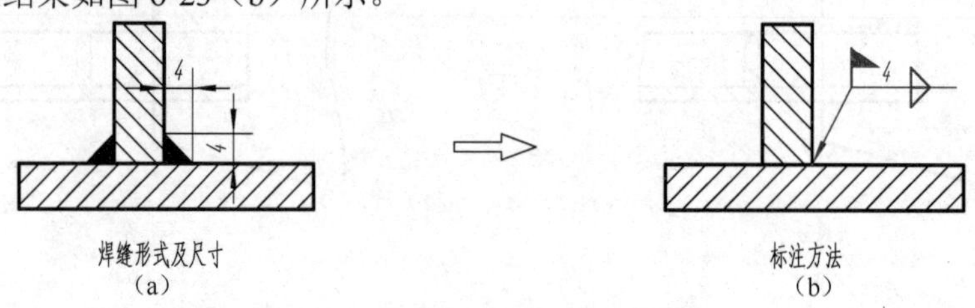

图 6-23 T 形接头的标注方法（一）

【例 6-17】 一对 T 形接头，焊缝形式及尺寸如图 6-24（a）所示。该焊缝为双面、断续、角焊缝（交错），断续焊缝共有 12 条，每段焊缝长度为 60mm，焊缝间隙为 65mm，焊脚尺寸为 4mm。试用焊缝符号表示法，将其标注出来。

解 标注结果如图 6-24（b）所示。

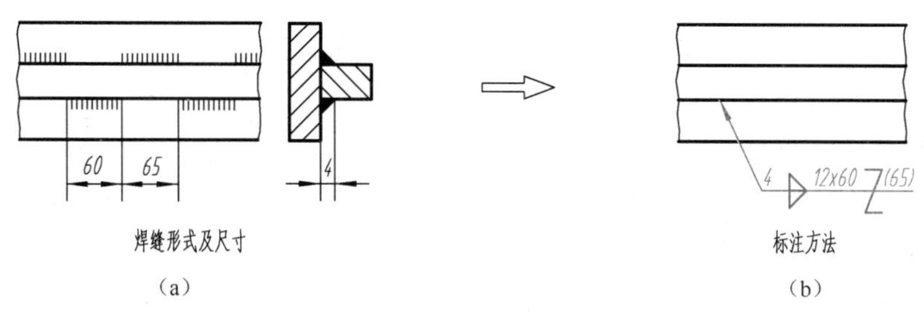

图 6-24　T 形接头的标注方法（二）

第七章　化工设备图

第一节　化工设备图概述

化工设备是用于化工产品生产过程中的合成、分离、结晶、过滤、吸收等生产单元的装置和设备。化工设备的设计和施工图样的绘制，都是根据化工工艺的要求进行的。首先由化工工艺技术人员根据工艺要求和计算，确定所需要的化工单元操作类型和所需的设备，提出“设备设计条件单”，对设备的大致结构、规格、尺寸、材料、管口数量与方位、技术特性和使用环境等列出具体要求；然后由设备设计人员据此进行设备的结构设计和强度计算，根据相关的技术标准，确定设备的结构尺寸、加工制造的技术要求和检验要求；最后绘制出化工设备装配图。

表示化工设备的结构、形状、大小、性能和制造安装等技术要求的图样，称为化工设备装配图，简称化工设备图。化工设备和机械设备相比较，无论从结构特征，还是从工作原理、使用环境和加工制造等方面，都有较大的差别。化工设备图的绘制除了执行技术制图和机械制图国家标准外，还要执行一系列的化工行业标准和相关规定，与一般机械设备的表示方法有较大的区别。

一、化工设备的种类

1. 塔器

塔器是一种直立式的设备，是石油化工企业生产中不可缺少的设备，如图 7-1 所示。

塔器的结构特征是直立式圆柱形设备，塔器的高度和直径尺寸相差较大（高径比一般都在 8 以上）。主要用于精馏、吸收、萃取和干燥等化工分离类单元操作，如精馏塔、吸收塔、萃取塔和干燥塔等，也可用于反应过程，如合成塔、裂解塔等。

图 7-1　炼油装置中的塔器

2. 换热器

换热器主要用于两种不同温度的物料进行热量交换，以达到加热或冷却的目的，其结构形状通常以圆柱形为主。换热器有列管式换热器、套管式换热器和盘管式换热器等多种类型，按其工作位置又可分成立式与卧式。应用较广的是列管式换热器，如图 7-2（a）所示。

（a）

（b）

图 7-2　换热器

3．反应器

反应器主要用于化工反应过程，生成新的物质。也可用于沉降、混合、浸取与间歇式分级萃取等单元操作，其外形通常为圆柱形，并带有搅拌和加热装置，如图 7-3（a）所示。反应器的形式很多，塔式、釜式和管式均有，以釜式居多。在染料、制药等行业，又称为反应罐或反应锅。

（a）

（b）

图 7-3　反应器

4．容器

容器通常也称为储槽或储罐，主要用来储存原料、中间产品和成品。其结构特征有圆柱形、球形、矩形等，以圆柱形容器应用最广，如图 7-4（a）所示。

二、化工设备的结构特点

化工设备的结构、形状、大小虽各不相同，但其结构具有以下一些特点。

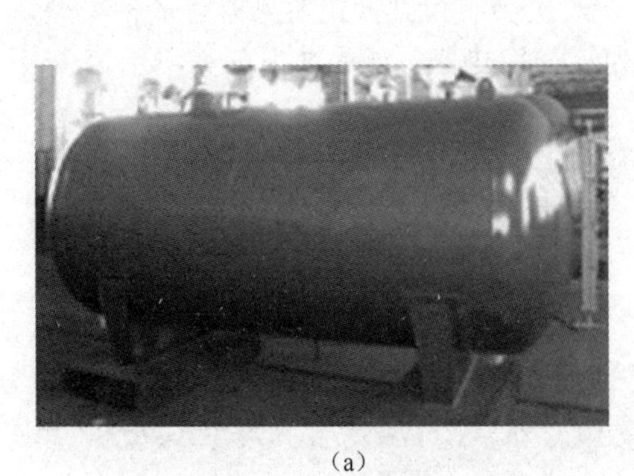
(a)

(b)

图 7-4　储罐

1．壳体以回转体为主

化工设备多为壳体容器，一般由钢板弯卷制成。设备的主体和零部件的结构形状，大部分以回转体（即圆柱形、球形、椭圆形和圆锥形）为主。

2．尺寸大小相差悬殊

化工设备的结构尺寸相差较悬殊，如设备的总高（长）与直径、设备的总体尺寸与壳体壁厚或其他细部结构尺寸大小相差悬殊。如图 7-5 中储罐的总长为 2807、直径为 ϕ1400 与壁厚尺寸 6 相差悬殊。

3．有较多的开孔和管口

根据工艺的需要，在设备壳体的轴向和周向位置上，有较多的开孔和管口，用以安装各种零部件和连接管路。如一般设备均有进料口、出料口、排污口，以及测温管、测压管、液位计接管和人（手）孔等。

4．大量采用焊接结构

焊接结构多是化工设备一个突出的特点。在化工设备的结构设计和制造工艺中均大量采用焊接结构。焊接结构不仅强度高、密封性能好，能适应化工生产过程的各种环境，而且成本低廉。在化工设备的制造过程中，焊接工艺大量应用于各部分结构的连接、零部件的安装。不仅设备壳体由钢板卷焊而成，其他结构（如筒体与封头、管口、支座、人孔的连接）也都采用焊接的方法。

5．广泛采用标准零部件

化工设备上一些常用的零部件，大多已实现了标准化、系列化和通用化，如封头、支座、设备法兰、管法兰、人（手）孔、补强圈、视镜、液面计等。一些典型设备中，部分常用零部件（如填料箱、搅拌器、膨胀节、浮阀等）也有相应的标准。因此在设计中多采用标准零部件和通用零部件。

6．防泄漏结构要求高

在处理有毒、易燃、易爆的介质时，要求密封结构好，安全装置可靠，以免发生事故。因此，除对焊缝进行严格的检验外，对各连接面的密封结构也提出了较高要求。

三、化工设备图的内容

图 7-5 所示为储罐装配图，图 7-6 所示为储罐的轴测示意图。从图 7-5 中可以看出，化工设备图包括以下几方面内容：

1．一组视图

用以表达设备的结构、形状和零部件之间的装配连接关系。

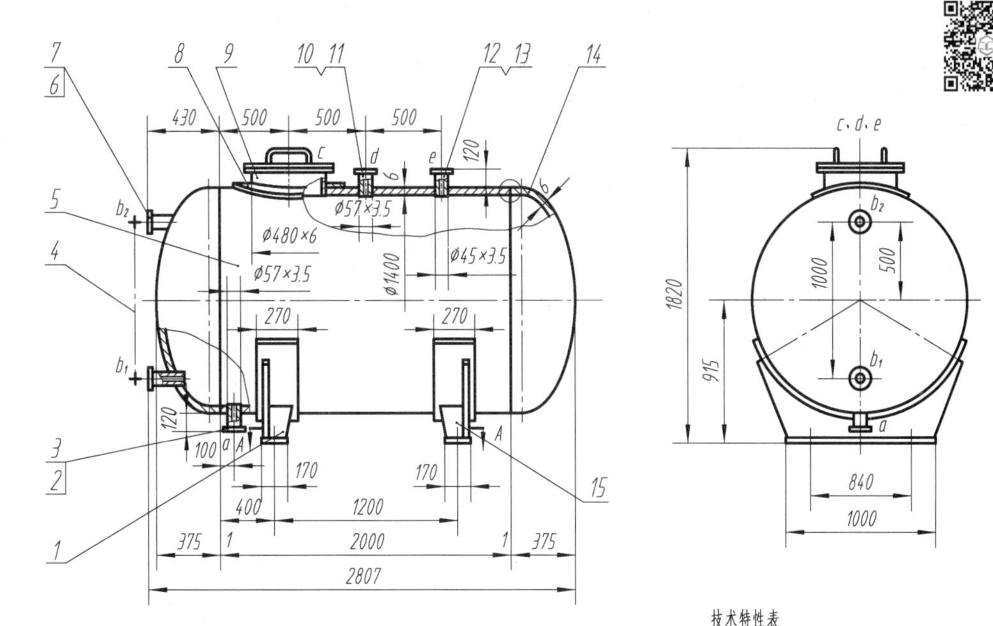

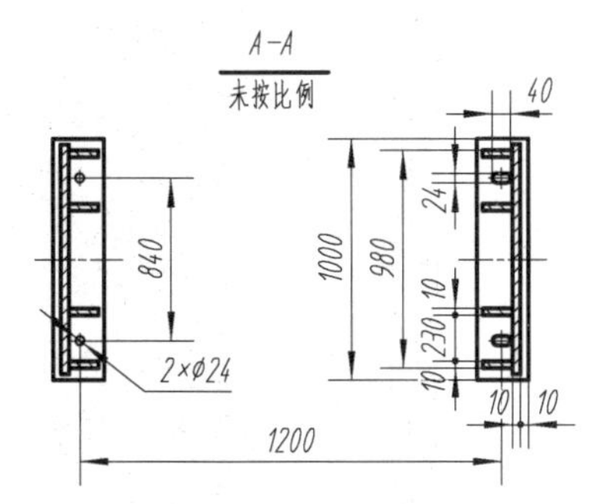

技术特性表

工作压力/MPa	常压	工作温度/℃	20~60
设计压力/MPa		设计温度/℃	
物料名称			
焊缝系数 φ		腐蚀裕度/mm	0.5
容器类别		容　积/m³	3.9

管口表

符号	公称尺寸	连接尺寸，标准	连接面形式	用途或名称
a	50	HG/T 20593-2014	平面	出料口
b_{1-2}	50	HG/T 20593-2014	平面	液面计接口
c	450	HG/T 21515-2014	/	人孔
d	50	HG/T 20593-2014	平面	进料口
e	40	HG/T 20593-2014	平面	排气口

技 术 要 求

1. 本设备按 GB/T 150.4-2011《压力容器 第4部分：制造、检验和验收》和 HG/T 20584-2020《钢制化工容器制造技术规范》进行制造、试验和验收。

2. 本设备全部采用焊条电弧焊，焊条型号为 E4303，焊接接头的形式，按 GB/T 985.1-2008《气焊、焊条电弧焊、气体保护焊和高能束焊的推荐坡口》规定，法兰焊接按相应标准。

3. 设备制成后，作 0.15 MPa的水压试验。

4. 表面涂铁红色酚醛底漆。

序号	代　号	名　称	数量	材　料	备　注
15	NB/T 47065.1-2018	鞍式支座 BⅠ1400-S	1	Q235B	
14	JB/T 4746-2002	封头 EHA DN1400×6	2	Q235A·F	
13		接管 Φ45×3.5	1	10	l=130
12	HG/T 20592-2009	法兰 PL40-2.5 RF	1	Q235A	
11		接管 Φ57×3.5	1	10	l=130
10	HG/T 20592-2009	法兰 PL50-2.5 RF	1	Q235A	
9	HG/T 21515-2014	人孔 Ⅰb (A-XB350) 450	1	Q235A·F	
8	JB/T 4736-2002	补强圈 d_N450×6-A	1	Q235B	
7		接管 Φ18×3	2	10	
6	HG/T 20592-2009	法兰 PL15-1.6 RF	2	10	
5	GB/T 9019-2015	筒体 DN1400×6	1	Q235A	H=2000
4	HG/T 21592-1995	液面计 AG2.5-Ⅰ-1000	1		l=1000
3		接管 Φ57×3.5	1	10	l=125
2	HG/T 20592-2009	法兰 PL50-2.5 RF	1	Q235A	
1	NB/T 47065.1-2018	鞍式支座 BⅠ1400-F	1	Q235B	

设计				
校核			比例 1:5	储　罐 Φ1400 V_N=3.9 m³
审核				
班级			共　张第　张	

图 7-5　储罐装配图

2．必要的尺寸

用以表达设备的大小、规格（性能）、装配和安装等尺寸数据。

3．管口符号和管口表

对设备上所有的管口用小写拉丁字母顺序编号，并在管口表中列出各管口有关数据和用途等内容。

4．技术特性表和技术要求

用表格形式列出设备的主要工艺特性，如操作压力、温度、物料名称、设备容积等；用文字说明设备在制造、检验、安装等方面的要求。

5．明细栏及标题栏

对设备上的所有零部件进行编号，并在明细栏中填写每一零部件的名称、规格、材料、数量及有关标准号或图号等内容。标题栏用以填写设备名称、主要规格、绘图比例、设计单位、图号及责任者等内容。

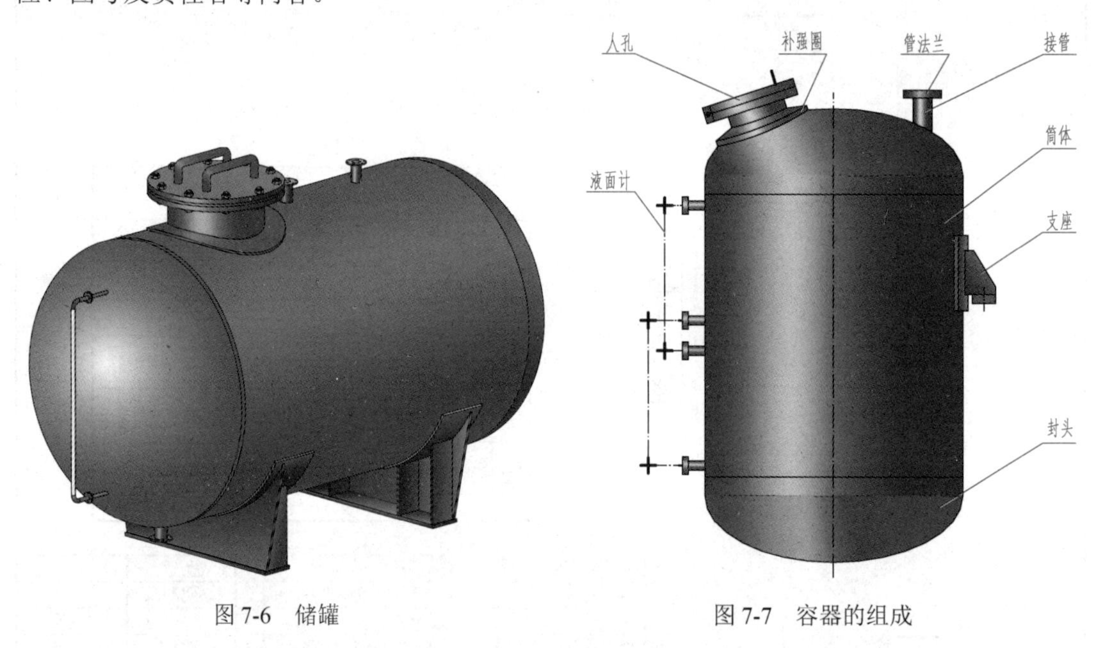

图 7-6　储罐　　图 7-7　容器的组成

第二节　化工设备常用的标准零部件

各种化工设备虽然工艺要求不同，结构形状也各有差异，但是往往都有一些作用相同的零部件。如图 7-7 所示，容器由筒体、封头、人孔、管法兰、支座、液面计、补强圈等零部件组成。这些零部件都有相应的标准，并在各种化工设备上通用。

一、筒体（GB/T 9019—2015）

筒体是化工设备的主体部分，以圆柱形筒体应用最广。筒体一般由钢板卷焊成形。筒体的主要尺寸是公称直径、高度（或长度）和壁厚。当直径小于 500mm 时，可用无缝钢管作筒体。直径和高度（或长度）根据工艺要求确定，壁厚由强度计算决定，筒体直径应在 GB/T 9019—2015《压力容器公称直径》所规定的尺寸系列中选取，见表 7-1。

表 7-1　压力容器公称直径（摘自 GB/T 9019—2015）　　单位：mm

内径为基准												
300	350	400	450	500	550	600	650	700	750	800	850	900
950	1000	1100	1200	1300	1400	1500	1600	1700	1800	1900	2000	2100
2200	2300	2400	2500	2600	2700	2800	2900	3000	3100	3200	3300	3400
3500	3600	3700	3800	3900	4000	4100	4200	4300	4400	4500	4600	4700
4800	4900	5000	5100	5200	5300	5400	5500	5600	5700	5800	5900	6000

外径为基准						
公称直径	150	200	250	300	350	400
外径	168	219	273	325	356	406

筒体的标记格式如下：

公称直径　*DN*××　标准编号

【例 7-1】　公称直径（圆筒内径）为 2800mm 的压力容器，试写出其规定标记。

解　其规定标记为

公称直径　*DN*2800　GB/T 9019—2015

【例 7-2】　压力容器筒体的公称直径为 250mm、外径为 273mm，试写出其规定标记。

解　其规定标记为

公称直径　*DN*250　GB/T 9019—2015

> 提示：筒体在明细栏的“名称”栏中填写“筒体　公称直径×壁厚”，在“备注”栏中填写“*H*（*L*）= 筒体高（长）”，如图 7-5 中的明细栏所示。壁厚尺寸由设计确定。

二、封头（GB/T 25198—2010）

封头是设备的重要组成部分，它与筒体一起构成设备的壳体。封头形式有椭圆形、碟形、折边锥形、球冠形等，最常见的是椭圆形封头，如图 7-8（a）所示。

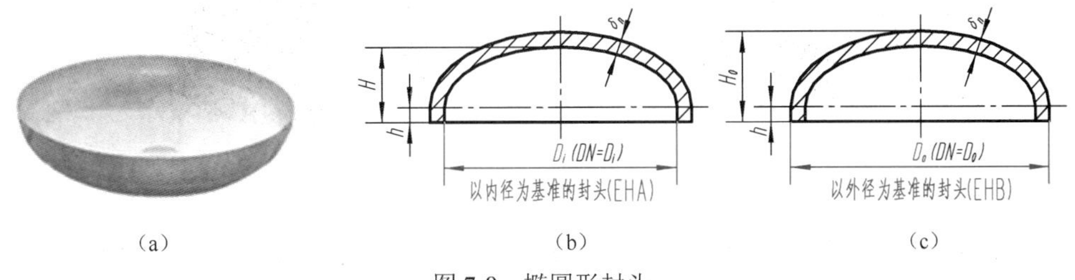

（a）　（b）　（c）

图 7-8　椭圆形封头

椭圆形封头的公称直径与筒体相同，因此，在设备图中封头的尺寸一般不单独标注。当筒体由钢板卷制时，椭圆形封头的内径 D_i 为公称直径 *DN*，如图 7-8（b）所示；由无缝钢管作筒体时，椭圆形封头的外径 D_o 为公称直径 *DN*，如图 7-8（c）所示。椭圆形封头的规格和尺寸系列，见附表 6。

封头的标记格式如下：

封头类型代号　封头公称直径×封头名义厚度（封头成品最小厚度）-材料牌号　标准号

标记的注写规则：

类型代号 以内径为基准的椭圆形封头，其类型代号为 EHA；以外径为基准的椭圆形封头，其类型代号为 EHB；

封头成品最小厚度 即成品封头实测厚度最小值（学习期间无法获得可省略标注）；

标准号 现行的标准号为 GB/T 25198—2010，标注时省略年号。

【例 7-3】 公称直径 1600mm，名义厚度 12mm，材质 16MnR，以内径为基准的椭圆形封头，试写出其规定标记。

解 其规定标记为

EHA 1600×12-16MnR GB/T 25198

【例 7-4】 公称直径 325mm，封头名义厚度 12mm，封头最小成品厚度 11.2mm，材质为 Q345R，以外径为基准的椭圆形封头，试写出其规定标记。

解 其规定标记为

EHB 325×12（11.2）-Q345R GB/T 25198

> 提示：椭圆形封头在明细栏的“名称”栏中填写“封头 EHA 1600×12”。

三、法兰与接管

由于法兰连接有较好的强度和密封性，而且拆卸方便，因此在化工设备中应用较普遍。法兰连接由一对法兰、密封垫片和螺栓、螺母和接管等零件所组成，如图 7-9 所示。

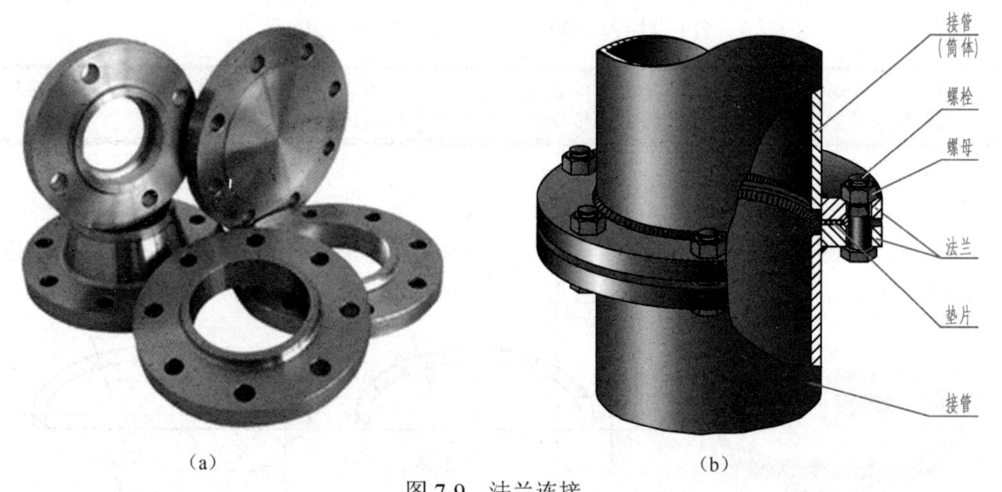

图 7-9 法兰连接

化工设备用的标准法兰有管法兰和压力容器法兰（又称设备法兰）两类。标准法兰的主要参数是公称直径（*DN*）和公称压力（*PN*）。

1．管法兰（HG/T 20592－2009）

（1）管法兰的标识 管法兰用于管路与管路或设备上的接管与管路的连接。管法兰属于管路系统中的一种标准元件，它的公称直径并不等同于钢管或管法兰中的某个具体尺寸。在 GB/T 1047－2019《管道元件 公称尺寸的定义和选用》中，管法兰的 *DN* 定义为：用于管道系统元件的字母和数字组合的尺寸标识，它由字母 *DN* 和后跟的无量纲的整数数字组成。这个无量纲数字与端部连接件孔径或外径（用 mm 表示）等特征尺寸直接相关，见表 7-2。

HG/T 20592－2009《钢制管法兰（*PN* 系列）》规定了 9 个压力级别，即 2.5、6、10、16、25、40、63、100 和 160，单位为巴（bar）。当采用这些不同级别的压力值，作为给定条件下确定管法兰（强度）尺寸的设计压力时，据此所确定的各种 *DN* 的管法兰尺寸，就有了另一个与承压能力有关的标识——公称压力 *PN*，用 *PN*2.5、*PN*6～*PN*160 表示。

表 7-2　管法兰配用钢管的公称尺寸和钢管外径（摘自 HG/T 20592—2009）　单位：mm

公称尺寸		10	15	20	25	32	40	50	65
钢管外径	A（英制）	17.2	21.3	26.9	33.7	42.4	48.3	60.3	76.1
	B（公制）	14	18	25	32	38	45	57	76
公称尺寸		80	100	125	150	200	250	300	350
钢管外径	A（英制）	88.9	114.3	139.7	168.3	219.1	273	323.9	355.6
	B（公制）	89	108	133	159	219	273	325	377
公称尺寸		400	450	500	600	700	800	900	1000
钢管外径	A（英制）	406.4	457	508	610	711	813	914	1016
	B（公制）	426	480	530	630	720	820	950	1020

注：钢管外径包括 A、B 两个系列。A 系列为国际通用系列（俗称英制管），B 系列为国内沿用系列（俗称公制管）。

（2）管法兰的结构　化工行业管法兰标准共规定了八种不同类型的管法兰和两种法兰盖，最常用的是：板式平焊法兰、带颈平焊法兰、带颈对焊法兰和法兰盖，其结构如图 7-10 所示，管法兰和法兰盖类型代号及应用范围，见表 7-3。板式平焊钢制管法兰和钢制管法兰盖的规格、结构尺寸等，见附表 7。

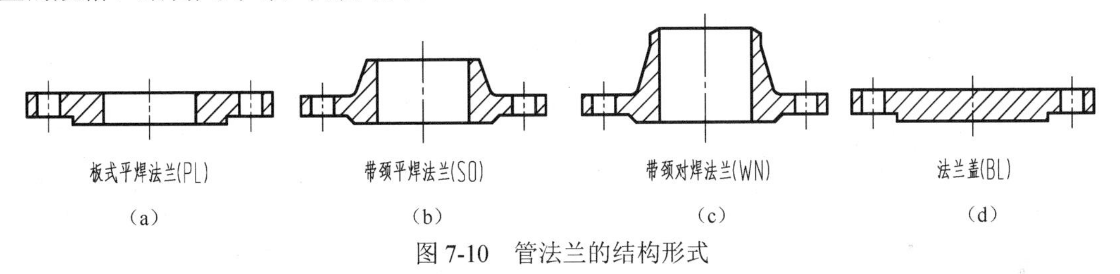

图 7-10　管法兰的结构形式

（3）管法兰的密封面　管法兰密封面有全平面、突面、凹凸面、榫槽面和环连接面五种形式。全平面、突面型的结构如图 7-11（a）所示；凹凸形的密封面由一凸面和一凹面配对，凹面内放置垫片，密封效果较好，如图 7-11（b）所示；榫槽形的密封面由一榫形面和一槽形面配对，垫片放置在榫槽中，密封效果最好，如图 7-11（c）所示。

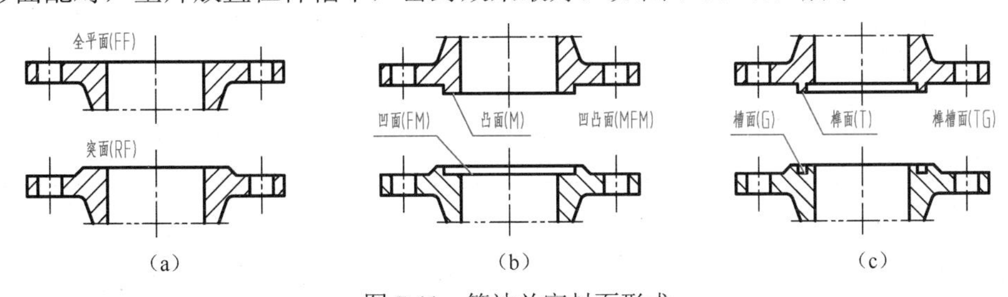

图 7-11　管法兰密封面形式

每种形式的管法兰和法兰盖，在一定公称压力范围内，有哪几种密封面形式，可从表 7-3 中查得。

（4）管法兰及法兰盖的标记　管法兰及法兰盖的标记格式如下：

HG/T 20592　法兰（或法兰盖）　b　c-d　e　f　g　h

b——法兰类型代号，按表 7-3 中的规定。

c——法兰公称尺寸 *DN* 并注明所用的钢管外径系列（A 或 B）。如果所用的钢管外径系列为 A 系列，则钢管外径系列标记可以省略，只标记 *DN* 即可。只有所用的钢管外径系列为 B 系列时，才需标记“*DN*××（B）”。

d——法兰公称压力等级 *PN*，bar。

e——密封面形式代号，按表 7-3 规定。

f——钢管壁厚，应该由用户提供。

g——法兰材料牌号。

h——表示其他附加的要求，如密封表面的粗糙度等。

表 7-3　管法兰类型、密封面形式及适用范围（摘自 HG/T 20592—2009）

法兰类型（代号）	密封面形式（代号）	公称压力 *PN* /bar							
		2.5	6	10	16	25	40	63	100
板式平焊法兰（PL）	突面（RF）	DN10～DN2000	DN10～DN600					—	
	全平面（FF）	DN10～DN2000	DN10～DN 600			—			
带颈平焊法兰（SO）	突面（RF）	—	DN10～DN300	DN10～DN600				—	
	凹面（FM） 凸面（M）	—		DN10～DN600				—	
	榫面（T） 槽面（G）	—		DN10～DN600				—	
	全平面（FF）	—	DN10～DN300	DN10～DN600		—			
带颈对焊法兰（WN）	突面（RF）	—		DN10～DN2000		DN10～DN600		DN10～DN400	DN10～DN350
	凹面（FM） 凸面（M）	—		DN10～DN600				DN10～DN400	DN10～DN350
	榫面（T） 槽面（G）	—		DN10～DN600				DN10～DN400	DN10～DN350
	全平面（FF）	—		DN10～DN2000		—			
	环连接面（RJ）	—						DN15～DN400	
法兰盖（BL）	突面（RF）	DN10～DN2000		DN10～DN1200		DN10～DN600		DN10～DN400	
	凹面（FM） 凸面（M）	—		DN10～DN600				DN10～DN400	
	榫面（T） 槽面（G）	—		DN10～DN600				DN10～DN400	
	全平面（FF）	DN10～DN2000		DN10～DN1200		—			
	环连接面（RJ）	—						DN15～DN400	
公称尺寸系列		10，15，20，25，32，40，50，65，80，100，125，150，200，250，300，350，400，450，500，600，700，800，900，1000							

注：1bar=10^5Pa。

【例 7-5】　公称尺寸 *DN*1200，公称压力 *PN*6，配用公制管的突面板式平焊钢制管法兰，材料为 Q235A，试写出其规定标记。

解　其规定标记为

HG/T 20592　法兰　PL　1200（B）-6　RF　Q235A

【例 7-6】　公称尺寸 *DN*100，公称压力 *PN*100，配用公制管的凹面带颈对焊钢制法兰，材料为 16Mn，钢管壁厚为 8mm，试写出其规定标记。

解　其规定标记为

HG/T 20592 法兰 WN 100（B）-100 FM S=8mm 16Mn

【例 7-7】 公称尺寸 *DN*300，公称压力 *PN*25，配用英制管的凸面带颈对焊钢制管法兰，材料为 20 钢，试写出其规定标记。

解 其规定标记为

HG/T 20592 法兰 SO 300-25 M 20

提示：管法兰在明细栏的“名称”栏中填写“法兰 PL 1200（B）-6 RF”。

（5）管法兰用密封垫片 管法兰连接的主要失效形式是泄漏。泄漏与密封结构形式、被连接件的刚度、密封件的性能、操作和配合等许多因素有关。垫片作为法兰连接的主要元件，对密封起着重要作用。

非金属垫片的“平”指的是垫片的截面形状是简单的矩形，其形式有三种，根据所配用的法兰密封面形式来划分、命名。用于全平面密封面的称为 FF 型；用于突面、凹凸面、榫槽面密封面的，分别称为 RF 型、MFM 型、TG 型；在垫片内孔处有用不锈钢将垫片包起来的，称为带内包边型，用于突面密封面，代号是 RF-E。非金属平垫片的使用条件，见表 7-4。管法兰用非金属平垫片的尺寸等，见附表 8。

表 7-4 非金属平垫片的使用条件（摘自 HG/T 20606—2009）

<table>
<tr><th rowspan="2">类 别</th><th rowspan="2" colspan="2">名 称</th><th rowspan="2">代 号</th><th colspan="2">适用范围</th><th rowspan="2">最大（p×T）/（MPa×℃）</th></tr>
<tr><th>公称压力/bar</th><th>工作温度/℃</th></tr>
<tr><td rowspan="6">橡 胶</td><td colspan="2">天然橡胶</td><td>NR</td><td>≤16</td><td>-50～+80</td><td>60</td></tr>
<tr><td colspan="2">氯丁橡胶</td><td>CR</td><td>≤16</td><td>-20～+100</td><td>60</td></tr>
<tr><td colspan="2">丁腈橡胶</td><td>NBR</td><td>≤16</td><td>-20～+110</td><td>60</td></tr>
<tr><td colspan="2">丁苯橡胶</td><td>SBR</td><td>≤16</td><td>-20～+90</td><td>60</td></tr>
<tr><td colspan="2">三元乙丙橡胶</td><td>EPDM</td><td>≤16</td><td>-30～+140</td><td>90</td></tr>
<tr><td colspan="2">氟橡胶</td><td>FKM</td><td>≤16</td><td>-20～+200</td><td>90</td></tr>
<tr><td rowspan="3">石棉橡胶</td><td rowspan="2" colspan="2">石棉橡胶板</td><td>XB350</td><td rowspan="3">≤25</td><td rowspan="3">-40～+300</td><td rowspan="3">650</td></tr>
<tr><td>XB450</td></tr>
<tr><td colspan="2">耐油石棉橡胶板</td><td>XB400</td></tr>
<tr><td rowspan="2">非石棉纤维橡胶</td><td rowspan="2">非石棉纤维的橡胶压制板</td><td>无机纤维</td><td rowspan="2">NAS</td><td rowspan="2">≤40</td><td>-40～+290</td><td rowspan="2">960</td></tr>
<tr><td>有机纤维</td><td>-40～+200</td></tr>
<tr><td rowspan="3">聚四氟乙烯</td><td colspan="2">聚四氟乙烯板</td><td>PTFE</td><td>≤16</td><td>-50～+100</td><td rowspan="3">—</td></tr>
<tr><td colspan="2">膨胀聚四氟乙烯板或带</td><td>ePTFE</td><td rowspan="2">≤40</td><td rowspan="2">-200～+200</td></tr>
<tr><td colspan="2">填充改性聚四氟乙烯板</td><td>RPTFE</td></tr>
</table>

管法兰用垫片的标记格式如下：

HG/T 20606 垫片 b c-d e

b——垫片的型号代号（见表 7-4 上方带有下划线的文字）；

c——配用法兰的公称尺寸 *DN*；

d——配用法兰的公称压力 *PN*，bar；

e——垫片材料代号。

【例 7-8】 公称尺寸 *DN*200、公称压力 *PN*10 的全平面法兰，选用厚度为 1.5mm 的丁苯橡胶垫片，试写出其规定标记。

解 其规定标记为

HG/T 20606 垫片 FF 200-10 SBR

【例 7-9】 公称尺寸 *DN*100，公称压力 *PN*25 的突面法兰，选用厚度为 1.5mm 的 0Cr18Ni9（304）不锈钢包边的 XB450 石棉橡胶垫片，试写出其规定标记。

解 其规定标记为

HG/T 20606 垫片 RF-E 100-25 XB450/304

提示：垫片在明细栏的“名称”栏中填写“垫片 FF 200-10”。

（6）钢制管法兰紧固件 管法兰连接使用的紧固件分成商品级和专用级两类。商品级六角螺栓应在 *PN*≤16bar、配用非金属软垫片、非剧烈循环场合，介质为非易燃、易爆及毒性程度不属极度和高度危害的条件下使用。商品级双头螺柱及螺母在 *PN*≤40bar、配用非金属软垫片、非剧烈循环场合下使用。管法兰用紧固件的规格、尺寸等，见附表 9。

管法兰用紧固件的标记格式如下：

名称 标准编号 螺纹规格×公称长度

【例 7-10】 螺纹规格为 M16、公称长度 *l*=100mm、性能等级为 8.8 级、表面不经处理、产品等级为 A 级的六角头螺栓，试写出其规定标记。

解 其规定标记为

螺栓 GB/T 5782 M16×100

提示：六角头螺栓在明细栏的“名称”栏中填写“螺栓 M16×100”。

2. 压力容器法兰（NB/T 47020—2012）

（1）压力容器法兰的结构与类型 压力容器法兰用于设备筒体与封头的连接。根据法兰的承载能力，压力容器法兰分成三种类型，即甲型平焊法兰、乙型平焊法兰和长颈对焊法兰，如图 7-12 所示。

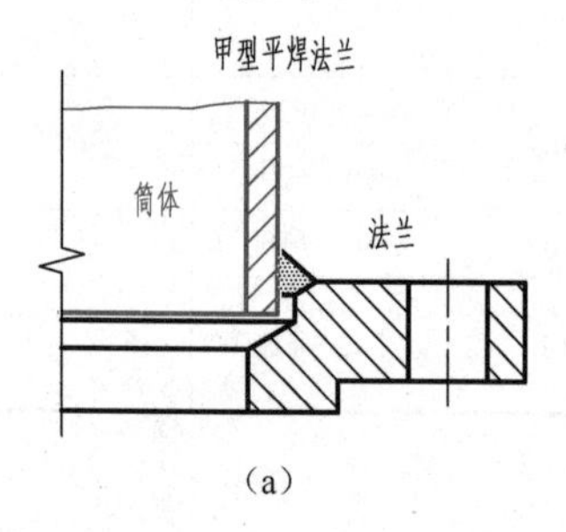

（a）

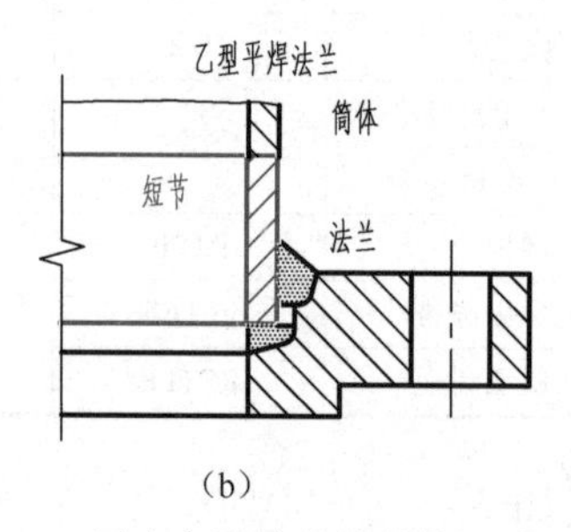

（b）

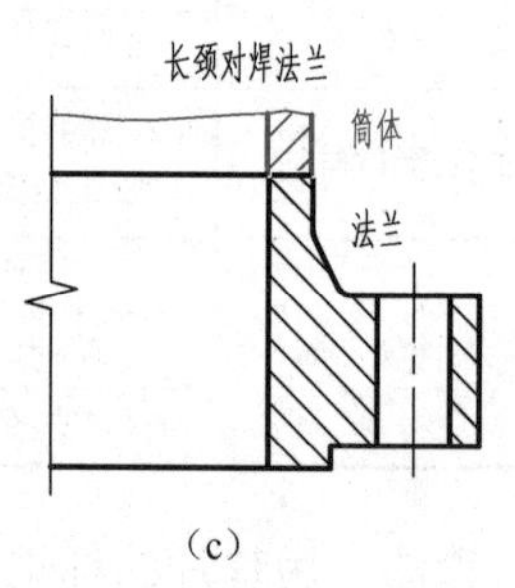

（c）

图 7-12 压力容器法兰的结构形式

甲型平焊法兰直接与筒体或封头焊接，如图 7-12（a）所示。在上紧法兰和工作时，法兰会作用给容器器壁一定的附加弯矩。由于法兰盘的自身刚度较小，甲型平焊法兰适用于压力等级较低、筒体直径较小的场合。

乙型平焊法兰与甲型相比，法兰盘外增加了一个厚度常常是大于筒体壁厚的短节，如图 7-12（b）所示。有了这个短节，既可增加整个法兰的刚度，又可使容器器壁避免承受附加弯矩。因此这种法兰适用于筒体直径较大、压力较高的场合。

长颈对焊法兰是用根部增厚的颈，取代了乙型平焊法兰中的短节，如图 7-12（c）所示。有效地增大了法兰的整体刚度，消除了可能发生的焊接变形及可能存在的焊接残余应力。

（2）压力容器法兰的密封面　压力容器法兰的密封面有平面型密封面、凹凸型密封面和榫槽型密封面三种形式，如图 7-13 所示。

平面型密封面的密封表面是一个突出的光滑平面，如图 7-13（a）所示。这种密封面结构简单，加工方便，便于进行防腐处理。但螺栓拧紧后，垫片材料容易往外伸展，不易压紧，用于所需压紧力不高，且介质无毒的场合。

凹凸型密封面由一个凸面和一个凹面组成，在凹面上放置垫片，如图 7-13（b）所示。压紧时，由于凹面的外侧有挡台，垫片不会被挤出来。

榫槽型密封面由一个榫和一个槽组成，垫片放在槽内，如图 7-13（c）所示。这种密封面规定不用非金属垫片，可采用缠绕式或金属包垫片，容易获得良好的密封效果。

甲型平焊法兰和乙型平焊法兰的规格、结构尺寸，见附表 10、附表 11。

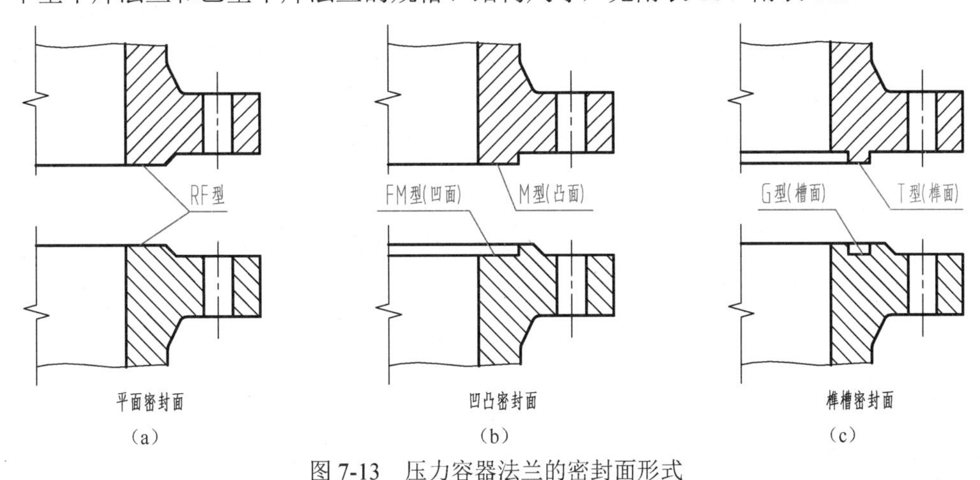

图 7-13　压力容器法兰的密封面形式

> 提示：在上述三种密封面中，甲型平焊法兰只有平面型和凹凸型，乙型平焊法兰和长颈对焊法兰则三种密封面形式均有。

（3）压力容器法兰标记　压力容器法兰的标记格式如下：

a-b　c-d/e-f　g

a——法兰名称及代号，见表 7-5；

b——密封面形式及代号，见表 7-5；

c——公称直径 DN，mm；

d——公称压力 PN，MPa；

e——法兰厚度，mm（采用标准值时，省略）；

f——法兰总高度，mm（采用标准值时，省略）；

g——标准编号。

【例 7-11】 压力容器用甲型平焊凹凸密封面法兰，公称压力 1.6MPa，公称直径 500mm，密封面为凹密封面，试写出其规定标记。

解　其规定标记为

法兰-FM　500-1.6　NB/T 47021—2012

提示：压力容器法兰在明细栏的“名称”栏中填写“法兰-FM 500-1.6”。

表 7-5 压力容器法兰名称、密封面形式代号及标准号（摘自 NB/T 47020—2012）

<table>
<tr><th colspan="3">密封面形式及代号</th><th>法兰类型</th><th>名称及代号</th></tr>
<tr><td>平面密封面</td><td>平密封面</td><td>RF</td><td>一般法兰</td><td>法兰</td></tr>
<tr><td rowspan="2">凹凸密封面</td><td>凹密封面</td><td>FM</td><td>环衬法兰</td><td>法兰 C</td></tr>
<tr><td>凸密封面</td><td>M</td><td colspan="2">法兰标准号</td></tr>
<tr><td rowspan="2">榫槽密封面</td><td>榫密封面</td><td>T</td><td colspan="2" rowspan="2">甲型平焊法兰 NB/T 47021—2012
乙型平焊法兰 NB/T 47022—2012
长颈对焊法兰 NB/T 47023—2012</td></tr>
<tr><td>槽密封面</td><td>G</td></tr>
</table>

（4）压力容器法兰用密封垫片　压力容器法兰用密封垫片有非金属垫片（NB/T 47024—2012）、缠绕式垫片（NB/T 47025—2012）和金属包垫片（NB/T 47026—2012）三种。

非金属垫片指的是耐油石棉橡胶板（GB/T 539—2008）和石棉橡胶板（GB/T 3985—2008），它们在三种类型的法兰上均可使用。但是如果是榫槽密封面，垫片挤在槽中，更换困难，不宜使用。压力容器法兰用非金属软垫片的规格尺寸，见附表 12。

非金属垫片的标记格式如下：

垫片 公称直径 - 公称压力　NB/T 47024—2012

【例 7-12】　公称直径 *DN*1000mm，公称压力 *PN*2.5MPa，法兰用非金属垫片，试写出其规定标记。

解　其规定标记为

垫片 1000-2.5　NB/T 47024—2012

提示：非金属垫片在明细栏的“名称”栏中填写“垫片 1000-2.5”。

（5）压力容器法兰用等长双头螺柱　压力容器法兰用的双头螺柱有 A 型和 B 型两种，见附表 13。在法兰连接中，法兰和壳体是焊在一起的。安装时，法兰与螺柱的温度相同。工作时，法兰随壳体温度有所升高，法兰沿其厚度方向的热变形大于螺柱的热伸长量，使螺柱产生一定量的弹性变形。A 型螺柱危险截面上的附加热应力大于 B 型螺柱。所以，法兰与螺柱在工作状态下温差较大时，应选用 B 型螺柱。

双头螺柱的标记格式如下：

螺柱 螺柱公称直径 × 公称长度 - 型号　NB/T 47027—2012

【例 7-13】　公称直径为 M20、长度 L=160mm、$d_2<d$ 的等长双头螺柱，试写出其规定标记。

解　其规定标记为

螺柱　M20×160-B　NB/T 47027—2012

提示：双头螺柱在明细栏的“名称”栏中填写“螺柱　M20×160-B”。

3．接管

在钢管使用时往往需要和法兰、管件或各类阀门相连接，这时涉及管子与法兰、管子与管件、管子与阀门之间的连接问题。

人们约定：凡是能够实现连接的管子与法兰、管子与管件或管子与阀门，就规定这两个连接件具有相同的公称直径。例如，与外径为 219mm 的管子连接的法兰，其内孔直径应为 222mm（参见附表 17 图例）。虽然这两个零件的具体尺寸没有任何一个尺寸是一样的，但是为使它们能够实现连接，就规定这两个零件有相同的公称直径，即规定它们的公称直径 *DN* 都等于 200mm。显然这个“200”并不是管子或法兰上的某一个具体尺寸，但是只要是 *DN* 等于 200mm 的管子，那么管子的外径就一定是 219mm；只要是 *DN* 等于 200mm 的平焊管法兰，那么这个法兰的内孔直径就一定是 222mm。由此可见，不管是钢管的公称直径，或者是法兰的公称直径，或者是阀门、管件的公称直径，它们都不代表该零件的某个具体尺寸，但是却可以依靠它来寻找可以连接相配的另一个标准件。

在压力容器与化工设备图样上，对所有接口管的尺寸都要标注清楚。为此将管法兰配用钢管的公称尺寸和钢管外径列于表 7-6。

表 7-6　管法兰配用钢管的公称尺寸和钢管外径　　单位：mm

公称尺寸 *DN*	10	15	20	25	32	40	50	65
钢管外径 d_0	14	18	25	32	38	45	57	76
公称尺寸 *DN*	80	100	125	150	200	250	300	350
钢管外径 d_0	89	108	133	159	219	273	325	377
公称尺寸 *DN*	400	450	500	600	700	800	900	100
钢管外径 d_0	426	480	530	630	720	820	920	1020

四、人孔与手孔（HG/T 21515、21528—2014）

为了便于安装、拆卸、检修或清洗设备内部的装置，需要在设备上开设人孔或手孔。人孔与手孔的基本结构类同，即在容器上焊接一法兰短管，盖一盲板构成，如图 7-14 所示。人孔或手孔都是组合件，包括筒节、法兰、盖、密封垫片和紧固件等，详见表 7-7。

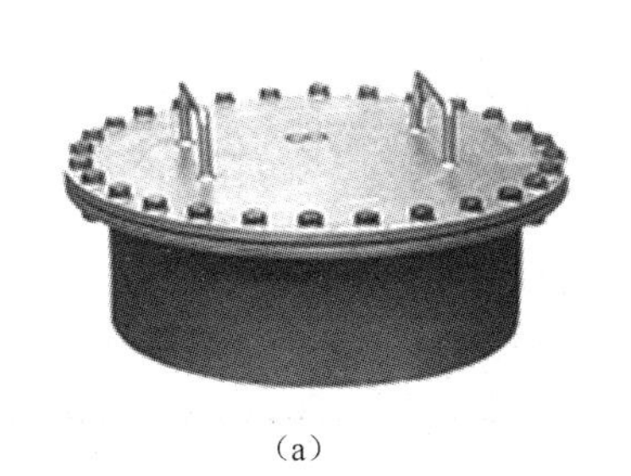

（a）

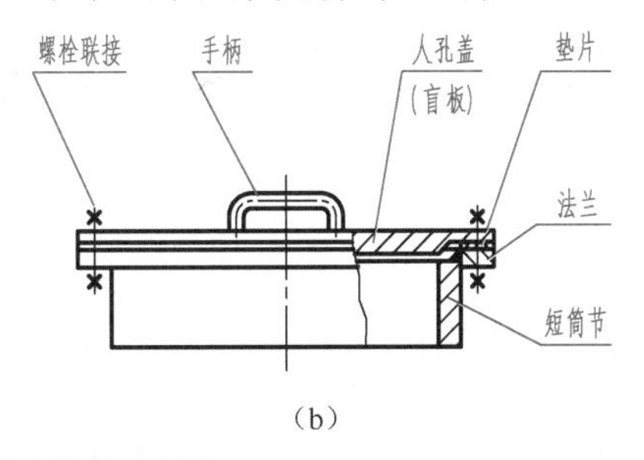

（b）

图 7-14　人孔与手孔的基本结构

当设备的直径超过 900mm 时，应开设人孔。人孔的大小，既要考虑人的安全进出，又要尽量减少因开孔过大而过多削弱壳体强度。圆形人孔的最小直径为 400mm，最大为 600mm。压力较高的设备，一般选用直径为 400mm 的人孔；压力不高的设备，可选用直径为 450mm 的人孔；严寒地区的室外设备或有较大内件要从人孔取出的设备，可选用直径为 500mm 或 600mm 的人孔。

手孔的直径，应使操作人员戴手套并握有工具的手能顺利通过。手孔的标准直径有 *DN*150 和 *DN*250 两种。

常压人孔和手孔的规格和结构尺寸，见附表14。

表7-7 常压人孔和手孔的组合件明细（摘自HG/T 21514、21515、21528—2014）

件号	标准编号	名称	数量	材料类别及代号	材质代号	垫片代号	备注
1		筒节	1	Q235B或不锈钢（Ⅰ）			手孔为20（钢管）
2		法兰	1	Q235B或不锈钢（Ⅰ）			手孔为20（锻件）
3		垫片 δ=3	1	石棉橡胶板	XB350	A-XB350	
				耐油石棉橡胶板	NY250	A-NY250	
					NY400	A-NY400	
4		盖	1	Q235B或不锈钢（Ⅰ）			
5	GB/T 5783	螺栓	见附表9	8.8级（Ⅰ）			杆身全螺纹
6	GB/T 6170	螺母	见附表9	8级（Ⅰ）			
7		把手	2	Q235B或不锈钢			手孔为1

常压人孔和手孔的标记格式如下：

名称　材料类别及代号　紧固螺栓（柱）代号　（垫片代号）　公称直径　标准编号

名称　填写简称“手孔”或“人孔”。

材料类别及代号　按表7-7中填写。

紧固螺栓（柱）代号　8.8级六角头螺栓填写“b”。

标准编号　常压人孔标准编号为HG/T 21515—2014，常压手孔标准编号为HG/T 21528—2014；填写时省略标准编号中的年号。

【例7-14】　公称直径 $DN$450、H_1=160、Ⅰ类材料、采用石棉橡胶板垫片的常压人孔，试写出其规定标记。

解　其规定标记为

人孔　Ⅰ　b（A-XB350）　450　HG/T 21515

【例7-15】　公称直径 $DN$250、H_1=120、采用耐油石棉橡胶板（NY250）垫片的常压手孔，试写出其规定标记。

解　其规定标记为

手孔　Ⅰ　b（A-NY250）　250　HG/T 21528

提示：常压人孔（手孔）在明细栏的“名称”栏中填写“人孔（A-XB350）450”。

五、补强圈（JB/T 4736—2002）

补强圈用来弥补设备壳体因开孔过大而造成的强度损失，其结构如图7-15（a）所示。补强圈形状应与被补强部分相符，使之与设备壳体紧密贴合，焊接后能与壳体同时受力。补强圈上有一螺纹孔，焊后通入压缩空气，以检查焊缝的气密性。如图7-15（b）所示。

一般要求补强圈的厚度和材料与设备壳体相同。补强圈的坡口类型及结构尺寸，见附表15。补强圈的标记格式如下：

接管公称直称×补强圈厚度-坡口型式-材质　标准编号

接管公称直径　用 d_N 表示，mm；

标准编号　省略标准编号中的年号。

(a)

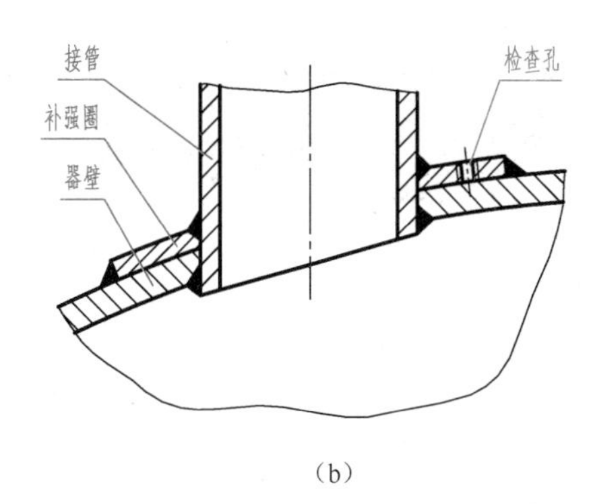

(b)

图 7-15　补强圈结构

【例 7-16】　接管公称直径 d_N=450 mm、补强圈厚度为 10mm、坡口型式为 D 型（用于内坡口全焊透结构）、材料为 Q235B 的补强圈，试写出其规定标记。

解　其规定标记为

d_N450×10-D-Q235B　JB/T 4736

提示：补强圈在明细栏的“名称”栏中填写“补强圈　d_N450×10-D”。

六、支座

支座用来支承设备的质量和固定设备的位置。根据所支承设备的不同，支座分为立式设备支座、卧式设备支座和球形容器支座三大类。根据支座的结构形状、安放位置、载荷等不同情况，支座又分为鞍式支座、耳式支座、腿式支座和支承式支座四种形式，并已形成标准系列。

1．鞍式支座（NB/T 47065.1—2018）

鞍式支座（简称鞍座）是卧式容器使用的一种支座，如图 7-16（a）所示。它主要由一块腹板支承着一块圆弧形垫板（与设备外形相贴合），腹板焊在底板上，中间焊接若干肋板，组成鞍式支座，如图 7-16（b）所示。

① 鞍座有焊制与弯制之分。如图 7-16（c）、（d）所示，焊制鞍座由底板、腹板、肋板和垫板四种板组焊而成。弯制鞍座与焊制鞍座的区别仅仅是腹板与底板是由一块钢板弯出来的，这二板之间没有焊缝，如图 7-16（e）所示。只有 DN≤950mm 的鞍座才有弯制鞍座。鞍座主体材料包括肋板、腹板和底板，常用的材料为 Q235B、Q345B 和 Q345R，根据容器的设计温度和许用应力选用。

② 由于同一直径的容器长度有长有短、介质有轻有重，因而同一公称直径的鞍座有轻型（代号为 A 型）和重型（代号为 B 型）之分。对于 DN≤950mm 的鞍座，只有重型，没有轻型。鞍座的形式特征见表 7-8。

③ 鞍座大都带有垫板，但是对于 DN≤950mm 的鞍座也有不带有垫板的。如图 7-16（c）中的主视图所示，对称中心线两侧分别画出带垫板和不带垫板的两种鞍座结构。

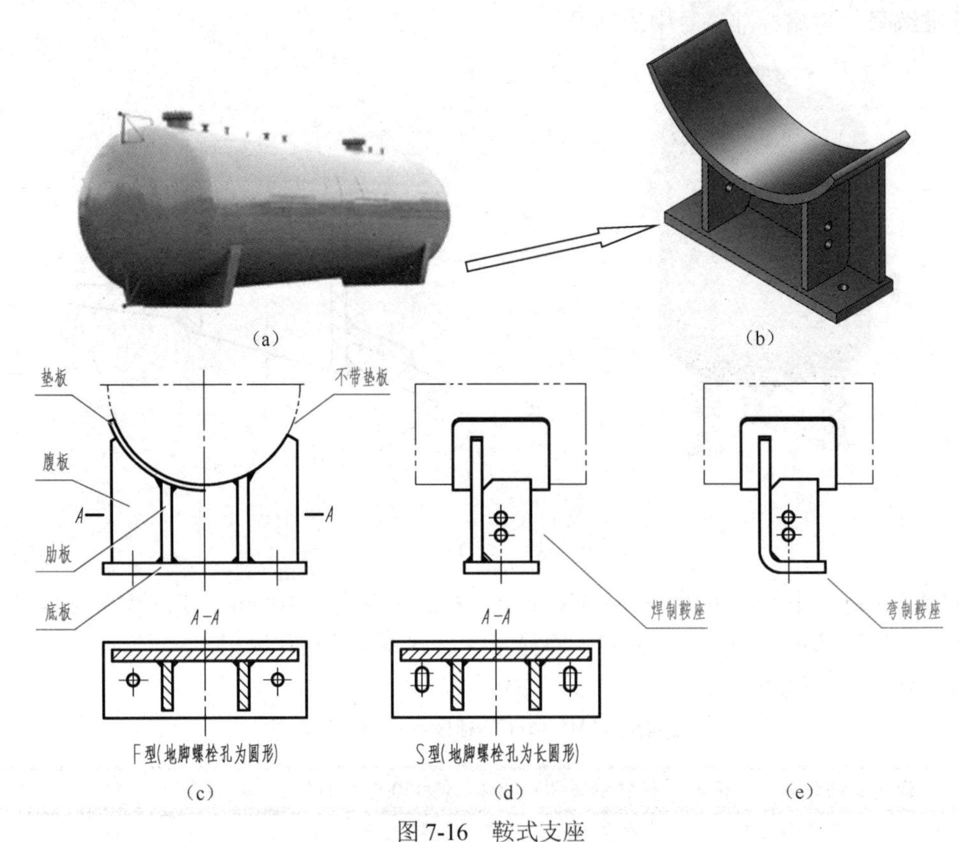

图 7-16　鞍式支座

表 7-8　鞍座的形式特征（摘自 NB/T 47065.1—2018）

形式及代号			包角	垫板	肋板数	适用公称直径/mm
轻　型	焊制	A	120°	有	4～6	1000～6000
重　型	焊制	BⅠ	120°	有	1～6	168～6000
		BⅡ	150°	有	4～6	1000～6000
		BⅢ	120°	无	1～2	168～950
	弯制	BⅣ	120°	有	1～2	168～950
		BⅤ	120°	无	1～2	168～950

④ 为了使容器的壁温发生变化时能够沿轴线方向自由伸缩，鞍座的底板有两种，一种底板上的地脚螺栓孔是圆形的（代号为 F 型），另一种底板上的地脚螺栓孔是长圆形的（代号为 S 型），如图 7-16（c）、(d）中的 *A—A* 所示。F 型与 S 型配对使用。安装时，F 型鞍座被底板上的地脚螺栓固定在基础上成为固定鞍座；S 型鞍座地脚螺栓上则使用两个螺母，先拧上去的螺母拧到底后倒退一圈，再用第二个螺母锁紧。当容器出现热变形时，S 型鞍座可随容器一起做轴向移动，所以 S 型鞍座属活动鞍座。

鞍式支座的结构尺寸，见附表 16。鞍式支座的标记格式如下：

NB/T 47065.1－2018　支座 [型号] [公称直径]－[安装形式]

型号　A，BⅠ，BⅡ，BⅢ，BⅣ，BⅤ；

公称直径　mm；

安装形式　固定鞍座 F，滑动鞍座 S。

【例 7-17】　容器的公称直径为 800 mm、支座包角为 120°、重型、带垫板、标准高度、固定式焊制鞍式支座，鞍式支座材料为 Q345B，试写出其规定标记。

解　其规定标记为

NB/T 47065.1—2018　鞍式支座　BⅠ　800-F

提示：鞍座在明细栏的"名称"栏中填写"鞍式支座　BⅠ　800-F"；在"材料"栏内填写 Q345B。

2．耳式支座（NB/T 47065.3—2018）

耳式支座简称耳座，亦称悬挂式支座，广泛用于立式设备。它的结构是由肋板、底板和垫板焊接而成，然后焊接在设备的筒体上，如图 7-17 所示。支座的底板放在楼板或钢梁的基础上，用螺栓固定。在设备周围，一般均匀分布四个耳座，安装后使设备呈悬挂状。小型设备也可用三个或两个耳座。

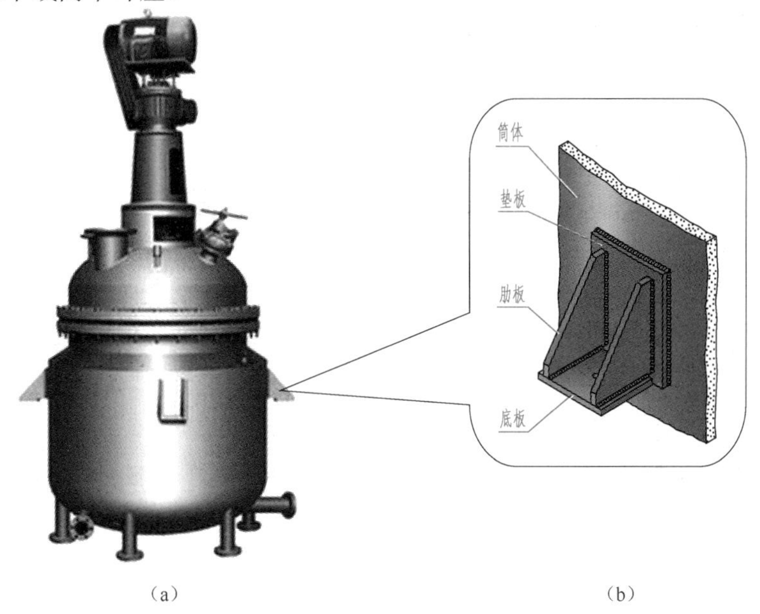

图 7-17　耳式支座

耳式支座有短臂（A 型）、长臂（B 型）和加长臂（C 型）三种形式，其结构有带盖板和不带盖板之分，如图 7-18 所示。当 A、B 型支座肋板的间距 $b_2 \geqslant 230$mm 时，在肋板的上方增加盖板结构。C 型支座则全部带盖板。耳式支座的形式特征见表 7-9。

耳式支座的垫板厚度一般与筒体壁厚相同，垫板材料一般应与筒体材料相同。支座的垫板和底板材料分为四种，详见附表 17。

表 7-9　耳式支座的形式特征（摘自 NB/T 47065.3—2018）

形式	型号	支座号	垫板	盖板	适用公称直径 *DN*/mm	备注
短臂	A 型	1～5	有	无	300～2600	耳式支座的结构尺寸，见附表 17
		6～8		有	1500～4000	
长臂	B 型	1～5	有	无	300～2600	
		6～8		有	1500～4000	
加长臂	C 型	1～3	有	有	300～1400	
		4～8			1000～4000	

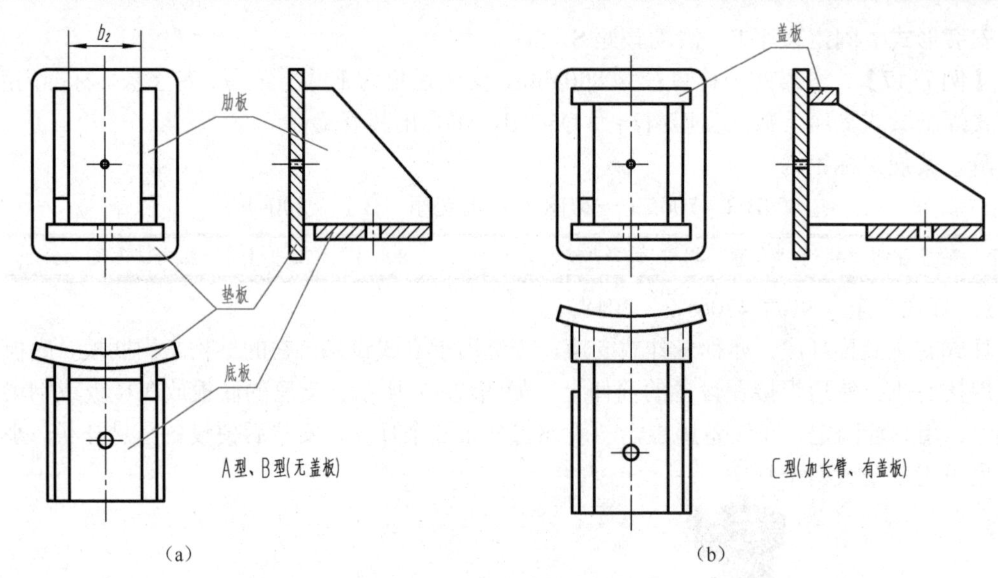

图 7-18 耳式支座的结构形式

A 型和 B 型适用于一般立式设备，C 型有较宽的安装尺寸，适用于带保温层的立式设备。可根据载荷的大小，从标准中选择耳式支座。耳式支座的结构尺寸，见附表 17。

耳式支座的标记格式如下：

NB/T 47065.3—2018 耳式支座 型号 支座号-材料代号

型号 A，B，C；

支座号 1～8；

材料代号 Ⅰ，Ⅱ，Ⅲ（见附表 17）。

【例 7-18】 A 型、3 号耳式支座，座材料为 S30408，垫板材料为 S30408，试写出其规定标记。

解 其规定标记为

NB/T 47065.3—2018 耳式支座 A3-Ⅰ

提示：耳式支座在明细栏的“名称”栏中填写“耳式支座 A3-Ⅰ”。

七、视镜与液面计

1．视镜（NB/T 47017—2011）

视镜是用来观察设备内部反应情况的装置。供观察用的视镜玻璃，夹紧在接缘和压紧环之间，用双头螺柱联接，构成视镜装置，如图 7-19（a）所示。

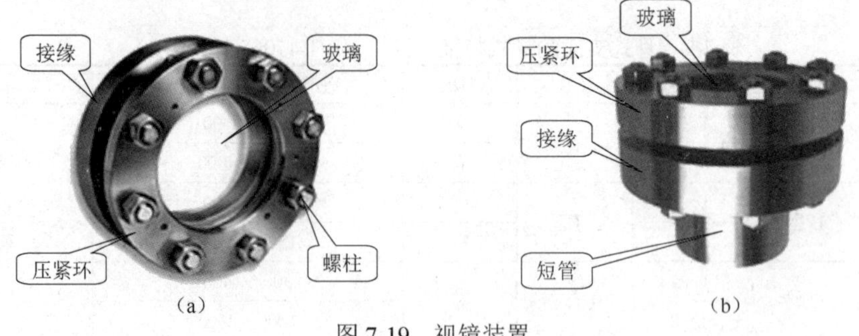

图 7-19 视镜装置

视镜接缘可直接焊在设备的封头或筒体上，也可接一短管，然后焊在设备上，这种结构称为带颈视镜，如图 7-19（b）所示。

视镜和带颈视镜是外购的标准件（按标准图制造），在化工设备图中采用简化画法。视镜的压力系列分为四挡，公称直径系列则有六挡。详见表 7-10。

表 7-10　视镜的规格、系列

公称直径/mm	公称压力/MPa				射灯组合形式	冲洗装置
	0.6	1.0	1.6	2.5		
50	—	√	√	√	不带射灯结构 非防爆型射灯结构	不带冲洗装置
80	—	√	√	√		
100	—	√	√	√	不带射灯结构	带冲洗装置
125	√	√	√	—	非防爆型射灯结构	
150	√	√	√	—	防爆型射灯结构	
200	√	√	—	—		

视镜的标记格式如下：

视镜　[视镜公称压力]　[视镜公称直径]　[视镜材料代号]-[射灯代号]-[冲洗代号]

视镜公称压力　*PN*，MPa。

视镜公称直径　*DN*，mm。

视镜材料代号　Ⅰ——碳钢；Ⅱ——不锈钢。

射灯代号　SB——非防爆型；SF1——防爆型（EExdⅡCT3）；SF2 防爆型（EExdⅡCT3）。

冲洗代号　W——带冲洗装置。

【例 7-19】　公称压力 *PN*2.5MPa、公称直径 *DN*50mm、材料为不锈钢、不带射灯、带冲洗装置的视镜，试写出其规定标记。

解　其规定标记为

视镜　Ⅱ*PN*2.5　*DN*50　Ⅱ-W

【例 7-20】　公称压力 *PN*1.6MPa、公称直径 *DN*80、材料为不锈钢、带非防爆型射灯组合、不带冲洗装置的视镜，试写出其规定标记。

解　其规定标记为

视镜　*PN*1.6　*DN*80　Ⅱ-SB

> 提示：视镜在明细栏的“名称”栏中按上述规定标记填写。

2．玻璃管液面计（HG 21592—1995）

液面计是用来观察设备内部液面位置的装置。液面计结构有多种形式，常见的有玻璃板液面计和玻璃管液面计，如图 7-20 所示。液面计也是外购的标准件，在化工设备图中同样采用简化画法。

液面计的标记格式如下：

液面计　[法兰型式]　[型号]　[公称压力]-[材料代号]　[结构形式]-[公称长度]

法兰型式　A 型（突面法兰 RF），B 型（凸面法兰 M），C 型（突面法兰 RF）；

型号　T 型（透光式玻璃板液面计），R 型（反射式玻璃板液面计），S 型（视镜式玻璃板液面计），G 型（玻璃管液面计）；

公称压力 *PN*，MPa；
材料代号 Ⅰ——碳钢（锻钢 16Mn），Ⅱ——不锈钢（0Gr18Ni9）；
结构形式 普通型（不标注代号），保温型（W）；
公称长度 玻璃管液面计有 500、600、800、1000、1200、1400 六种，mm。

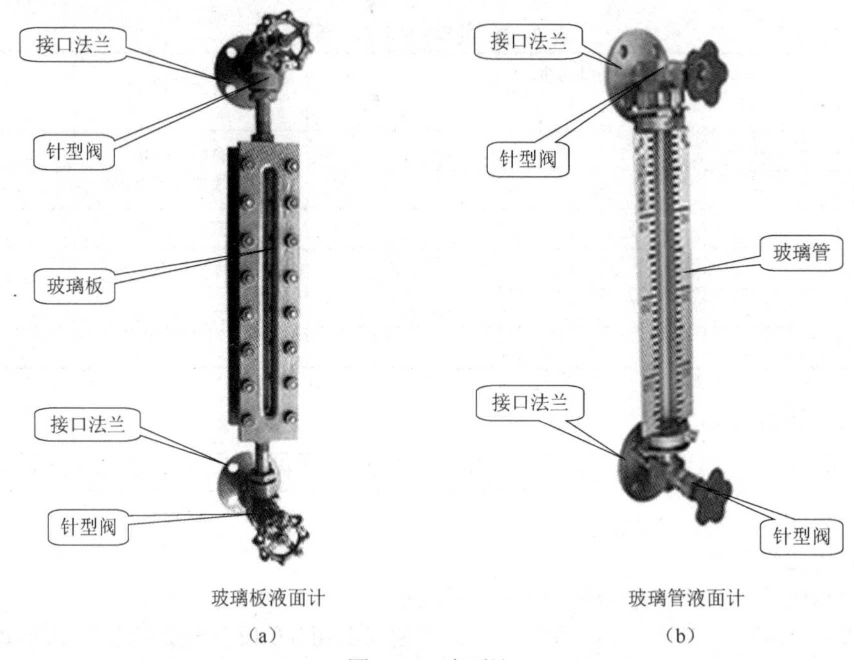

玻璃板液面计
(a)

玻璃管液面计
(b)

图 7-20 液面计

【例 7-21】 公称压力 1.6MPa、碳钢材料、保温型、突面密封连接面、公称长度 L=500mm 的玻璃管液面计，试写出其规定标记。

解 其规定标记为

液面计 AG1.6-ⅠW-500

【例 7-22】 公称压力 1.6MPa、不锈钢材料、普通型、凸面法兰、公称长度 1400mm 的玻璃管液面计，试写出其规定标记。

解 其规定标记为

液面计 BG1.6-Ⅱ-1400

提示：液面计在明细栏的“名称”栏中按上述标记示例填写。

第三节 化工设备的表达方法

一、基本视图的选择与配置

由于化工设备的主体结构多为回转体，其基本视图通常采用两个视图。立式设备通常采用主、俯两个基本视图；卧式设备通常采用主、左两个基本视图，如图 7-5 所示。主视图一般应按设备的工作位置选择，并采用剖视的表达方法，使主视图能充分表达其工作原理、主要装配关系及主要零部件的结构形状。

对于形体狭长的设备，当主、俯（或主、左）视图难于安排在基本视图位置时，可以将俯（左）视图配置在图样的其他位置，在俯（左）视图的上方标注“×”（×为大写拉丁字母），在主视图附近用箭头指明投射方向，并标注相同的字母。某些结构形状简单，在装配图上易于表达清楚的零部件，其零件图可与装配图画在同一张图样上。

化工设备是由各种零部件组成的，因而机械图样的各种表达方法，如视图、剖视图、断面图及其他简化画法，同样适用于化工设备图。

由于化工设备图所表达的重点是化工设备的总体情况，要想正确识读化工设备图，还必须了解化工设备的特殊表达方法和简化画法。

二、化工设备的特殊表达方法

1．多次旋转的表达方法

设备壳体周围分布着众多的管口及其他附件，为了在主视图上清楚地表达它们的结构形状及位置高度，主视图可采用多次旋转的表达方法。即假想将设备周向分布的接管及其他附件，分别旋转到与主视图所在的投影面相平行的位置，然后进行投射，得到视图或剖视图。如图 7-21 所示，图中人孔 b 是按逆时针方向旋转 45°、液面计（a_1、a_2）是按顺时针方向旋转 45°之后，在主视图中画出的。

> 提示：在应用多次旋转的画法时，不能使视图上出现图形重叠的现象。如图 7-21 中的管口 d 就无法再用多次旋转的方法同时在主视图上表达出来。因为它无论向左或向右旋转，在主视图上都会和管口 b 或管口 c 重叠。在这种情况下，管口 d 则需用其他的剖视方法来表达。

2．局部结构的表达方法

对于化工设备的壁厚、垫片、挡板、折流板及管壁厚等，在绘图比例缩小较多时，其厚度一般无法画出，对此必须采用夸大画法：即不按比例，适当夸大地画出它们的厚度。图 7-5 中容器的壁厚，就是未按比例夸大画出的。

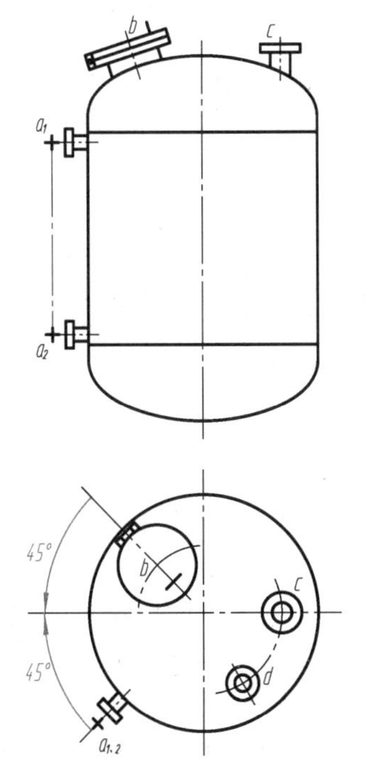

图 7-21　多次旋转的表达方法

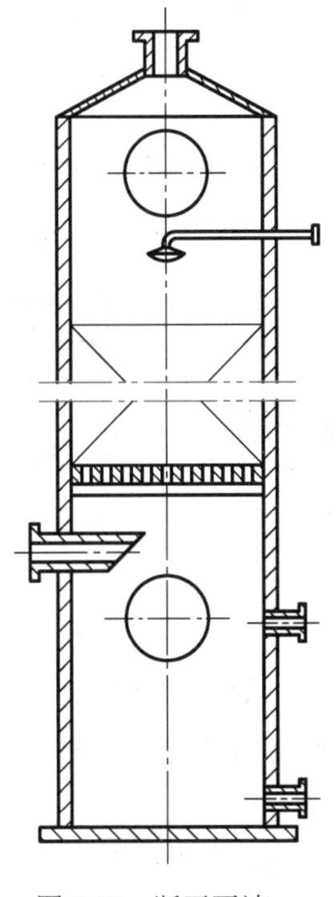

图 7-22　断开画法

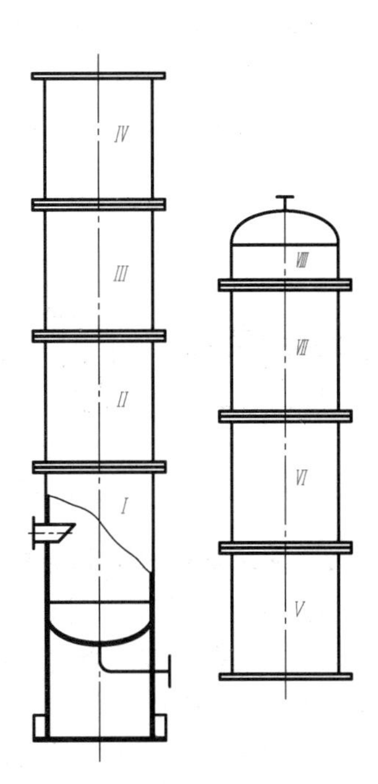

图 7-23　设备分段表示法

3．断开和分段（层）的表达方法

对于过高或过长的化工设备，且沿其轴线方向有相当部分的结构形状相同或按规律变化时，可以采用断开画法，即用细双点画线将设备中重复出现的结构或相同结构断开，使图形缩短，简化作图，便于选用较大的作图比例，合理地使用图纸幅面。图 7-22 所示的填料塔采用了断开画法，其断开省略部分是填料层，用简化符号（相交的细实线）表示。

对于较高的塔设备，在不适于采用断开画法时，可采用分段的表达方法，即把整个塔体分成若干段（层）画出，以利于图面布置和选择比例，如图 7-23 所示。

4．管口方位的表达方法

化工设备壳体上众多的管口和附件方位的确定，在设备的制造、安装等方面都是至关重要的，必须在图样中表达清楚。非定型设备应绘制管口方位图，采用 A4 图幅，以简化的平面图形绘制。图 7-5 中左视图已将各管口的方位表达清楚了，可不必画出管口方位图。

如果设备上各管口或附件的结构形状已在主视图（或其他视图）上表达清楚时，则设备的俯（左）视图可简化成管口方位图的形式，如图 7-24 所示。

在管口方位图中，用细点画线表明管口的轴线及中心位置，用粗实线示意画出设备管口，并标注管口符号（与设备图上的管口符号一致）。管口符号用加方框（5mm×5mm）的小写拉丁字母表示。

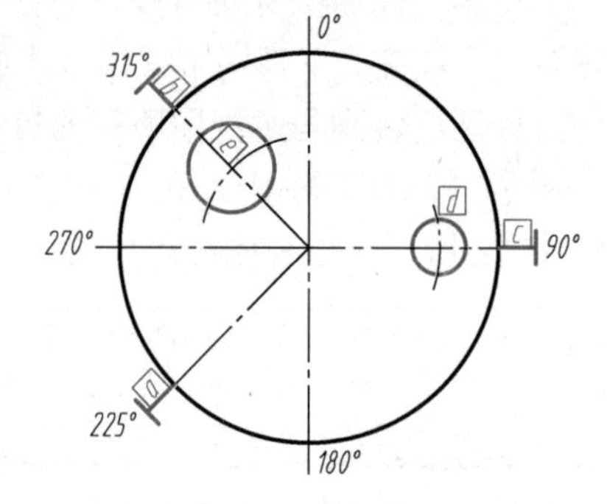

图 7-24　管口方位图

三、简化画法

1．标准零部件或外购零部件的简化画法

① 标准零部件已有标准图，在化工设备图中不必详细画出，可按比例画出反映其外形特征的简图，如图 7-25 所示，并在明细栏中注明其名称、规格、标准号等。

② 外购零部件在化工设备图中，只需根据主要尺寸按比例用粗实线画出其外形轮廓简图，如图 7-26 所示。同时在明细栏中注明其名称、规格、主要性能参数和“外购”字样等。

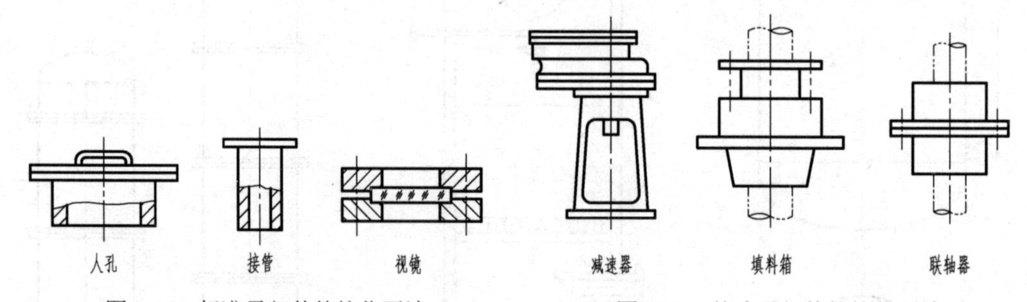

图 7-25　标准零部件的简化画法　　图 7-26　外购零部件的简化画法

2．重复结构的简化画法

① 螺栓孔可以省略圆孔的投影，用对称中心线和轴线表示。装配图中的螺栓联接可用符号“×”（粗实线）表示，若数量较多且均匀分布时，可以只画出几个符号表示其分布方位，如图 7-27 所示。

② 当设备中（主要是塔器）装有同种材料、同一规格的填充物时，在装配图中可用相交的细实线表示，同时注写有关的尺寸和文字说明（规格和堆放方法），如图 7-28 所示。图

中“50×50×5”表示瓷环的“直径×高度×壁厚”尺寸。

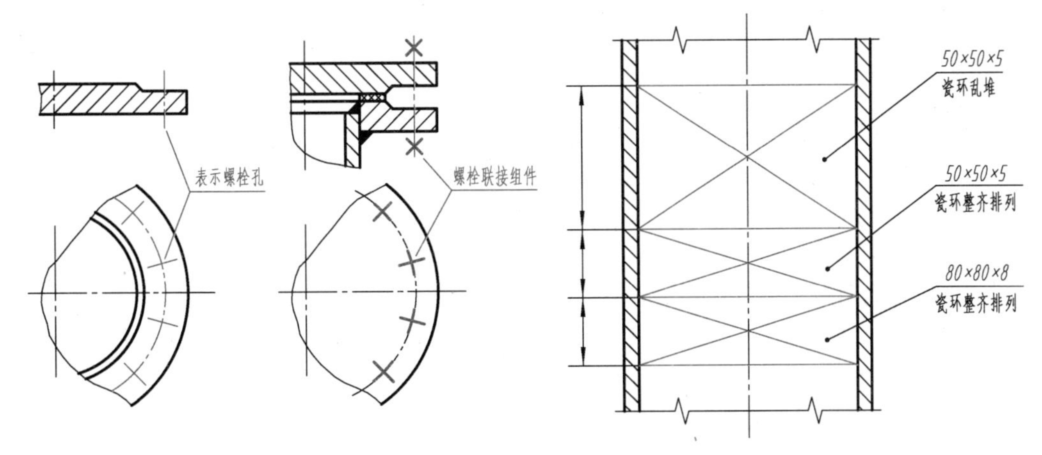

图 7-27　螺栓孔和螺栓联接的简化画法　　图 7-28　填充物的简化画法

③ 当设备中的管子按一定的规律排列或成管束时（如列管式换热器中的换热管），在装配图中至少画出其中一根或几根管子，其余管子均用细点画线简化表示，如图 7-29 所示。

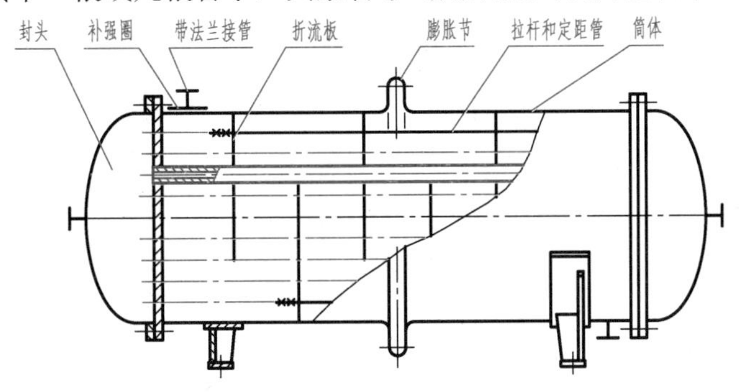

图 7-29　管束的简化画法

④ 当多孔板的孔径相同且按一定的角度规则排列时，用细实线按一定的角度交错来表示孔的中心位置，用粗实线表示钻孔的范围，同时画出几个孔并注明孔数和孔径，如图 7-30（a）所示；若多孔板画成剖视时，则只画出孔的轴线，省略孔的投影，如图 7-30（b）所示。

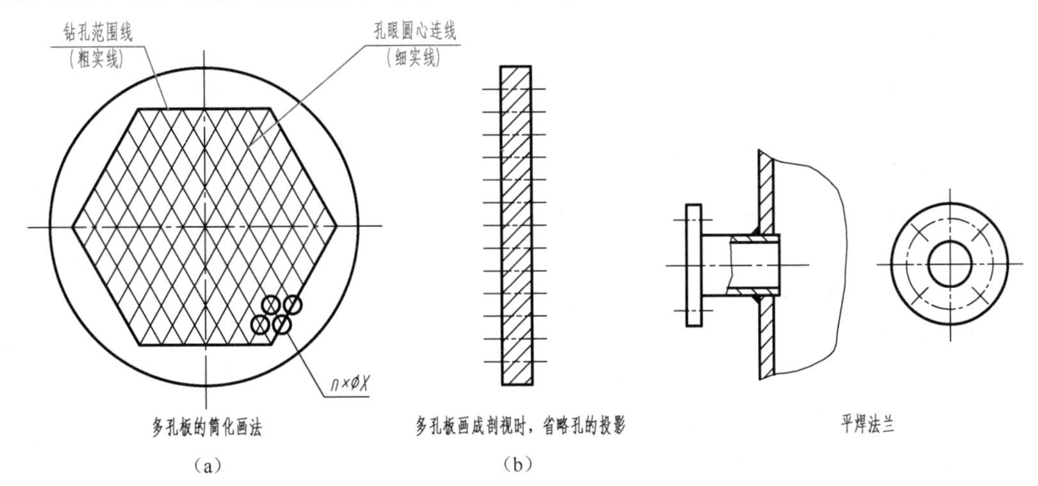

（a）　　（b）

图 7-30　多孔板的简化画法　　图 7-31　管法兰的简化画法

3．管法兰的简化画法

在装配图中，不论管法兰的连接面是什么形式（平面、凹凸面、榫槽面），管法兰的画法均可简化，如图 7-31 所示，其连接面形状及焊接形式（平焊、对焊等），可在明细栏及管口表中注明。

4．液面计的简化画法

在装配图中，带有两个接管的玻璃管液面计，可用细点画线和符号“+”（粗实线）示意性的简化表示，如图 7-32 中的 a_1、a_2 所示。在明细栏中要注明液面计的名称、规格、数量及标准号等。

5．设备结构用单线表示的简化画法

设备上的某些结构，在已有零部件图或另用剖视、断面、局部放大图等方法表达清楚时，装配图上允许用单线表示。如图 7-33 中的塔盘、设备上的悬臂吊钩，图 7-29 中的折流板、挡板、拉杆定距管、膨胀节等。

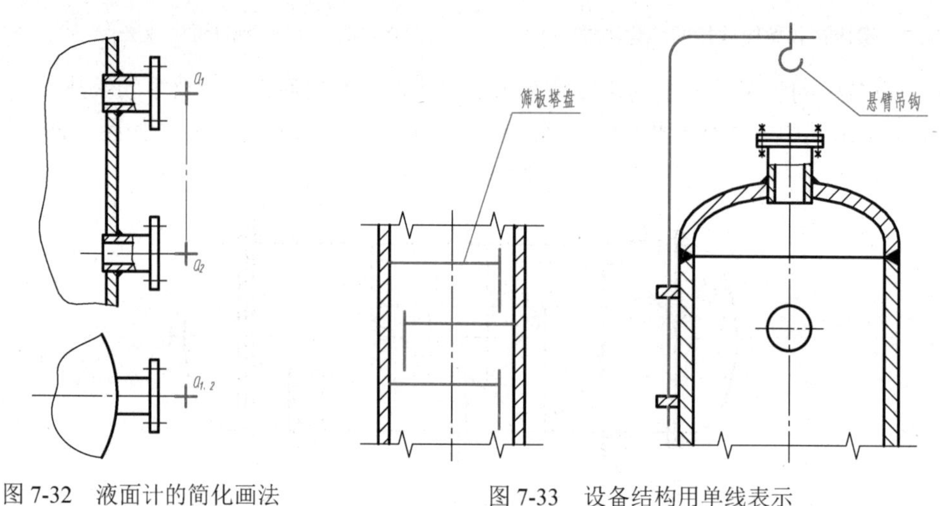

图 7-32　液面计的简化画法　　图 7-33　设备结构用单线表示

第四节　尺寸标注及其他

一、尺寸标注

化工设备装配图上的尺寸，主要反映设备的大小、规格、零部件之间的装配关系及设备的安装定位。化工设备装配图的尺寸数量比较多，有的尺寸较大，尺寸精度要求不是很高，并允许注成封闭的尺寸链。

1．尺寸种类

化工设备装配图一般包括以下几类尺寸（图 7-5）。

（1）规格性能尺寸　反映化工设备的规格、性能、特征及生产能力的尺寸。如容器内径 ϕ1400、筒体长度 2000 等。

（2）装配尺寸　反映零部件之间的相对位置尺寸，它们是制造化工设备时的重要依据。如接管间的定位尺寸（430、500）、接管的伸出长度（120）、支座的定位尺寸（1200）等。

（3）外形（总体）尺寸　表示设备总长、总高、总宽（或外径）的尺寸。这类尺寸对于设备的包装、运输、安装及厂房设计等，是十分必要的。如容器的总长 2807、总高 1820、总宽为筒体外径 ϕ1412（通过计算筒体内径加壁厚得出）。

（4）安装尺寸　化工设备安装在基础或其他构件上所需要的尺寸。如支座上地脚螺栓孔的相对位置尺寸 840、1200 等。

（5）其他尺寸　设备零部件的规格尺寸、设计计算确定的尺寸（如筒体壁厚 6）、焊缝的结构形式尺寸等。

2. 尺寸基准

化工设备图中标注的尺寸，既要保证设备在制造和安装时达到设计要求，又要便于测量和检验。常用的尺寸基准有：设备筒体和封头的轴线、设备筒体和封头焊接时的环焊缝、设备容器法兰的端面、设备支座的底面等。卧式化工设备的尺寸基准，如图 7-34（a）所示，立式化工设备的尺寸基准，如图 7-34（b）所示。

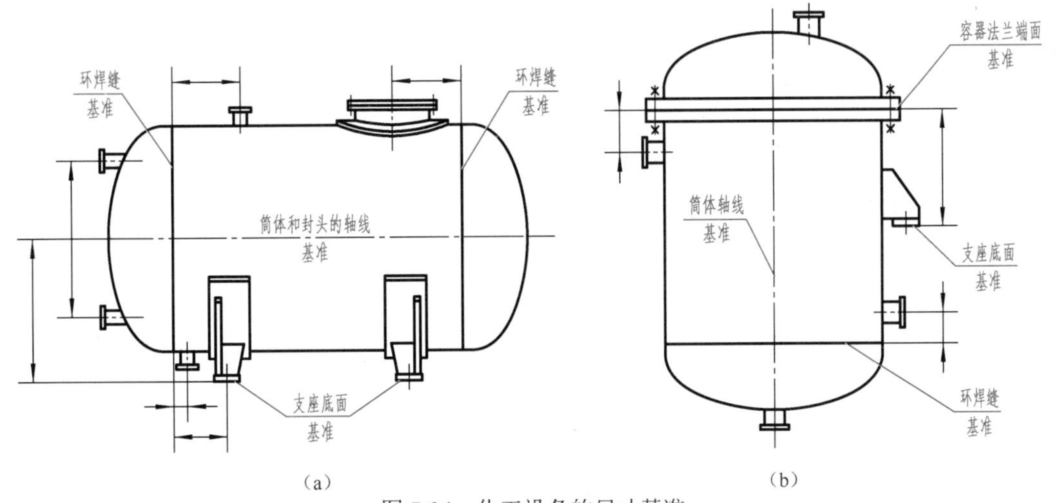

图 7-34　化工设备的尺寸基准

二、管口表

管口表是说明设备上所有管口的用途、规格、连接面形式等内容的一种表格，供备料、制造、检验、使用时参阅。管口表的格式如图 7-35 所示。填写管口表时应注意以下几点：

① 在主视图中，管口符号一律注写在各管口的投影旁边，其编排顺序应从主视图的左下方开始，按顺时针方向依次编写。其他视图上的管口符号，则应根据主视图中对应的符号进行注写。“符号”栏中的字母符号，应和视图中各管口的符号相同，用小写拉丁字母按 *a*、*b*、*c*……的顺序，自上而下填写。当管口的规格、标准、用途完全相同时，可合并成一项，如“$b_{1\sim3}$”。

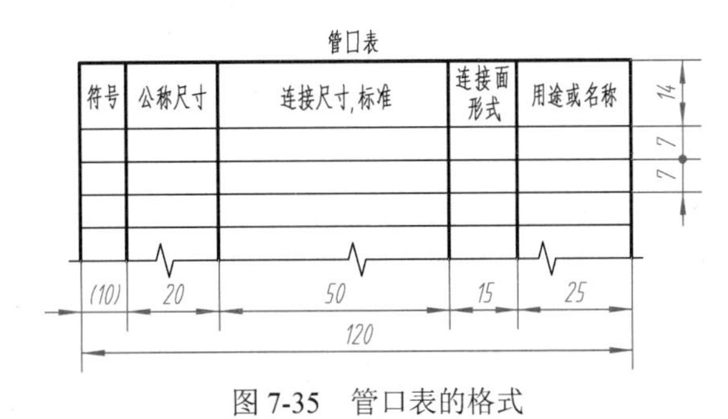

图 7-35　管口表的格式

② “公称尺寸”栏按管口的公称直径填写。无公称直径的管口，则按管口实际内径填写。

③ “连接尺寸，标准”栏填写对外连接管口的有关尺寸和标准。不对外连接的管口，则不予填写，用从左下至右上的细斜线表示。

④ “用途或名称”栏填写管口的标准名称、习惯性名称或简明的用途术语。

三、技术特性表

技术特性表是表明该设备技术特性指标的一种表格。技术特性表的格式有两种，适用于不同类型的设备，如图 7-36 所示。对于一般化工设备用的技术特性表，可从中选择合适的一种，并根据不同类型的设备，增加相应的内容。

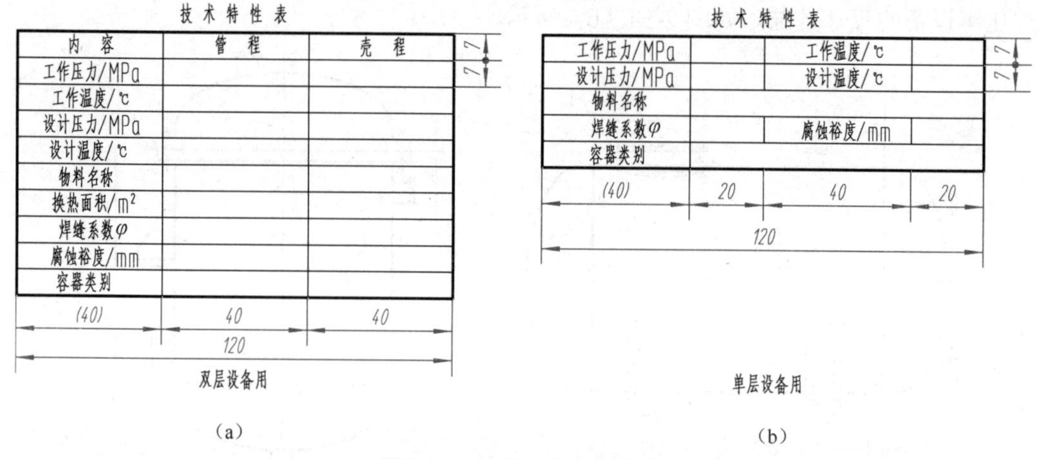

图 7-36　技术特性表的格式

> 提示：一般情况下，管口表画在明细栏的上方，技术特性表放在管口表的上方，技术要求写在技术特性表的上方。若位置不够时，可将技术要求、技术特性表和管口表移到明细栏的左侧，但其上下位置保持不变，如图 7-37 所示。

四、技术要求

技术要求是用文字说明在图中不能（或没有）表示出来的内容，包括设备在制造、试验和验收时应遵循的标准、规范或规定，以及对于材料、表面处理及涂饰、润滑、包装、运输等方面的特殊要求，作为制造、装配、验收等过程中的技术依据。技术要求通常包括以下几方面的内容：

（1）通用技术条件　通用技术条件是同类化工设备在制造（机加工和焊接）、装配、检验等诸方面的技术规范，已形成标准。在技术要求中可直接引用。

（2）焊接要求　焊接工艺在化工设备制造中应用广泛，在技术要求中，通常对焊接方法、焊条、焊剂等提出要求。

（3）设备的检验　一般对主体设备的水压和气密性进行试验，对焊缝进行探伤等，这些项目相应的规范，在技术要求中也可直接引用。

（4）其他要求　设备在机加工、装配、油漆、保温、防腐、运输、安装等方面的要求。

第五节　读化工设备图

在阅读化工设备图的过程中，应主要了解以下基本内容：

① 设备的性能、作用和工作原理。

② 各零部件之间的装配关系、装拆顺序和有关尺寸。

③ 零部件的主要结构形状、数量、材料及作用，进而了解整个设备的结构。

④ 设备的开口方位，以及在制造、检验和安装等方面的技术要求。

现以图7-37所示反应釜装配图为例，说明阅读化工设备图的一般方法和步骤。

一、概括了解

看标题栏，了解设备的名称、规格、材料、质量及绘图比例等内容；看明细栏，了解设备各零部件和接管的名称、数量等内容，了解哪些是标准件和外购件；了解图面上各部分内容的布置情况，概括了解设备的管口表、技术特性表及技术要求等基本情况。

从标题栏知道，该图为反应釜的装配图，反应釜的公称直径（内径）为 *DN*1000，传热面积 F=4m^2，设备容积 1m^3，设备的总质量为 1100kg，绘图比例 1∶10。

反应釜由45种零部件组成，其中有32种标准零部件，均附有GB/T（推荐性国家标准）、NB/T（推荐性能源行业标准）、JB/T（推荐性机械行业标准）、HG/T（推荐性化工行业标准）等标准号。设备上装有机械传动装置，电动机型号为 Y100L$_1$-4，功率为 2.2kW，减速机型号为 LJC-250-23。

反应釜罐体内的介质是酸、碱溶液，工作压力为常压，工作温度为 40℃；夹套内的介质是冷冻盐水，工作压力 0.3MPa，工作温度为-15℃。反应釜共有12根接管。

二、视图分析

通过读图，分析设备图上共有多少个视图？哪些是基本视图？还有哪些其他视图？各视图都采用了哪些表达方法？各视图及表达方法的作用是什么？等等。

从视图配置可知，图中采用两个基本视图，即主、俯视图。主视图采用剖视和接管多次旋转的画法表达反应釜主体的结构形状、装配关系和各接管的轴向位置。俯视图采用拆卸画法，即拆去了传动装置，表达上、下封头上各接管的位置、壳体器壁上各接管的周向方位和耳式支座的分布。

另有8个局部剖视放大图，分别表达顶部几个接管的装配结构、设备法兰与釜体的装配结构和复合钢板上焊缝的焊接形式及要求。

三、零部件分析

以设备的主视图为中心，结合其他视图，对照明细栏中的序号，将零部件逐一从视图中找出，分析其结构、形状、尺寸、与主体或其他零部件的装配关系；对标准化零部件，应查阅相关的标准；同时对设备图上的各类尺寸及代（符）号进行分析，搞清它们的作用和含义；了解设备上所有管口的结构、形状、数目、大小和用途，以及管口的周向方位、轴向距离、外接法兰的规格和形式等。

设备总高为2777mm，由带夹套的釜体和传动装置两大部分组成。设备的釜体（件11）与下部封头（件6）焊接，与上部封头（件15）采用法兰连接，由此组成设备的主体。主体的侧面和底部外层焊有夹套。夹套（件10）的筒体与封头（件5）采用焊接。另有一些标准零部件，如填料箱、手孔、支座和接管等，都采用焊接方法固定在设备的筒体、封头上。

主视图左面的尺寸106mm，确定了夹套在设备主体上的轴向位置。主视图右面的尺寸

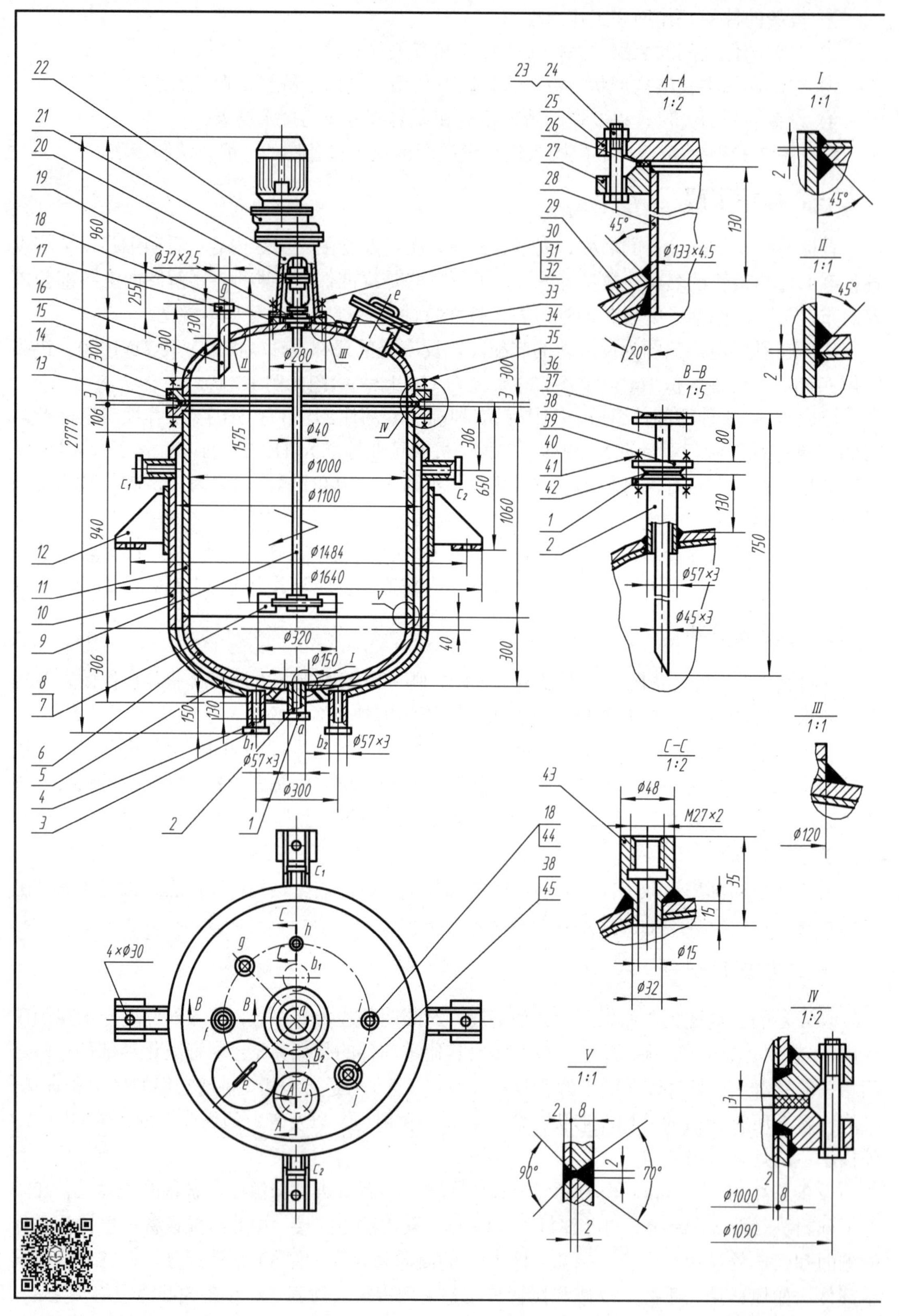

图 7-37　反应

技术要求

1. 本设备的釜体用不锈复合钢板制造。复层材料为1Cr18Ni9Ti，其厚度为2mm。

2. 焊缝结构除有图示以外，其他按GB/T 985.1—2008的规定。对接接头采用V形，T型接头采用Δ形，法兰焊接按相应标准。

3. 焊条的选用：碳钢与碳钢焊接采用EA4303焊条；不锈钢与不锈钢焊接、不锈钢与碳钢焊接采用E1-23-13-160 JFHIS。

4. 釜体与夹套的焊缝应作超声波和X射线检验，其焊缝质量应符合有关规定，夹套内应作0.5MPa水压试验。

5. 设备组装后应试运转。搅拌轴转动轻便自如，不应有不正常的噪声和较大的振动等不良现象。搅拌轴下端的径向摆动量不大于0.75mm。

6. 釜体复层内表面应作酸洗钝化处理。釜体外表面涂铁红色酚醛底漆，并用80mm厚软木作保冷层。

7. 安装所用的地脚螺栓直径为M24。

技术特性表

内容	釜内	夹套内
工作压力/MPa	常压	0.3
工作温度/℃	40	-15
换热面积/m²	4	
容积/m³	1	
电动机型号及功率	$Y100L_1$-4 2.2kW	
搅拌轴转速/(r/min)	200	
物料名称	酸、碱溶液	冷冻盐水

管口表

符号	公称尺寸	连接尺寸,标准	连接面形式	用途或名称
a	50	HG/T 20592—2009	平面	出料口
b_{1-2}	50	HG/T 20592—2009	平面	盐水进口
c_{1-2}	50	HG/T 20592—2009	平面	盐水出口
d	125	HG/T 20592—2009	平面	检测口
e	150	HG/T 21528—2014		手孔
f	50	HG/T 20592—2009	平面	酸液进口
g	25	HG/T 20592—2009	平面	碱液进口
h		M27×2	螺纹	温度计口
i	25	HG/T 20592—2009	平面	放空口
j	40	HG/T 20592—2009	平面	备用口

总质量：1100kg

序号	代号	名称	数量	材料	备注
45		接管 ϕ45×3	1	1Cr18Ni9Ti	l=145
44		接管 ϕ32×2.5	1	1Cr18Ni9Ti	l=145
43		接管 M27×2	1	1Cr18Ni9Ti	
42	HG/T 20606—2009	垫片 RF 50—2.5 XB450	1	石棉橡胶板	
41	GB/T 6170—2015	螺母 M12	8		
40	GB/T 5782—2016	螺栓 M12×45	8		
39	HG/T 20592—2009	法兰盖 PL 50—2.5 RF	1	1Cr18Ni9Ti	钻孔ϕ46
38		接管 ϕ45×3	1	1Cr18Ni9Ti	l=750
37	HG/T 20592—2009	法兰 PL 40—2.5 RF	2	1Cr18Ni9Ti	
36	GB/T 6170—2015	螺母 M12	36		
35	GB/T 5782—2016	螺栓 M20×110	36		
34	JB/T 4736—2002	补强圈 d_N150—C	1	Q235A	
33	HG/T 21528—2014	手孔 Ib (A-XB350) 150	1	1Cr18Ni9Ti	
32	GB/T 93—1987	垫圈 12	6		
31	GB/T 6170—2015	螺母 M12	6		
30	GB/T 901—1988	螺柱 M12×35	6		
29	JB/T 4736—2002	补强圈 d_N125—C	1	Q235A	
28		接管 ϕ133×4.5	1	1Cr18Ni9Ti	l=145
27	HG/T 20592—2009	法兰 PL 120—2.5 RF	1	Q235A	
26	HG/T 20606—1997	垫片 RF 120—2.5 XB450	1	石棉橡胶板	
25	HG/T 20592—2009	法兰盖 PL 120—2.5 RF	1	1Cr18Ni9Ti	
24	GB/T 6170—2015	螺母 M16	8		
23	GB/T 5782—2016	螺栓 M16×65	8		
22		减速机 LJC—250—23	1		
21		机架	1	Q235A	
20	HG/T 21570—1995	联轴器 C50—ZG	1		组合件
19	HG/T 21537.7—1992	填料箱 DN40	1		组合件
18		底座	1	Q235A	
17	HG/T 20592—2009	法兰 PL 25—2.5 RF	2	1Cr18Ni9Ti	
16		接管 ϕ32×2.5	1	1Cr18Ni9Ti	
15	GB/T 25198—2010	封头 EHA 1000×10	1	1Cr18Ni9Ti(里)	Q235A(外)
14	NB/T 47021—2012	法兰—FM 1000—2.5	2	1Cr18Ni9Ti(里)	Q235A(外)
13	NB/T 47024—2012	垫片 1000—2.5	1	石棉橡胶板	
12	NB/T 47065.3—2018	耳式支座 A3—I	4	Q235B	
11		釜体 DN1000×10	1	1Cr18Ni9Ti(里)	Q235A(外)
10		夹套 DN1100×10	1	Q235A	l=970
9		轴 ϕ40	1	1Cr18Ni9Ti	
8	GB/T 1096—2003	键 12×8×45	1	1Cr18Ni9Ti	
7	HG/T 3796.1—2005	桨式搅拌器 $PJC320-40S_1$	1		
6	GB/T 25198—2010	封头 EHA DN1000×10	1	1Cr18Ni9Ti(里)	Q235A(外)
5	GB/T 25198—2010	封头 EHA DN1100×10	1	Q235A	
4		接管 ϕ57×3	4	10	l=155
3	HG/T 20592—2009	法兰 PL 50—2.5 RF	4	Q235A	
2		接管 ϕ57×3	2	1Cr18Ni9Ti	l=145
1	HG/T 20592—2009	法兰 PL 50—2.5 RF	2	1Cr18Ni9Ti	

设计				
校核			比例 1:10	反应釜 DN1000 V_N=1m³
审核				
班级			共 张第 张	

釜装配图

650 mm，确定了耳式支座焊接在夹套壁上的轴向位置。

由于反应釜内的物料（酸和碱）对金属有腐蚀作用，为了保证产品质量和延长设备的使用寿命，设备主体的材料在设计时选用了碳素钢（Q235A）与不锈钢（1Cr18Ni9Ti）两种材料的复合钢板制作。从Ⅳ、Ⅴ号局部放大图中可以看出，其碳素钢板厚 8mm，不锈钢板厚 2mm，总厚度为 10mm。冷却降温用的夹套采用碳素钢制作，其钢板厚度为 10mm。釜体与上封头的连接，为防腐蚀而采用了“衬环平密封面乙型平焊法兰”（件 14）的结构，Ⅳ号局部放大图表示了连接的结构情况。

从 *B*—*B* 局部剖视中可知，接管 *f* 是套管式的结构。由接管（件 38）穿过接管（件 2）插入釜内，酸液即由接管进入釜内。

传动装置用双头螺柱固定在上封头的底座（件 18）上。搅拌器穿过填料箱（件 19）伸入釜内，带动桨式搅拌器（件 7）搅拌物料。从主视图中可看出搅拌器的大致形状。搅拌器的传动方式为：由电动机带动减速器（件 22），经过变速后，通过联轴器（件 20）带动搅拌轴（件 9）旋转，搅拌物料。减速器是标准化的定型传动装置，其详细结构、尺寸规格和技术说明可查阅有关资料和手册。为了防止釜内物料泄漏出来，由填料箱（件 19）将搅拌轴密封。主视图中的折线箭头表示了搅拌轴的旋转方向。

该设备通过焊在夹套上的四个耳式支座（件 12），用地脚螺栓固定在基础上。

四、检查总结

通过对视图和零部件的分析，按零部件在设备中的位置及给定的装配关系，加以综合想象，从而获得一个完整的设备形象；同时结合有关技术资料，进一步了解设备的结构特点、工作特性、物料的进出流向和操作原理等。反应釜的工作情况是：

物料（酸和碱）分别从顶盖上的接管 *f* 和 *g* 流入釜内，进行中和反应。为了提高物料的反应速度和效果，釜内的搅拌器以 200r/min 的速度进行搅拌。−15℃的冷冻盐水，由底部接管 b_1 和 b_2 进入夹套内，再由夹套上部两侧的接管 c_1 和 c_2 排出，将物料中和反应时所产生的热量带走，起到降温的作用，保证釜内物料的反应正常进行。在物料反应过程中，打开顶部的接管 *d*，可随时测定物料反应的情况（酸碱度）。当物料反应达到要求后，即可打开底部的接管 *a* 将物料放出。

设备的上封头与釜体采用设备法兰连接，可整体打开，便于检修和清洗。夹套外部用 80mm 厚的软木保冷。

第八章　建筑施工图

第一节　建筑施工图的表达方法

工艺设计与土建工程，特别是房屋建筑，有着密切的联系。从事化工、仪表、电子、矿冶以及机械制造等专业的工程技术人员，在工艺设计过程中，应对厂房建筑设计提出工艺方面的要求。例如，厂房必须满足生产设备的布置和检修的要求；建筑物和道路的布置，必须符合生产工艺流程和运输的需要；要考虑到生产辅助设施的各种管线（包括给排水、采暖通风、供电、煤气、蒸汽、压缩空气等）、地沟的敷设要求等。因此，工艺人员应该掌握房屋建筑的基本知识和具备识读建筑施工图的初步能力。

建筑施工图是用以表达设计意图和指导施工的成套图样。它将房屋建筑的内外形状、大小及各部分的结构、装饰等，按国家工程建设制图标准的规定，用正投影法准确而详细地表达出来。由于建筑物的形状、大小、结构以及材料等，与机器存在很大差别，所以在表达方法上也就有所不同。在学习本章时，必须弄清建筑施工图与机械图的区别，了解建筑制图国家标准的有关规定，基本掌握建筑施工图的图示特点和表达方法。

一、房屋建筑的构成

房屋分为工业建筑（如厂房、仓库等）、农业建筑（如粮站、饲养场等）和民用建筑三大类。其中民用建筑又分为居住建筑（如住宅、公寓等）和公共建筑（如商场、旅馆、车站、学校、医院、机关等）。虽然各种房屋功能不同，但其基本组成部分和作用是相似的。

图 8-1 是一幢四层实验楼的轴测剖视图，从图上可以清楚地看到房屋建筑由以下几部分组成。

（1）承重结构　如基础、柱、墙、梁、板等。

（2）围护结构　如屋面、外墙、雨篷等。

（3）交通结构　如门、走廊、楼梯、台阶等。

（4）通风、采光和隔热结构　如窗、天井、隔热层等。

（5）排水结构　如天沟、雨水管、勒脚、散水、明沟等。

（6）安全和装饰结构　如扶手、栏杆、女儿墙等。

建筑施工图简称“建施”，主要反映建筑物的整体布置、外部造型、内部布置、细部构造、内外装饰以及一些固定设备、施工要求等，是房屋施工放线、砌筑、安装门窗、室内外装修和编制工程概算及组织施工的主要依据。一套建筑施工图包括施工总说明、总平面图、建筑平面图、建筑立面图、建筑剖面图、建筑详图和门窗表等。

二、建筑施工图样与机械图样的区别

1．执行的标准不同

机械图样是按照技术制图和机械制图国家标准绘制的，而建筑施工图样是按照 GB/T 50001－2017《房屋建筑制图统一标准》、GB/T 50103－2010《总图制图标准》、GB/T 50104－2010《建筑制图标准》、GB/T 50105－2010《建筑结构制图标准》、GB/T 50106－2010《建

筑给水排水制图标准》、GB/T 50114－2010《暖通空调制图标准》六个国家标准绘制的。

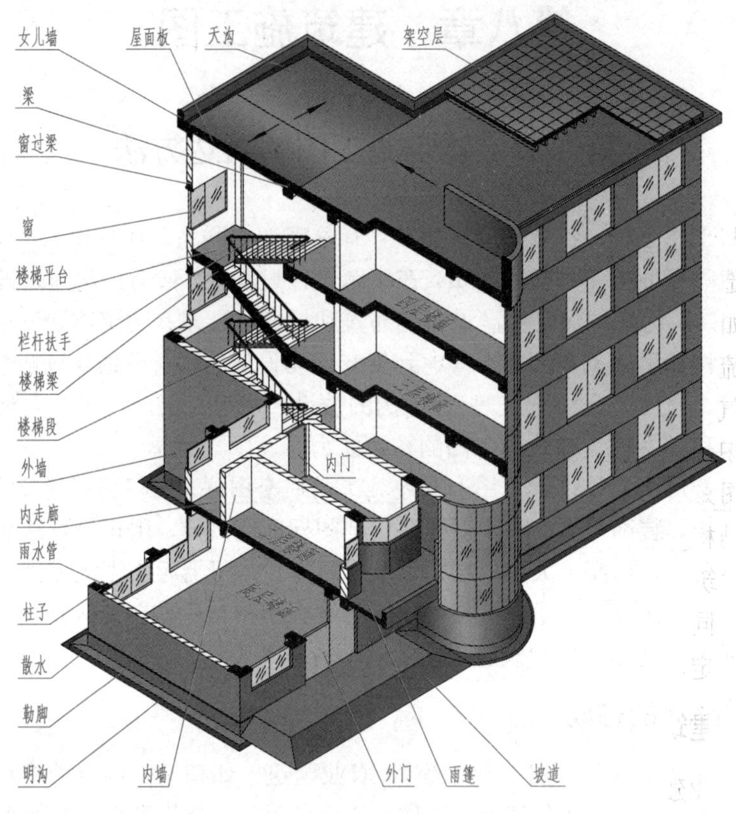

图 8-1　房屋的基本结构

2．图样的名称与配置不同

① 建筑施工图样与机械图样都是按正投影法绘制的，但建筑施工图样与机械图样的图名不同，二者的区别详见表 8-1。

表 8-1　建筑施工图样与机械图样的图名对照

类别	图名对照								
建筑图样	正立面图	平面图	左侧立面图	右侧立面图	底面图	背立面图	剖面图	断面图	建筑详图
机械图样	主视图	俯视图	左视图	右视图	仰视图	后视图	剖视图	断面图	局部放大图

② 建筑施工图的视图配置（排列），通常是将平面图画在正立面图的下方。如果需要绘制侧立面图，也常将左侧立面图画在正立面图的左方，右侧立面图画在正立面图的右方。也可将平面图、立面图分别画在不同的图纸上。

3．线宽比不同

绘制机械图样有 9 种规格的图线，绘制建筑图样有 11 种规格的图线。机械图样的线宽比为“粗线：细线=2∶1”，而建筑图样的线宽比为“粗线：中粗线：中：细=1∶0.7∶0.5∶0.25”，见表 8-2。

4．绘图比例不同

由于建筑物的形体庞大，所以平面图、立面图、剖面图一般都采用较小的比例绘制。建筑施工图中常用的比例，见表 8-3。

表 8-2 机械图样与建筑图样的线宽比（摘自 GB/T 4457.4—2002、GB/T 50104—2010）

（机械图样）图线名称	线宽 d	（建筑图样）图线名称		线宽 b
粗实线	d	实线	粗	b
细实线	$0.5d$		中粗	$0.7b$
细虚线	$0.5d$		中	$0.5b$
细点画线	$0.5d$		细	$0.25b$
波浪线	$0.5d$	虚线	中粗	$0.7b$
双折线	$0.5d$		中	$0.5b$
粗虚线	d		细	$0.25b$
粗点画线	d	单点长画线	粗	b
细双点画线	$0.5d$		细	$0.25b$
—	—	折断线	细	$0.25b$
—	—	波浪线	细	$0.25b$

表 8-3 建筑施工图常用的比例（摘自 GB/T 50104—2010）

图 名	比 例	图 名	比 例
建筑物或构筑物的平面图、立面图、剖面图	1∶50、1∶100、1∶150 1∶200、1∶300	配件及构造详图	1∶1、1∶2、1∶5、1∶10 1∶15、1∶20、1∶25、1∶30 1∶50
建筑物或构筑物的局部放大图	1∶10、1∶20、1∶25 1∶30、1∶50		

5. 尺寸标注不同

① 建筑图样中的起止符号一般不用箭头，而用与尺寸界线成顺时针旋转 45°角、长度为 2～3mm 的中粗斜短线表示，其标注的一般形式如图 8-2 所示。直径、半径、角度与弧长的

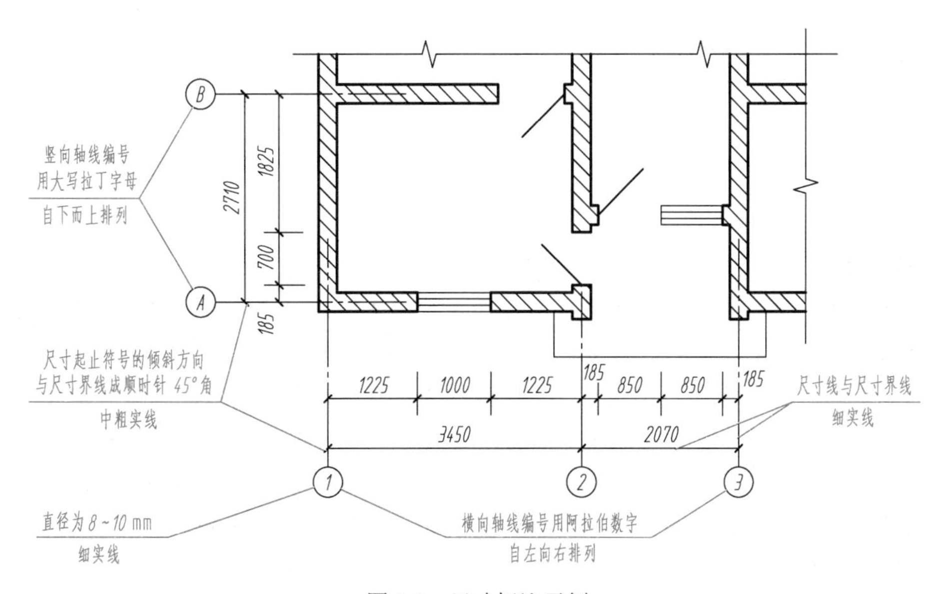

图 8-2 尺寸标注示例

尺寸起止符号，用箭头表示。

② 一般情况下，建筑图样中的尺寸要注成封闭的。

③ 建筑图样中的尺寸单位，除标高及总平面图以 m 为单位外，其他必须以 mm 为单位。

三、建筑施工图的基本表示法

建筑施工图是从总体上表达建筑物的内外形状和结构情况，通常要画出它的平面图、立面图和剖面图（简称“平、立、剖”），是建筑施工图中的基本图样。

1．平面图

假想用一水平的剖切平面沿门窗洞的位置将建筑物剖开，移去剖切平面以上部分，将余下部分向水平面投射所得的剖视图，称为建筑平面图，简称平面图，如图 8-3（b）所示。从图中可以看出，平面图相当于机械制图中全剖的俯视图。

平面图主要表示建筑物的平面布局，反映各个房间的分隔、大小、用途；墙（或柱）的位置；内外交通联系；门窗的类型和位置等内容。如果是楼房，还应表示楼梯的位置、形式和走向。

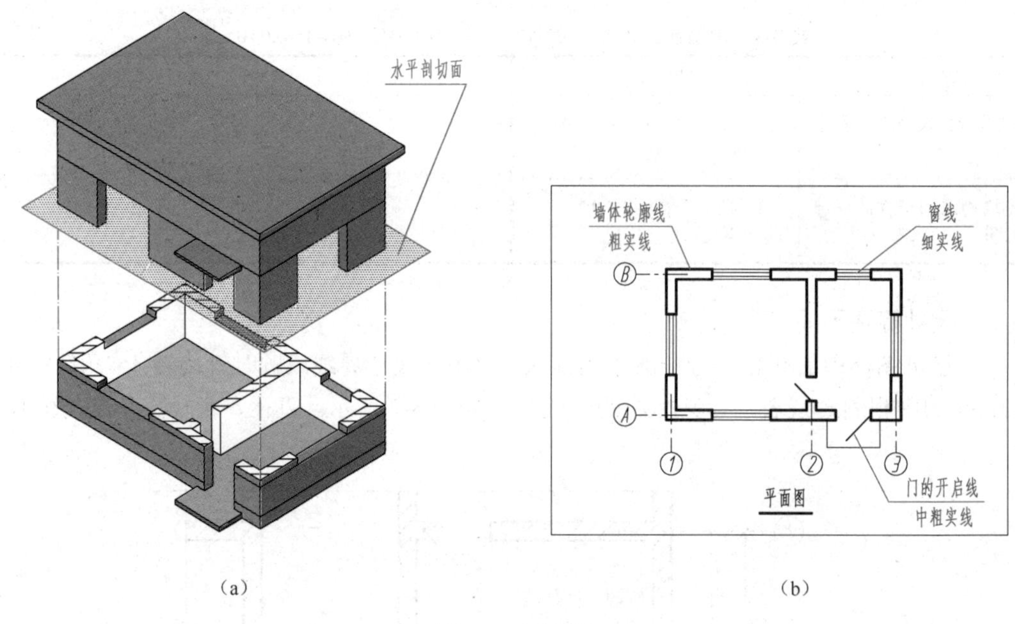

图 8-3　平面图

2．立面图

在与建筑立面平行的铅直投影面上所做的正投影图，称为建筑立面图，简称立面图，如图 8-4 所示。

立面图主要表示建筑物的外貌，反映建筑物的长度、高度和层数，门窗、雨篷、凉台等细部的形式和位置，以及墙面装饰的做法等内容。由于立面图主要表示建筑物某一立面的外貌，所以建筑物内部不可见部分省略不画。立面图采用的比例与平面图相同。立面图的名称，一般以反映主要出入口和建筑物外貌特征的那一面，称为正立面图（相当于机械制图中的主视图）；从建筑物的左侧（或右侧）由左向右（或由右向左）投射所得的立面图，称为侧立面图；而从建筑物的背面（由后向前）投射所得的立面图，则称为背立面图。

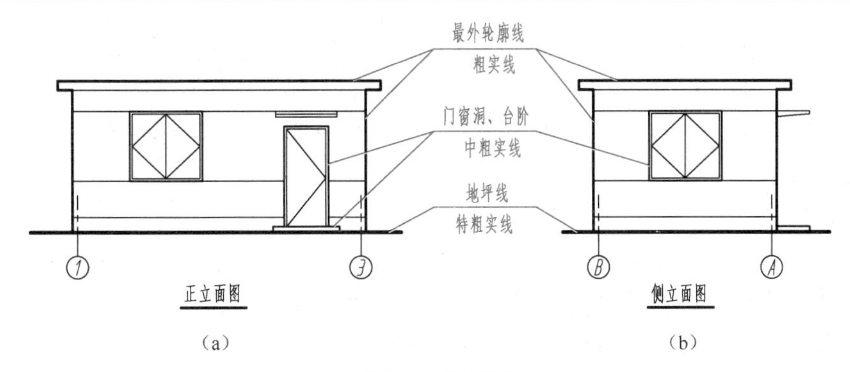

（a）　　　　　　（b）

图 8-4　立面图

3. 剖面图

假想采用一个或多个垂直于外墙的切平面将建筑物剖开，移去观察者和剖切面之间的部分，将余下部分向投影面投射所得的剖视图，称为建筑剖面图，简称剖面图，如图 8-5（b）所示。该剖面图相当于机械制图中全剖的左视图或右视图。

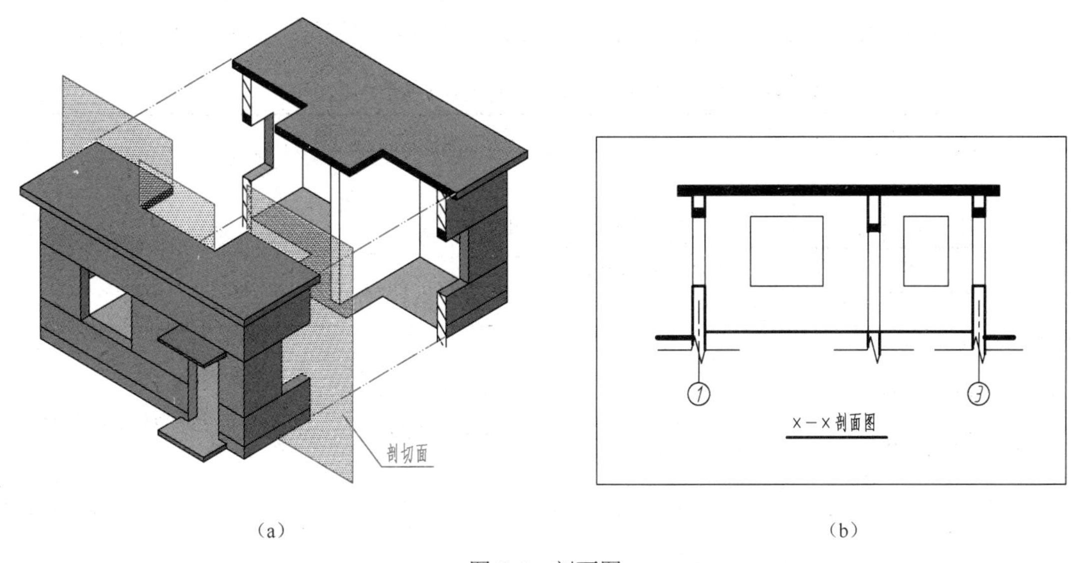

（a）　　　　　　（b）

图 8-5　剖面图

剖面图主要表示建筑物内部在垂直方向上的情况。如屋面坡度、楼房的分层、楼板的厚度，以及地面、门窗、屋面的高度等。剖面图采用的比例与平面图、立面图相同。剖面图所选取的剖切位置，应该是建筑物内部有代表性或空间变化较复杂的部位，并尽可能通过门窗洞、楼梯间等部位。

四、建筑施工图常用的符号和图例

1. 定位轴线

定位轴线是用来确定房屋主要承重构件位置及标注尺寸的基线。在建筑施工图中，建筑物是个整体，为了便于施工时定位放线和查阅图样，采用定位轴线表示墙、柱的位置，并对各定位轴线加以编号。

定位轴线用单点长画线表示，轴线编号注写在轴线端部的圆圈内。编号圆用细实线绘制，直径为 8～10mm。在平面图上，横向编号采用阿拉伯数字，自左向右依次编写；竖向编号用大写拉丁字母（I、O、Z 除外）自下而上顺序编写，轴线编号一般注写在平面图的下方及左侧，如图 8-2 所示。在立面图或剖面图上，一般只需画出两端的定位轴线，如图 8-4、图 8-5（b）所示。

2．标高符号

在建筑施工图中，用标高表示建筑物的地面或某一部位的高度。用绝对标高和建筑标高表示不同的相对高度。标高尺寸以 m 为单位，不需在图上标注。

建筑标高用来表示建筑物各部位的高度，用于除总平面图以外的其他施工图上。常以建筑物的首层室内地面作为零点标高（注写成±0.000）；零点标高以上为正，标高数字前不必注写“+”号；零点标高以下为负，标高数字前必须加注负号“-”；标高尺寸注写到小数点后第三位。

3．图例

由于建筑施工图是采用较小比例绘制的，有些内容不可能按实际情况画出，因此常采用各种图形符号（称为图例）来表示建筑材料和建筑配件。画图时，要按照建筑制图国家标准的规定，正确地画出这些图例。总平面图常用图例见表 8-4，建筑施工图常用图例见表 8-5。

表 8-4　总平面图常用图例（摘自 GB/T 50103—2010）

名称	图　例	说　明	名称	图　例	说　明
新建建筑物	12F/2D H=59.00m	新建建筑物以粗实线表示与室外地坪相接处±0.00 外墙定位轮廓线 根据不同设计阶段标注地上（F）、地下（D）层数，建筑高度，建筑出入口位置 地下建筑物以粗虚线表示其轮廓 建筑上部（±0.00 以上）外挑建筑用细实线表示	围墙及大门		—
			其他材料、露天堆场或露天作业场		需要时可注明材料名称
原有的建筑物		用细实线表示	填挖边坡		—
计划扩建预留地或建筑物		用中粗虚线表示	挡土墙	5.00（墙顶标高） 1.50（墙底标高）	挡土墙根据不同设计阶段的需要标注
拆除的建筑物		用细实线表示	人行道		用细实线表示
坐标	1. X=105.00 Y=425.00 2. A=105.00 B=425.00	1.表示地形测量坐标系 2.表示自设坐标系 坐标数字平行于建筑标注	绿化		从左至右：常绿针叶乔木、落叶针叶乔木、常绿阔叶乔木、落叶阔叶乔木
					从左至右：常绿阔叶灌木、落叶阔叶灌木、花卉、人工草坪

表 8-5　建筑施工图常用图例（摘自 GB/T 50001—2017、GB/T 50104—2010）

名称		图例	说明	名称		图例	说明
建筑材料	自然土壤		包括各种自然土壤	建筑构造及配件	单面开启单扇门（包括平开或单面弹簧）		①门的名称代号用 M 表示 ②平面图中，下为外，上为内 ③剖面图中，左为外，右为内 ④立面图中，开启线实线为外开，虚线为内开。开启线交角的一侧为安装合页的一侧
	夯实土壤		—				
	普通砖		包括实心砖、多孔砖、砌块等砌体。断面较窄不易绘出图例线时，可涂红，并在图纸备注中加注说明，画出该材料图例		单层外开平开窗		①窗的名称代号用 C 表示 ②平面图中，下为外，上为内 ③剖面图中，左为外，右为内 ④立面图中，开启线实线为外开，虚线为内开。开启线交角的一侧为安装合页的一侧
	混凝土		①本图例指能承重的混凝土及钢筋混凝土 ②包括各种强度等级、骨料、添加剂的混凝土 ③在剖面图上画出钢筋时，不画图例线 ④断面图形小，不易画出图例线时，可涂黑				
	钢筋混凝土				孔洞		阴影部分亦可填充灰度或涂色代替
其他	指北针	北 或 N	圆的直径宜为 24mm，用细实线绘制；指针尾部的宽度宜为 3mm，指针头部应注“北”或“N”字		坑槽		—

第二节　建筑施工图的识读

建筑施工图所表达内容很多，对于非建筑专业人员而言，只要知道房屋的形状就行了，不需要了解其构件的内部结构、材料性能和施工要求，所以本节只对建筑施工图的识读方法作简要介绍。

一、总平面图

将拟建的建筑物及四周一定范围内原有和准备拆除的建筑物，连同其周围地形、地貌状况，用水平投影法和有关图例所画出的图样，称为总平面图。

总平面图能反映建筑物的平面形状、位置、朝向和周围环境的关系。它是新建建筑物定位、放线以及施工组织设计的依据，也是其他专业人员绘制设备布置图和管线布置图的依据。

图 8-6 是某拟建实验楼的总平面图，图中符号按表 8-4 中的图例绘制。

总平面图因包括范围较大，常采用较小的比例，如 1∶2000、1∶1000、1∶500 等。

图 8-6 中用粗实线按底层外轮廓线绘制拟建的新建筑物（新建实验楼）；用细实线绘制原有建筑物（配房）；用中粗虚线绘制计划扩建的建筑物（教学楼）；4F 表示楼的层数，打“×”的（库房）表示要拆除的建筑物。

总平面图中所有尺寸都是以 m 为单位标注的；新建房屋应注底层室内地面和室外整平

后地坪的绝对标高（以青岛黄海海平面为零点而测定的高度尺寸），标高保留小数点后两位。

图中右上方画出风玫瑰图，表示了房屋的朝向和本地全年的最大风向频率。

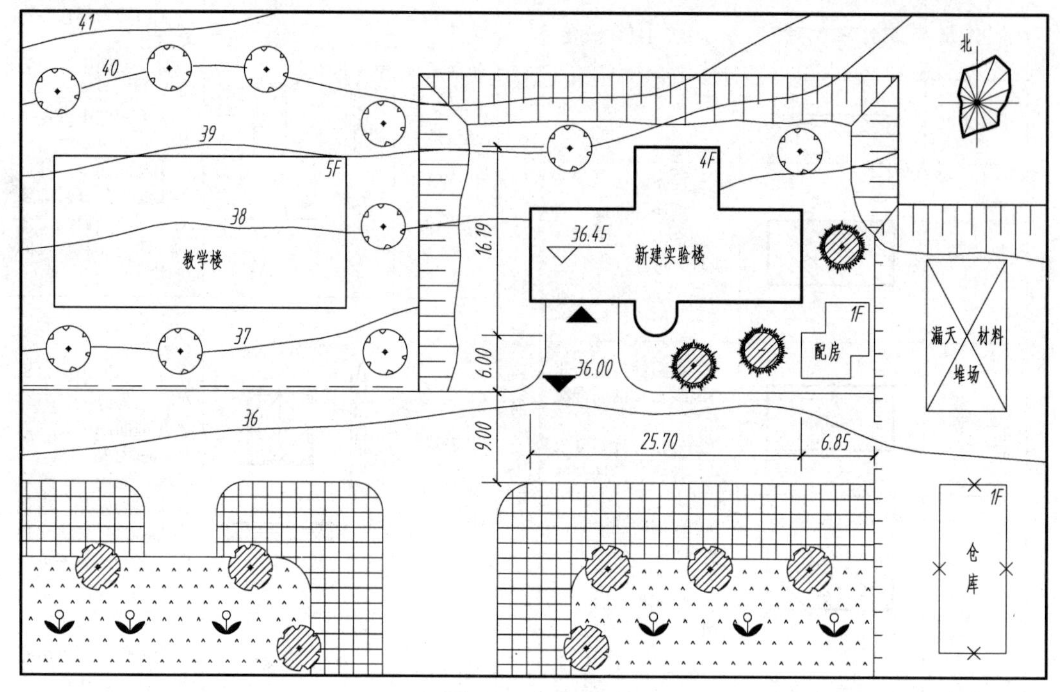

图 8-6　总平面图

二、平面图

平面图是假想经过门窗的水平面把房屋剖开，移走上部，从上向下投射得到的水平剖视图，称为平面图，如图 8-7 中“首层平面图”所示。如果是楼房，沿底层切开的，称为底（首）层平面图，沿二层切开的称为二层平面图，依次有三层、四层……平面图。

平面图主要表示房屋的平面形状和内部房间的分隔、大小、用途、门窗的位置，以及交通联系（楼梯、走廊）等内容。

在施工过程中，放线、砌筑、安装门窗、室内装修及编制工程预算、备料等，都要用到平面图。平面图应包括如下一些基本内容。

（1）定位轴线及编号　定位轴线是施工定位、放线的重要依据。本例横向轴线为①～⑧号，竖向轴线为Ⓐ～Ⓓ号。其中⑴⁄⑸为⑤号轴线后的一条附加轴线，⑴⁄Ⓒ为Ⓒ号轴线后的一条附加轴线。定位轴线用单点长画线绘制。

（2）图线和比例　平面图中的线型粗细要分明，凡是被水平切平面剖切到的墙、柱等截面轮廓线为粗实线；门扇的开启示意线为中粗实线；其余可见轮廓线和尺寸线等为细实线。

（3）材料图例　平面图上的断面，一般应画出材料图例，但当比例等于或小于 1∶100 时，可用简化的材料图例来表示。如砖墙断面涂红、钢筋混凝土断面涂黑等。

（4）门窗　平面图中的门窗应按标准规定的图例画出。门的代号为“M”，窗的代号为“C”，在代号后面加上编号，如 M1、M2……和 C1、C2……等。同一编号表示同一类型的门窗，如平面图中有 2 处标有 M5、有 6 处标有 C2，说明它们的构造和尺寸都一样。

（5）楼梯　平面图中的楼梯应按标准规定的图例来表示，楼梯的踏面数和平台宽应按实际画出。

（6）尺寸和标高　平面图中应标注外部尺寸和内部尺寸。

① 外部尺寸。在水平方向和竖直方向各标注三道尺寸。

——最外面一道标注外轮廓的总尺寸，表明实验楼的总长和总宽，通过其长度和宽度，即可计算建筑面积和占地面积。

——中间一道是轴线尺寸，表明房间的开间及进深。一般两相邻水平轴线间的距离称为开间，两相邻竖直轴线间的距离称为进深。

——最里一道表示外墙各细部的位置及大小，如门窗洞口、墙垛的宽度和位置等。

② 内部尺寸。应标出内墙的厚度、内墙上门窗洞的宽度尺寸和定位尺寸等。

③ 标高。平面图中应注明地面的相对标高。规定底层地面为标高零点（写成±0.000），其余各处地面的标高值即相对于底层地面的相对高度，如底层厕所地面标高为-0.060，即表示该处地面比底层地面低 60 mm。

（7）指北针　在平面图旁的明显位置上画出指北针，指北针所指的方向应与总平面图一致。从图中可以看出，该实验楼坐北朝南。

（8）其他　底层平面图画出大门口处的坡道和右侧的台阶、室外散水、明沟，并标明剖面图的剖切位置、投射方向和编号。

三、立面图

从正面观察房屋的视图，称为正立面图；从侧面观察房屋所得的视图，称为侧立面图；从背面观察房屋所得的视图，称为背立面图。立面图也可以按房屋的朝向分别称为东立面图、西立面图、南立面图、北立面图，如图 8-7 中正立面图为南立面图。

立面图表示房屋的外貌，反映房屋的高度、门窗的形式、大小和位置，屋面的形式和墙面的做法等内容，一般包括下列基本内容。

（1）内容　本例的立面图采用建筑物的朝向来命名，图 8-7 中给出了南立面图（即正立面图）和东立面图（即侧立面图）。立面图的比例，一般与平面图一致，以便对照阅读。从南立面图可看到大门上方的折角雨篷，及折角墙面上的折角窗，中间的半圆弧窗和右边墙上各层窗户的分布情况。从东立面图可看到半圆弧窗的右侧面、东侧外门、台阶和雨篷。各立面图上均统一画上了墙面分隔线。

（2）图线　为了使立面图轮廓清晰、层次分明，增强立面效果，通常用粗实线画出立面的最外轮廓线。地坪线用特粗实线（粗实线的 1.4 倍）画出。立面上自成一体的形体轮廓线用中粗实线画出，门、窗、雨篷、台阶、墙面分隔线、勒脚、雨水管等用细实线画出。

（3）标注　在立面图中，一般只注写相对标高而不注写大小尺寸。用标高表示建筑物的总高度，标注室外地坪、顶面、门窗洞上下口、雨篷、屋檐下口、屋面等处的标高，标高注在图形外，各标高符号大小一致，并对齐排在同一铅直线上；标注立面两端墙的定位轴线及编号，图 8-7 中正立面图（南立面图）标注①、⑧轴线，侧立面图（东立面图）标注Ⓐ、Ⓓ轴线，并在图的下方注写图名、比例；用文字来说明立面上的装修做法，如外墙为“白水泥水刷石”。

四、剖面图

假想用正平面或侧平面沿铅垂方向把房屋剖开（如果剖切平面不能同时剖开外墙上的门

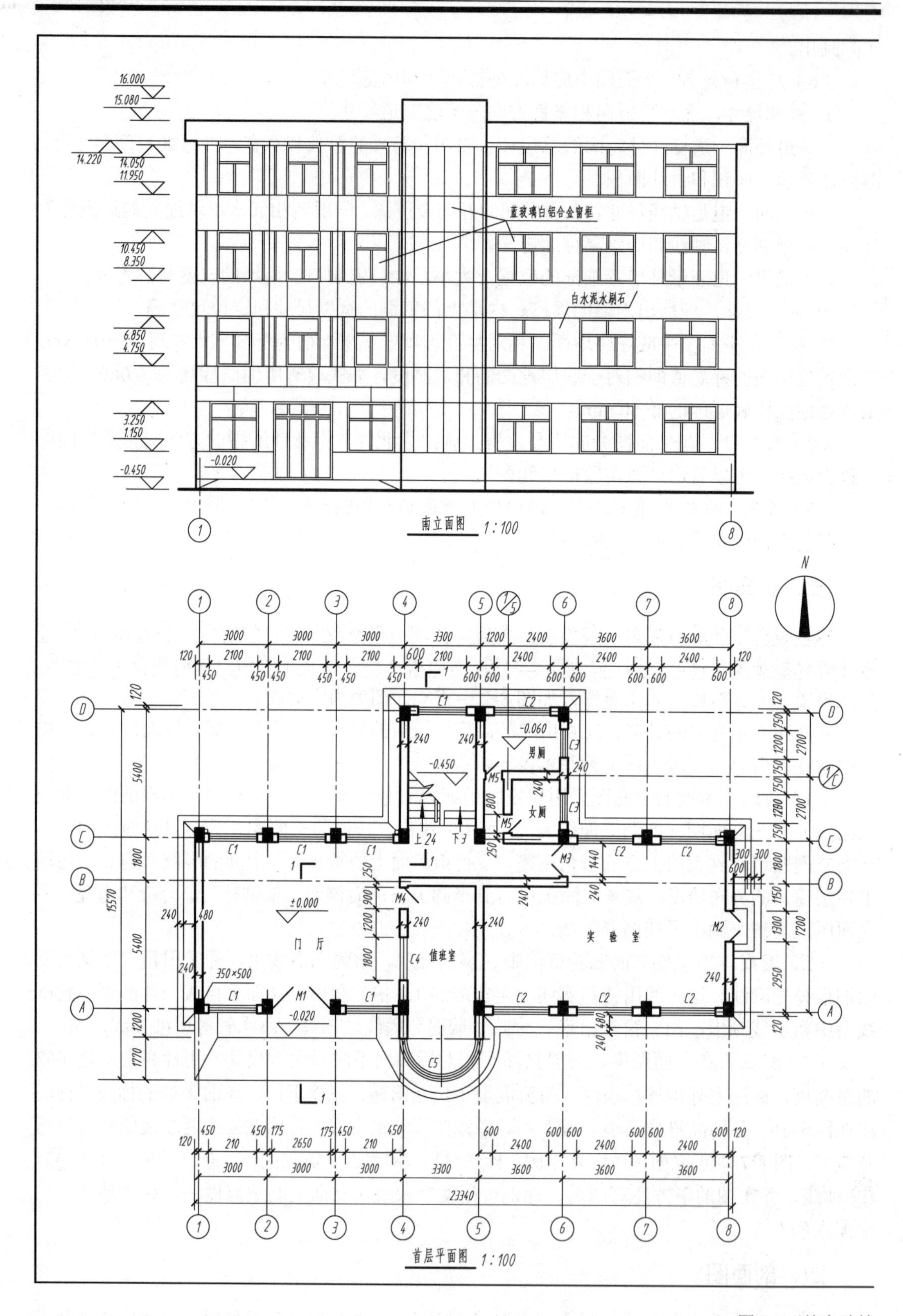

16.000
15.080
14.220
14.050
11.950
10.450
8.350
6.850
4.750
3.250
1.150
-0.020
-0.450
蓝玻璃白铝合金窗框
白水泥水刷石
南立面图 1:100
N
男厕
女厕
门厅
值班室
实验室
±0.000
-0.060
-0.450
-0.020
上24
下3
350×500
C1
C2
C3
C4
C5
M1
M2
M3
M4
M5
3000
3300
3600
2100
2400
23340
15570
5400
1800
1200
1770
2700
7200
首层平面图 1:100

图 8-7 某实验楼

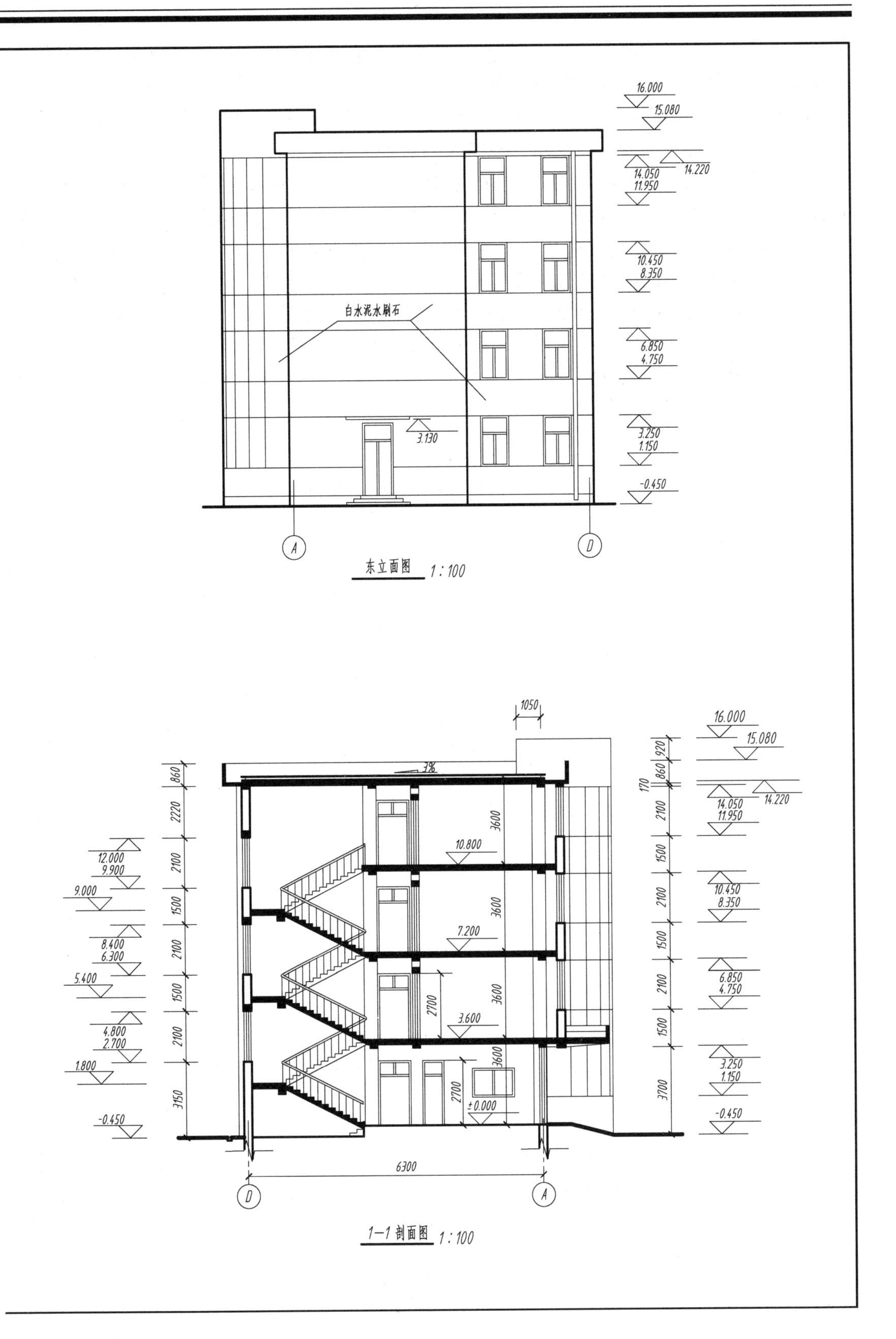

建筑施工图（部分）

或窗时，可将剖切平面转折一次），将处于观察者和剖切平面之间的部分移去，而将其余部分向投影面投射所得的图形，称为剖面图，如图 8-7 中的“1—1 剖面”所示。

剖面图主要用来表示房屋内部的结构形式、分层情况、主要构件的相互关系以及从屋面到地面各层的高度等内容，剖面图一般包括下列基本内容。

（1）图名与轴线编号　将图名与轴线编号、平面图上的剖切位置和轴线编号相对照，可知“1—1 剖面图”是一个纵向剖面图，剖面图的比例与平、立面图一致。

（2）图线　剖面图的线型与平面图一样，即凡剖切到的墙、板、梁构件的断面轮廓线为粗实线，剖切面后面的可见轮廓线为细实线。

（3）标注　标注室内外地坪、楼地面、楼梯平台、门窗、檐口、屋顶等处的标高；标注两端外墙的竖直连续线性尺寸和内部可见的建筑构造、构配件的高度尺寸、层高尺寸；标注两端被剖切的外墙的定位轴线（本例标注了Ⓐ、Ⓓ号轴线），并标出两轴线间的尺寸。

第九章　化工工艺图

第一节　化工工艺流程图

在炼油、化工、纤维、合成塑料、合成橡胶、化肥等石油化工产品的生产过程中，有着相同的基本操作单元，如蒸发、冷凝、精馏、吸收、干燥、混合、反应等等。化工工艺流程图是用来表达化工生产过程与联系的图样，如物料的流程顺序和操作顺序。它不但是化工工艺人员进行工艺设计的主要内容，也是进行工艺安装和指导生产的技术文件。

一、首页图

在工艺设计施工图中，将所采用的部分规定以图表形式绘制成首页图，以便于识图和更好地使用设计文件。首页图如图9-1所示，它包括如下内容：

① 管道及仪表流程图中所采用的图例、符号、设备位号、物料代号和管道编号等；

② 装置及主项的代号和编号；

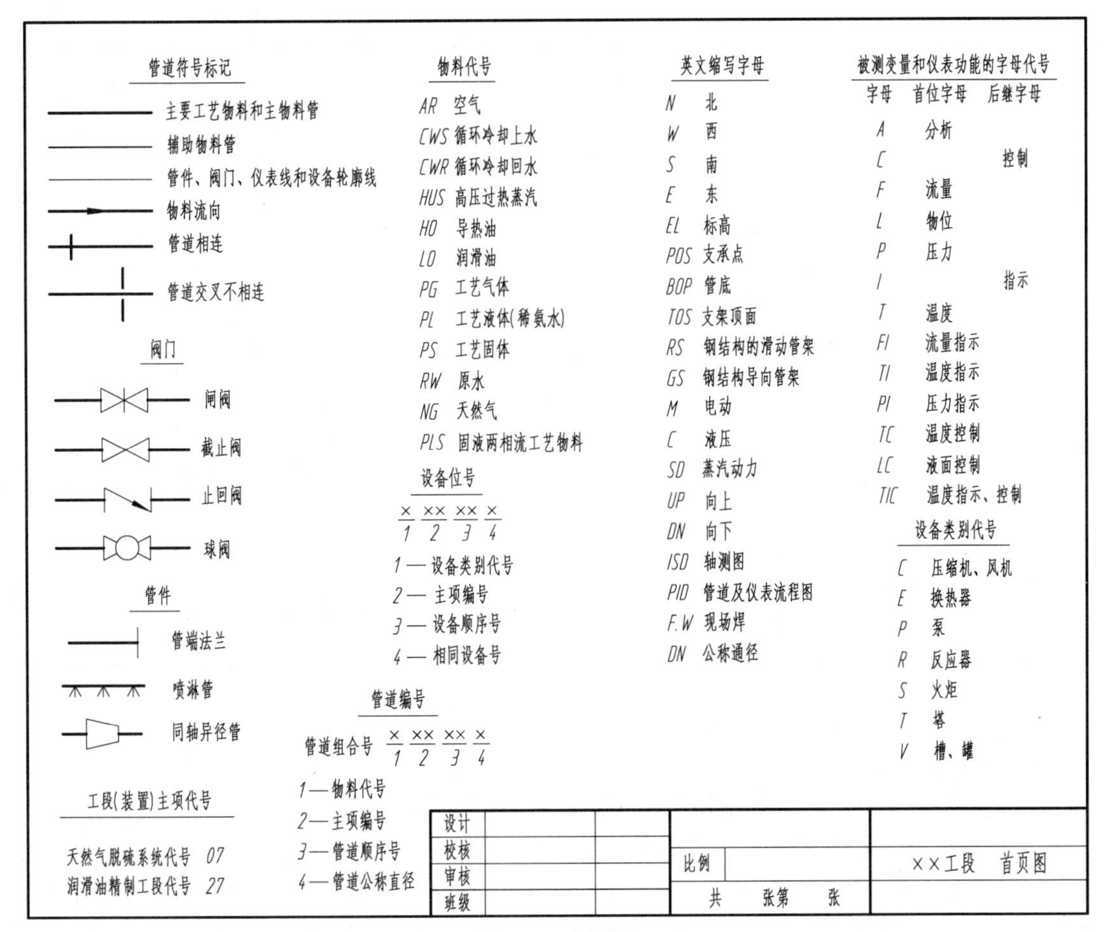

图9-1　首页图

③ 自控（仪表）专业在工艺过程中所采用的检测和控制系统的图例、符号、代号等；
④ 其他有关需要说明的事项。

二、工艺方案流程图

工艺方案流程图亦称原理流程图或物料流程图。工艺方案流程图是视工艺复杂程度、以工艺装置的主项（工段或工序、车间或装置）为单元绘制的。工艺方案流程图是按照工艺流程的顺序，将设备和工艺流程线从左向右展开画在同一平面上，并附以必要标注和说明的一种示意性展开图。工艺方案流程图是设计设备的依据，也可作为生产操作的参考。

如图 9-2 所示，从脱硫系统工艺方案流程图可知：天然气来自配气站，进入罗茨鼓风机（C0701）加压后，送入脱硫塔（T0701）；与此同时，来自氨水储罐（V0701）的稀氨水，经氨水泵（P0701A）打入脱硫塔（T0701）中，在塔中气液两相逆流接触，天然气中有害物质硫化氢被氨水吸收脱除。

脱硫后的天然气进入除尘塔（T0703），在塔内经水洗除尘后，去造气工段。从脱硫塔（T0701）出来的废氨水，经过氨水泵（P0701B）打入再生塔（T0702），与空气鼓风机（C0702）送入再生塔的新鲜空气逆向接触，空气吸收废氨水中的硫化氢后，余下的酸性气体去硫黄回收工段；由再生塔出来的再生氨水，经氨水泵（P0701A）打入脱硫塔（T0701）循环使用。

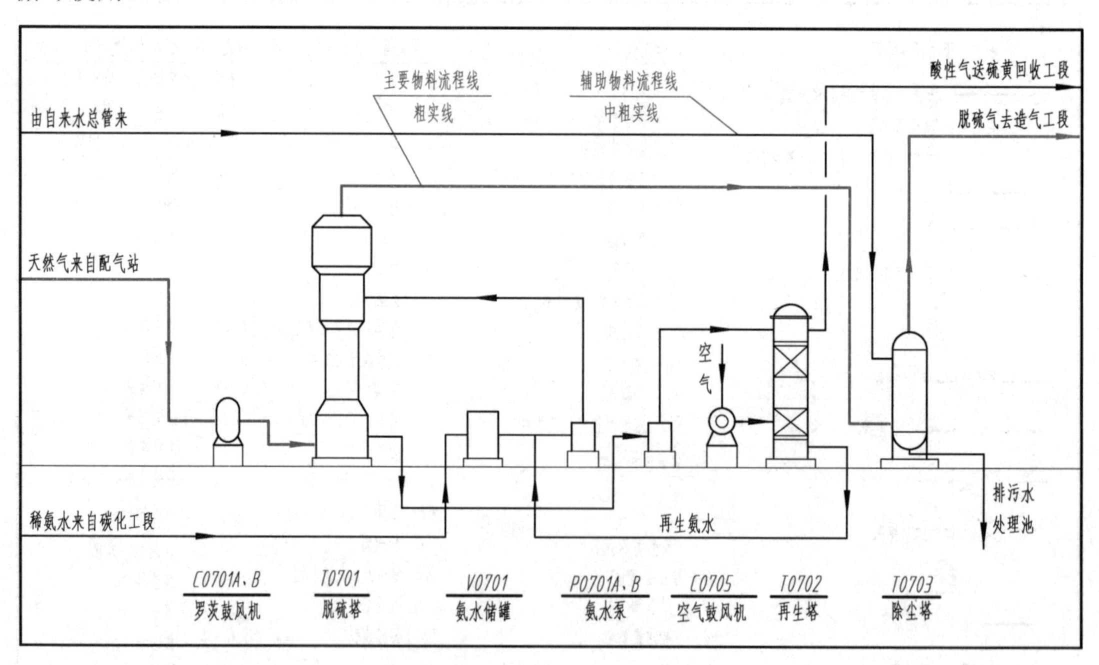

图 9-2　脱硫系统工艺方案流程图

1. 设备的画法

① 用细实线从左至右、按流程顺序依次画出能反映设备大致轮廓的示意图。一般不按比例，但要保持它们的相对大小及位置高低。常用设备的画法，参阅附表 19。

② 设备上重要接管口的位置，应大致符合实际情况。各设备之间应保留适当距离，以便布置流程线。两个或两个以上的相同设备，可以只画一套，备用设备可以省略不画。

2．流程线的画法

① 用粗实线画出各设备之间的主要物料流程。用中粗实线画出其他辅助物料的流程线。流程线一般画成水平线和垂直线（不用斜线），转弯一律画成直角。

② 在两设备之间的流程线上，至少应有一个流向箭头。当流程线发生交错时，应将其中一线断开或绕弯通过。同一物料线交错，按流程顺序“先不断、后断”；不同物料线交错时，主物料线不断，辅助物料线断，即“主不断、辅断”。

3．标注

① 将设备的名称和位号，在流程图上方或下方靠近设备示意图的位置排成一行，如图 9-2 所示。在水平线（粗实线）的上方注写设备位号，下方注写设备名称。

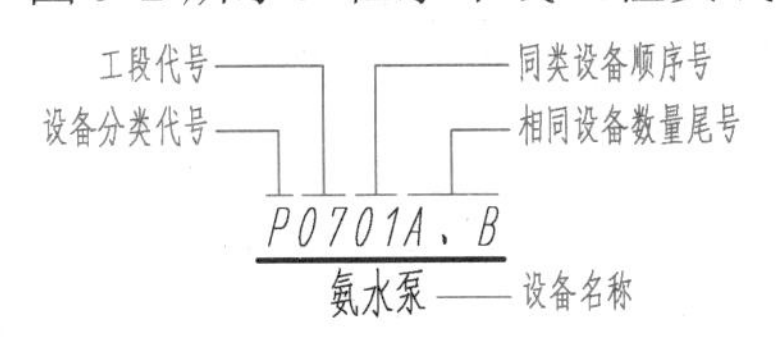

图 9-3 设备位号的标注

② 设备位号由设备分类代号、工段代号（两位数字）、同类设备顺序号（两位数字）和相同设备数量尾号（大写拉丁字母）四部分组成，如图 9-3 所示。设备分类代号见表 9-1。

③ 在流程线开始和终止的上方，用文字说明介质的名称、来源和去向，如图 9-2 所示。

表 9-1 设备类别代号（摘自 HG/T 20519.2—2009）

序号	类别	代号	应用	序号	类别	代号	应用
1	塔	T	各种填料塔、板式塔、喷淋塔、湍球塔和萃取塔	7	火炬、烟囱	S	各种工业火炬与烟囱
2	泵	P	离心泵、齿轮泵、往复泵、喷射泵、液下泵、螺杆泵等	8	容器（槽、罐）	V	储槽、储罐、气柜、气液分离器、旋风分离器、除尘器等
3	压缩机风机	C	各类压缩机、鼓风机	9	起重运输设备	L	各种起重机械、葫芦、提升机、输送机、运输车等
4	换热器	E	列管式、套管式、螺旋板式、蛇管式、蒸发器等各种换热设备	10	计量设备	W	各种定量给料秤、地磅、电子秤等
5	反应器	R	固定床、硫化床、反应釜、反应罐（塔）、转化器、氧化炉等	11	其他机械	M	电动机、内燃机、汽轮机、离心透平机等其他动力机
6	工业炉	F	裂解炉、加热炉、锅炉、转化炉、电石炉等	12	其他设备	X	各种压滤机、过滤机、离心机、挤压机、揉和机、混合机等

三、工艺管道及仪表流程图

工艺管道及仪表流程图亦称为 PID、施工流程图或生产控制流程图。工艺管道及仪表流程图，是在工艺方案流程图基础上绘制的，是内容更为详细的工艺流程图。工艺管道及仪表流程图要绘出所有生产设备和管道，以及各种仪表控制点和管件、阀门等有关图形符号。它是经物料平衡、热平衡、设备工艺计算后绘制的，是设备布置、管道布置的原始依据，也是施工的参考资料和生产操作的指导性技术文件。

1．画法

① 设备与管道的画法与方案流程图的规定相同。管道上所有的阀门和管件，用细实线按标准规定的图形符号（表 9-2）在管道的相应处画出。

② 仪表控制点用细实线在相应的管道或设备上用符号画出。符号包括图形符号和字母代号。它们组合起来表达工业仪表所处理的被测变量和功能，或表示仪表、设备、元件、管线的名称。仪表图形符号是一个直径为 10mm 的细实线圆，如图 9-4（a）所示，用细实线连

到设备轮廓线或管道的测量点上，如图 9-4（b）所示。

表 9-2　管道系统常用阀门图形符号（摘自 HG/T 20519.2—2009）

名称	符　号	名称	符　号
截止阀		旋塞阀	
闸　阀		球　阀	
蝶　阀		隔膜阀	
止回阀		减压阀	

注：1. 阀门图例尺寸一般为长 4 mm、宽 2 mm，或长 6 mm、宽 3 mm。
2. 图例中圆黑点直径为 2mm，圆直径为 4mm。

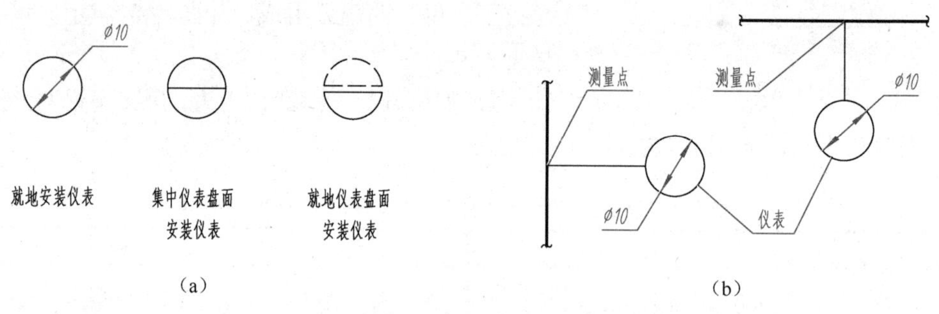

图 9-4　仪表的图形符号

2．标注

（1）设备的标注　设备的标注与方案流程图的规定相同。

（2）管道流程线的标注　管道流程线上除应画出介质流向箭头并用文字标明介质的来源或去向外，还应对每条管道标注以下四部分内容：

① 管道号（或称管段号），由三个单元组成，即物料代号、工段号、管道顺序号；

② 管道公称通径；

③ 管道压力等级代号；

④ 隔热（或隔声）代号。

上述四项总称为管道组合号。前面一组由管道号和管道公称通径组成，两者之间用一短线隔开；后面一组由管道公称压力等级、同类管道顺序号、管道材质和隔热（或隔声）代号组成，两者之间用一短线隔开，如图 9-5（a）所示。

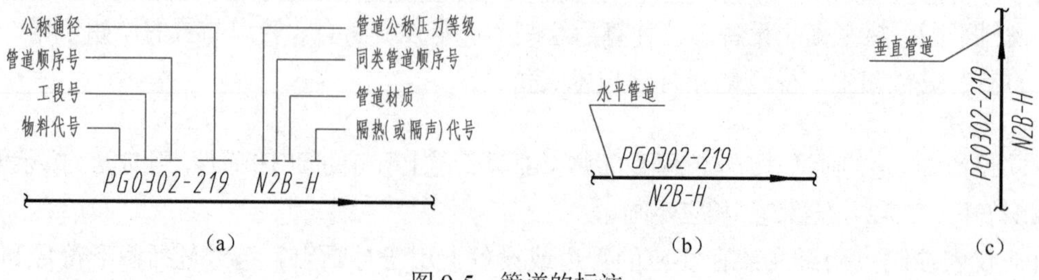

图 9-5　管道的标注

管道组合号一般标注在管道的上方，如图 9-5（a）所示；必要时也可将前、后两组分别标注在管道的上方和下方，如图 9-5（b）所示；垂直管道标注在管道的左方（字头向左），如图 9-5（c）所示。

对于工艺流程简单，管道规格不多时，则管道组合号中的管道压力等级和隔热（或隔声）代号可省略。

物料代号　物料代号以英文名称的第一个字母（大写）来表示，化工行业的主管部门根据化工行业特点，作出了具体规定，详见表 9-3。

表 9-3　物料名称及代号（摘自 HG/T 20519.2—2009）

类别	物料名称	代号	类别	物料名称	代号	类别	物料名称	代号
工艺物料代号	工业空气	PA	水	锅炉给水	BW	制冷剂	气氨	AG
	工艺气体	PG		化学污水	CSW		液氨	AL
	气液两相流工艺物料	PGL		循环冷却水回水	CWR		气体乙烯或乙烷	ERG
	气固两相流工艺物料	PGS		循环冷却水上水	CWS		液体乙烯或乙烷	ERL
	工艺液体	PL		脱盐水	DNW		氟利昂气体	FRG
	液固两相流工艺物料	PLS		饮用水、生活用水	DW		气体丙烯或丙烷	PRG
	工艺固体	PS		消防水	FW		液体丙烯或丙烷	PRL
	工艺水	PW		热水回水	HWR		冷冻盐水回水	RWR
空气	空气	AR		热水上水	HWS		冷冻盐水上水	RWS
	压缩空气	CA		原水、新鲜水	RW	燃料	燃料气	FG
	仪表用空气	IA		软水	SW		液体燃料	FL
蒸汽及冷凝水	高压蒸汽	HS		生产废水	WW		液化石油气	LPG
	低压蒸汽	LS	其他物料	氢	H		固体燃料	FS
	伴热蒸汽	TS		氮	N		天然气	NG
	中压蒸汽	MS		氧	O		液化天然气	LNG
	蒸汽冷凝水	SC		火炬排放气	FV	增补代号	气氨	AG
油	燃料油	FO		惰性气	IG		液氨	AL
	填料油	GO		泥浆	SL		氨水	AW
	原油	RO		真空排放气	VE		转化气	CG
	导热油	HO		放空	VT		合成气	SG
	润滑油	LO		废气	WG		尾气	TG

管道公称压力等级代号　管道公称压力等级代号见表 9-4。

表 9-4　管道公称压力等级代号（摘自 HG/T 20519.6—2009）

公称压力 *PN*/MPa	代号	公称压力 *PN*/MPa	代号	公称压力 *PN*/MPa	代号	公称压力 *PN*/MPa	代号
0.25	H	1.6	M	6.4	Q	20.0	T
0.6	K	2.5	N	10.0	R	22.0	U
1.0	L	4.0	P	16.0	S	25.0	V

管道材质代号　管道材质代号见表 9-5。

表 9-5　管道材质代号（摘自 HG/T 20519.6—2009）

材料类别	代号	材料类别	代号	材料类别	代号	材料类别	代号
铸　铁	A	普通低合金钢	C	不锈钢	E	非金属	G
碳　钢	B	合金钢	D	有色金属	F	衬里及内防腐	H

隔热(或隔声)代号 隔热(或隔声)代号见表 9-6。

表 9-6 隔热(或隔声)代号（摘自 HG/T 20519.2—2009）

功能类别	代号	备　　注	功能类别	代号	备　　注
保温	H	采用保温材料	蒸汽伴热	S	采用蒸汽伴管和保温材料
保冷	C	采用保冷材料	热水伴热	W	采用热水伴管和保温材料
人身防护	P	采用保温材料	热油伴热	O	采用热油伴管和保温材料
防结露	D	采用保冷材料	夹套伴热	J	采用夹套管和保温材料
电伴热	E	采用电热带和保温材料	隔声	N	采用隔声材料

（3）仪表及仪表位号的标注 在工艺管道及仪表流程图中，仪表位号中的字母代号填写在圆圈的上半圆中，数字编号填写在圆圈的下半圆中，如图 9-6 所示。在检测控制系统中构成一个回路的每个仪表（或元件），都应有自己的仪表位号。仪表位号由字母代号组合与阿拉伯数字编号组成。第一位字母表示被测变量，后继字母表示仪表的功能。可一个或多个组合，最多不超过五个，字母的组合示例见表 9-7。

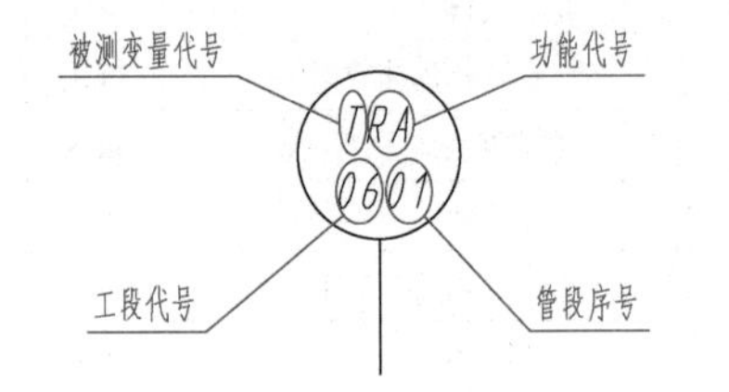

图 9-6 仪表位号的标注

表 9-7 被测变量及仪表功能字母组合示例

仪表功能	被测变量								
	温度（T）	温差（TD）	压力（P）	压差（PD）	流量（F）	物位（L）	分析（A）	密度（D）	未分类的量（X）
指示（I）	TI	TDI	PI	PDI	FI	LI	AI	DI	XI
记录（R）	TR	TDR	PR	PDR	FR	LR	AR	DR	XR
控制（C）	TC	TDC	PC	PDC	FC	LC	AC	DC	XC
变送（T）	TT	TDT	PT	PDT	FT	LT	AT	DT	XT
报警（A）	TA	TDA	PA	PDA	FA	LA	AA	DA	XA
开关（S）	TS	TDS	PS	PDS	FS	LS	AS	DS	XS
指示、控制	TIC	TDIC	PIC	PDIC	FIC	LIC	AIC	DIC	XIC
指示、开关	TIS	TDIS	PIS	PDIS	FIS	LIS	AIS	DIS	XIS
记录、报警	TRA	TDRA	PRA	PDRA	FRA	LRA	ARA	DRA	XRA
控制、变送	TCT	TDCT	PCT	PDCT	FCT	LCT	ACT	DCT	XCT

3. 阅读工艺管道及仪表流程图

阅读工艺管道及仪表流程图的目的是为选用、设计、制造各种设备提供工艺条件，为管道安装提供方便。对照工艺管道及仪表流程图，可以摸清并熟悉现场流程，掌握开停工顺序，维护正常生产操作。还可根据工艺管道及仪表流程图，判断流程控制操作的合理性，进行工艺改革和设备改造及挖潜。通过工艺管道及仪表流程图，还能进行事故设想，提高操作水平和预防、处理事故的能力。

现以图 9-7 所示天然气脱硫系统工艺管道及仪表流程图为例，说明读图的方法和步骤。

（1）掌握设备的数量、名称和位号 天然气脱硫系统的工艺设备共有 9 台。其中有相同型号的罗茨鼓风机二台（C0701A、B），一座脱硫塔（T0701），一台氨水储罐（V0701），

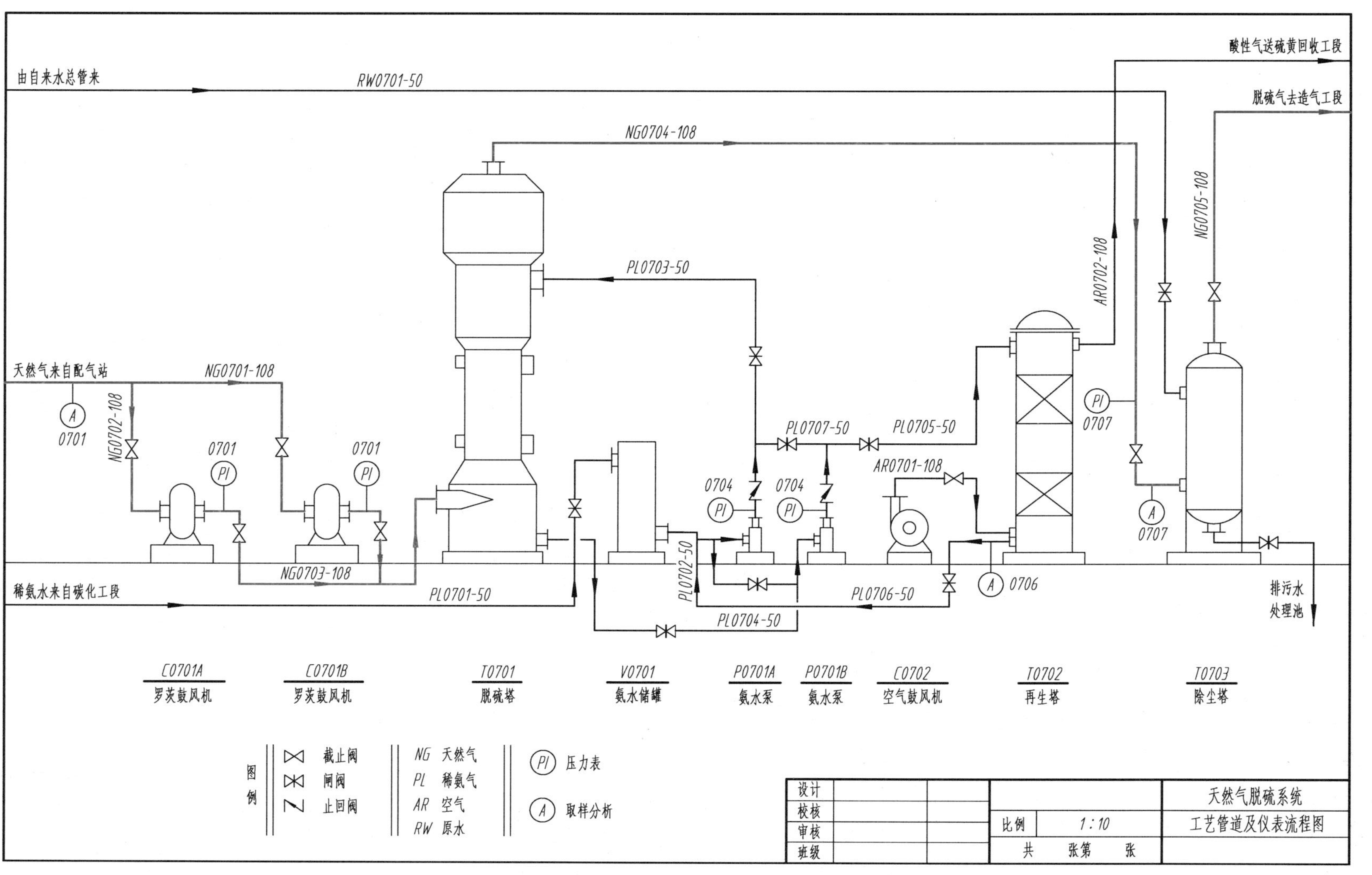

图 9-7 天然气脱硫系统工艺管道及仪表流程图

两台相同型号的氨水泵（P0701A、B），一台空气鼓风机（C0702），一座再生塔（T0702），一个除尘塔（T0703）。

（2）*了解主要物料的工艺流程* 从天然气配气站来的原料（天然气），经罗茨鼓风机（C0701A、B）从脱硫塔底部进入，在塔内与氨水气液两相逆流接触，其天然气中的有害物质硫化氢，经过化学吸收过程，被氨水吸收脱除。然后进入除尘塔（T0703），在塔中经水洗除尘后，由塔顶馏出，脱硫气送造气工段使用。

（3）*了解动力或其他物料的工艺流程* 由碳化工段来的稀氨水进入氨水储罐（V0701），由氨水泵（P0701A）抽出后，从脱硫塔（T0701）上部打入。从脱硫塔底部出来的废氨水，经氨水泵（P0701B）抽出，打入再生塔（T0702），在塔中与新鲜空气逆流接触，空气吸收废氨水中的硫化氢后，余下的酸性气去硫黄回收工段。从再生塔底部出来的再生氨水，由氨水泵（P0701A、B）打入脱硫塔，循环使用。

罗茨鼓风机为两台并联（工作时一台备用），它是整个系统流动介质的动力。空气鼓风机的作用是从再生塔下部送入新鲜空气，将稀氨水里的含硫气体除去，通过管道将酸性气体送到硫黄回收工段。由自来水总管提供除尘水源，从除尘塔上部进入塔中。

（4）*了解阀门及仪表控制点的情况* 在两台罗茨鼓风机的出口、两台氨水泵的出口和除尘塔下部物料入口处，共有 5 块就地安装的压力指示仪表。在天然气原料线、再生塔底出口和除尘塔料气入口处，共有 3 个取样分析点。

脱硫系统整个管段上均装有阀门，对物料进行控制。有 7 个截止阀、9 个闸阀、2 个止回阀。止回方向是由氨水泵打出，不可逆向回流，以保证安全生产。

四、化工工艺图的图线用法

化工工艺图包括化工工艺流程图、设备布置图、管道布置图、管道轴测图、管件图和设备安装图等。化工工艺图虽然与机械图有着紧密的联系，但却有十分明显的行业特征，同时也有自己相对独立的制图规范。

化工工艺图的图线用法与机械制图的图线用法，有明显的区别。机械制图的图线宽度分为两种，见表 1-4。

化工工艺图的图线宽度分为三种：粗线 0.6～0.9mm；中粗线 0.3～0.5mm；细线 0.15～0.25mm。

化工工艺图图线用法的一般规定见表 9-8。

表 9-8 化工工艺图图线用法的规定（摘自 HG/T 20519.1—2009）

类　别	图　线　宽　度 /mm			备　注
	粗线（0.6～0.9）	中粗线（0.3～0.5）	细线（0.15～0.25）	
工艺管道及仪表流程图	主物料管道	其他物料管道	其他	机器、设备轮廓线图线宽为 0.25mm
辅助管道及仪表流程图 公用系统管道及仪表流程图	辅助管道总管 公用系统管道总管	支管	其他	
设备布置图	设备轮廓	设备支架、设备基础	其他	动设备若只绘出设备基础，图线宽为 0.6～0.9mm
设备管口方位图	管口	设备轮廓、设备支架 设备基础	其他	

续表

类　别		图　线　宽　度/mm			备　注
		粗线（0.6～0.9）	中粗线（0.3～0.5）	细线（0.15～0.25）	
管道布置图	单线（实线或虚线）	管道	—	法兰、阀门及其他	
	双线（实线或虚线）	—	管道		
管道轴测图		管道	法兰、阀门、承插焊、螺纹联接等管件的表示线	其他	
设备支架图、管道支架图		设备支架及管架	虚线部分	其他	
特殊管件图		管件	虚线部分	其他	

第二节　设备布置图

工艺流程设计所确定的全部设备，必须根据生产工艺的要求和具体情况，在厂房内外合理布置，以满足生产的需要。这种用来表示设备与建筑物、设备与设备之间的相对位置，能直接指导设备安装的图样称为设备布置图。设备布置图是进行管道布置设计、绘制管道布置图的依据。

一、设备布置图的内容

设备布置图采用正投影的方法绘制，是在简化了的厂房建筑图上，增加了设备布置的内容。如图9-8所示，从天然气脱硫系统设备布置图中可以看出设备布置图一般包括以下几方面内容：

（1）一组视图　包括平面图和剖面图，表示厂房建筑的基本结构，以及设备在厂房内外的布置情况。

平面图是用来表达某层厂房设备布置情况的水平剖视图。当厂房为多层建筑时，各层平面图是以上一层楼板底面水平剖切的俯视图。平面图主要表示厂房建筑的方位、占地大小、内部分隔情况；设备安装定位有关的、建筑物的结构形状；设备在厂房内外的布置情况及设备的相对位置。

剖面图是在厂房建筑的适当位置上，垂直剖切后绘出的，用来表达设备沿高度方向的布置安装情况。

（2）尺寸及标注　设备布置图中一般要标注与设备有关的建筑物的尺寸，建筑物与设备之间、设备与设备之间的定位尺寸（不标注设备的定形尺寸）。同时还要标注厂房建筑定位轴线的编号、设备的名称和位号，以及注写必要的说明等。

（3）安装方位标　安装方位标也叫设计北向标志，是确定设备安装方位的基准，一般将其画在图样的右上角。

（4）标题栏　注写图名、图号、比例、设计者等。

二、设备布置图的规定画法和标注

1．厂房的画法和标注

① 厂房的平面图和剖面图用细实线绘制。用细实线表示厂房的墙、柱、门、窗、楼梯

等，与设备安装定位关系不大的门窗等构件，以及表示墙体材料的图例，在剖面图上则一概不予表示。用单点长画线画出建筑物的定位轴线。

② 标注厂房定位轴线间的尺寸；标注设备基础的定形和定位尺寸；注出设备位号和名

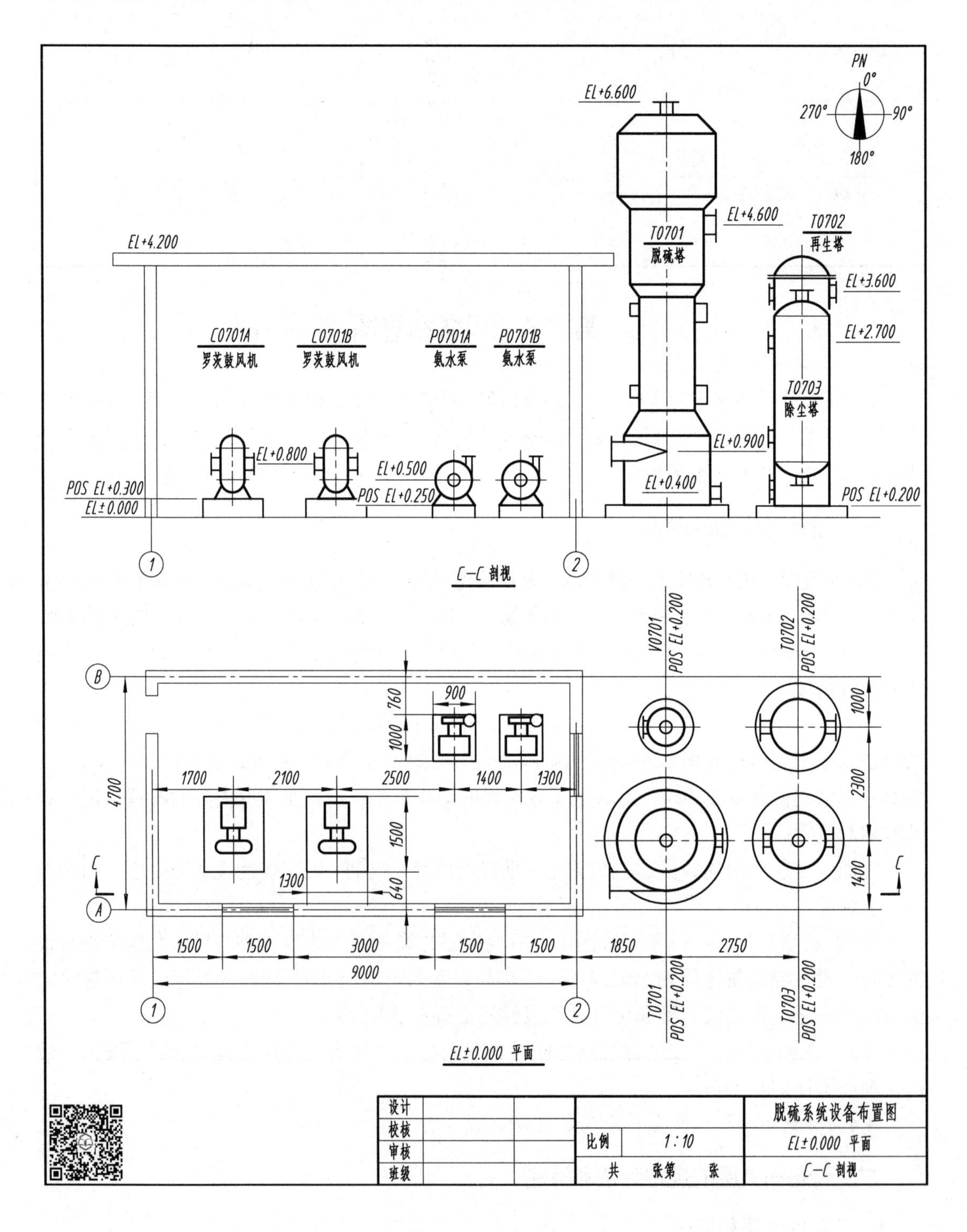

图 9-8　天然气脱硫系统设备布置图

称（应与工艺流程图一致）；标注厂房室内外地面标高（一般以底层室内地面为基准，作为零点进行标注）；标注厂房各层标高；标注设备基础标高。

2. 设备的画法

① 在厂房平面图中，用粗实线画出设备轮廓，用中粗实线画出设备支架、基础、操作平台等基本轮廓，用单点长画线画出设备的中心线。若有多台规格相同的设备，可只画出一台，其余则用粗实线，简化画出其基础的轮廓投影。

② 在厂房剖面图中，用粗实线画出设备的立面图（被遮挡的设备轮廓一般不予画出）。

3. 设备标高的标注方法

标高的英文缩写词为“EL”。基准地面的设计标高为 EL±0.000（单位为 m，小数点后取三位数），高于基准地面标注“EL+××.×××”，低于基准地面标注“EL−××.×××”。例如：比基准地面高12.5m，标注EL+12.500(也可将“+”省略)；比基准地面低0.5m。标注EL−0.500。标注设备标高的规定如下：

① 标注设备标高时，在设备中心线的上方标注与流程图一致的设备位号，下方标注设备的标高。

② 卧式换热器、槽、罐等，以中心线标高表示，即

℄ EL＋××.×××

③ 反应器、立式换热器、板式换热器和立式槽、罐等，以支承点标高表示，即

POS EL＋××.×××

④ 泵和压缩机等动设备，以主轴中心线标高表示，即

℄ EL＋××.×××

或以底盘底面（即基础顶面）标高表示，即

POS EL＋××.×××

⑤ 管廊和管架，以架顶标高表示，即

TOS EL＋××.×××

> 提示：℄是中心线符号，是由英文 Centreline 中 C、L 两字组合而成。

4. 安装方位标的绘制

安装方位标由直径为20mm 的圆圈及水平、垂直的两轴线构成，并分别在水平、垂直等方位上注以 0°、90°、180°、270°等字样，如图 9-8 中右上角所示。一般采用建筑北向（以“PN”表示）作为零度方位基准。该方位一经确定，凡必须表示方位的图样，如管口方位图、管段图等均应统一。

三、阅读设备布置图

阅读设备布置图的目的，是了解设备在工段（装置）的具体布置情况，指导设备的安装施工，以及开工后的操作、维修或改造，并为管道布置建立基础。现以图 9-8 所示天然气脱硫系统设备布置图为例，介绍设备布置图的读图方法和步骤。

1. 了解概况

由标题栏可知，该设备布置图有两个视图，一个为“EL±0.000 平面”，另一个为“*C—C* 剖视”。图中共绘制了 8 台设备，分别布置在厂房内外。厂房外露天布置了 4 台静设备，有

脱硫塔（T0701）、除尘塔（T0703）、氨水储罐（V0701）和再生塔（T0702）。厂房内安装了4台转动设备，有2台罗茨鼓风机（C0701A、B）和2台氨水泵（P0701A、B）。

2．了解建筑物尺寸及定位

图中只画出了厂房建筑的定位轴线①、②和Ⓐ、Ⓑ。其横向轴线间距为9.0m，纵向轴线间距为4.7m。厂房地面标高为EL±0.000 m，房顶标高为EL+4.200m（即厂房房顶高为4.2m）。

3．掌握设备布置情况

从图中可知，罗茨鼓风机的主轴线标高为EL+0.800m，横向定位为1.7m，相同设备间距为2.1m，基础尺寸为1.3m×1.5m，支承点标高是POS EL+0.300m。

脱硫塔横向定位是1.85m，纵向定位是1.4m，支承点标高为POS EL+0.200m，塔顶标高为EL+6.600m，料气入口的管口标高为EL+0.900m，稀氨水入口的管口标高为EL+4.600m。废氨水出口的管口标高为EL+0.400m。

氨水储罐（V0701）的支承点标高为POS EL+0.200m，横向定位是1.85m，纵向定位是1.0m。图中右上角的安装方位标（北向标志），指明了设备的安装方位。

第三节　管道布置图

管道布置图又称配管图，主要表达管道及其附件在厂房建筑物内外的空间位置、尺寸和规格，以及与有关机器、设备的连接关系。配管图是管道安装施工的重要技术文件。

一、管道及附件的图示方法

1．管道的表示法

在管道布置图中，公称通径 *DN* 小于或等于350mm或14in（1in=25.4mm）的管道，用单线（粗实线）表示，如图9-9（a）所示；大于或等于400mm或16in的管道，用双线表示，如图9-9（b）所示。

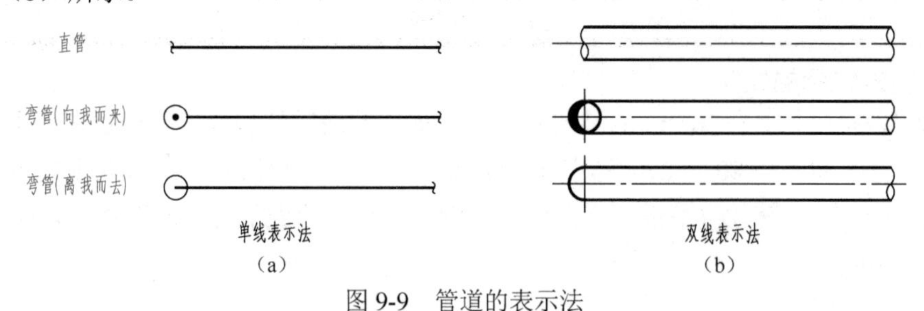

图9-9　管道的表示法

如果在管道布置图中，大口径的管道不多时，则公称通径大于和等于250mm或10in的管道用双线表示，小于或等于200 mm或8in的管道，用单线（粗实线）表示。

2．管道弯折的表示法

管道弯折的画法，如图9-10所示。在管道布置图中，公称通径小于或等于50mm的弯头，一律用直角表示。

3．管道交叉的表示法

管道交叉的表示方法，如图9-11所示。

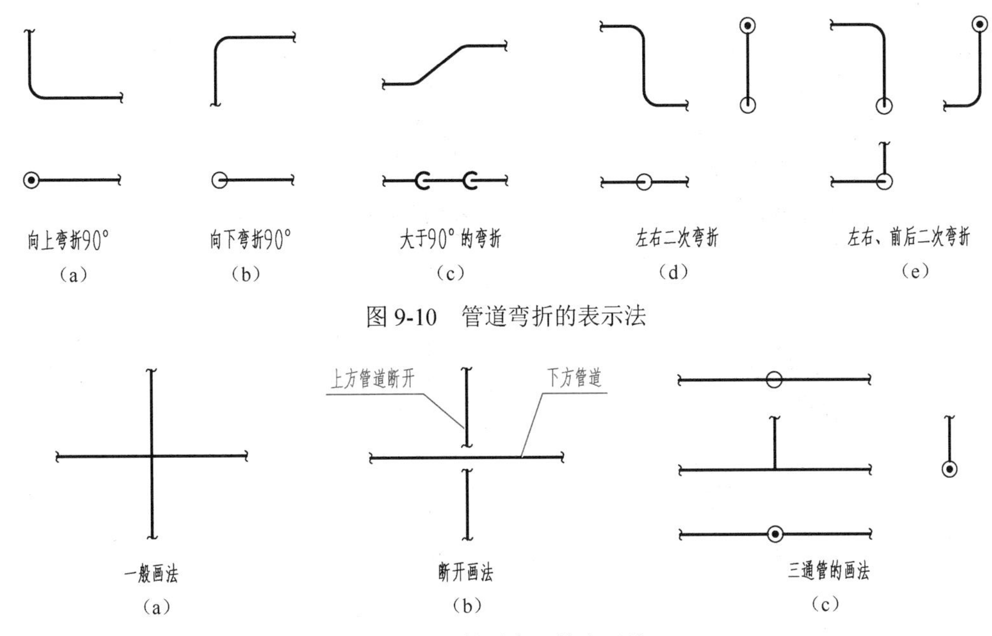

图 9-10　管道弯折的表示法

图 9-11　管道交叉的表示法

4. 管道重叠的表示法

当管道的投影重合时，将可见管道的投影断裂表示，如图 9-12（a）所示；当多条管道的投影重合时，最上一条画双重断裂符号，如图 9-12（b）所示；也可在管道投影断裂处，注上*a*、*a*和*b*、*b*等小写字母加以区分，如图 9-12（c）所示；当管道转折后的投影重合时，则后面的管道画至重影处，并稍留间隙，如图 9-12（d）所示。

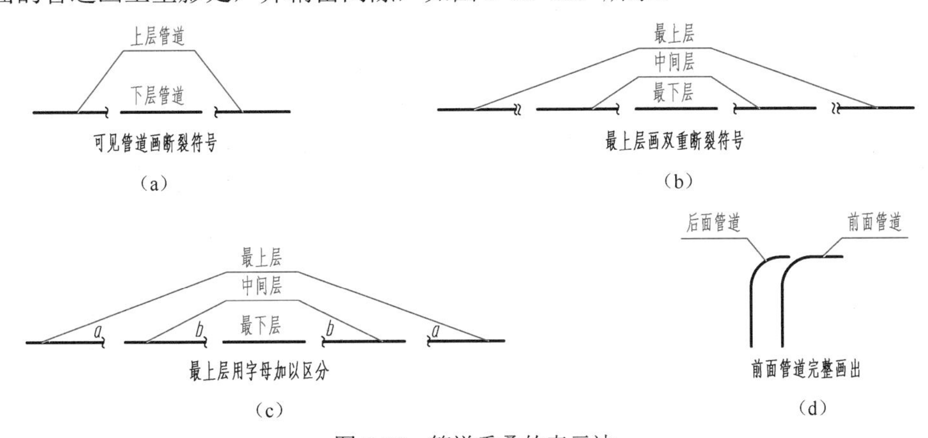

图 9-12　管道重叠的表示法

5. 管道连接的表示法

当两段直管相连时，根据连接的形式不同，其画法也不同。常见的管道连接形式及画法见表 9-9。

6. 阀门及控制元件的表示法

控制元件通过阀门来调节流量，切断或切换管道，对管道起安全、控制作用。阀门和控制元件图形符号的一般组合方式，如图 9-13 所示。阀门与管道的连接画法，如图 9-14 所示。

常用阀门在管道中的安装方位，一般应在管道中用细实线画出，其三视图和轴测图画法如图 9-15 所示。

表 9-9 常见的管道连接方式及画法

连接方式	轴测图	装配图	规定画法
法兰连接		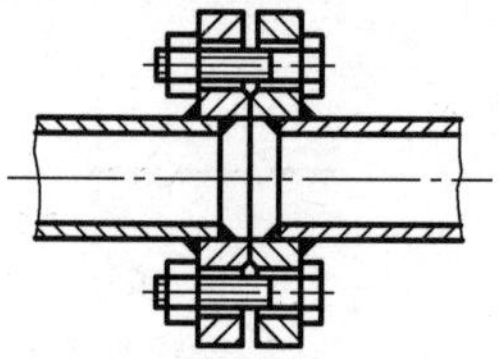	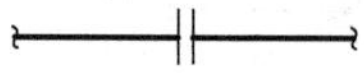
螺纹联接		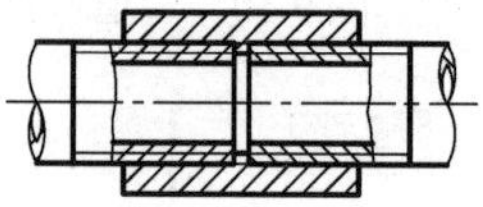	
焊接		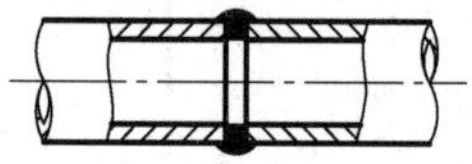	

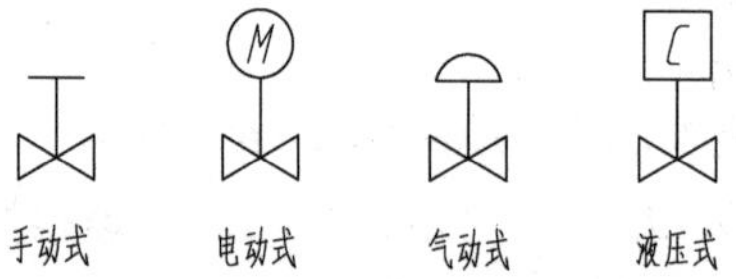

图 9-13 阀门和控制元件图形符号的组合方式

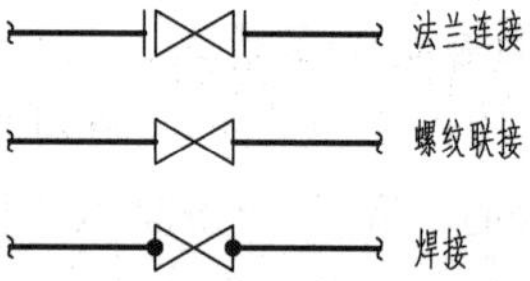

图 9-14 阀门与管道的连接画法

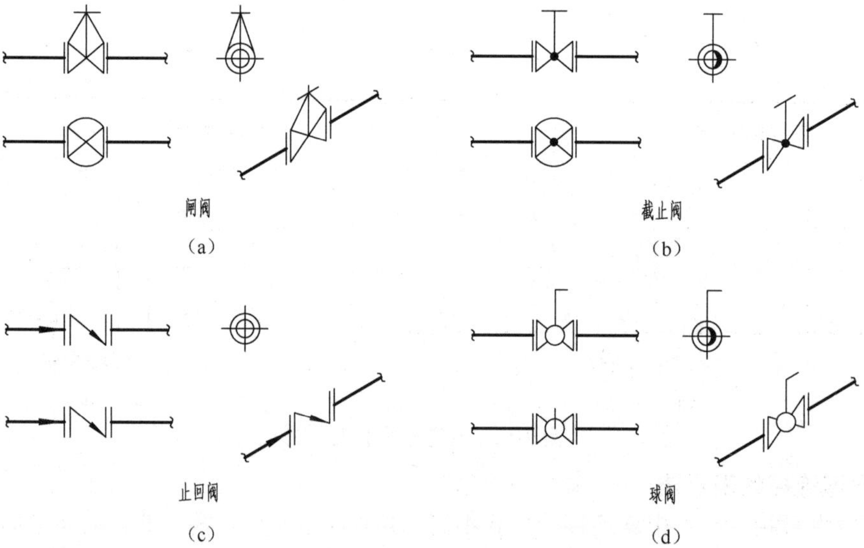

图 9-15 阀门在管道中的三视图和轴测图画法

7. 管件与管道连接的表示法

管道与管件连接的表示法，见附表 18，其中连接符号之间的是管件。

【例 9-1】 已知一段管道的轴测图，试画出其主、俯、左、右的四面投影。

从图 9-16（a）中可知该管道的走向为：自左向右→拐弯向上→再拐弯向前→再拐弯向

上→最后拐弯向右。

根据管道弯折的规定画法，画出该管道的四面投影，如图 9-16（b）所示。

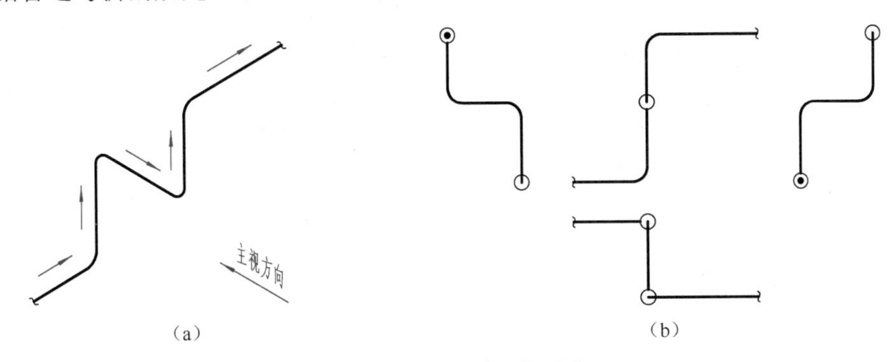

图 9-16　管道转折的画法

【例 9-2】　已知一段装有闸阀的管道轴测图，试画出其平面图和立面图。

从图 9-17（a）中可看出，该段管道分为两部分：一部分自下而上向后拐弯→再向左拐弯→然后向上拐弯→最后向后拐弯；另一段是向右的支管。该段管道共三个闸阀（阀门与管道的连接是螺纹联接），其手轮一个向上、一个向左、一个向前。

据此画出该段管道的平面图和立面图，如图 9-17（b）所示。

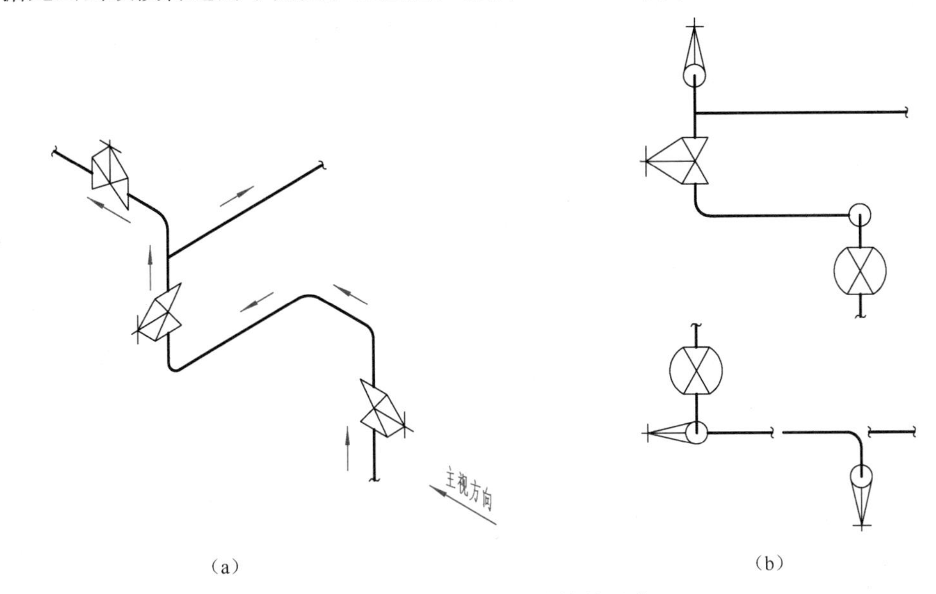

图 9-17　管道与阀门连接的画法

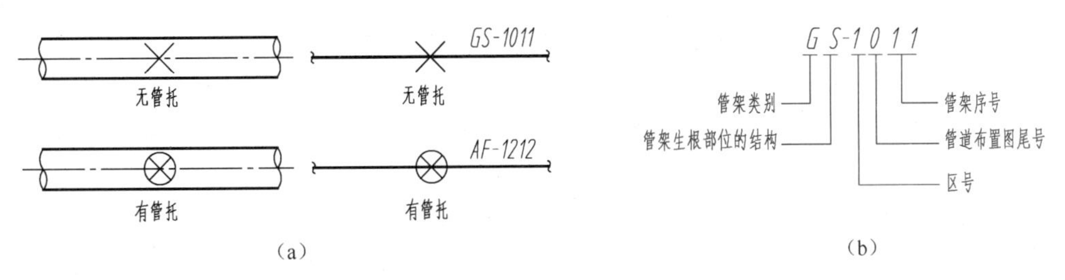

图 9-18　管架的表示法及编号方法

8. 管架的表示法

管道是利用各种形式的管架固定在建筑物或基础之上的。管架的形式和位置，在管道平面图上用符号表示，如图 9-18（a）所示。管架的编号由五部分内容组成，标注的格式如图 9-18（b）所示。管架类别和管架生根部位的结构，用大写英文字母表示，见表 9-10。

表 9-10 管架类别和管架生根部位的结构（摘自 HG/T 20519.4—2009）

管架类别					
代号	类别	代号	类别	代号	类别
A	固定架	H	吊架	E	特殊架
G	导向架	S	弹性吊架	T	轴向限位架（停止架）
R	滑动架	P	弹簧支座	—	—
管架生根部位的结构					
代号	结构	代号	结构	代号	结构
C	混凝土结构	S	钢结构	W	墙
F	地面基础	V	设备	—	—

二、管道标高的标注方法

管道布置图中标注的标高以 m 为单位，小数点后取三位数。管子的公称通径及其他尺寸一律以 mm 为单位，只注数字，不注单位。在管道布置图上标注标高的规定如下：

①用单线表示的管道，在其上方（用双线表示的管道在中心线上方）标注与流程图一致的管道代号，在下方标注管道标高。

②当标高以管道中心线为基准时，只需标注数字，即

EL + ××.×××

③当标高以管底为基准时，在数字前加注管底代号，即

BOP EL + ××.×××

④在管道布置图中标注设备标高时，在设备中心线的上方标注与流程图一致的设备位号，下方标注支承点的标高，即

POS EL + ××.×××

或标注设备主轴中心线的标高，即

℄ EL + ××.×××

具体的标注方法，参见图 9-19。

三、阅读管道布置图

阅读管道布置图的目的，是了解管道、管件、阀门、仪表控制点等在车间（装置）中的具体布置情况，主要解决如何把管道和设备连接起来的问题。由于管道布置设计是在工艺管道及仪表流程图和设备布置图的基础上进行的，因此，在读图前，应该尽量找出相关的工艺管道及仪表流程图和设备布置图，了解生产工艺过程和设备配置情况，进而搞清管道的布置情况。

阅读管道布置图时，应以平面图为主，配合剖面图，逐一搞清楚管道的空间走向；再看有无管段图及设计模型，有无管件图、管架图或蒸汽伴热图等辅助图样，这些图都可以帮助阅读管道布置图。现以图 9-19 为例，说明阅读管道布置图的步骤。

1．概括了解

图 9-19 所示是某工段的局部管道布置图。图中表示了物料经离心泵到冷却器的一段管道布置情况，图中画了两个视图，一个是“EL±0.000 平面”图，一个是“*A*—*A* 剖视”图。

2．了解厂房尺寸及设备布置情况

图中厂房横向定位轴线①、②、③，其间距为 4.5m，纵向定位轴线Ⓑ，离心泵基础标高 POS EL＋0.250m，冷却器中心线标高 ℄ EL＋1.800m。

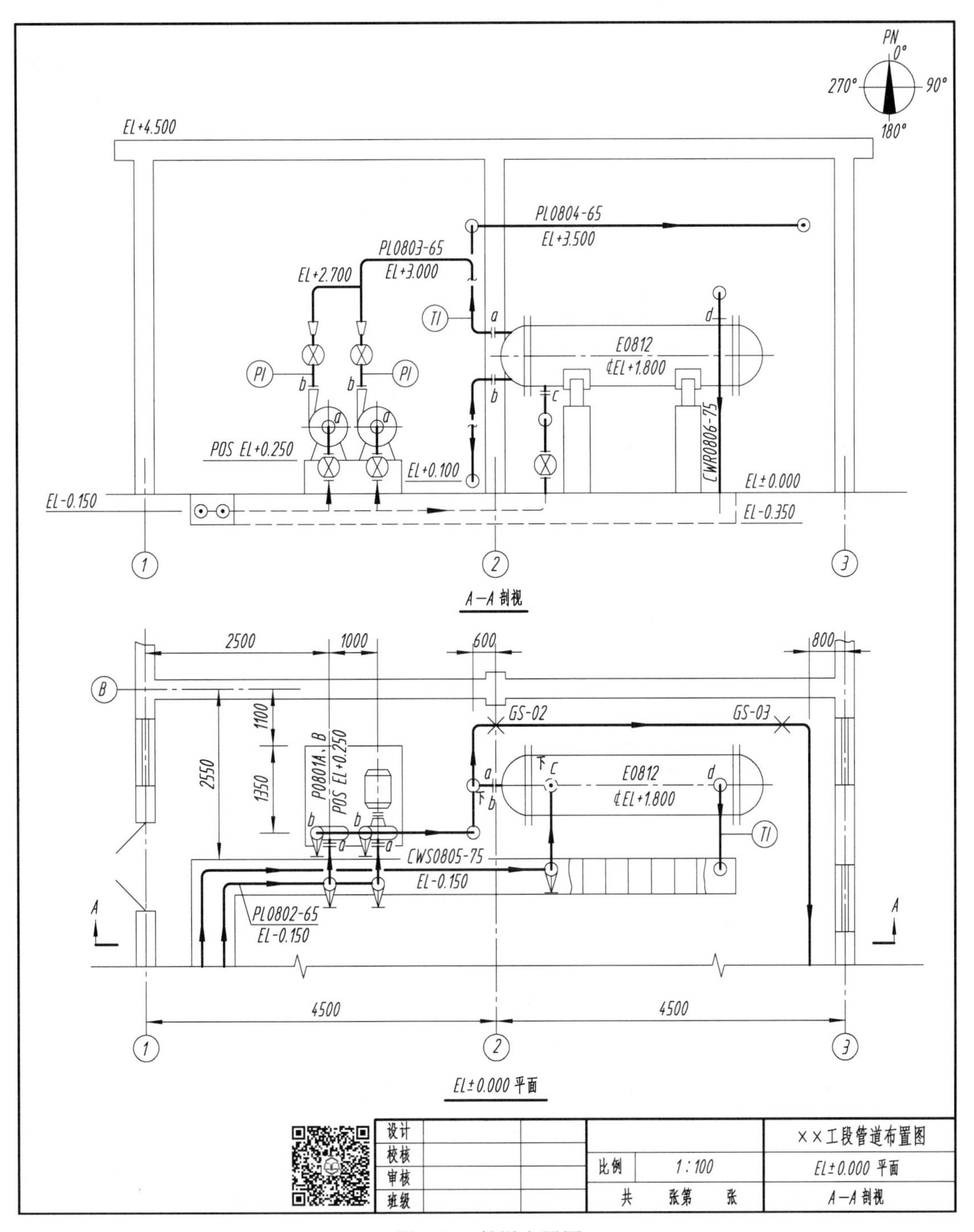

图 9-19　管道布置图

3．分析管道走向

参考工艺管道及仪表流程图和设备布置图，找到起点设备和终点设备，以设备管口为主，按管道编号，逐条明确走向。遇到管道转弯和分支情况，对照平面图和剖面图将其投影关系搞清。

图中离心泵有进、出两部分管道。一条是原料从地沟中出来，分别进入两台离心泵，另一条是从泵出口出来后汇集在一起，从冷凝器左端下部进入管程。冷凝器有四部分管道，左端下部是原料入口（由离心泵来），左端上部是原料出口，向上位置最高，在冷凝器上方转弯后离去。冷凝器底部是来自地沟的冷却上水管道，右上方是循环水出口，出来后又进入地沟。

4．详细查明管道编号和安装尺寸

泵（P0801A）出口管道向上、向右与泵（P0801B）管道汇合为 PL0803-65 的管道后，向上、向右拐，再下至地面，再向后、向上，最后向右进入冷凝器左端入口。

冷凝器左端出口编号为 PL0804-65 的管道，由冷凝器左端上部出来后，向上在标高为 EL＋3.500m 处向后拐，再向右至冷凝器右上方，最后向前离去。

编号为 CWS0805-75 的循环上水管道从地沟出来，向后、再向上进入冷凝器底部入口。

编号为 CWR0806-75 的循环回水管道，从冷凝器上部出来向前，再向下进入地沟。

编号为 PL0802-65 的原料管道，从地沟出来向后，进入离心泵入口。

5．了解管道上的阀门、管件、管架安装情况

两离心泵入、出口，分别安装有 4 个阀门，在泵出口阀门后的管道上，还有同心异径管接头。在冷凝器上水入口处，装有 1 个阀门。在冷凝器物料出口编号为 PL0804-65 的管道两端，有编号为 GS-02、GS-03 的通用型托架。

6．了解仪表、采样口、分析点的安装情况

在离心泵出口处，装有流量指示仪表。在冷凝器物料出口及循环回水出口处，分别装有温度指示仪表。

7．检查总结

将所有管道分析完后，结合管口表、综合材料表等，明确各管道、管件、阀门、仪表的连接方式，并检查有无错漏等问题。

四、管道轴测图

管道轴测图亦称管段图或空视图。管道轴测图是用来表达一个设备至另一设备或某区间一段管道的空间走向，以及管道上所附管件、阀门、仪表控制点等安装布置的图样，如图 9-20 所示。

管道轴测图能全面、清晰地反映管道布置的设计和施工细节，便于识读，还可以发现在设计中可能出现的误差，避免发生在图样上不易发现的管道碰撞等情况，有利于管道的预制和加快安装施工进度。绘制区域较大的管段图，还可以代替模型设计。管道轴测图是设备和管道布置设计的重要方式，也是管道布置设计发展的趋势。

1．画法

① 管段图反映的是个别局部管道，原则上一个管段号画一张管段图。对于复杂的管段，或长而多次改变方向的管段，可利用法兰或焊接点作为自然点断开，分别绘制几张管段图，

但需用一个图号注明页数。对比较简单，物料、材质均相同的几个管段，也可画在一张图样上，并分别注出管段号。

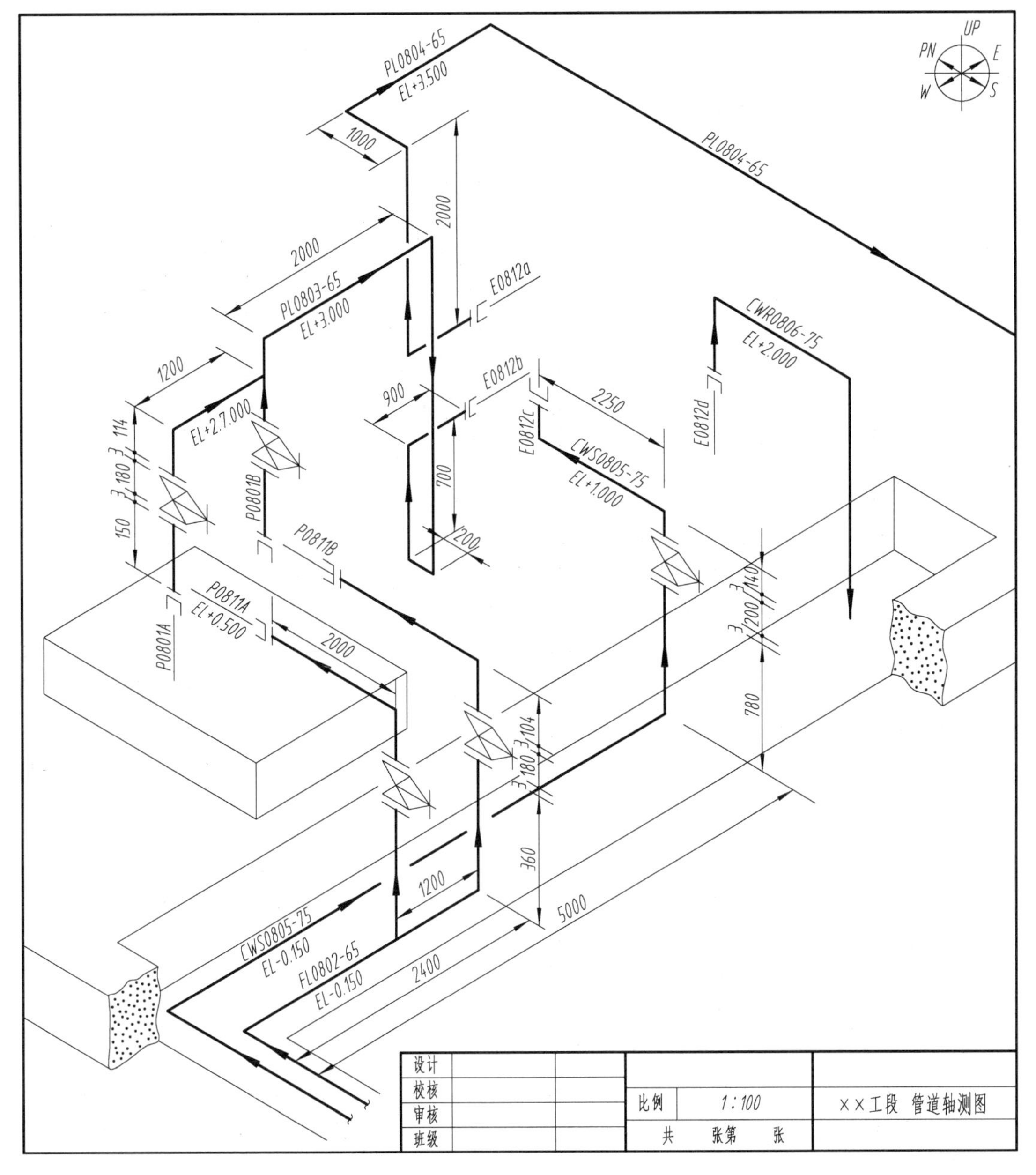

图 9-20 管道轴测图

② 管段图一般按正等测绘制。在画图之前，首先定向，要求与管道布置图标向一致，如图 9-21 所示。

③ 管道一律用粗实线单线绘制，管件（弯头、三通除外）、阀门、控制点等用细实线按规定的图形符号绘制，相接的设备可用细双点画线绘制，弯头可以不画成圆弧。管道与管件的连接画法，参见附表 18。

④ 管道与管件、阀门连接时，注意保持线向的一致，如图 9-22 所示。

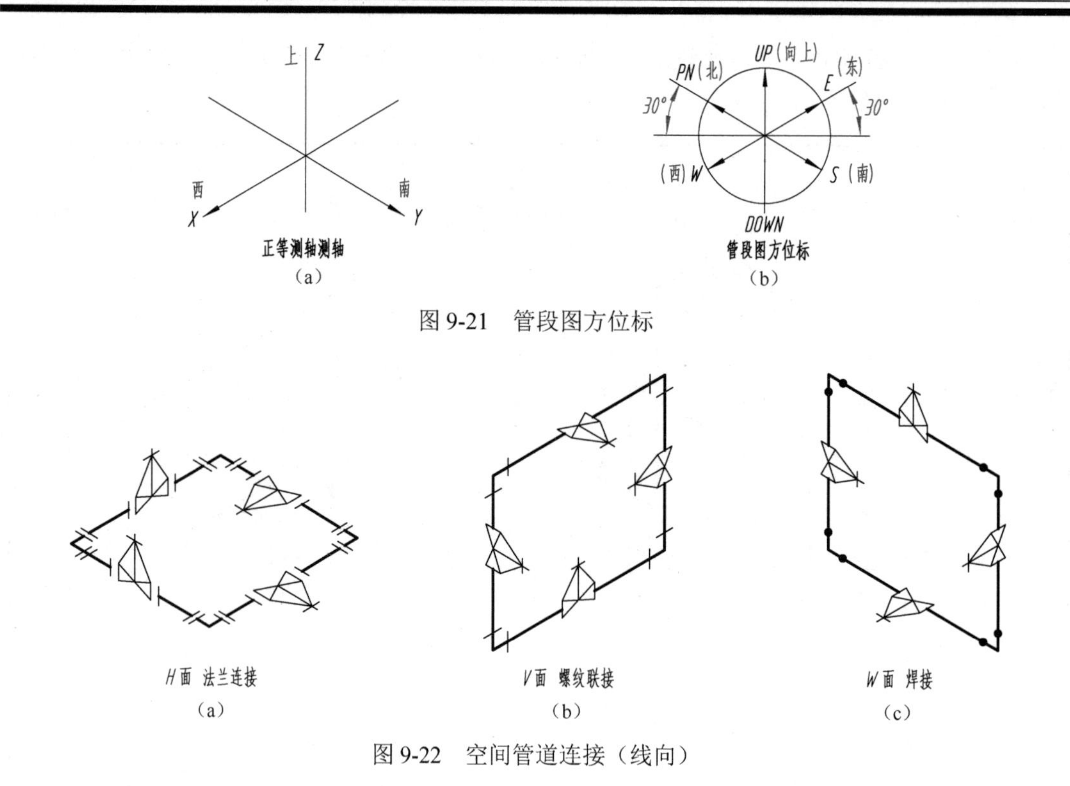

图 9-21　管段图方位标

图 9-22　空间管道连接（线向）

⑤ 为便于安装维修和操作管理，并保证劳动场所整齐美观，一般都力求工艺管道布置平直，使管道走向同三轴测轴方向一致。有时为了避让，或由于工艺、施工的特殊要求，必须将管道倾斜布置，此时称为偏置管（也称斜管）。

在平面内的偏置管，用对角平面表示，如图 9-23（a）所示；对于立体偏置管，可将偏置管画在由三个坐标组成的六面体内，如图 9-23（b）所示。

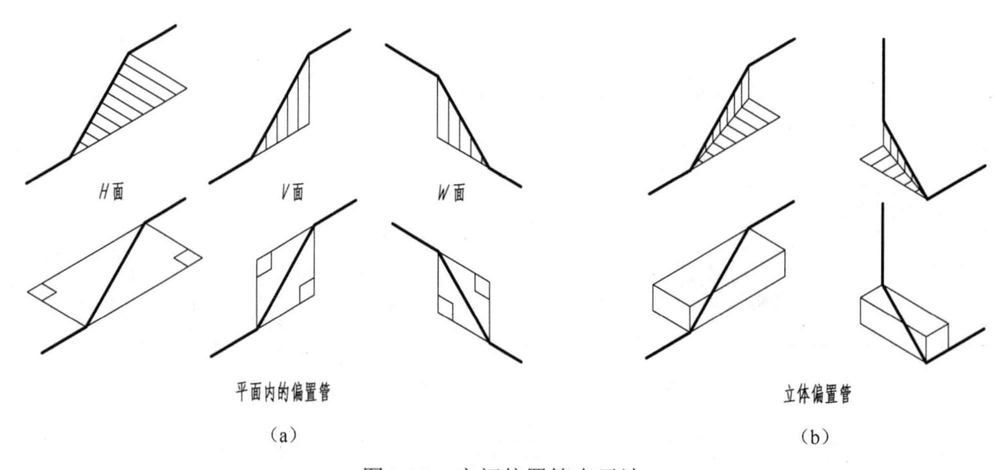

图 9-23　空间偏置管表示法

2. 标注

【例 9-3】　根据图 9-24（a）所示一段包含偏置管的平、立面图，绘制其管段图。

① 注出管子、管件、阀门等为加工预制及安装所需的全部尺寸。如阀门长度、垫片厚度等细节尺寸，以免影响安装的准确性。

② 尺寸界线从管件中心线或法兰面引出，尺寸线与管道平行。

③ 垂直管道可不注高度尺寸，以水平标高“EL + ××.×××”表示。

④ 对于不能准确计算，或有待施工时实测修正的尺寸，加注符号“～”作为参考尺寸。现场焊接要注明“F.W”。

⑤ 每级管道至少有一个表示流向的箭头，尽可能在流向箭头附近标注管段编号。

⑥ 注出管道所连接的设备位号及管口序号。

⑦ 列出材料表，说明管段所需的材料、尺寸、规定、数量等。

根据以上介绍，可对照阅读图 9-20，以加深对管段图的了解。

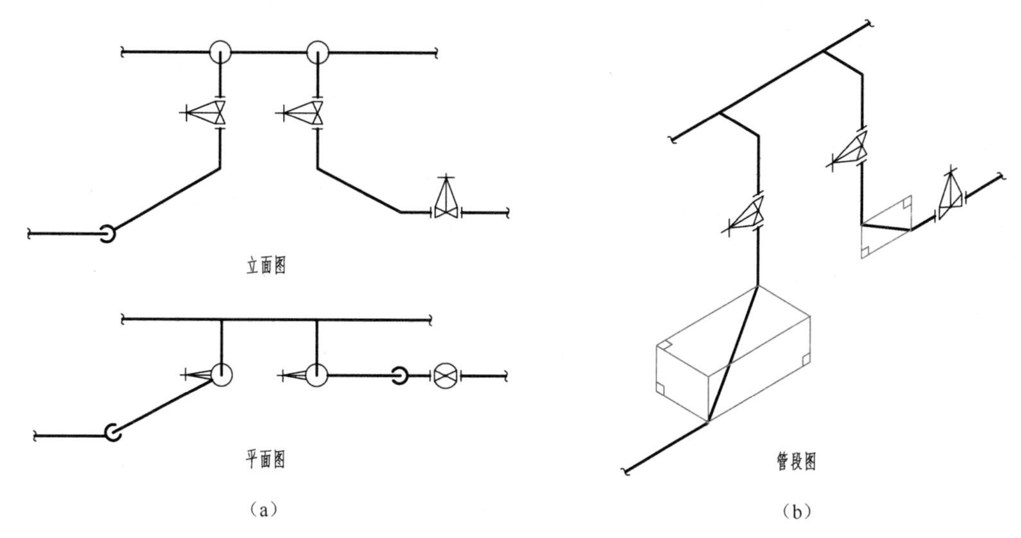

图 9-24　绘制偏置管管段图

第十章　AutoCAD 基本操作及应用

第一节　AutoCAD 界面

安装 AutoCAD2014 简体中文版（以下简称 AutoCAD）软件后，启动 AutoCAD 即进入“草图与注释”工作界面，在“工作空间”工具栏中，可以自由切换到适合二维或三维绘图界面，包括“草图与注释”“三维基础”“三维建模”“AutoCAD 经典”等界面。如图 10-1 所示，即为“AutoCAD 经典”界面。

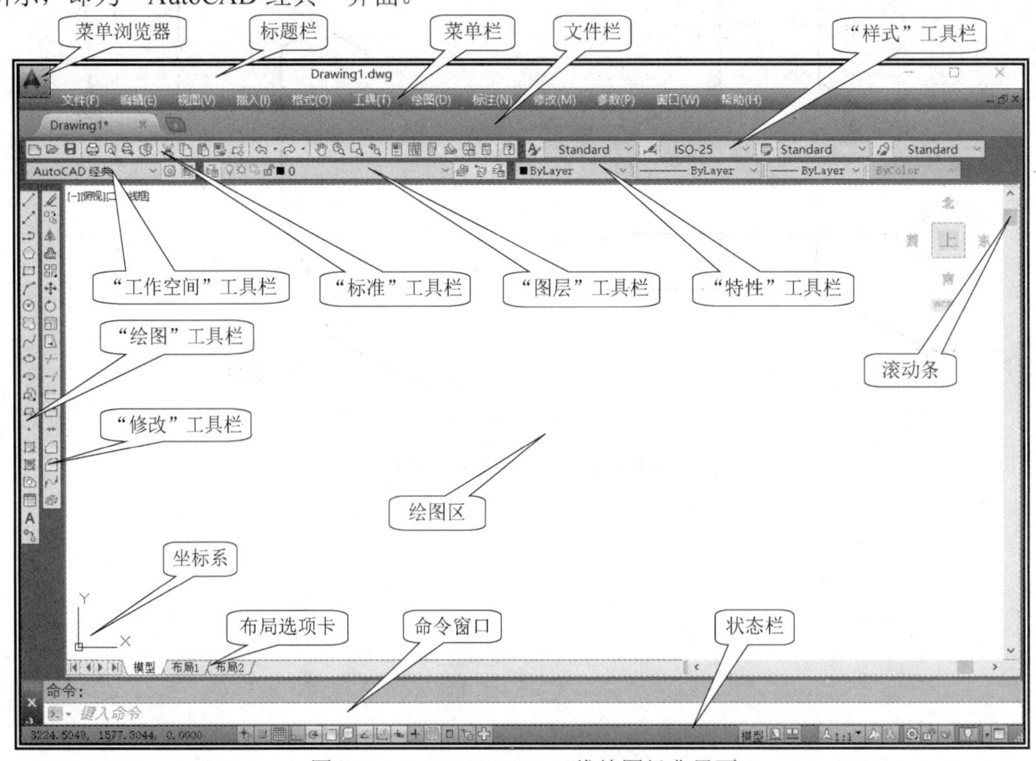

图 10-1　AutoCAD2014 二维绘图经典界面

一、菜单浏览器

单击左上角的菜单浏览器按钮，在展开菜单内可进行“新建”“打开”“保存”“另存为”“输出”“打印”“关闭”等操作。

二、标题栏

标题栏位于界面的最上边一行，显示当前文件名，标题栏右端依次为“最小化”、“最大化”、“关闭”三个按钮。

三、菜单栏

菜单栏位于标题栏下方，它由一行主菜单及下拉子菜单组成。单击任意一项主菜单，即产生相应的下拉菜单。如果下拉菜单中某选项后面有符号▸，表示该选项还有下一级子菜单。下拉菜单项后边有点状符号…，表示选中该项时将会弹出一个对话框，可根据具体情况操作对话框。

四、文件栏

文件栏位于菜单栏下方。AutoCAD2014 支持多文件同时打开，可在该栏内添加或删减文件，也可在该栏内切换当前文件。

五、绘图区

屏幕中间的大面积区域为绘图区，可在其内进行绘图工作。绘图区的左下角显示当前绘图所用的坐标系形式及坐标方向。AutoCAD 软件提供了 WCS（世界坐标系）和 UCS（用户坐标系），系统默认 WCS 的俯视图状态。

六、工具栏

绘图区周围任意布置的由若干按钮组成的条状区域，称为工具栏。可以通过单击工具栏中相应的按钮，输入常用的操作命令。系统默认的工具栏为“标准”“特性”“样式”“图层”“绘图”“修改”等，如图 10-2～图 10-7 所示。如果需要使用其他工具栏，可以右键单击工具栏侧面空白处，勾选所需工具栏。

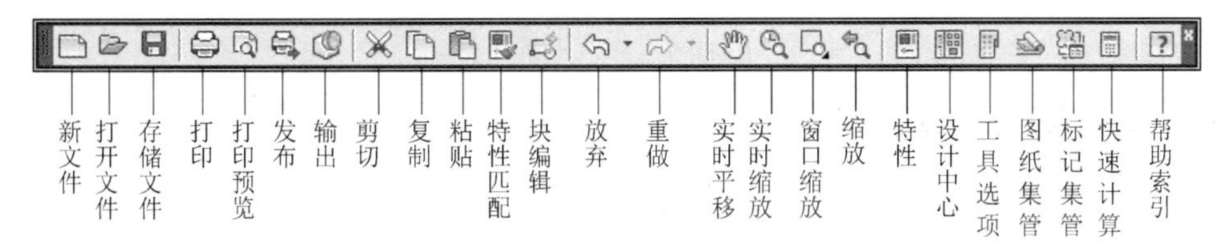

图 10-2 标准工具栏

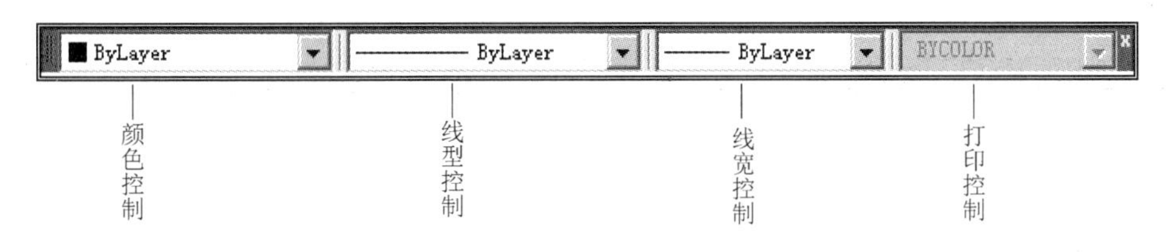

图 10-3 特性工具栏

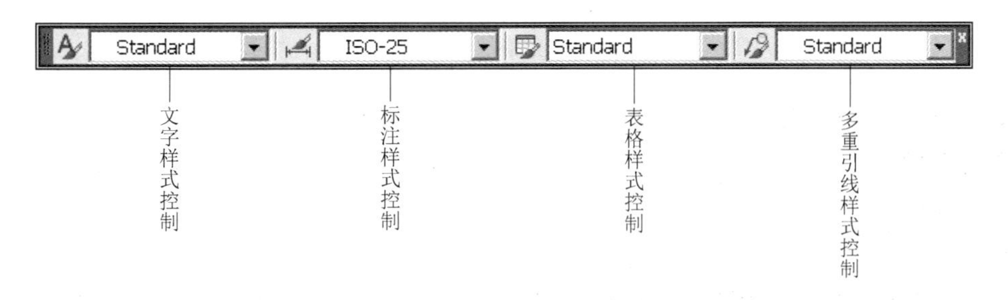

图 10-4 样式工具栏

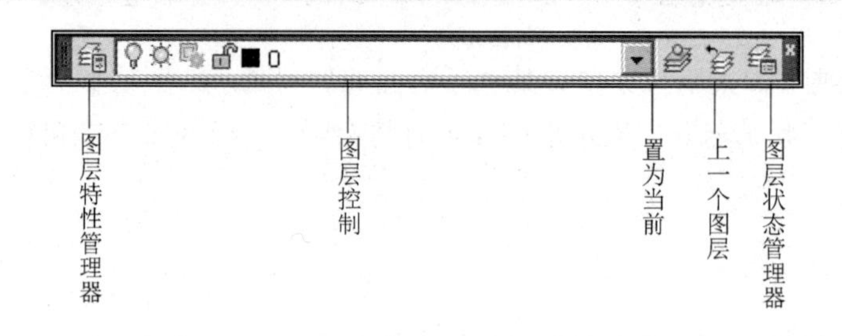

图 10-5　图层工具栏

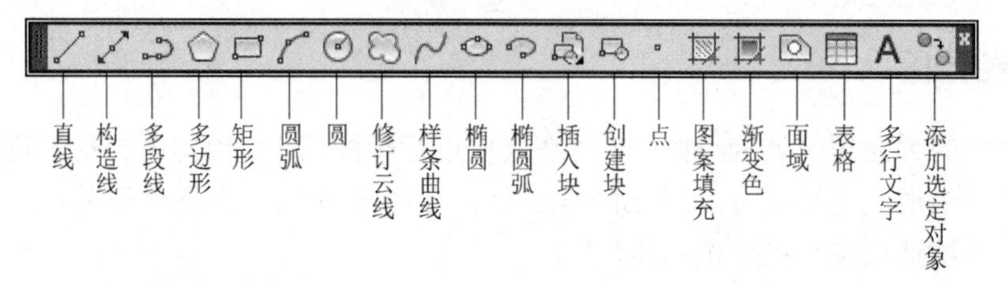

图 10-6　绘图工具栏

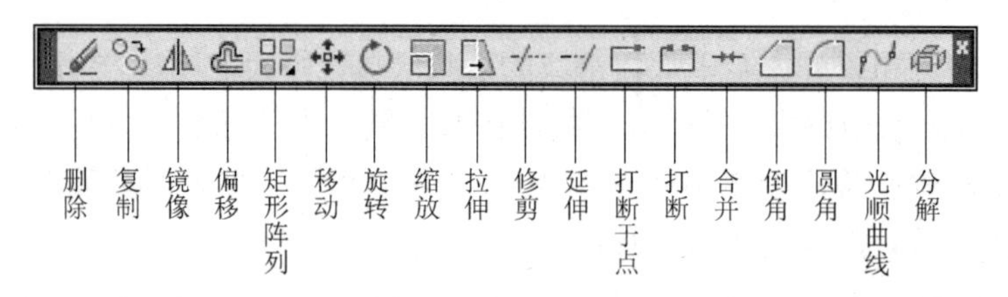

图 10-7　修改工具栏

七、命令窗口与状态栏

命令窗口与状态栏位于界面的下方，如图 10-8 所示。

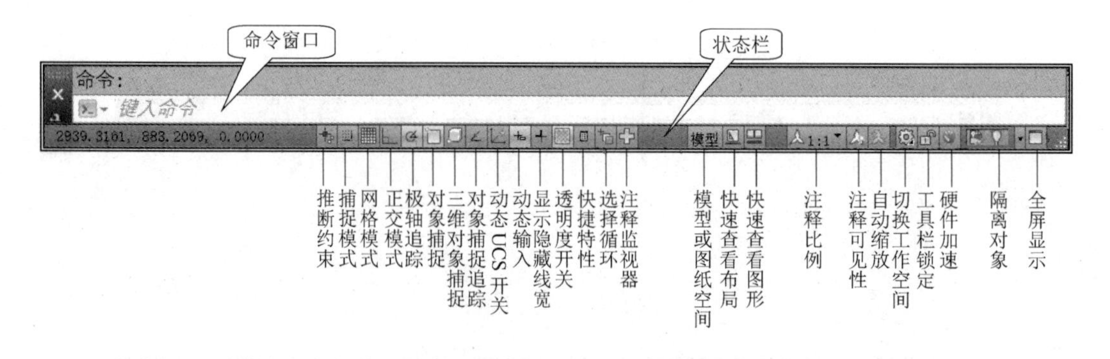

图 10-8　命令窗口与状态栏

◎ 命令显示区　显示已操作的命令信息。

◎ 操作输入区　在没有执行任何命令时，该区为空白，输入某种命令后，该区将出现相应的操作提示。

◎ 状态栏　状态栏位于界面的最下面一行，用于显示、控制当前工作状态。状态栏左侧，自动显示光标点的坐标值。状态栏中的若干按钮，为多种可选功能开关。加亮显示的按钮，其功能为开启状态，如图 10-8 中的极轴追踪、对象捕捉、动态输入等。右键单击状态栏空白处，可选择显示所需项目。

第二节　AutoCAD 基本操作

一、常用键的功能

1. 回车键

回车键 Enter 用来结束数据的输入、确认默认值、终止当前命令、重复上一条命令（在命令状态下）。

2. 空格键

通常是确认或重复上次操作。

3. 常用功能键

F1 键　弹出帮助窗口。

F2 键　弹出文本窗口。

F3 键　对象捕捉开关。

F4 键　三维对象捕捉开关。

F5 键　等轴测平面切换。

F6 键　动态 UCS 开关。

F7 键　栅格开关。

F8 键　正交开关。

F9 键　捕捉开关。

F10 键　极轴开关。

F11 键　对象捕捉追踪开关。

F12 键　动态输入开关。

4. 其他键

Esc 键　中止当前命令。

Delete 键　删除拾取加亮的元素。

Shift 键+鼠标左键　“反选”图形元素。

二、命令的输入与执行

AutoCAD 的命令输入方式有三种，虽然各种方式略有不同，但均能实现绘图的目的，若结合使用可以大大提高绘图速度。

●菜单栏输入　左键单击主菜单中的相应项，弹出下拉菜单及子菜单，再单击相应的命令项。

●工具栏输入　左键单击工具栏中相应命令按钮。

●命令行输入　在命令窗口直接输入 AutoCAD 命令并回车，或按空格键。

输入命令后，按命令输入区的提示进行操作。

三、命令的终止

在任何情况下，按键盘上的 Esc 键，即终止正在执行的操作。连续按 Esc 键，可以退回到命令状态，即终止当前命令。通常情况下，在命令的执行过程中，单击右键或↙（代表回车键Enter，下同），也可终止当前操作直至退出命令。

在某一命令的执行过程中选择另一命令后，系统会自动退出当前命令而执行新命令。只有在命令执行中弹出对话框或输入数据窗口时，系统才不接受其他命令的输入。

四、点的输入

1．鼠标输入

移动鼠标，使十字光标线位于输入的点的位置后单击左键，该点的坐标即被输入。鼠标和键盘配合输入，可方便快捷地绘制一些简单图形，而且 AutoCAD 提供了动态输入，在鼠标侧面动态框输入数据。

2．键盘输入

用键盘键入点的坐标并↙（或按空格键），该点即被输入。

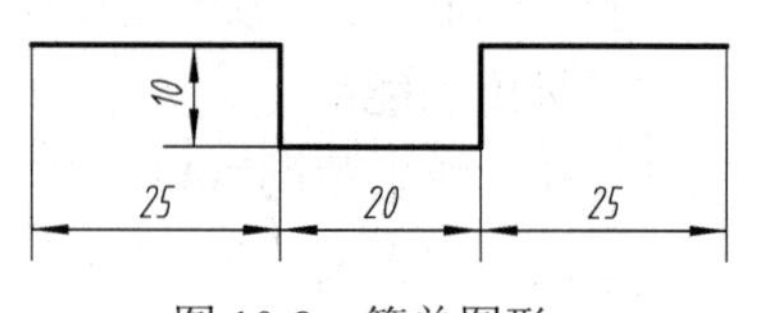

图 10-9　简单图形

【例 10-1】　绘制图 10-9 所示图形，不注尺寸。

操作步骤

点亮状态栏“正交模式”按钮，系统启用“正交模式”，此时只能绘制与坐标轴平行的线段。

单击绘图工具栏中的“直线”按钮，命令输入区提示：

指定第一个点：（光标移动到适当位置后单击左键，完成第一点即图中最左点的输入）

指定下一点或[放弃(U)]:　（右移光标）25↙

指定下一点或[放弃(U)]:　（下移光标）10↙

指定下一点或[闭合(C) 放弃(U)]:　（右移光标）20↙

指定下一点或[闭合(C) 放弃(U)]:　（上移光标）10↙

指定下一点或[闭合(C) 放弃(U)]:　（右移光标）25↙

指定下一点或[闭合(C) 放弃(U)]:　↙

3．特征点的捕捉

为使鼠标输入点准确、快捷，AutoCAD 提供了“对象捕捉追踪”功能。点亮状态栏“对

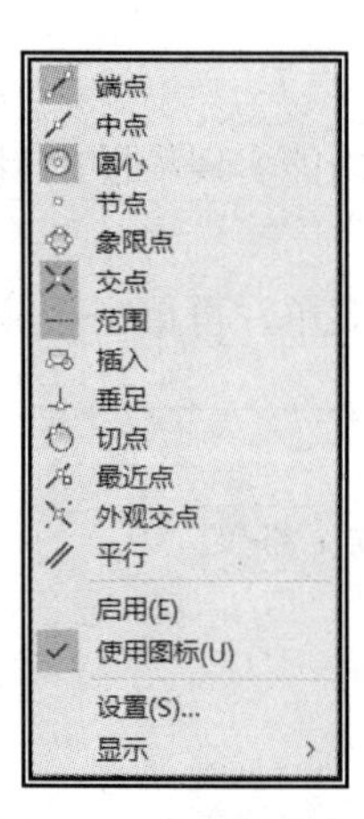

图 10-10　右键快捷菜单

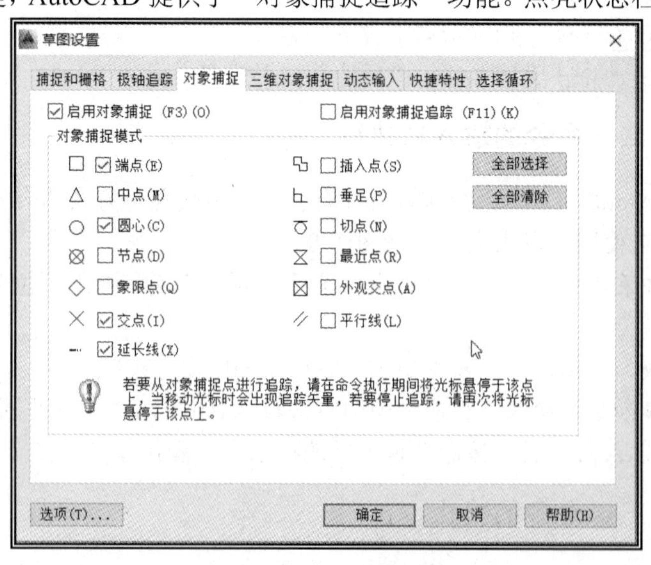

图 10-11　“草图设置”对话框

象捕捉追踪”按钮后，在执行绘图命令期间，鼠标接近图样特征点时，会出现特征点标志（如端点标志□）。捕捉特征点后，将光标悬停于该点片刻，移动光标系统自动启动追踪，绘图区出现追踪虚线，方便绘图。

将光标置于状态栏的“对象捕捉追踪”按钮处，单击右键，弹出右键快捷菜单，如图10-10所示。可在快捷菜单中直接选择捕捉特征点，也可以在快捷菜单中单击“设置”选项，弹出“草图设置”对话框，如图10-11所示。在对话框中设置“捕捉和栅格”“极轴追踪”、“对象捕捉”“三维对象捕捉”“动态输入”“快捷特性”“选择循环”等选项，并勾选对象捕捉模式。

【例10-2】 绘制图10-12所示圆与切线。

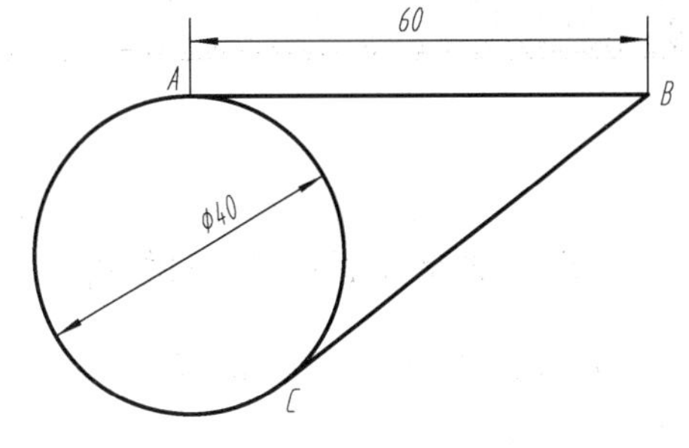

图10-12 绘制圆与切线

操作步骤

点亮状态栏“正交模式”按钮和“对象捕捉追踪”按钮。

将光标置于“对象捕捉追踪”按钮处，单击右键，弹出右键快捷菜单，勾选“象限点”“切点”。

① 绘制圆。左键单击绘图工具栏中的“圆”按钮，命令输入区提示：

指定圆的圆心或[三点(3P) 两点(2P) 切点、切点、半径(T)]：（光标移动到适当位置后单击左键，完成圆心点输入）

指定圆的半径或[直径(D)]<系统默认值>：20↙

② 绘制切线。左键单击绘图工具栏“直线”按钮，命令输入区提示：

指定第一点：〔如图10-13（a）所示，捕捉圆的上象限点，单击左键后右移光标〕

指定下一点或[放弃(U)]：60↙

绘制完成直线AB，如图10-13（b）所示。

关闭“正交模式”，命令输入区提示：

指定下一点或[放弃(U)]：〔如图10-14（a）所示，沿圆弧移动光标，捕捉切点C并单击左键〕

指定下一点或[闭合(C) 放弃(U)]：↙

绘制完成的图形，如图10-14（b）所示。

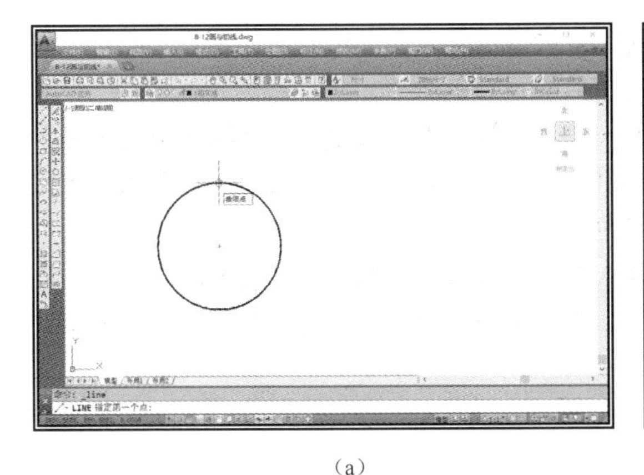

（a）

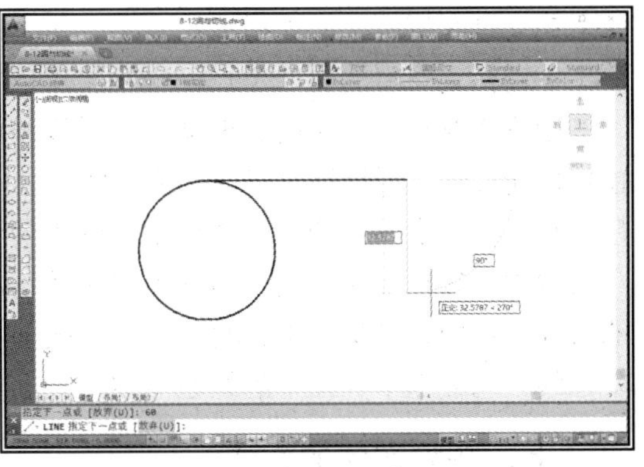

（b）

图10-13 绘制圆与切线（一）

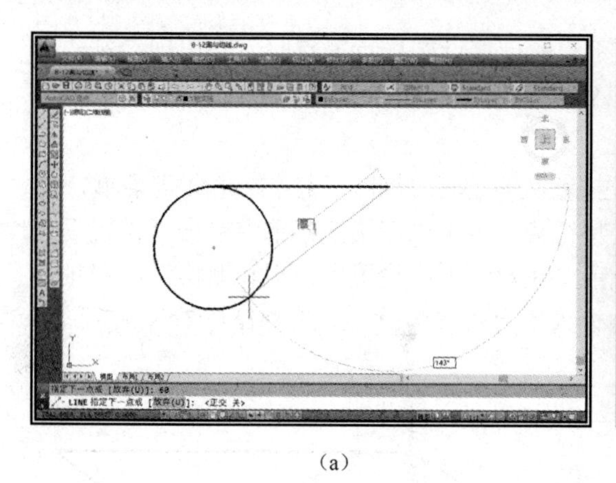

(a)

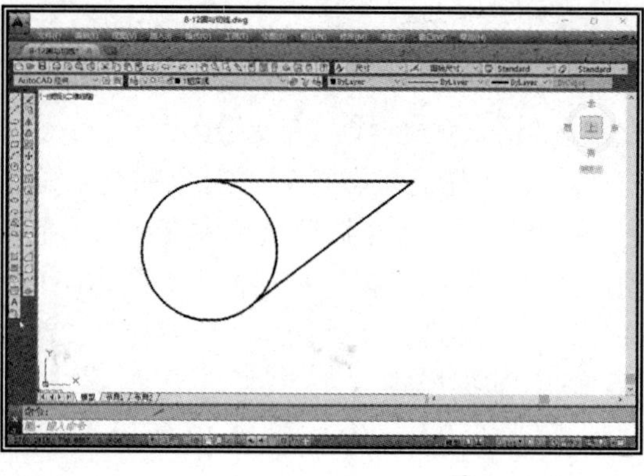

(b)

图 10-14 绘制圆与切线（二）

五、文字及特殊字符的输入

AutoCAD 支持各种输入法的汉字、字符及符号的输入，同时 AutoCAD 也提供了一些特殊字符（如 ϕ、°、±等），见表 10-1。

表 10-1 特殊字符的输入格式

内 容	键盘输入	内 容	键盘输入
ϕ50	%%c50	40±0.08	40%%p0.08
2× ϕ50	2x%%c50	60°	60%%d

六、拾取实体的方法

在许多命令（特别是修改命令）的执行过程中，常需要拾取实体，即拾取绘图时所用的直线、圆弧、块或图符等元素。

1. 单个拾取

移动光标，使待选实体位于光标拾取盒内图线变虚，单击左键，图线出现特征点，该实体被选中。可用左键连续拾取多个实体，也可用 Shift+左键去除被选中的某个实体。

2. 窗口拾取

用左键在屏幕空白处指定一点后，移动鼠标即从指定点处拖动出一个矩形框，此时再次单击左键指定窗口的另一角点，则两角点确定了拾取窗口的大小。

◎*左右窗口* 从左向右拖动窗口（*第一角点在左、第二角点在右*），只能选中完全处于窗口内的实体，不包括与窗口相交的实体。如图 10-15（b）所示为左右窗口，只有两条水平粗实线、一条点画线和小圆被选中（图中的红色点线）；

◎*右左窗口* 从右向左拖动窗口（*第一角点在右，第二角点在左*），则不但位于窗口内的实体被选中，与窗口相交的元素也均被选中。如图 10-15（c）所示为右左窗口，所有实体（图线）均被选中（图中的红色点线）。

七、删除实体的方法

对已存在的元素进行删除，常采用以下两种方法。

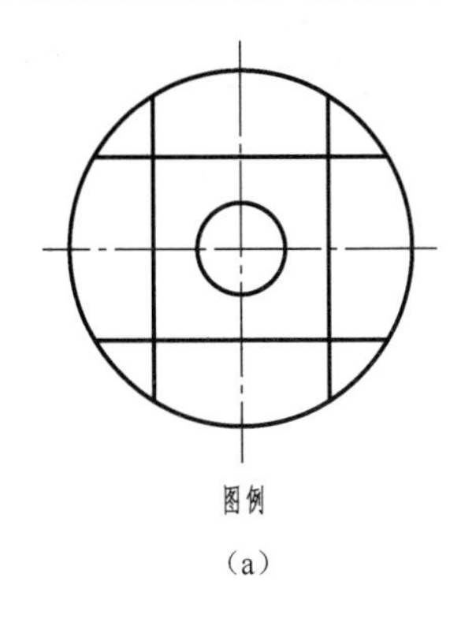

(a)

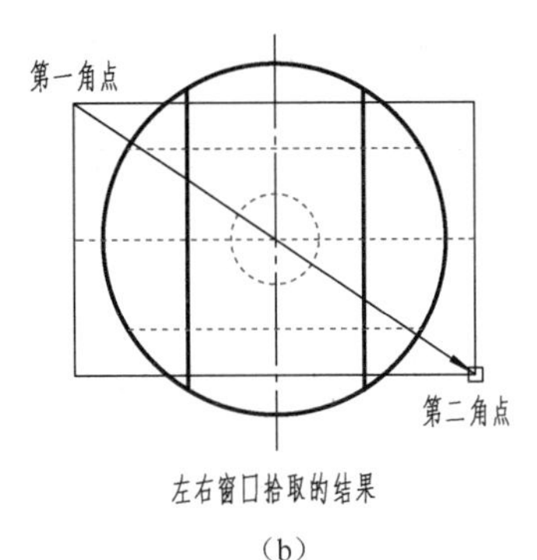

(b)

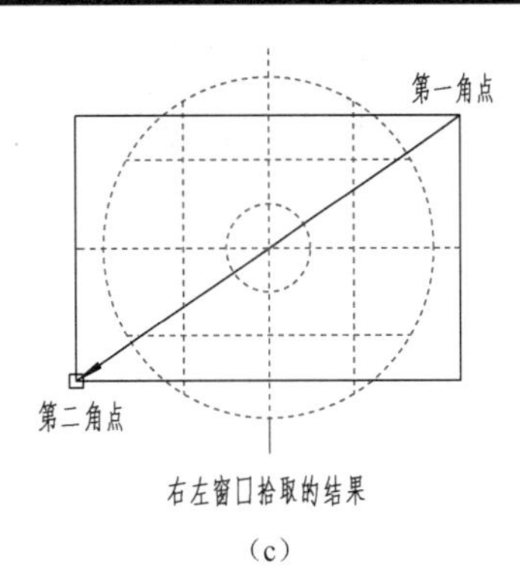

(c)

图 10-15　窗口拾取的比较

1．命令删除

●由工具栏输入　单击修改工具栏中的“删除”按钮。

●由主菜单输入　单击主菜单中的【修改】→【删除】命令。

命令输入后，操作提示为“选择对象：”，用鼠标拾取欲删除对象（可以单个拾取，也可以用窗口拾取），被拾取的图线变虚，单击右键或↙确认后，所选元素即被删除。

2．预选删除

在无命令状态下，拾取一个或一组元素，此时称为预选状态。在预选状态下，可通过以下三种方法将预选的实体删除。

●按键盘上的 Delete 键，所选元素即被删除。

●左击（左键单击，下同）修改工具栏中的“删除”按钮，所选元素即被删除。

●单击右键，弹出右键快捷菜单，左击“删除”项，所选元素即被删除。

八、显示控制

1．重画

重画命令的功能是刷新当前屏幕上的所有图形。左击主菜单中的【视图】→【重画】或【重生成】命令。

2．显示窗口

显示窗口的功能是将指定窗口内的图形进行缩放。命令的输入常采用以下两种方式。

●由工具栏输入　左击主菜单【视图】→【缩放】，在弹出的子菜单中选择视图缩放的方法，按命令栏提示操作，进行缩放。

●由智能鼠标输入　上下滚动鼠标滚轮，实现窗口的动态缩放。

使用以上功能不会更改图形中对象的绝对大小，它仅更改视图显示的比例。

3．显示平移

画图时除可以使用主菜单【视图】→【平移】中的各种命令外，常用按住鼠标滚轮移动鼠标的方法，动态显示平移。

第三节　常用的文件操作

用计算机绘制的图形都是以文件的形式存储在计算机中，故称之为图形文件。AutoCAD 提供了方便、灵活的文件管理功能。

文件管理功能通过主菜单中的【文件】菜单来实现。单击相应的菜单项，即可实现对文件的管理操作。为方便使用，AutoCAD 还将常用的“新建”“打开”和“保存”命令，以按钮形式放在标准工具栏中。

一、建立新文件

启动 AutoCAD，就创建了一个新文件，默认文件名“drawing1.dwg”，同时在不退出系统的状态下，还可建立若干新文件，默认为文件名“drawing2.dwg”“drawing3.dwg”……。

命令的输入常采用以下两种方式。

- 由工具栏输入　单击标准工具栏中的“新建”按钮。
- 由主菜单输入　单击主菜单中的【文件】→【新建】命令。

命令输入后，弹出“选择样板”对话框，如图 10-16 所示。

对话框有两个窗口，左边是样板文件的选择框，右边是所选样板的预览窗口，系统默认 acadiso 样板。新建文件时，如果当前文件已被修改而没有存盘，系统会提示是否保存文件。

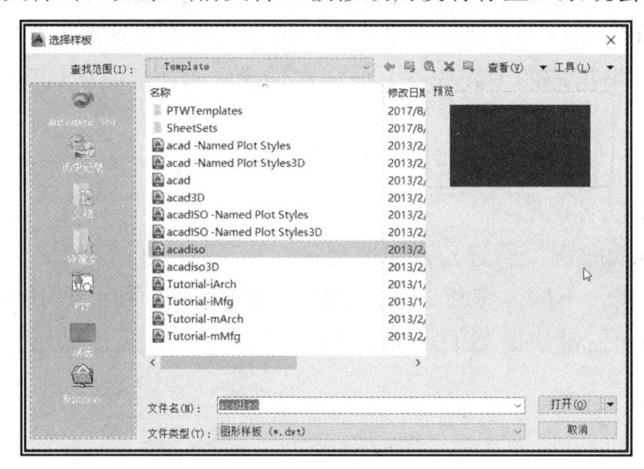

图 10-16　“选择样板”对话框

二、保存文件

保存文件就是将当前绘制的图形以文件形式存储到磁盘上。

命令的输入常采用以下两种方式。

- 由工具栏输入　单击标准工具栏中的“保存”按钮。
- 由主菜单输入　单击主菜单中的【文件】→【保存】命令。

如果当前文件未曾保存，则系统弹出一个“图形另存为”对话框，如图 10-17 所示。在对话框的文件名输入框内输入文件名，单击 保存(S) 按钮，系统即按所给文件名及路径存盘。单击“文件类型”右侧的，可以将文件存储为 AutoCAD 的不同版本和格式。

三、打开文件

打开文件就是要调出一个已存盘的图形文件。

命令的输入常采用以下两种方式。

- 由工具栏输入　单击标准工具栏中的“打开”按钮。
- 由主菜单输入　单击主菜单中的【文件】→【打开】命令。

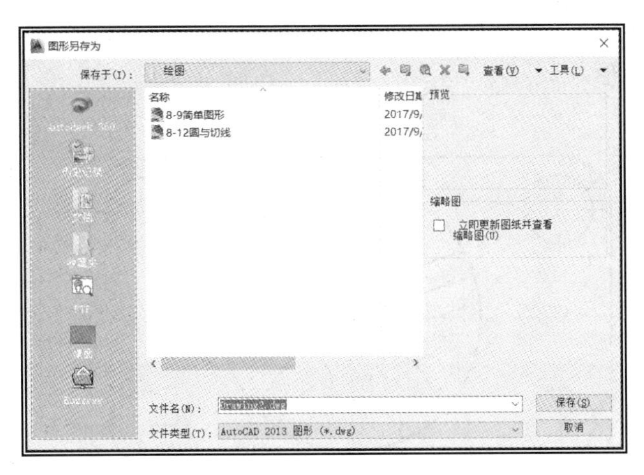

图 10-17　“图形另存为”对话框

命令输入后，弹出“选择文件”对话框，如图 10-18 所示。在显示窗口中选取要打开的文件名，单击 打开(O) 按钮，系统即打开一个图形文件。

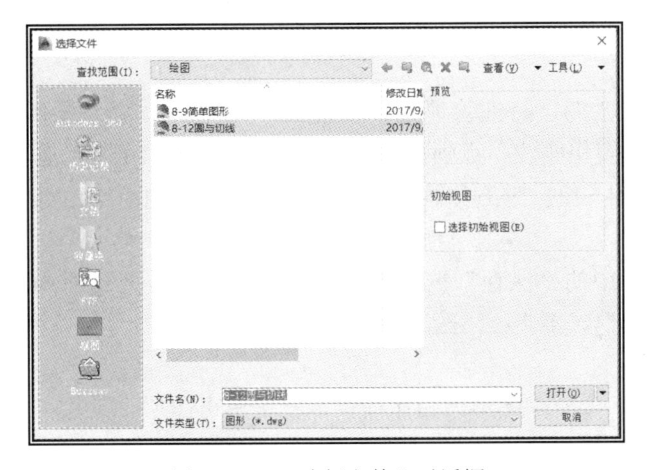

图 10-18　“选择文件”对话框

四、另存文件

另存文件就是将当前图形文件换名存盘，并以新的文件名作为当前文件名。

单击主菜单中的【文件】→【另存为】命令，弹出“图形另存为”对话框（图 10-17），在对话框中输入新文件名，单击 保存(S) 按钮，系统即按新赋予的文件名存盘。

修改一个有名文件后，如果执行“存储文件”命令，则修改后的结果将以原文件名快速存盘，原文件将被覆盖。当希望在存储修改文件的同时，又使原有文件得以保留，则不能进行“存储文件”操作，而应进行“另存文件”操作。

第四节　平面图形的绘制

通过绘制平面图形，熟悉并掌握矩形、圆、两点线的绘制方法；熟悉并掌握拉伸、删除、镜像、修剪、矩形阵列、圆形阵列等常用修改操作方法；建立“块”的概念，掌握块分解的方法；掌握常用的显示控制方法；熟悉工具点菜单的使用方法及文件的存储方法。

【例 10-3】 按 1∶1 的比例，绘制图 10-19 所示平面图形，不注尺寸。将所绘图形存盘，文件名：平面图形。

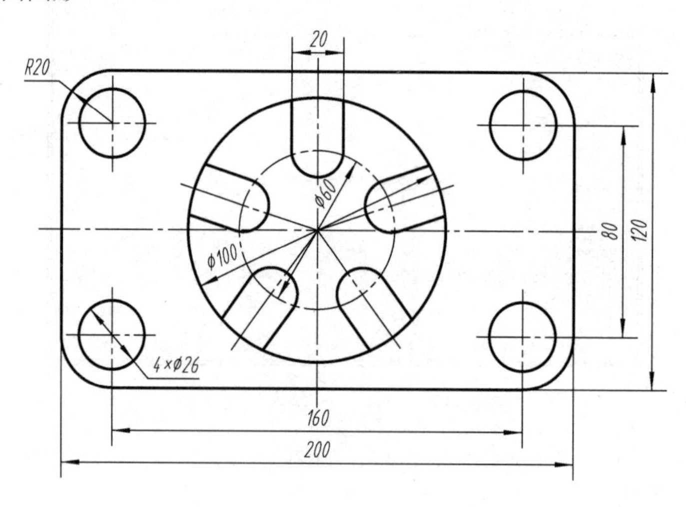

图 10-19 平面图形图例

绘图步骤

单击图层工具栏“图层特性管理器”按钮，在弹出的对话框中新建“粗实线”层、“点画线”层，并设置粗实线、点画线的线型、线宽。点亮“正交”、“对象捕捉”、“对象捕捉追踪”按钮。为方便画图，右键单击工具栏侧面空白处，勾选“对象捕捉”工具栏。

单击标准工具栏中的“保存”按钮，在“另存文件”对话框中的文件名输入框内输入文件名“平面图形”，单击保存(S)按钮存储文件。

1．绘制矩形

① 选择当前层。因所绘图形为粗实线，故左键单击图层工具栏“图层控制”窗口，选择当前层为“粗实线层”。

② 绘制矩形。单击绘图工具栏的“矩形”按钮，命令输入区提示：

指定第一个角点或[倒角(C) 标高(E) 圆角(F) 厚度(T) 宽度(W)]：f↙

指定矩形的圆角半径<0.0000>：20↙

指定第一个角点或[倒角(C) 标高(E) 圆角(F) 厚度(T) 宽度(W)]：（在屏幕上适当位置指定左下角点）

指定另一个角点或[面积(A) 尺寸(D) 旋转(R)]：d↙

指定矩形的长度<10.0000>：200↙

指定矩形的宽度<10.0000>：120↙

指定另一个角点或[面积(A) 尺寸(D) 旋转(R)]：（用鼠标左键指定另一角点的方位）

绘出的图形如图 10-20（a）所示。

2．绘制左下角处的圆

单击绘图工具栏中的“圆”按钮，命令输入区提示：

指定圆的圆心或[三点(3P) 两点(2P) 切点、切点、半径(T)]：（光标捕捉左下圆角，此时圆角的圆心有十字线显示，移动光标至十字线处，单击左键确定圆心）

指定圆的半径或[直径(D)]<默认值>: 13↙

绘出的图形如图 10-20（b）所示。

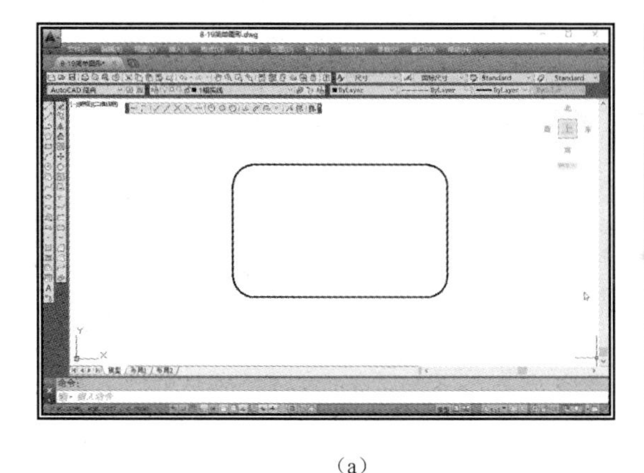

（a）

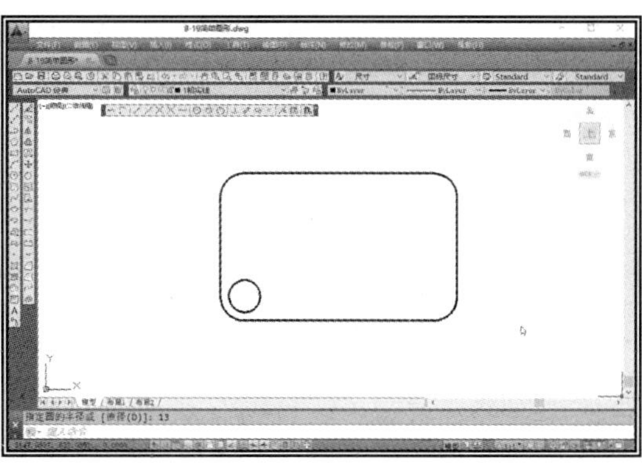

（b）

图 10-20 简单图形的绘制（一）

3．绘制点画线

将当前层设置为“点画线层”。

单击绘图工具栏中的“直线”按钮，命令输入区提示：

指定第一点：（捕捉矩形左侧边线中点，左移光标引出追踪线，如图 10-21（a）所示，在合适位置单击左键确定直线起点）

指定下一点或[放弃(U)]：（沿追踪线右移光标，在合适位置单击左键确定直线终点）

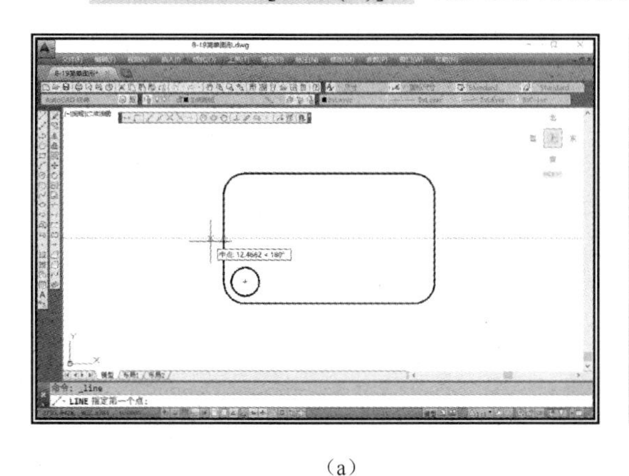

（a）

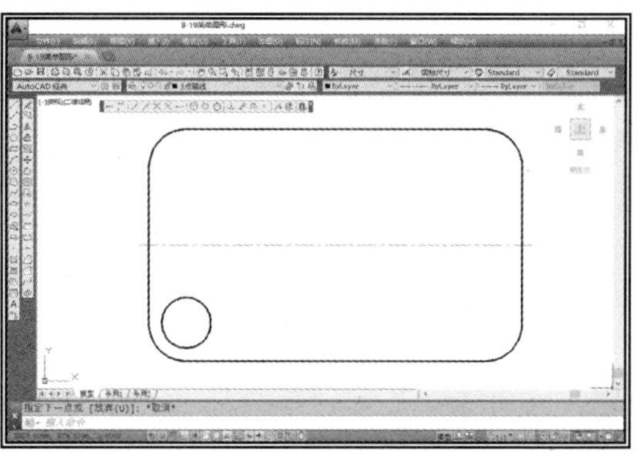

（b）

图 10-21 简单图形的绘制（二）

完成水平点画线绘制，如图 10-21（b）所示。按空格键结束直线命令。

同理，绘制竖直点画线及左下角圆的中心线，如图 10-22（a）所示。

4．绘制中部圆

单击绘图工具栏中的“圆”按钮，命令输入区提示：

指定圆的圆心或[三点(3P) 两点(2P) 切点、切点、半径(T)]：（用鼠标单击捕捉工具栏中的“捕捉到交点”按钮，将光标置于图形中心的点画线交点处单击左键）

指定圆的半径或[直径(D)]<默认值>: 50↙

改变当前层设置，重复“圆”命令，继续绘制中部的点画线圆，如图 10-22（b）所示。

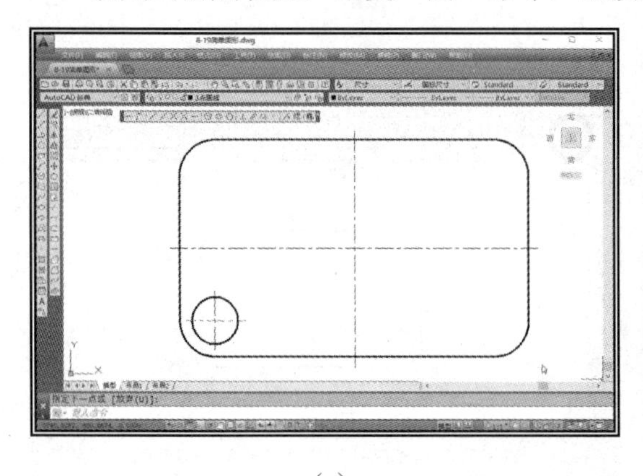

（a）

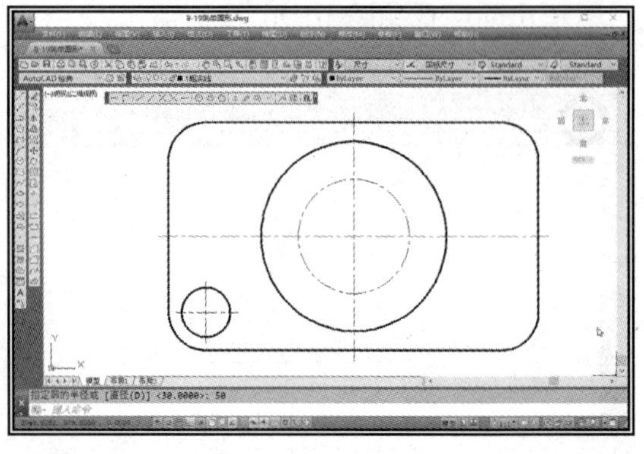

（b）

图 10-22　简单图形的绘制（三）

5．用“镜像”及“修剪”命令完成顶部 U 形槽

① 绘制小圆。单击绘图工具栏中的“圆”按钮，命令输入区提示：

指定圆的圆心或[三点(3P) 两点(2P) 切点、切点、半径(T)]: （用鼠标单击捕捉工具栏中的“捕捉到象限点”按钮，将光标置于点画线圆顶部，待出现象限点标记时单击左键，如图 10-23（a）所示）

指定圆的半径或[直径(D)]<默认值>: 10↙

② 绘制小圆切线。单击绘图工具栏中的“直线”按钮，命令输入区提示：

指定第一点: （捕捉 ϕ20 圆的左象限点，单击左键，确定直线起点）

指定下一点或[放弃(U)]:（沿竖直方向向上移动光标，超过图中 ϕ100 圆时，单击左键）

绘制出的图形，如图 10-23（b）所示。

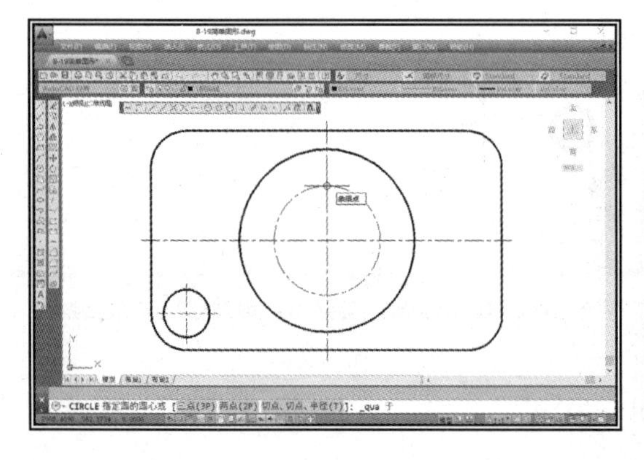

（a）

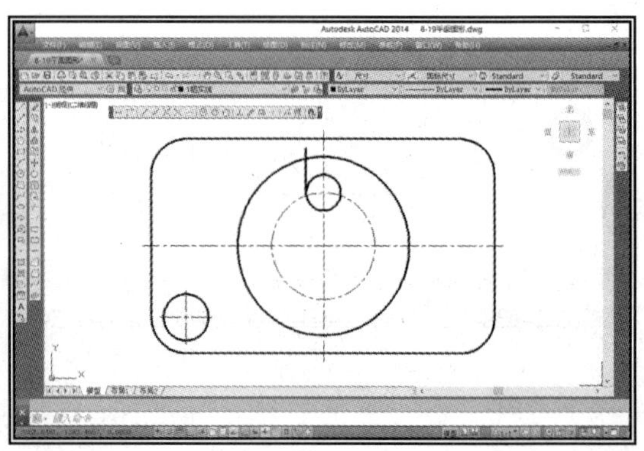

（b）

图 10-23　绘制顶部 U 形槽（一）

③ 镜像。单击修改工具栏中的“镜像”按钮，命令输入区提示：

选择对象: （拾取新绘制直线，单击右键确认）

指定镜像线的第一点: （左键单击竖直点画线的任一点）

指定镜像线的第二点: （左键单击竖直点画线的另外一点）

要删除源对象吗？[是(Y) 否(N)]<N>: ↙

完成镜像操作后的图形，如图 10-24（a）所示。

④ 整理图形。单击修改工具栏中的“修剪”按钮，命令输入区提示：

选择对象或<全部选择>：↙

[栏选(F) 窗交(C) 投影(P) 边(E) 删除(R) 放弃(U)]：（左键单击欲裁剪掉的多余线段）

裁剪后的图形，如图 10-24（b）所示。

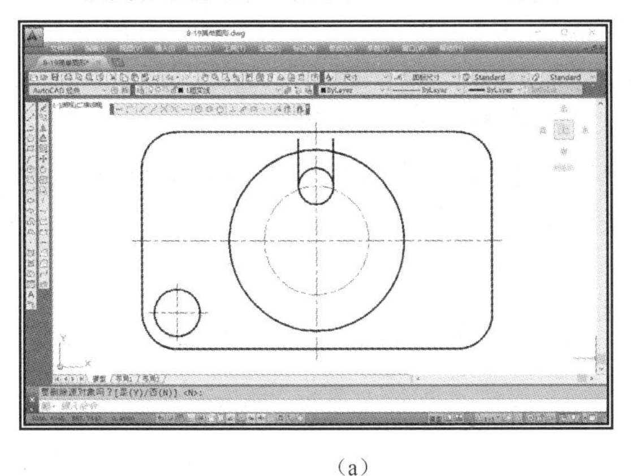

（a）

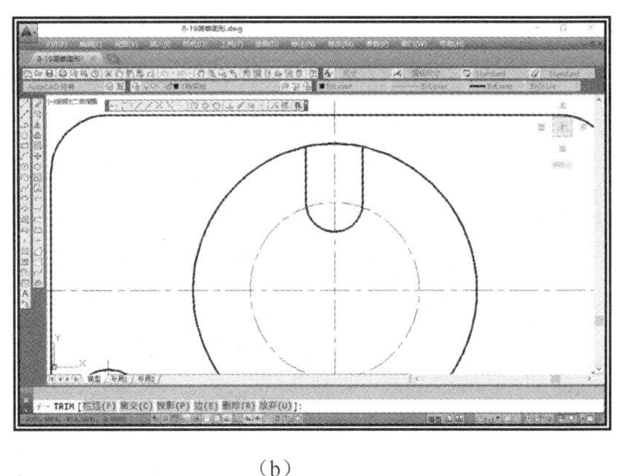

（b）

图 10-24　绘制顶部 U 形槽（二）

6．矩形阵列

矩形阵列的功能是通过一次操作，同时生成呈矩形分布的若干个相同的图形。

单击修改工具栏中的“阵列”按钮，命令输入区提示：

选择对象：〔框选左下角圆及中心线，单击右键确认后的图形，如图 10-25（a）所示〕

选择夹点以编辑阵列或[关联(AS) 基点(B) 计数(COU) 间距(S) 列数(COL) 行数(R) 层数(L) 退出(X)]<退出>：col↙

输入列数或[表达式(E)]<4>：2↙

指定列数之间的距离或[总计(T) 表达式(E)]<默认值>：160↙

选择夹点以编辑阵列或[关联(AS) 基点(B) 计数(COU) 间距(S) 列数(COL) 行数(R)层数(L) 退出(X)]<退出>：r↙

输入行数或[表达式(E)]<4>：2↙

指定行数之间的距离或[总计(T) 表达式(E)]<默认值>：80↙

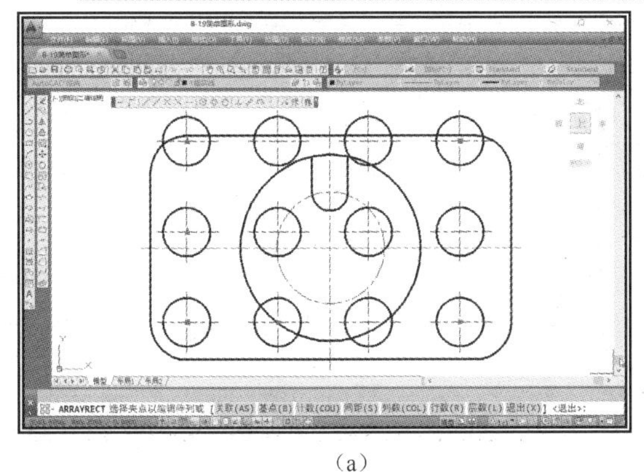

（a）

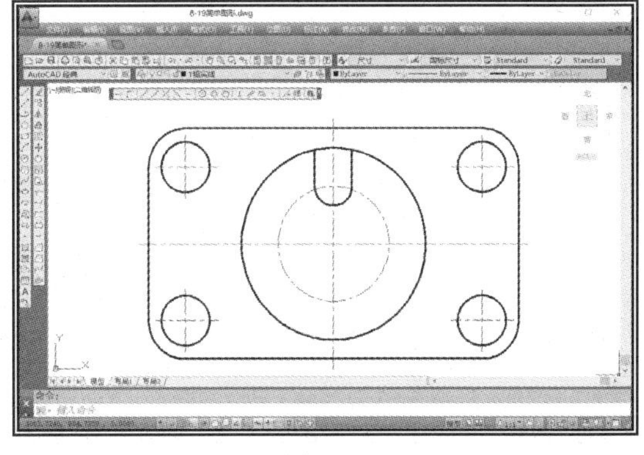

（b）

图 10-25　矩形阵列

完成矩形阵列后的图形，如图 10-25（b）所示。阵列后图形为块，如需修改应先分解。

7. 环形阵列

环形阵列的功能是通过一次操作，同时生成呈圆形分布的若干个相同的图形。

左键长按修改工具栏中的“阵列”按钮，弹出一排按钮，光标移动到，松开左键，按钮由矩形阵列按钮变换成环形阵列按钮，命令输入区提示：

选择对象：（左键连续选取顶部槽线，右键确认）

指定阵列的中心点或[基点(B) 旋转轴(A)]：〔在捕捉工具栏中指定“捕捉到圆心”，光标移动到点画线圆上捕捉其圆心，单击左键确认后的图形，如图 10-26（a）所示〕

选择夹点以编辑阵列或[关联(AS) 基点(B) 项目(I) 项目间角度(A) 填充角度(F) 行(ROW) 层数(L) 旋转项目(ROT) 退出(X)]<退出>：i↙

输入阵列中的项目数或[表达式(E)]<6>：5↙

完成环形阵列后的图形，如图 10-26（b）所示。

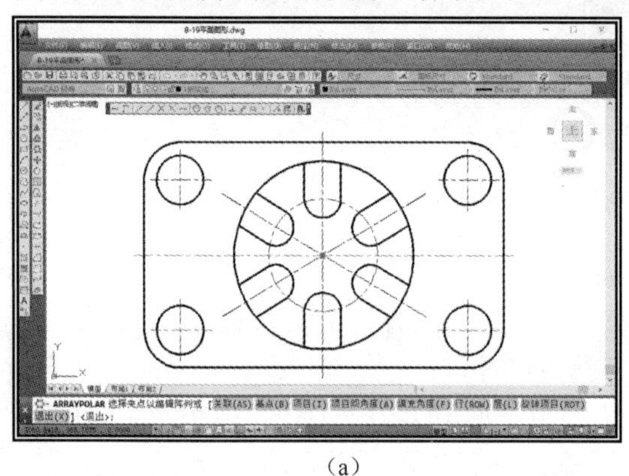

（a）

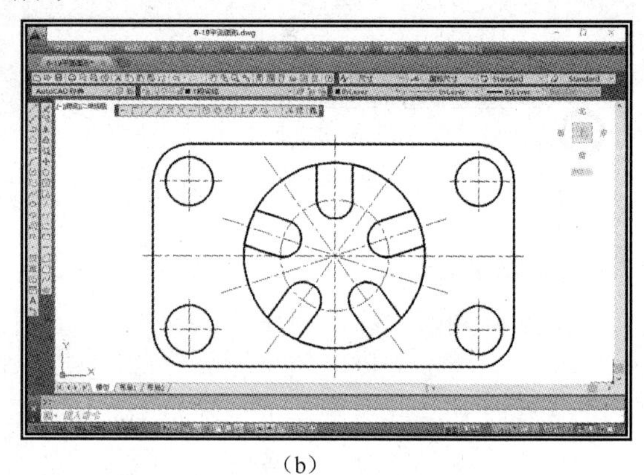

（b）

图 10-26　圆形阵列

8. 先“分解”后“修剪”

单击修改工具栏中的“分解”按钮，命令输入区提示：

选择对象：（左键选择圆形阵列块，单击右键确认）

单击修改工具栏中的“修剪”按钮，命令输入区提示：

选择对象或<全部选择>：（拾取图中的水平点画线，右键确认）

[栏选(F) 窗交(C) 投影(P) 边(E) 删除(R) 放弃(U)]：（左键单击图中点画线的多余部分）

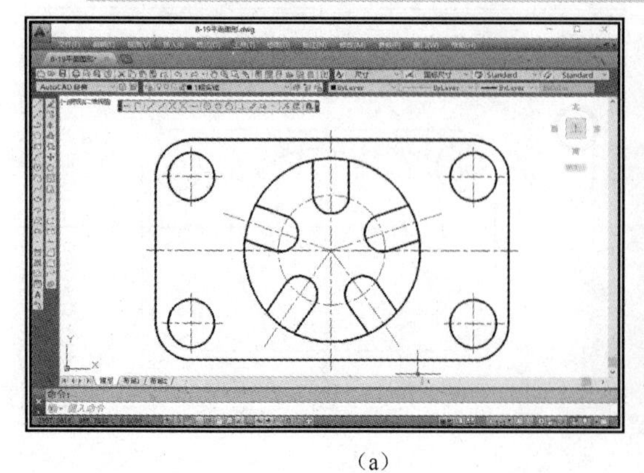

（a）

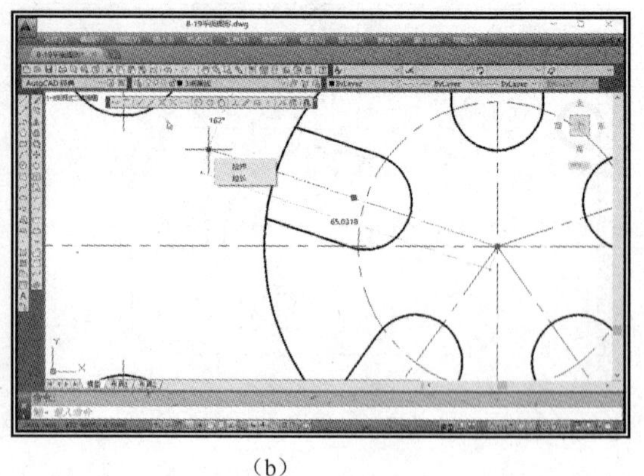

（b）

图 10-27　修剪与拉长

按 Esc 键退出修剪。修剪后的图形，如图10-27（a）所示。

9．修改点画线长度

关闭正交模式，拾取超长的点画线，出现特征点，光标移动至端点停留片刻，特征点变红并提示“拉伸、拉长”如图10-27（b）所示。选择拉长，光标沿图线移动，调整线的长度。

整理后的图形，如图10-28所示。

10．保存文件

检查全图，确认无误后，单击“保存”按钮，保存文件。

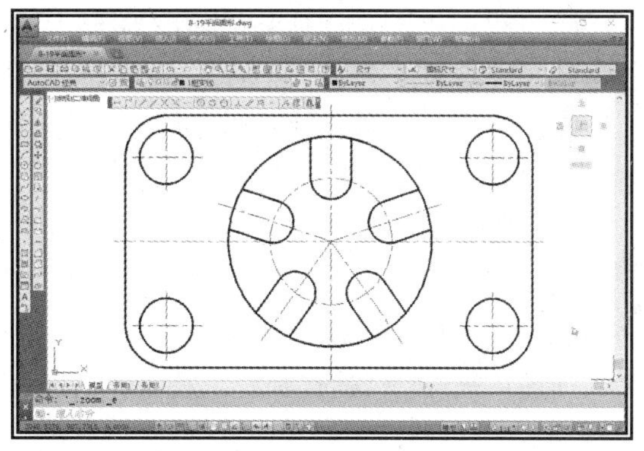

图10-28　整理后图形

第五节　抄画平面图形并标注尺寸

通过抄画平面图形并标注尺寸，进一步掌握平面图形的绘制方法和编辑修改方法；掌握用户坐标系的设置方法，能通过设置用户坐标系简化作图；掌握文本样式的设置方法；掌握标注样式的设置方法；熟悉并掌握尺寸标注的基本方法；掌握比例缩放的方法。

【例10-4】　按1∶2的比例绘制图10-29所示平面图形，并标注尺寸。将所绘图形存盘，文件名：抄画平面图形注尺寸。

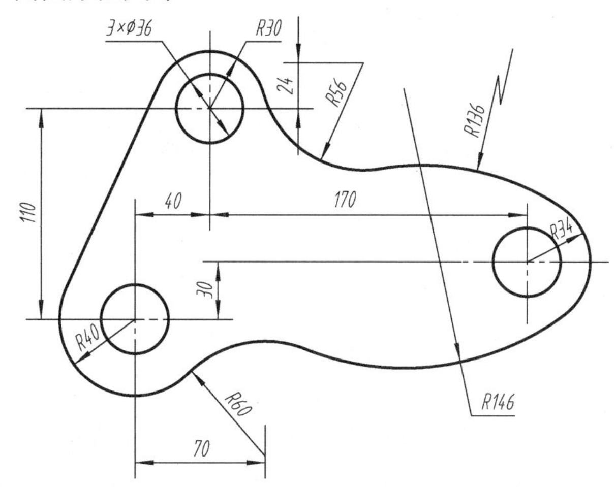

图10-29　抄画平面图形并标注尺寸

绘图步骤

本例要求按1∶2的比例绘图，但为使作图方便、快捷，应先按图中所注尺寸1∶1绘制图形。待图形绘制完成后，再进行比例缩放，使之达到题目要求。

单击图层工具栏“图层特性管理器”按钮，在弹出的对话框中，新建“粗实线”“点画线”“尺寸标注”三个图层，并设置线型及线宽。点亮“正交”“对象捕捉”“对象捕捉追踪”按钮。

单击标准工具栏中的“保存”按钮，在“另存文件”对话框中输入文件名“抄画平面图形注尺寸”，单击 保存(S) 按钮存储文件。

1．绘制 $\phi36$ 已知圆及对称中心线

① 绘制 $\phi36$ 圆。选择当前层为“粗实线层”，单击绘图工具栏中的“圆”按钮，命令输入区提示：

指定圆的圆心或[三点(3P) 两点(2P) 切点、切点、半径(T)]：（用鼠标在适当位置确定圆心）

指定圆的半径或[直径(D)]：18↙

② 绘制圆的对称中心线。选择当前层为“点画线层”，单击绘图工具栏中的“直线”按钮，命令输入区提示：

指定第一点：（捕捉圆心左移光标引出追踪线，如图 10-30（a）所示，在合适位置单击左键确定直线起点）

指定下一点或[放弃(U)]：（沿追踪线右移光标，在合适位置单击左键确定直线终点）

完成水平点画线绘制，按空格键结束直线命令。

再按空格键重复直线命令，完成竖直方向点画线的绘制，如图 10-30（b）所示。

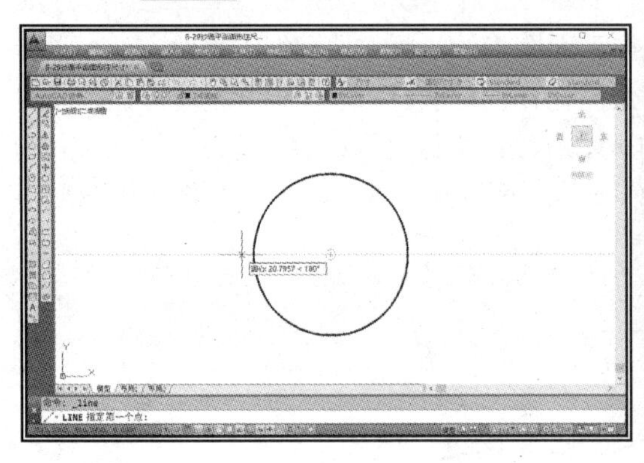

（a）

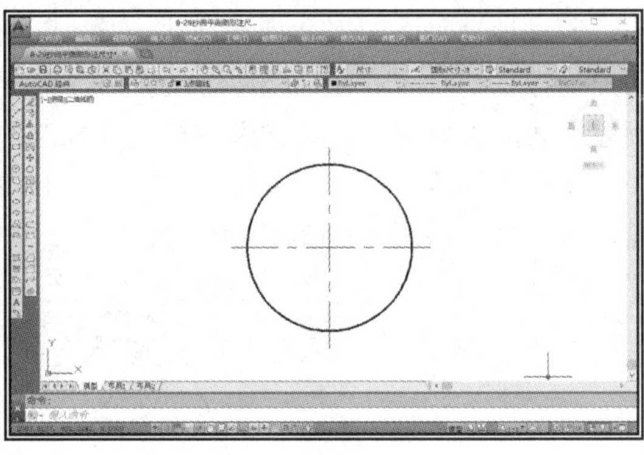

（b）

图 10-30　绘制圆及对称中心线

2．“复制”相同的已知圆

复制的功能是将对象复制到指定方向上的指定距离处。

单击修改工具栏中的“复制”按钮，命令行提示：

选择对象：（拾取要复制的圆及对称中心线，命令行提示找到 3 个）

选择对象：（单击右键，结束对象拾取）命令行继续提示：

指定基点或[位移(D) 模式(O)]<位移>：↙

指定位移<0，0，0>：40，110↙

复制出最上方的圆，如图 10-31（a）所示。

按空格键重复“复制”命令，命令行提示：

选择对象：（拾取左下角圆及对称中心线，命令行提示找到 3 个）

选择对象：（单击右键，结束对象拾取）命令行继续提示：

指定基点或[位移(D) 模式(O)]<位移>：↙

指定位移<40，110，0>：210，30↙

复制出最右方圆，如图 10-31（b）所示。

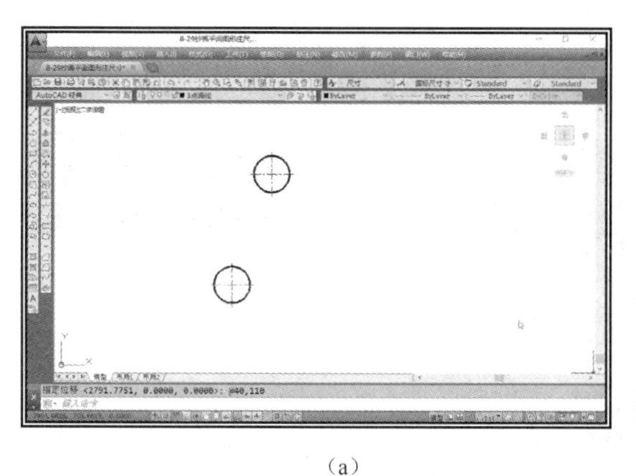

（a）

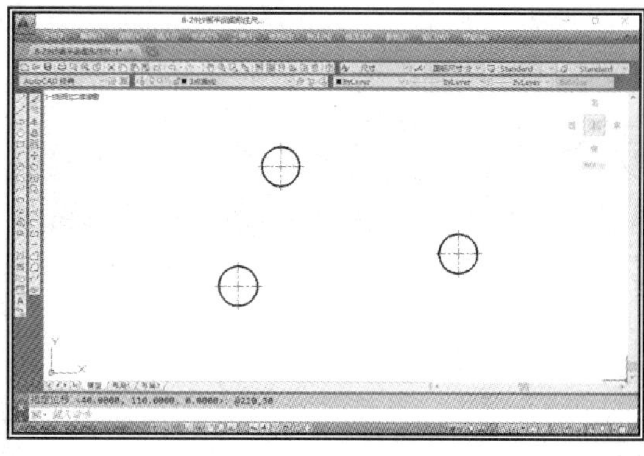

（b）

图 10-31　复制

3．绘制三个已知圆的同心圆

选择当前层为“粗实线层”，执行“圆”命令，绘制出 *R*40、*R*30、*R*34 三个圆，如图 10-32 所示。

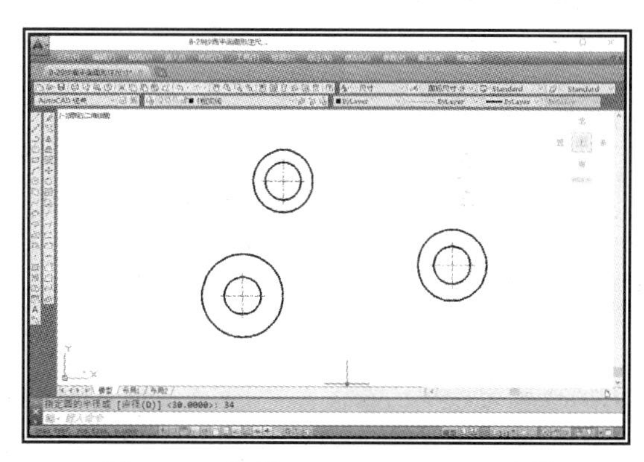

图 10-32　绘制 *R*40、*R*30、*R*34 三个圆

4．绘制两圆的公切线

单击绘图工具栏中的“直线”按钮，命令输入区提示：

指定第一点:〔勾选“对象捕捉”工具栏，左击“捕捉到切点”按钮，将光标置于 *R*40 圆弧切点附近，如图 10-33（a）所示，待出现切点标记时，单击左键确定直线起点〕

指定下一点或[放弃(U)]: 〔将光标置于 *R*30 圆弧切点附近，如图 10-33（b）所示，待出现切点标记时，单击左键确定直线终点〕

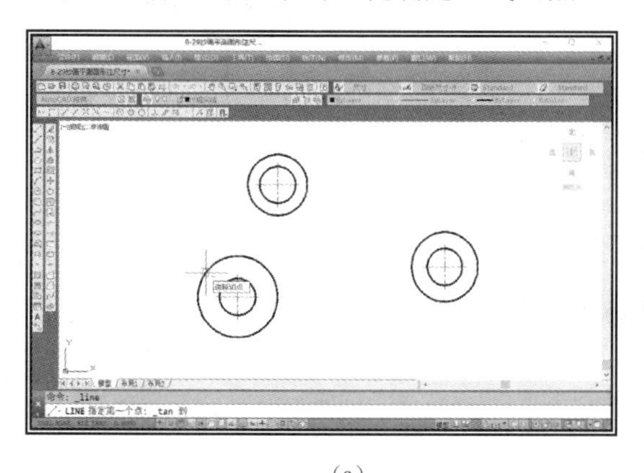

（a）

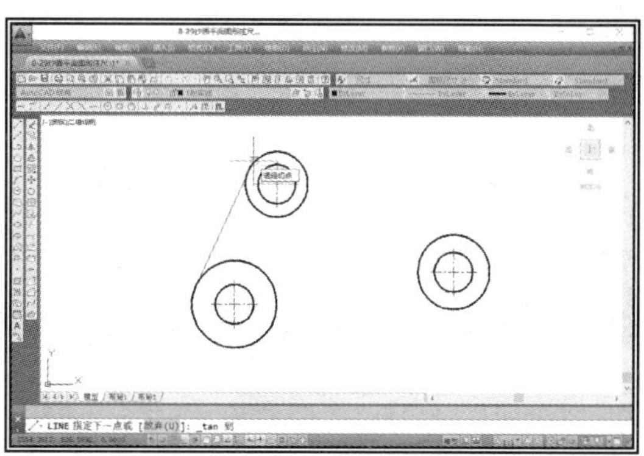

（b）

图 10-33　绘制两圆的公切线

5．利用“构造线”绘制 *R*60 中间弧

① 绘制与 *R*60 中间弧相切的辅助线。单击绘图工具栏中的“构造线”按钮，命令输入区提示：

指定点或[水平(H) 垂直(V) 角度(A) 二等分(B) 偏移(O)]: v↙

指定通过点：〔如图 10-34（a）所示，捕捉左下圆的圆心，右移光标引出追踪线〕130↙

绘制出的辅助线，如图 10-34（b）所示。由于最终要删除辅助线，所以本例线型随意。

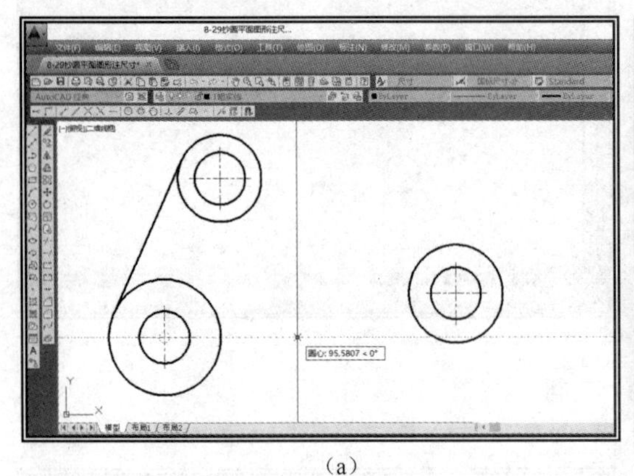

（a）

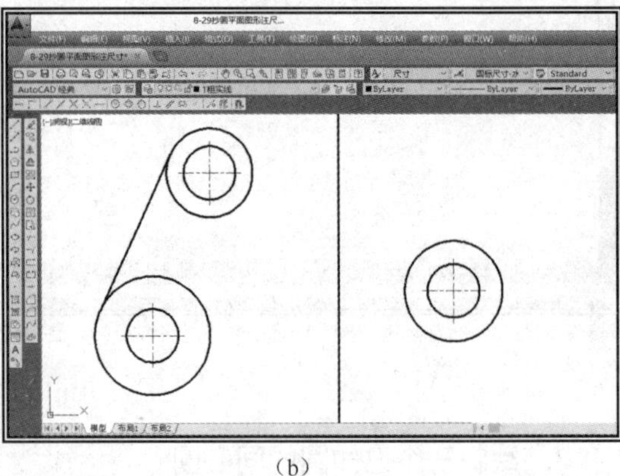

（b）

图 10-34　绘制辅助线

② 绘制 *R*60 圆弧。单击绘图工具栏中的“圆”按钮，命令输入区提示：

指定圆的圆心或[三点(3P) 两点(2P) 切点、切点、半径(T)]：t↙

指定对象与圆的第一个切点：〔移动光标至 *R*40 圆周上，如图 10-35（a）所示，屏幕上显示切点标记，单击左键〕

指定对象与圆的第二个切点：〔移动光标至辅助线上，如图 10-35（b）所示，屏幕上显示切点标记，单击左键〕

指定圆的半径：60↙

拾取绘图辅助线（图中的构造线），单击键盘 Delete 键，将其删除。

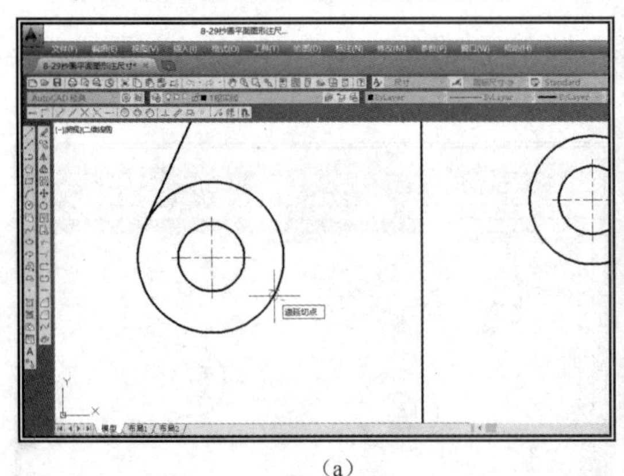

（a）

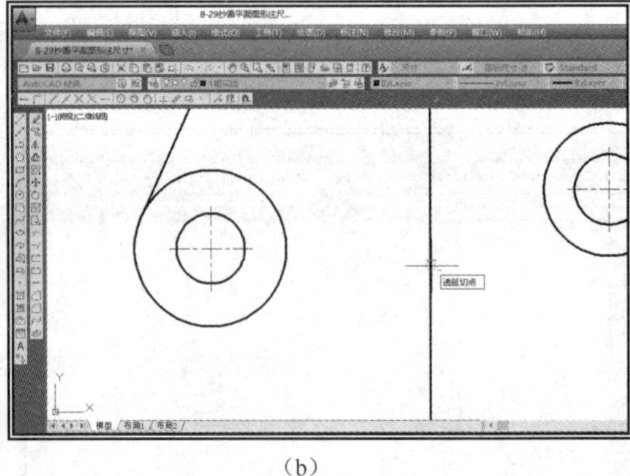

（b）

图 10-35　绘制 *R*60 圆弧

6．绘制 *R*56 中间弧

用与步骤 5 同样的方法绘制 *R*56 中间弧，如图 10-36（a）、（b）所示。

删除辅助线。

7．绘制连接弧

单击绘图工具栏中的“圆”按钮，命令输入区提示：

指定圆的圆心或[三点(3P) 两点(2P) 切点、切点、半径(T)]：t↙

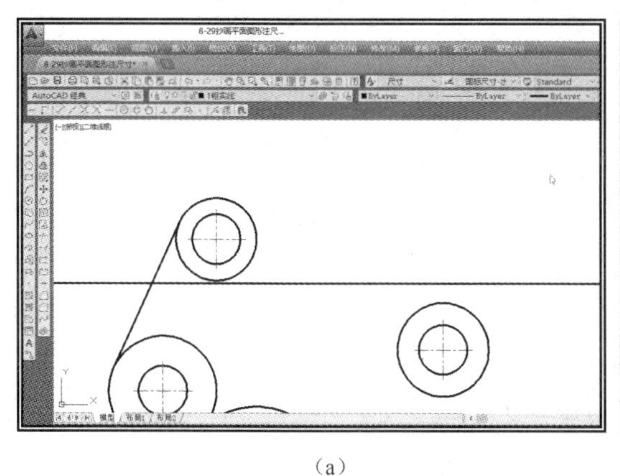

（a）

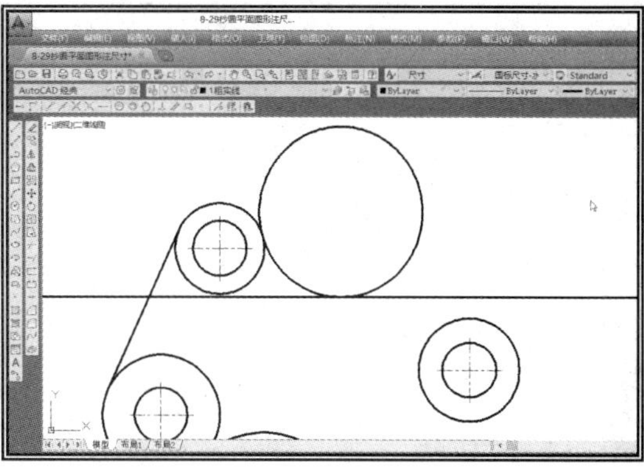

（b）

图 10-36 绘制 *R*56 圆弧

指定对象与圆的第一个切点：〔如图 10-37（a）所示，移动光标至 *R*56 中间弧切点附近，单击左键〕

指定对象与圆的第二个切点：〔如图 10-37（b）所示，移动光标至 *R*34 已知弧切点附近，单击左键〕

指定圆的半径：136↙

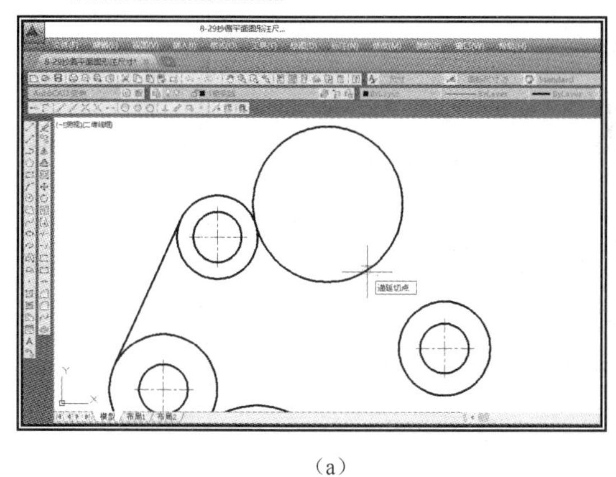

（a）

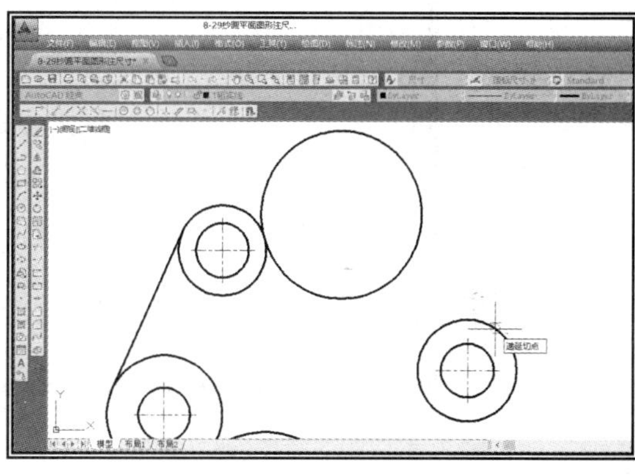

（b）

图 10-37 绘制连接弧（一）

绘制完成的图形，如图 10-38（a）所示。

重复上述步骤，完成另一个连接弧的绘制，如图 10-38（b）所示。

用“修剪”命令去除多余图线。

8. “缩放”图形

单击修改工具栏中的“缩放”按钮，命令输入区提示：

选择对象：（框选已绘图样，右键确认）

指定基点：（左键单击图样中心位置）

指定比例因子或[复制(C) 参照(R)]：0.5↙

图形缩小为原来的 1/2。

9. 标注尺寸

① 设置文字样式。单击样式工具栏中的“文字样式”按钮，在弹出的“文字样式”

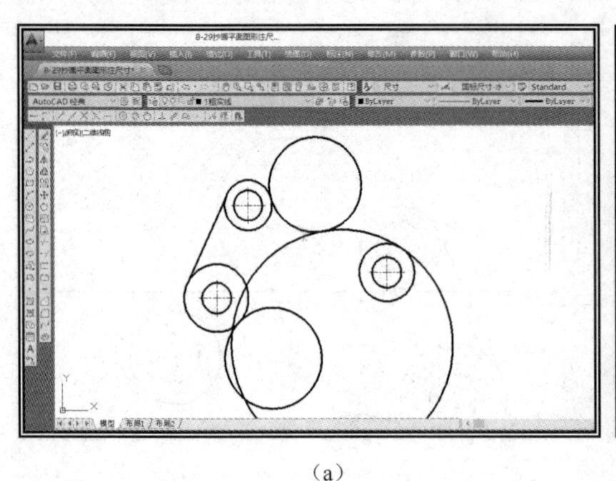

(a)

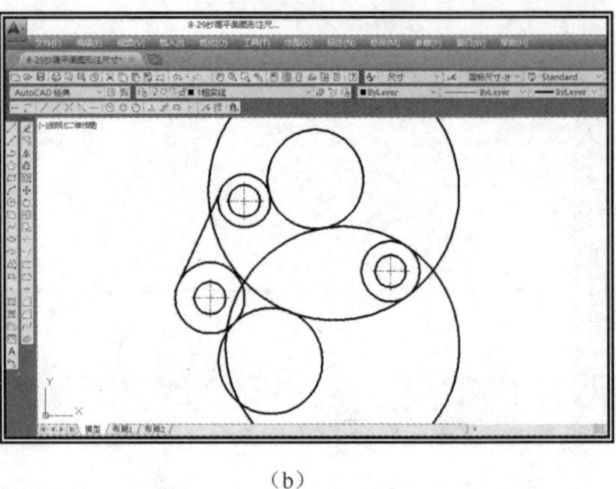

(b)

图 10-38　绘制连接弧（二）

对话框中，新设置样式为“尺寸”。如图 10-39 所示，选择字体及其他选项后，单击 应用(A) 按钮，再单击 确定 按钮，完成文本样式的设置。

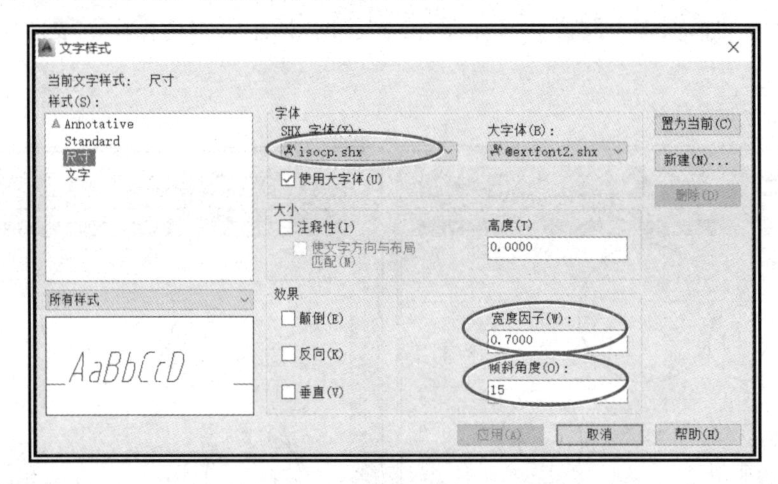

图 10-39　“文字样式”对话框

② 设置标注样式。单击样式工具栏中的“标注样式”按钮，在弹出的“标注样式管理器”对话框中，新建标注样式“国标尺寸”，在弹出的对话框中，单击“文字”选项卡，选择“文字样式”为尺寸；单击“主单位”选项卡，设定“精度”为 0、“比例因子”为 2。

新建标注样式“国标尺寸－水平”，在弹出对话框中的“文字”选项卡中，将“文字对齐”设为水平。

返回到“标注样式管理器”对话框。将新建样式“国标尺寸” 置为当前(C)，单击 关闭 按钮，完成标注风格的设置。

选择当前层为“尺寸”。右键单击工具栏侧面空白处，勾选“标注”工具栏。

③ 标注线性尺寸。单击标注工具栏中的“线性”按钮，命令输入区提示：

指定第一个尺寸界线原点或<选择对象>：（拾取左下方圆的水平中心线）

指定第二条尺寸界线原点：（拾取左上方圆的水平中心线）

[多行文字(M)/文字(T) 角度(A) 水平(H) 垂直(V) 旋转(R)]：（移动光标至适当位置，单击左键）

标注出两圆的中心距，如图 10-40（a）所示。

重复上述方法，标注出其他线性尺寸，如图 10-40（b）所示。

> 提示：标注定位尺寸 24 和 70 时，指定第二条尺寸界线原点时要捕捉圆心。

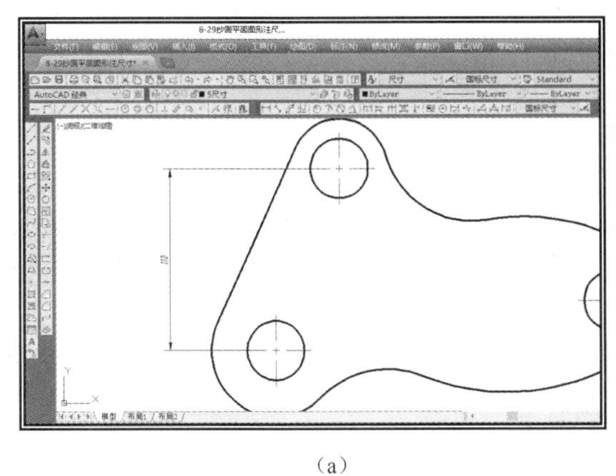

（a）

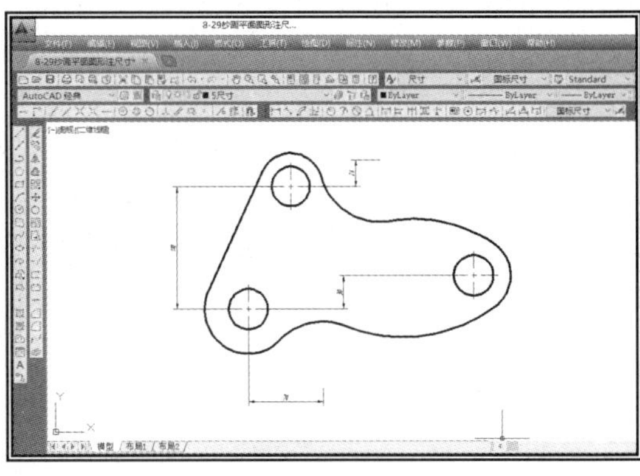

（b）

图 10-40　标注线性尺寸

④ 标注连续尺寸。先用“线性”标注命令标注尺寸 40，如图 10-41（a）所示。再单击标注工具栏中的“连续”按钮，命令输入区提示：

指定第二条尺寸界线原点或[放弃(U) 选择(S)]<选择>：〔如图 10-41（b）所示，拾取右侧圆的竖直中心线，注出连续尺寸 170〕

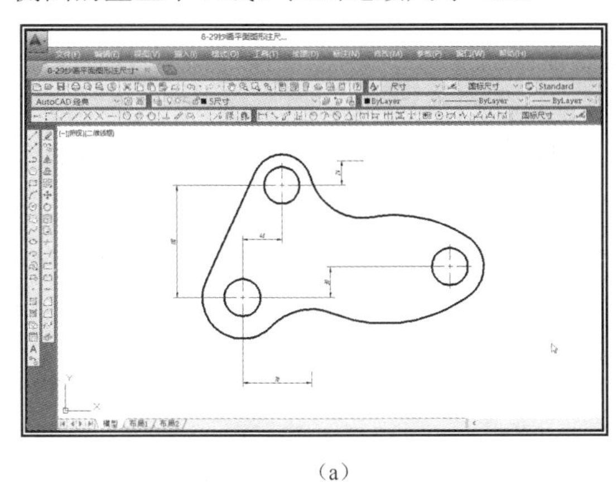

（a）

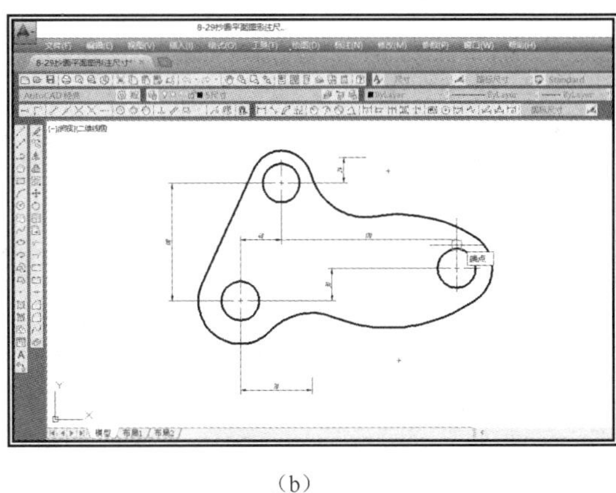

（b）

图 10-41　标注连续尺寸

⑤ 标注半径尺寸。单击样式工具栏中的“标注样式”按钮，在弹出的“标注样式管理器”对话框中，单击“替代”按钮 替代(O)...，在弹出的对话框中，单击“调整”选项卡，勾选“手动放置文字”选项，确定后关闭对话框。

单击标注工具栏中的“半径”按钮，命令输入区提示：

选择圆弧或圆：（拾取 $R30$ 圆弧）

指定尺寸线位置或[多行文字(M) 文字(T) 角度(（A）)]：（如图 10-42 所示，拖动尺寸线至合适位置单击左键）

按空格键依次注出其他半径尺寸。

⑥ 标注 *R*136 圆弧半径尺寸。单击标注工具栏中的"折弯"按钮，命令输入区提示：

选择圆弧或圆：（拾取 *R*136 圆弧）

指定图示中心位置：（用鼠标选择尺寸线的中心位置）此时屏幕上显示欲标注的尺寸，如图 10-43 所示。命令输入区提示：

指定尺寸线位置或[多行文字(M) 文字(T) 角度(A)]：（移动光标选择尺寸线位置后，单击左键）

指定折弯位置：（移动光标选择折弯位置后，单击左键）

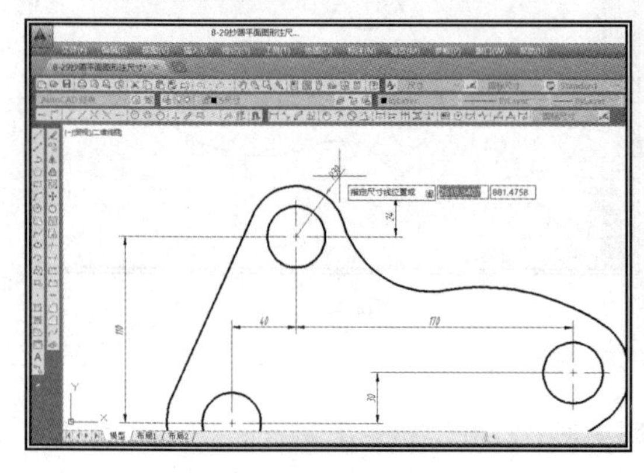

图 10-42　标注半径尺寸

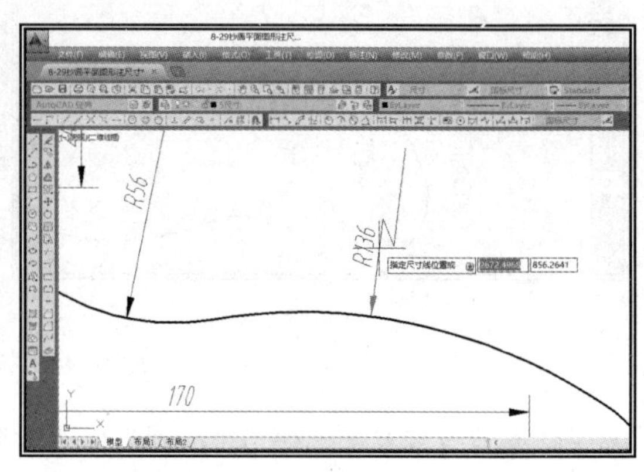

图 10-43　标注 *R*136 圆弧半径尺寸

⑦ 标注 *R*146 圆弧半径尺寸。再次设置标注样式替代，在"文字"选项卡中，选择"文字对齐"方式为水平。

单击标注工具栏中的"半径"按钮，命令输入区提示：

选择圆弧或圆：（拾取 *R*146 圆弧）

指定尺寸线位置或[多行文字(M) 文字(T) 角度(A)]：（如图 10-44 所示，拖动尺寸线至合适位置单击左键）

⑧ 标注圆的直径尺寸。单击标注工具栏中的"直径"按钮，命令输入区提示：

选择圆弧或圆：（拾取最上方圆）

指定尺寸线位置或[多行文字(M) 文字(T) 角度(A)]：t↙

输入标注文字<36>：（默认值为圆直径）3×%%c36↙

如图 10-45 所示，拖动尺寸线至合适位置单击左键。

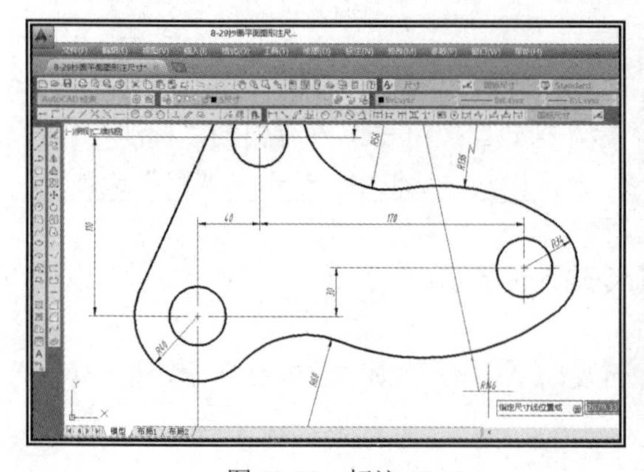

图 10-44　标注 *R*146

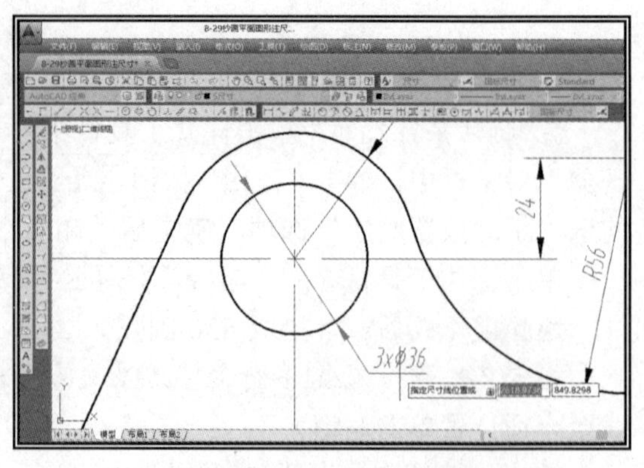

图 10-45　标注圆的直径尺寸

10．保存文件

检查全图，确认无误后，保存文件。

第六节　补画视图

通过抄画已知视图和按要求补画未知视图，熟悉并掌握利用“对象捕捉追踪”功能保证基本视图之间符合“长对正、高平齐、宽相等”的三等关系，熟悉并掌握“剖面线”的绘制方法。

【例 10-5】　按 1∶1 的比例，抄画图 10-46 所示的主、俯视图，补画全剖的左视图，不注尺寸。将所绘图形存盘，文件名：补视图。

绘图步骤

1．形体分析

如图 10-47 所示，该形体由底板、开槽圆筒组合而成。在底板两侧对称地切割出小孔，底板侧面与圆柱面相切。

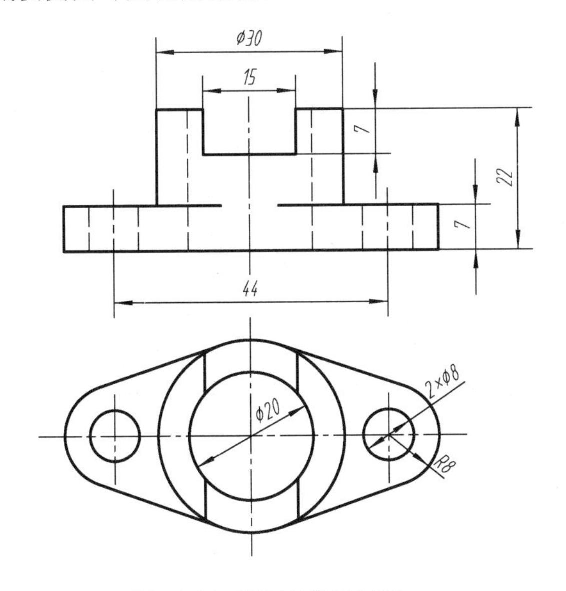

图 10-46　抄画与补画视图

图 10-47　形体分析

2．绘制主、俯视图

新建“粗实线”层、“虚线”层、“点画线”层、“剖面线”层。点亮“对象捕捉”“对象捕捉追踪”按钮。

单击标准工具栏中的“保存”按钮，在弹出的对话框中输入文件名“补视图”，单击 保存(S) 按钮存储文件。

① 绘制俯视图 φ20、φ30 同心圆。绘制圆的方法同前，不再赘述。

② 新建用户坐标。单击主菜单中的【工具】→【新建 UCS（W）】→【原点（N）】命令，命令输入区提示：

指定新原点<0，0，0>:　（捕捉 φ20 圆心，单击左键，确定原点）

提示：新设置的用户坐标系为当前用户坐标系。

③ 绘制俯视图 $\phi8$、$R8$ 同心圆。单击绘图工具栏中的“圆”按钮，命令输入区提示：

指定圆的圆心或[三点(3P) 两点(2P) 切点、切点、半径(T)]: 22，0↙

指定圆的半径或[直径(D)]: 4↙（完成 $\phi8$ 圆）

重复圆命令绘制 $R8$ 圆，完成的图形如图 10-48 所示。

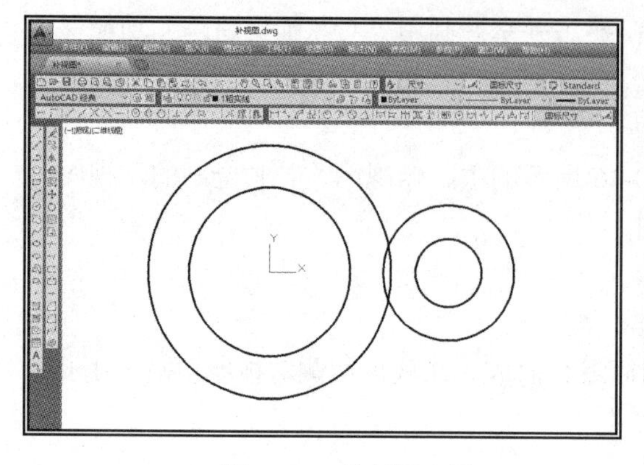

图 10-48 绘制同心圆

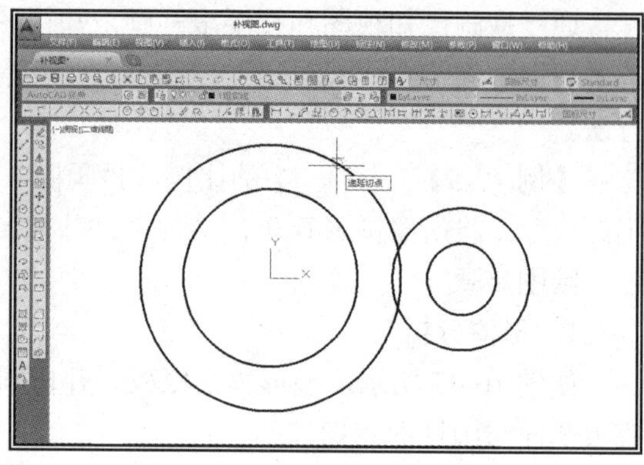

图 10-49 绘制 $\phi30$、$R8$ 两圆的公切线

④ 绘制俯视图 $\phi30$ 圆与 $R8$ 圆的公切线。单击绘图工具栏中的“直线”按钮，命令输入区提示：

指定第一个点：（在对象捕捉工具栏中选择切点）命令提示改变为：

指定第一点:_tan 到（如图 10-49 所示，移动光标至 $\phi30$ 圆切点附近单击左键）

指定下一点或[放弃(U)]: （在对象捕捉工具栏中再次选择切点）命令提示改变为：

指定下一点或[放弃(U)]:_tan 到：（移动光标至 $R8$ 圆切点附近单击左键）

提示：左侧的两个同心圆及其他三条切线可重复上述方法绘制，也可用“镜像”的方法绘制。

⑤ 整理图形。启用“修剪”命令去除多余图线。

⑥ 绘制主视图下部的矩形线框。点亮“正交模式”按钮，单击绘图工具栏中的“直线”按钮，命令输入区提示：

指定第一点：〔如图 10-50（a）所示，光标捕捉左侧 $R8$ 圆弧左象限点，向上移动光标引出追踪线，在合适位置单击左键〕

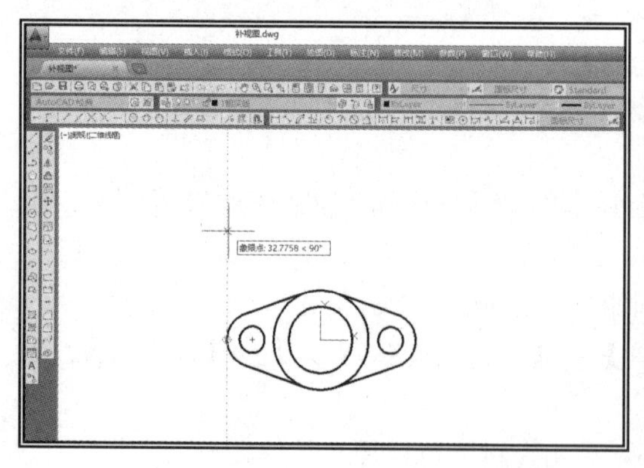

（a）

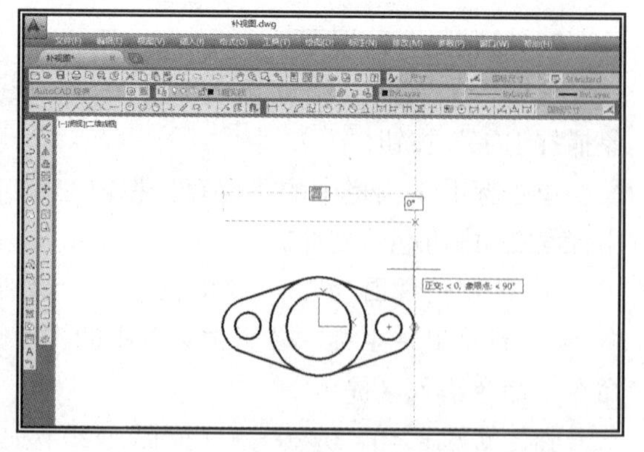

（b）

图 10-50 绘制主视图（一）

指定下一点或[放弃(U)]:〔光标捕捉右侧 *R*8 圆弧右象限点，向上移动光标引出追踪线。如图 10-50（b）所示，当屏幕上出现“×”标记时单击左键〕

指定下一点或[闭合(C) 放弃(U)]:（向上移动光标）7↙

指定下一点或[闭合(C) 放弃(U)]:〔光标捕捉矩形下边线左端点，向上移动光标引出追踪。如图 10-51（a）所示，当屏幕上出现“×”标记时单击左键〕

指定下一点或[闭合(C) 放弃(U)]: c↙

用同样方法，绘制出上部的矩形线框，绘制完成的图形，如图 10-51（b）所示。

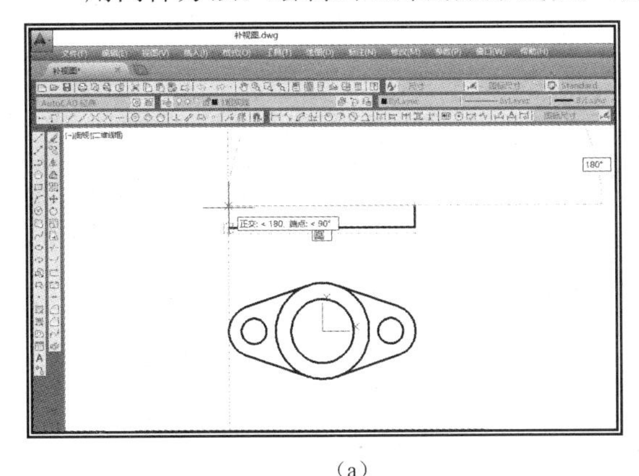

（a）

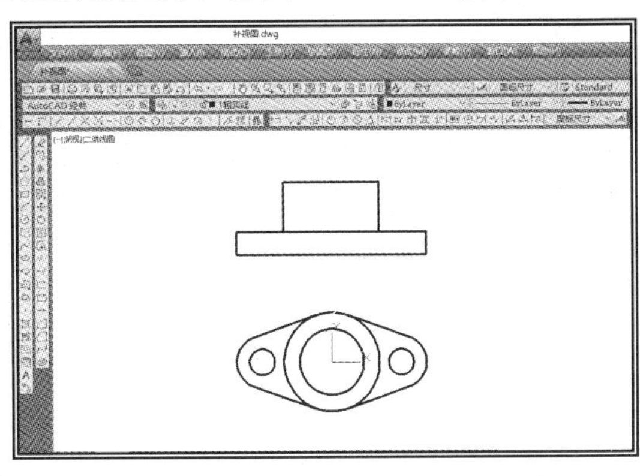

（b）

图 10-51　绘制主视图（二）

⑦ 绘制点画线和虚线。用“直线”命令，在点画线层绘制轴线、对称中心线；在虚线层绘制孔的轮廓线。

⑧ 绘制凸槽。将当前层设置为粗实线。单击修改工具栏中的“偏移”按钮，命令输入区提示：

指定偏移距离或[通过(T) 删除(E) 图层(L)]<默认值>: 7↙

选择要偏移的对象，或[退出(E) 放弃(U)]<退出>:（拾取主视图最上边线框）

指定要偏移的那一侧上的点，或[退出(E) 多个(M) 放弃(U)]<退出>:〔如图 10-52（a）所示，将光标移至直线下方，单击左键〕

单击绘图工具栏中的“构造线”按钮，按操作提示绘制出垂直构造线，如图 10-52（b）所示。

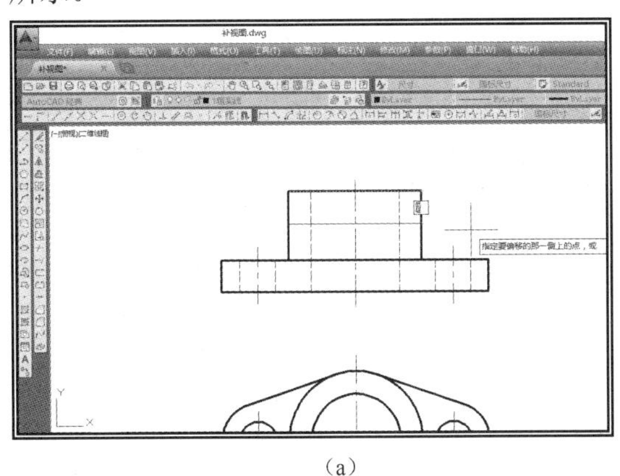

（a）

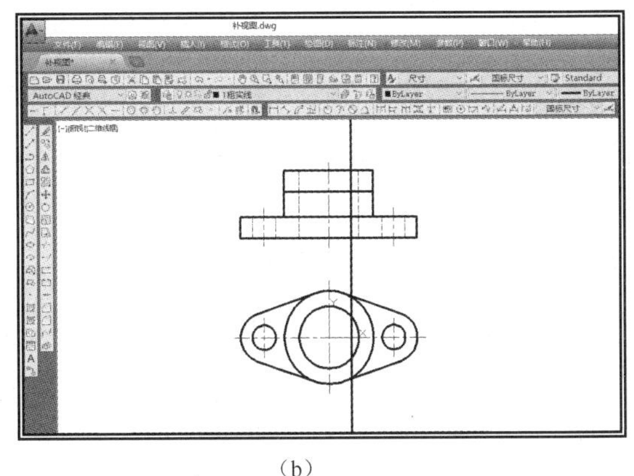

（b）

图 10-52　绘制凸槽

⑨ 整理图形。用“修剪”“镜像”命令，整理图形。

⑩ 修改到切点的直线。单击修改工具栏中的“打断”按钮，命令输入区提示：

选择对象：（拾取主视图下数第二条水平线）

指定第二个打断点或[第一点(F)]：f↙

指定第一个打断点：（如图 10-53（a）所示，在俯视图上捕捉切点并上移光标至主视图直线处，单击左键）

指定第二个打断点：（在俯视图上捕捉另一个切点并上移光标至主视图直线处，单击左键）

绘制完成的主、俯视图，如图 10-53（b）所示。

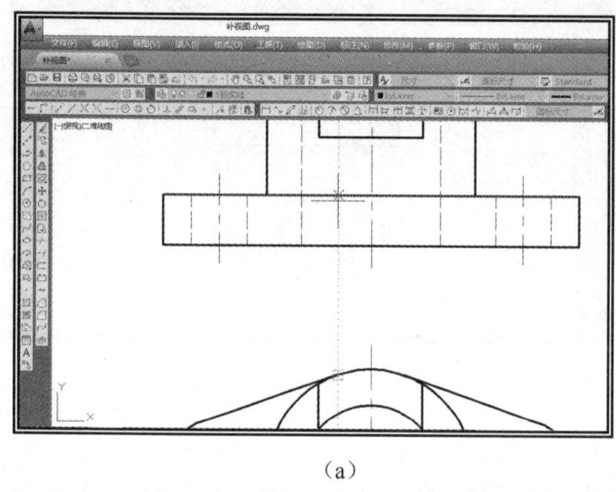

（a）

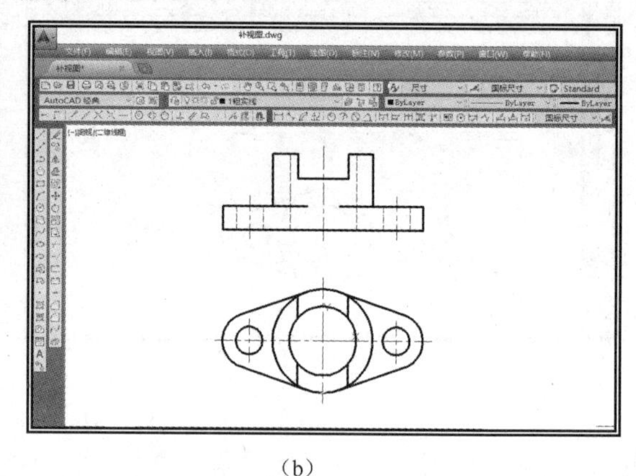

（b）

图 10-53 用“打断”命令修改直线

3. 补画左视图

① 复制俯视图。单击修改工具栏中的“复制”按钮，命令行提示：

选择对象：（框选俯视图，单击右键确认）

指定基点或[位移(D) 模式(O)]<位移>：↙

指定位移<0，0，0>：（沿导航线水平右移光标，在合适位置单击左键）

② 旋转俯视图。单击修改工具栏中的“旋转”按钮，命令行提示：

选择对象：（框选新复制的俯视图，单击右键确认）

指定基点：（如图 10-54 所示，捕捉图上的圆心，单击左键）

指定旋转角度，或[复制(C) 参照(R)]<默认值>：90↙

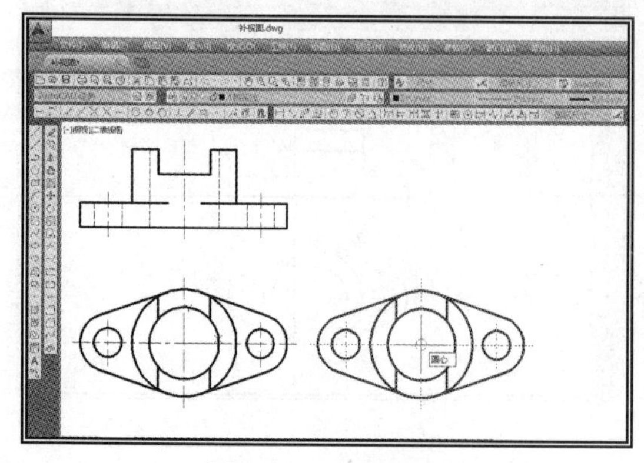

图 10-54 复制俯视图

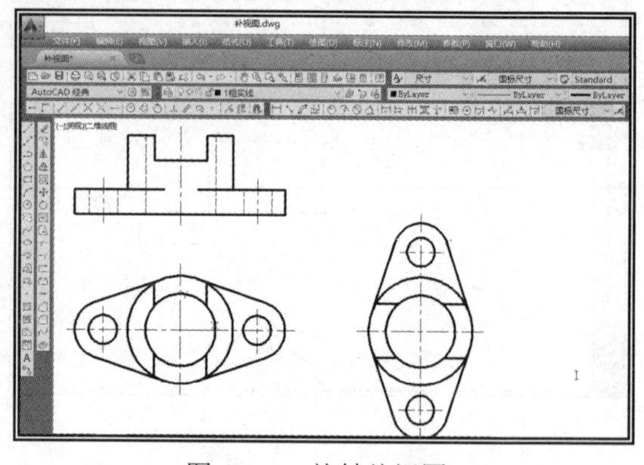

图 10-55 旋转俯视图

旋转后的图形，如图 10-55 所示。

③ 绘制左视图。单击绘图工具栏中的“直线”按钮，命令输入区提示：

指定第一点：〔捕捉主视图右下角点，右移光标引出追踪线；在旋转后的俯视图上捕捉 $\phi 30$ 圆左象限点并上移光标，如图 10-56（a）所示，待出现两条垂直相交的追踪线时，单击左键，指定左视图上的一点〕

指定下一点或[放弃(U)]：〔用上述方法移动光标，捕捉各特征点，绘制出左视图外框，如图 10-56（b）所示〕

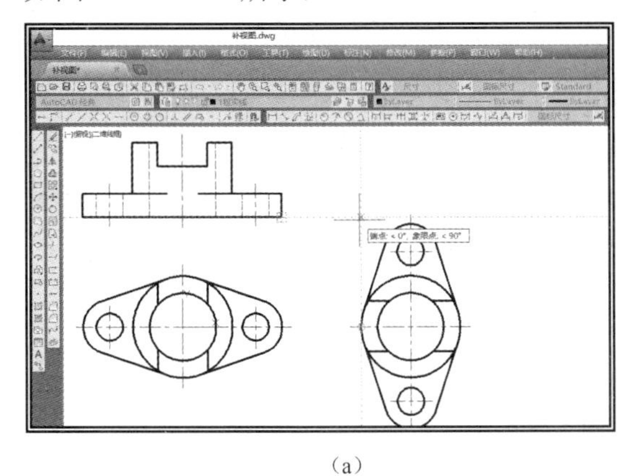

（a）

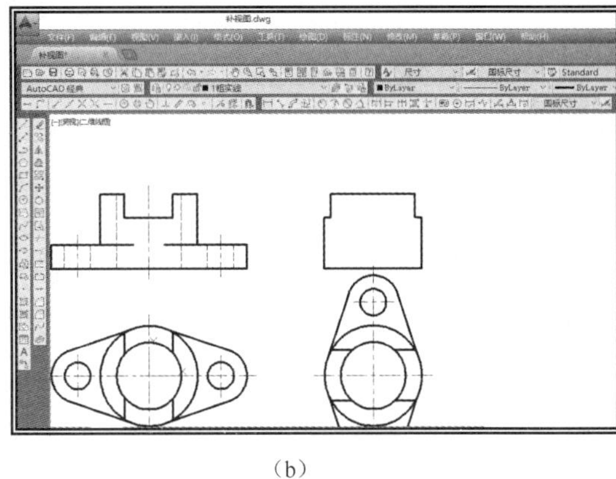

（b）

图 10-56　绘制左视图（一）

重复“直线”命令，绘制出左视图的其他轮廓线及对称中心线，如图 10-57（a）所示。

框选“旋转后的俯视图”，单击键盘的 Delete 键，将其删除。

最后完成的图形，如图 10-57（b）所示。

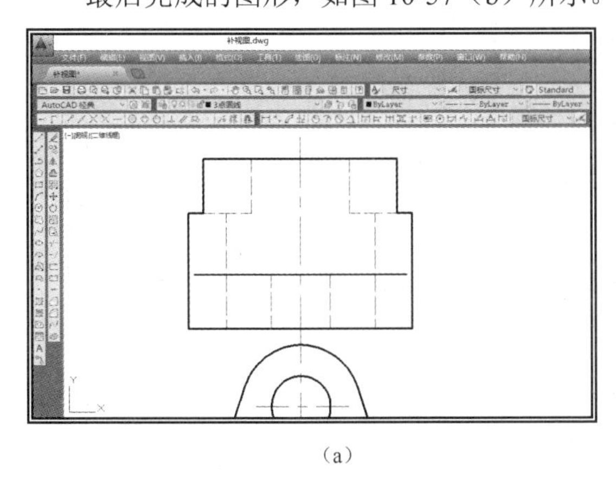

（a）

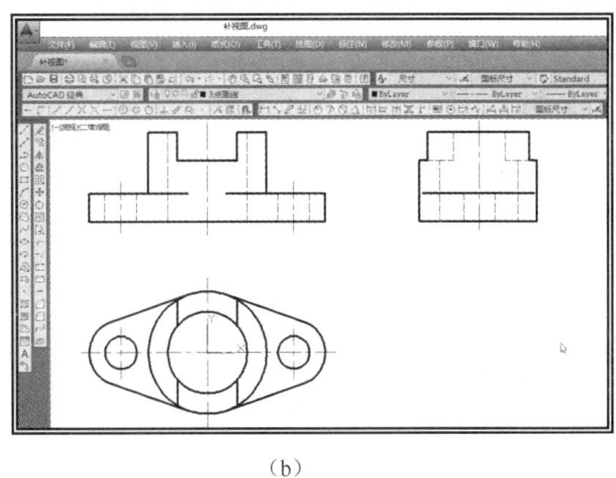

（b）

图 10-57　绘制左视图（二）

4．改画全剖的左视图

① 删除多余线。如图 10-58（a）所示，拾取底板上孔虚线、底板矩形上边线，单击键盘上的 Delete 键，将所选删除。

② 改线型。拾取图中剩余虚线，如图 10-58（b）所示，单击“图层控制”窗口，在下拉菜单内选择“粗实线”层，将所选虚线更改为粗实线。

③ 绘制剖面线。选择当前层为“剖面线”层。单击绘图工具栏中的“图案填充”按钮，

弹出“图案填充和渐变色”对话框，如图 10-59 所示。在对话框中单击“样例”框，弹出的“填充图案选项板”对话框，如图 10-60 所示。

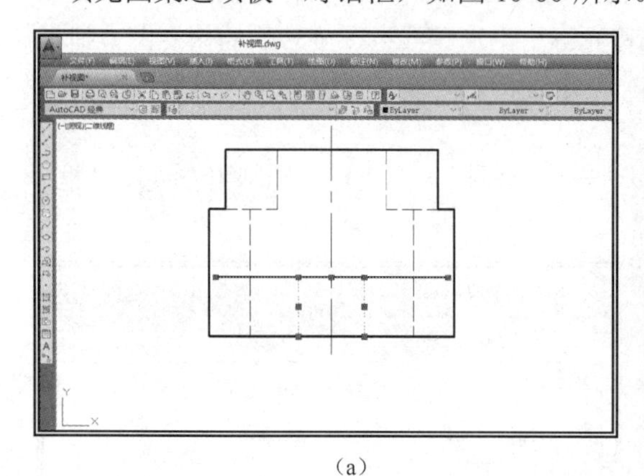

（a）

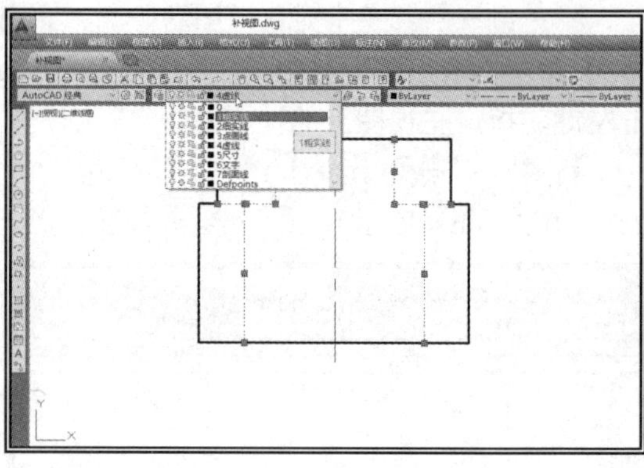

（b）

图 10-58　改画全剖的左视图（一）

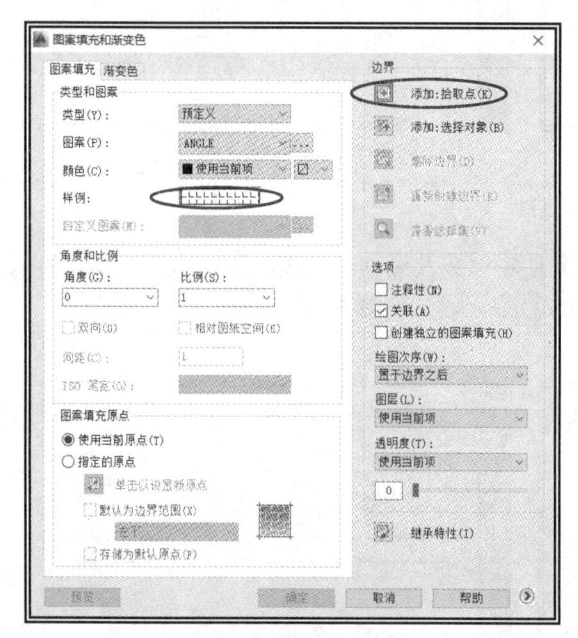

图 10-59　“图案填充和渐变色”对话框

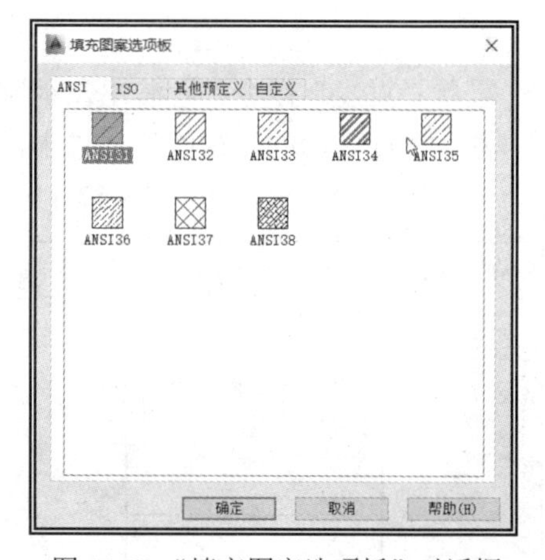

图 10-60 “填充图案选项板”对话框

在“填充图案选项板”对话框内，选择“ANSI”选项卡内的“ANSI31”图案，单击 确定 按钮，返回“图案填充和渐变色”对话框。

在“图案填充和渐变色”对话框内，单击“添加：拾取点（K）”按钮，返回到绘图界面，命令输入区提示：

拾取内部点或[选择对象(S) 删除边界(B)]: （如图 10-61（a）所示，将光标置于左侧的封闭线框内，此时可预览剖面线的样式、间距和倾斜方向。单击左键，封闭线框变虚）

拾取内部点或[选择对象(S) 删除边界(B)] : （连续在需绘制剖面线的封闭线框内单击左键）

按空格键确认后，在“图案填充和渐变色”对话框内，单击 确定 按钮。

完成的图形，如图 10-61（b）所示。

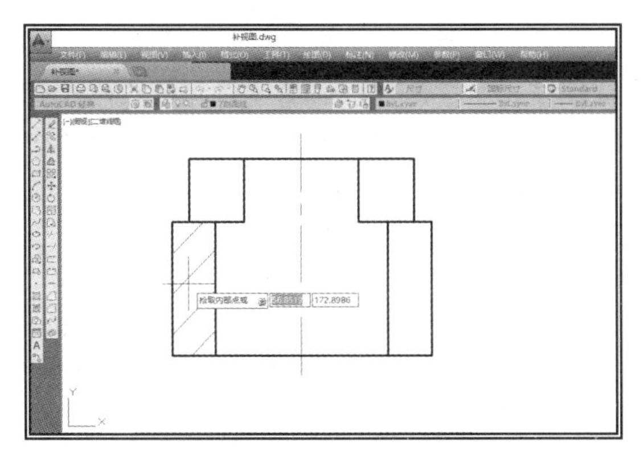

(a)

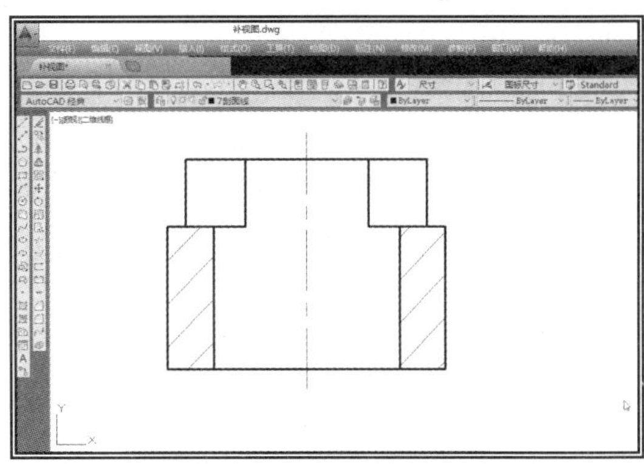

(b)

图 10-61　改画全剖的左视图（二）

5．保存文件

对全图进行检查修改，确认无误后，保存文件。

第七节　装配图的绘制

通过绘制简单的装配图，熟悉设置幅面、绘制图框和标题栏的方法；掌握零件序号的标注方法。熟悉绘制装配图的方法和步骤，进一步培养绘制图样的能力和技巧。

一、绘制装配图的方法

（1）直接绘制拼装法　在一个文件中绘出各零件，根据装配关系拼装成装配图。

（2）复制、粘贴、拼装法　将不同文件的图样复制到剪贴板上，然后将剪贴板上的图形粘贴到装配图文件，再进行装配。

（3）图形文件插入法　将零件图用插入块的形式，插入、装配。

二、装配时应注意的问题

（1）定位问题　在拼画装配图时经常出现定位不准的问题，如两零件相邻表面没接触或两零件图形重叠等。要使零件图在装配图中准确定位，必须做到两个准确：一是制作块时的“基准点”要准确；二是并入装配图时的“定位点”要准确。因此必须充分利用“显示窗口”命令将图形放大，利用工具点捕捉后，再输入“基准点”或“定位点”。

（2）可见性问题　当零件较多时很容易出错，必要时可将块打散，删除应消隐的图线。

（3）编辑、检查问题　将某零件图形拼装到装配图中以后，不一定完全符合装配图要求，很多情况下要进行编辑修改。

三、绘图前准备

① 设置图层。新设粗实线层、点画线层、尺寸层、文字层、剖面线层等。

② 设置文字样式。单击样式工具栏中的“文字样式”按钮，在弹出的“文字样式”对话框中，新设“文字”样式，选择字体名 仿宋_GB2312 ，宽度因子 0.67，单击 应用(A) 按钮；新设“尺寸”样式，选择字体名 isocp.shx ，宽度因子 0.67，倾斜

角度 15，单击 应用(A) 按钮。

③ 设置标注样式。单击样式工具栏中的“标注样式”按钮，在弹出的“标注样式管理器”对话框中，新设“国标尺寸”标注样式，在选项卡“线”中，将尺寸界线超出尺寸线的数值修改为 2，起点偏移修改为 0；在选项卡“符号和箭头”中，设置箭头大小为 3.5；在选项卡“调整”中，将调整选项设置为文字和箭头，勾选手动放置文字复选框。

④ 设置状态栏。点亮正交、对象捕捉、对象追踪按钮。

【例 10-6】 根据表 10-2 零件明细表，查附表 7、8、9，按 1∶1 比例，采用简化画法绘出图 10-62 所示等长双头螺柱联接装配图（省略六角螺母头部曲线、螺柱倒角、缩径等）。

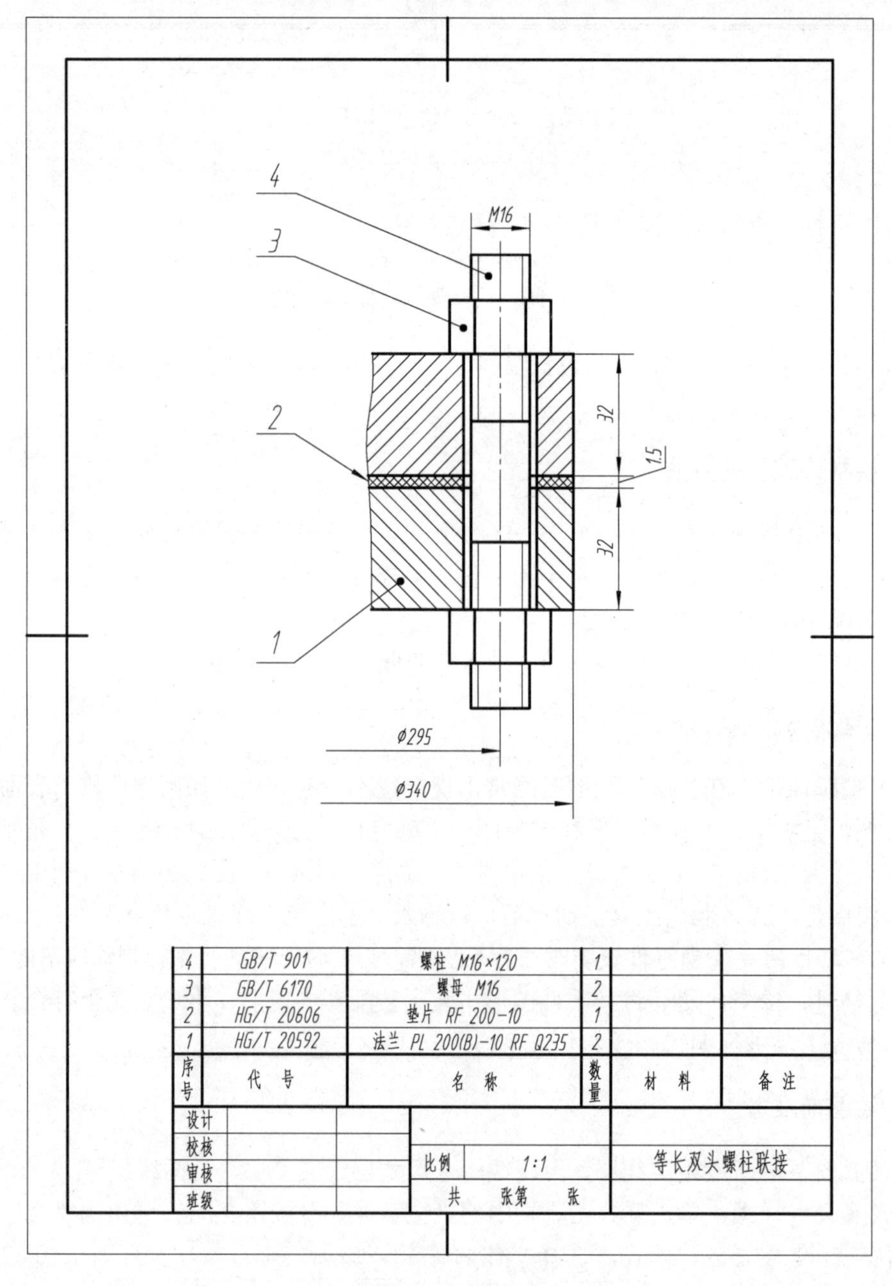

图 10-62 装配图

1. 绘制A4幅面及图框

① 绘制A4幅面（“细实线”层）。左键单击绘图工具栏中的“矩形”按钮，命令输入区提示：

指定第一个角点或[倒角(C) 标高(E) 圆角(F) 厚度(T) 宽度(W)]：0，0↙

指定另一个角点或[面积(A) 尺寸(D) 旋转(R)]：210，297↙

表10-2 零件明细表

序号	名称	代号	数量
1	法兰 PL200（B）-10 RF Q235	HG/T 20592—2009	2
2	垫片 RF 200-10	HG/T 20606—2009	1
3	螺母 M16	GB/T 6170—2015	2
4	螺柱 M16×120	GB/T 901—1988	1

② 绘制A4图框（“粗实线”层）。重复“矩形”命令，命令输入区提示：

指定第一个角点或[倒角(C) 标高(E) 圆角(F) 厚度(T) 宽度(W)]：10，10↙

指定另一个角点或[面积(A) 尺寸(D) 旋转(R)]：200，287↙

完成A4幅面、图框的绘制，如图10-63所示。

③ 绘制对中符号（“粗实线”层）。单击绘图工具栏中的“直线”按钮，捕捉图框的各中点，向内绘制长度为5mm的对中符号，如图10-64所示。

④ 保存文件。文件名为“等长双头螺柱联接”。

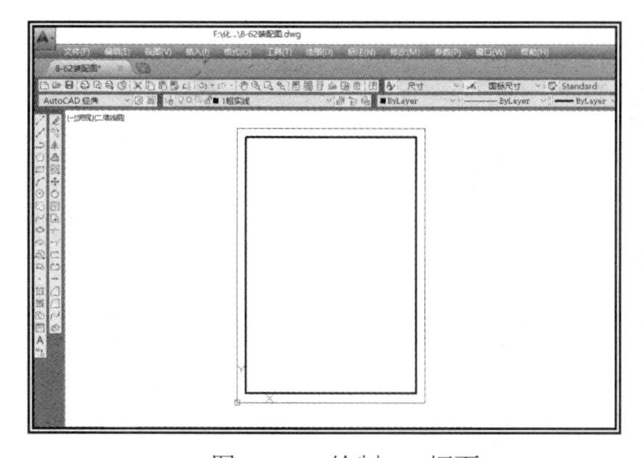

图10-63 绘制A4幅面

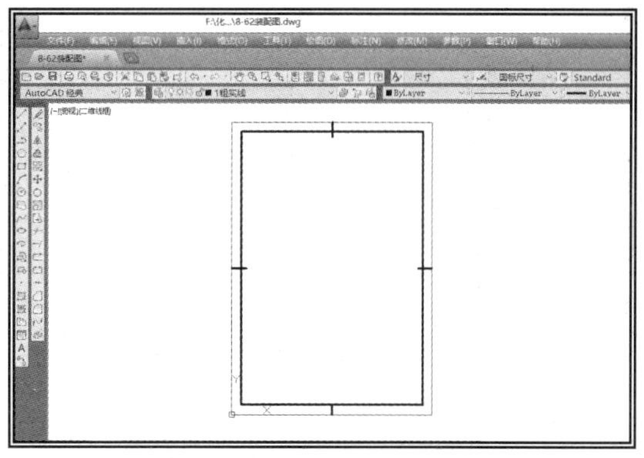

图10-64 绘制对中符号

2. 绘制标题栏

① 设置标题栏表格的行与列。将当前层设置为“细实线”层。单击绘图工具栏中的“表格”按钮，弹出“插入表格”对话框。如图10-65所示，在对话框中，设置“列数”为6，“列宽”为15，“数据行数”为1，“行高”为1；“设置单元样式”全部为“数据”。

② 设置标题栏表格样式。单击“插入表格”对话框左上方的“启动表格样式对话框”按钮，弹出“表格样式”对话框，单击 新建(N)... 按钮，在弹出的“创建新的表格样式”对话框中，输入新建表格样式名“标题栏”，单击 继续 按钮，系统弹出“新建表格样式：标题栏”对话框。

如图10-66所示，选择“单元样式”为数据，在“常规”选项卡中选择“对齐”为正中，选择“页边距”的“水平”项目为0，“垂直”项目为0。

在“文字”选项卡中，选择“文字样式”为文字，设置“文字高度”为 5，如图 10-67 所示。

在“边框”选项卡中选择所有边框的“线宽”及“线型”均 —— ByLayer ，如图 10-68 所示。

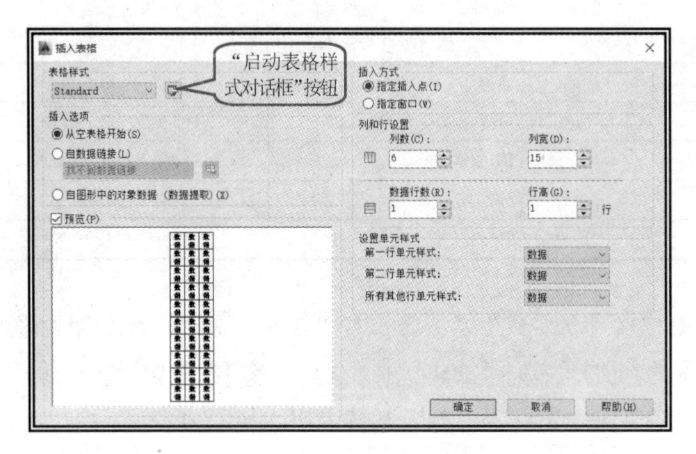

图 10-65 “插入表格”对话框

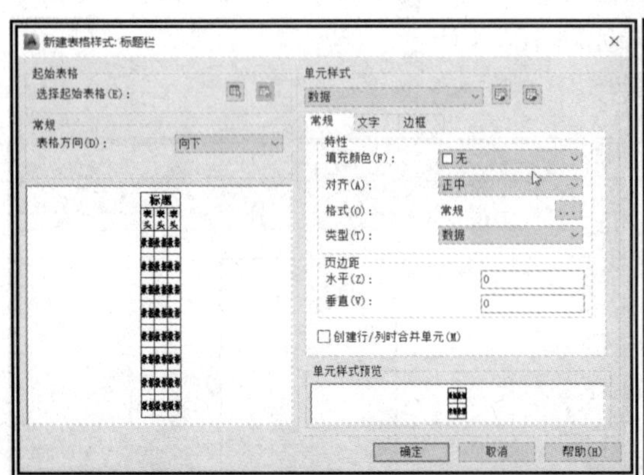

图 10-66 “新建表格样式：标题栏”对话框

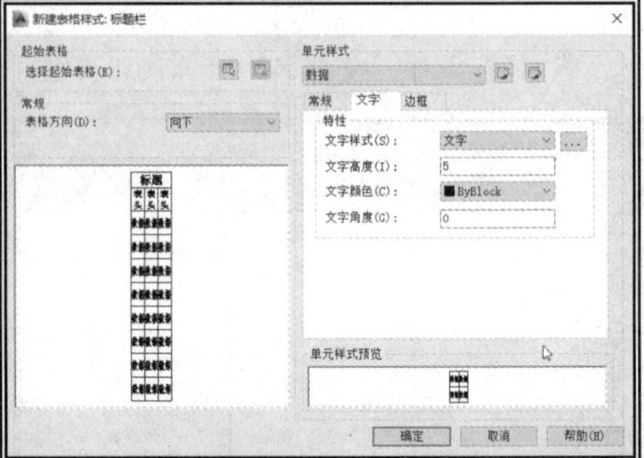

图 10-67 文字设置

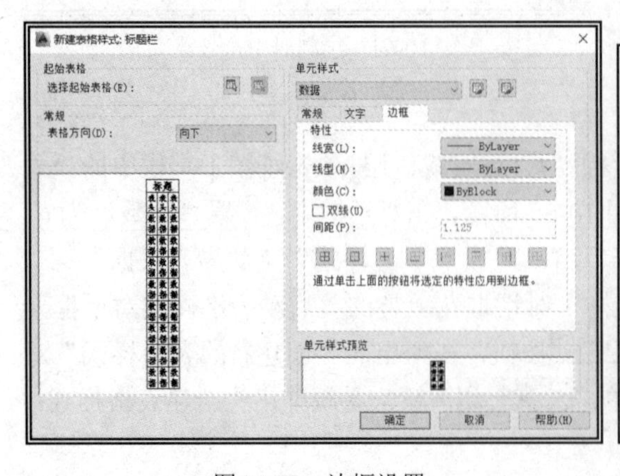

图 10-68 边框设置

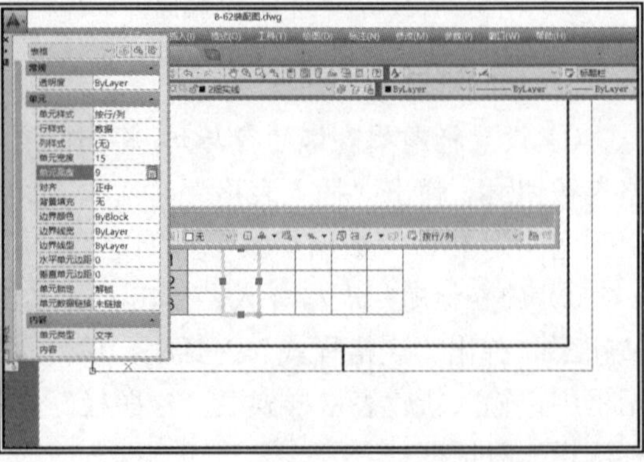

图 10-69 修改行高

③ 插入明细栏。单击对话框中的 确定 按钮，将新设表格样式 置为当前(U)，关闭对话框，返回绘图状态，此时表格挂在十字光标上并随之移动。单击左键在绘图区指定插入点，插入标题栏表格。

④ 编辑标题栏。编辑表格包括以下内容：

a. 修改行高。框选表格中任意一列，单击右键，在弹出的快捷菜单中，选择“特性”命令，弹出特性栏，如图 10-69 所示，在特性栏中设置“单元高度”为 9↙。

b. 修改列宽。选择第二列任意单元格，在特性栏中设置“单元宽度”为 30↙。同理，设置第 3、5、6 列“单元宽度”分别为 20↙、40↙、60↙，关闭特性栏。

c. 合并单元格。选取需要合并的单元格，单击右键，在弹出的快捷菜单内选择“合并”的相应方式。

d. 移动表格。单击修改工具栏中的“移动”按钮，命令输入区提示：

选择对象：（拾取标题栏，右键确认）

指定基点或[位移(D)] <位移>：（捕捉表格右下角为基点，单击左键）

指定第二个点或<使用第一个点作为位移>：（捕捉图框右下角点，单击左键）

3．绘制明细栏

① 插入明细栏。重复“表格”命令，设置“列数”为 6，“列宽”为 8，“数据行数”为 3，“行高”为 1；设置“单元样式”全部为“数据”，单击 确定 后，插入图中。

② 编辑明细栏。编辑明细栏的方法同上。

4．修改表格线型

因为插入的表格是块，所以要先将其分解，才能修改线型。

① 分解。启动修改工具栏中的“分解”命令，拾取标题栏、明细栏将其分解。

② 合并。单击修改工具栏中的“合并”按钮，命令输入区提示：

选择源对象或要合并的多个对象：（选择标题栏最左竖线）

选择要合并的对象：（选择明细栏最左竖线）↙

2 条直线合并为 1 条直线。

重复“合并”命令，将另两竖直线合并为一条直线，如图 10-70（a）所示。

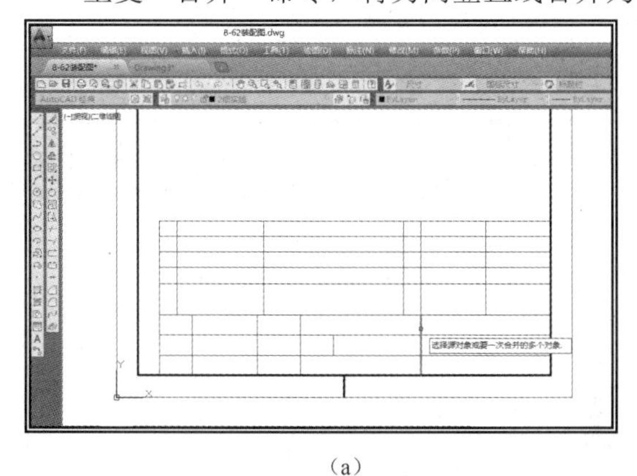

（a）

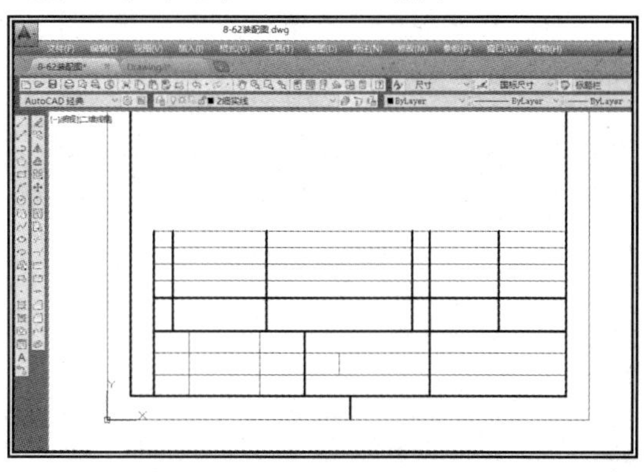

（b）

图 10-70　修改表格线型

③ 修改。逐个拾取标题栏、明细栏中的 2 条水平线、7 条竖直线，单击图层工具栏中的“图层控制”窗口，在下拉菜单内选择“粗实线”层，将所选线型更改为粗实线，如图

10-70（b）所示。

5．绘制装配图

用前面所学命令绘制出装配图，绘图方法略。

6．标注尺寸

① 标注螺纹尺寸 M16。单击标注工具栏中的“线性”按钮，命令输入区提示：

指定第一个尺寸界线原点或<选择对象>：〔如图 10-71（a）所示，拾取螺柱左上角点〕

指定第二条尺寸界线原点：（拾取螺柱右上角点）

[多行文字(M) 文字(T) 角度(A) 水平(H) 垂直(V) 旋转(R)]：t↙

输入标注文字<16>：M16↙

[多行文字(M) 文字(T) 角度(A) 水平(H) 垂直(V) 旋转(R)]：（移动光标至适当位置，单击左键）

② 标注法兰及垫片厚度。重复“线性”命令，先注出下面法兰厚度 32，如图 10-71（b）所示。

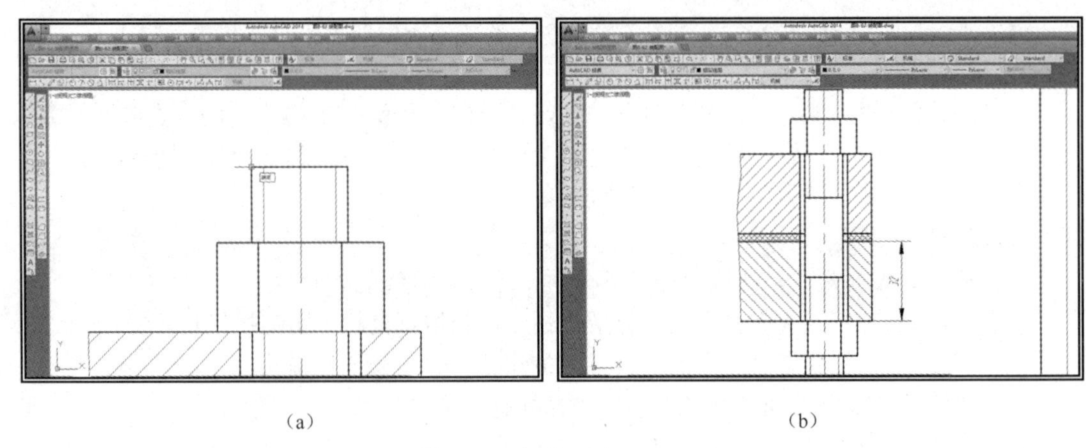

（a）　　（b）

图 10-71　标注尺寸（一）

单击标注工具栏中的“连续”按钮，命令输入区提示：

指定第二条尺寸界线原点或[放弃(U) 选择(S)]<选择>：〔如图 10-72（a）所示，拾取垫片右上角点，系统自动测量，注出垫片厚度 1.5〕

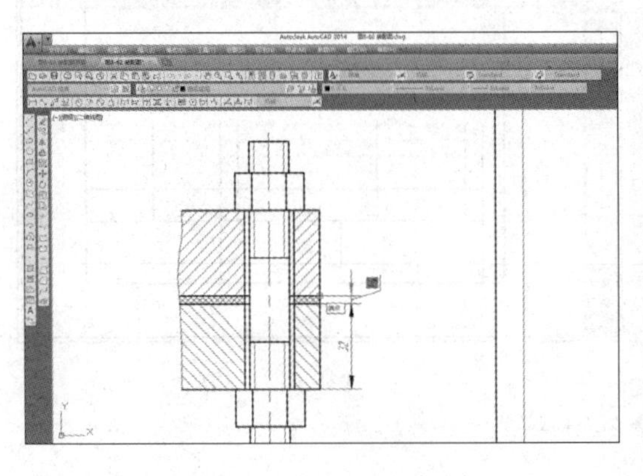

（a）

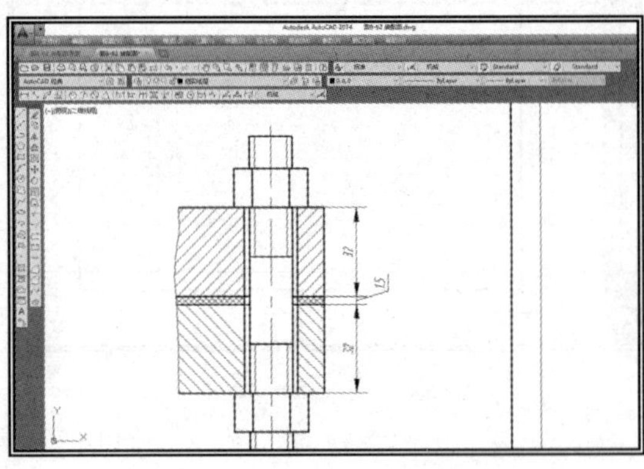

（b）

图 10-72　标注尺寸（二）

指定第二条尺寸界线原点或[放弃(U) 选择(S)]<选择>:〔拾取上面法兰右上角点，系统自动测量，注出上面法兰厚度 32，如图 10-72（b）所示〕

按空格键结束标注。

③ 标注单箭头的直径尺寸。单击样式工具栏中的“标注样式”按钮，在弹出的对话框中单击 替代(O)... ，弹出替代当前样式对话框。在对话框的“线”选项卡中，勾选隐藏尺寸界线 2，如图 10-73 所示；在对话框的“符号和箭头”选项卡中，设置第一个箭头为“实心闭合”，第二个箭头为“无”，如图 10-74 所示。

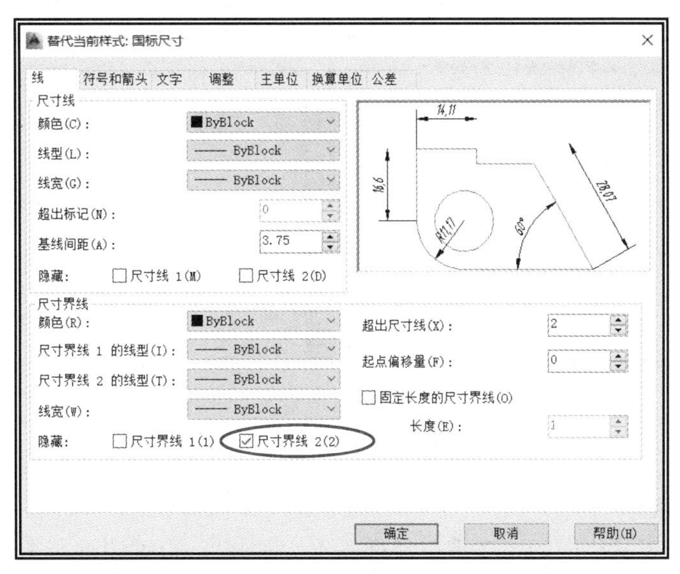

图 10-73　替代样式中的“线”选项卡设置

图 10-74　替代样式中的“符号和箭头”选项卡设置

单击标注工具栏中的“线性”按钮，命令输入区提示：

指定第一个尺寸界线原点或<选择对象>:（拾取螺柱轴线下端点）

指定第二条尺寸界线原点:〔如图 10-75（a）所示，移动光标至适当位置，单击左键〕

提示：此操作决定尺寸线的长度。

[多行文字(M) 文字(T) 角度(A) 水平(H) 垂直(V) 旋转(R)]：t↙

输入标注文字<默认值>：%%c295↙

[多行文字(M) 文字(T) 角度(A) 水平(H) 垂直(V) 旋转(R)]：〔如图 10-75（b）所示，移动光标至适当位置，单击左键〕

其他尺寸的标注方法同前，不再赘述。

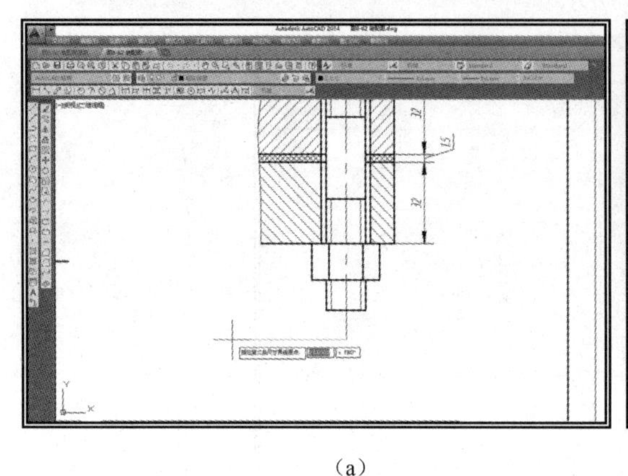

（a）

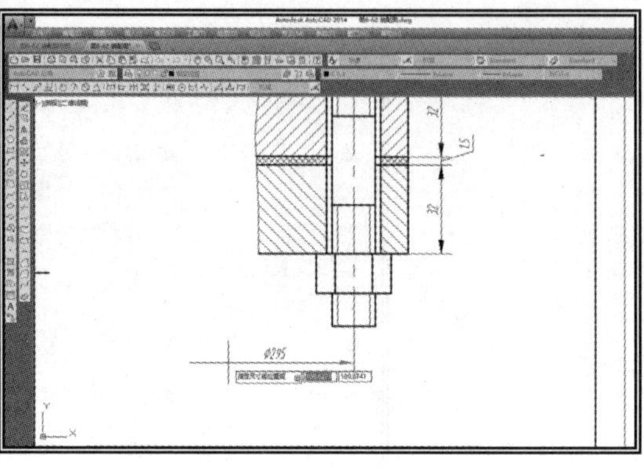

（b）

图 10-75 标注单箭头的直径尺寸

7．标注零件序号

单击“格式”工具栏中的“多重引线样式”按钮，设置两种多重引线样式。第一种样式“箭头符号”为点，第二种样式“箭头符号”为实心闭合。

关闭“正交”开关。将第一种多重引线样式置为当前。

单击主菜单的【标注】→【多重引线】命令，命令输入区提示：

指定引线箭头的位置或[引线基线优先(L) 内容优先(C) 选项(O)]<选项>：（用左键在法兰轮廓线内指定一点，移动光标拖动出引线）

指定引线基线的位置：〔单击左键指定引线位置后，弹出“文字格式”对话框，如图10-76（a）所示。可在对话框中修改文字样式、高度、宽度等参数，在光标闪烁的输入框内输入序号 1，单击按钮〕

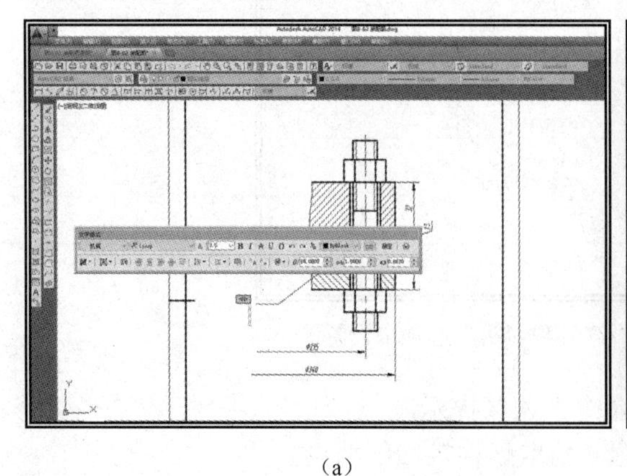

（a）

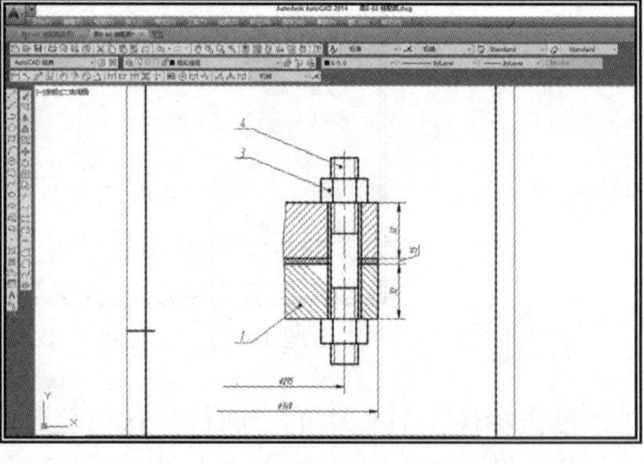

（b）

图 10-76 标注零件序号

重复操作，标注零件序号 3、4，如图 10-76（b）所示。

将第二种多重引线样式置为当前。重复【多重引线】命令，标注出零件序号 2。

8. 填写标题栏、明细栏

单击绘图工具栏中的“多行文字”按钮A，命令输入区提示：

指定第一角点：（拾取标题栏左上角点）

指定对角点或[高度(H) 对正(J) 行距(L) 旋转(R) 样式(S) 宽度(W) 栏(C)]:〔如图 10-77（a）所示，拾取对角点，弹出文字格式对话框〕

在对话框中设置文字格式后，键盘输入文字，如图 10-77（b）所示。单击 确定 结束文字输入。

重复上述方法，逐个输入其他文字。

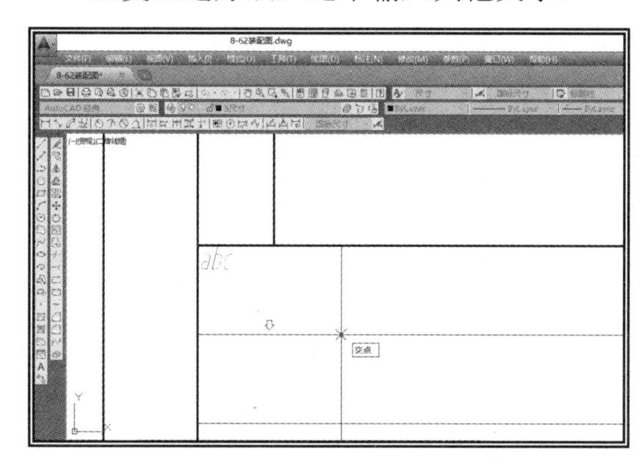

（a）

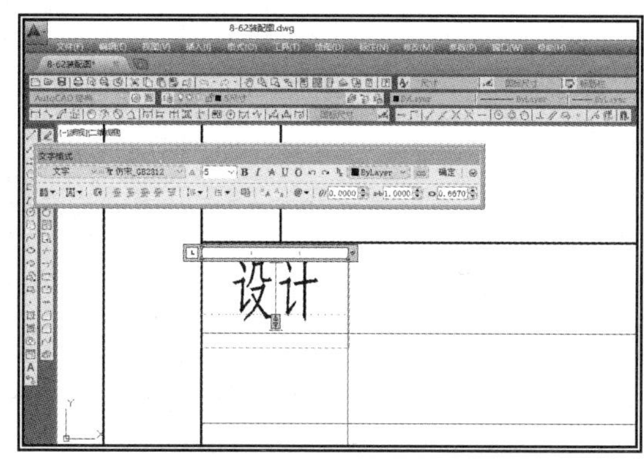

（b）

图 10-77　填写标题栏、明细栏

9. 保存文件

对全图进行检查修改，确认无误后，保存文件。

附　　录

一、螺纹

附表 1　普通螺纹直径、螺距与公差带　　mm

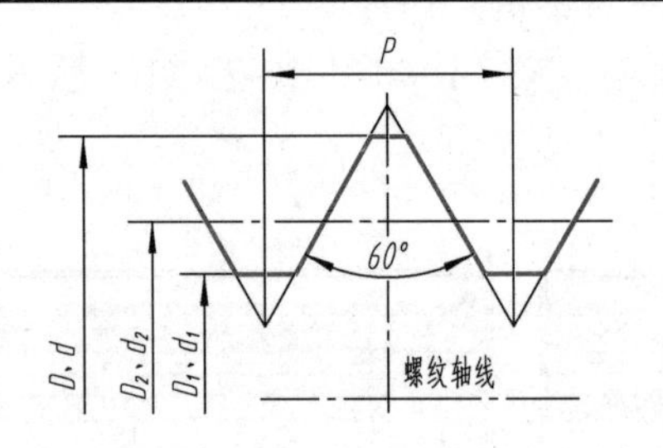

D——内螺纹大径（公称直径）
d——外螺纹大径（公称直径）
D_2——内螺纹中径
d_2——外螺纹中径
D_1——内螺纹小径
d_1——外螺纹小径
P——螺距

标记示例：

M16-6e（粗牙普通外螺纹、公称直径为 16mm、螺距为 2mm、中径及大径公差带均为 6e、中等旋合长度、右旋）

M20×2-6G-LH（细牙普通内螺纹、公称直径为 20mm、螺距为 2mm、中径及小径公差带均为 6G、中等旋合长度、左旋）

公称直径 D、d			螺　　距 P	
第一系列	第二系列	第三系列	粗　牙	细　牙
4	—	—	0.7	0.5
5	—	—	0.8	
6	—	—	1	0.75
—	7	—		
8	—	—	1.25	1、0.75
10	—	—	1.5	1.25、1、0.75
12	—	—	1.75	1.25、1
—	14	—	2	1.5、1.25、1
—	—	15	—	1.5、1
16	—	—	2	
—	18	—	2.5	2、1.5、1
20	—	—		
—	22	—		
24	—	—	3	
—	—	25	—	
—	27	—	3	
30	—	—	3.5	(3)、2、1.5、1
—	33	—		(3)、2、1.5
—	—	35	—	1.5
36	—	—	4	3、2、1.5
—	39	—		

螺纹种类	精度	外螺纹的推荐公差带			内螺纹的推荐公差带		
		S	N	L	S	N	L
普通螺纹	精密	(3h4h)	(4g) *4h	(5g4g) (5h4h)	4H	5H	6H
	中等	(5g6g) (5h6h)	*6e *6f *6g 6h	(7e6e) (7g6g) (7h6h)	(5G) *5H	*6G *6H	(7G) *7H

注：1. 优先选用第一系列直径，其次选择第二系列直径，最后选择第三系列直径。尽可能地避免选用括号内的螺距。

2. 公差带优先选用顺序为：带*的公差带、一般字体公差带、括号内公差带。紧固件螺纹采用方框内的公差带。

3. 精度选用原则：精密——用于精密螺纹，中等——用于一般用途螺纹。

附表 2　管螺纹

55° 密封管螺纹（摘自 GB/T 7306.1、7306.2—2000）

55° 非密封管螺纹（摘自 GB/T 7307—2001）

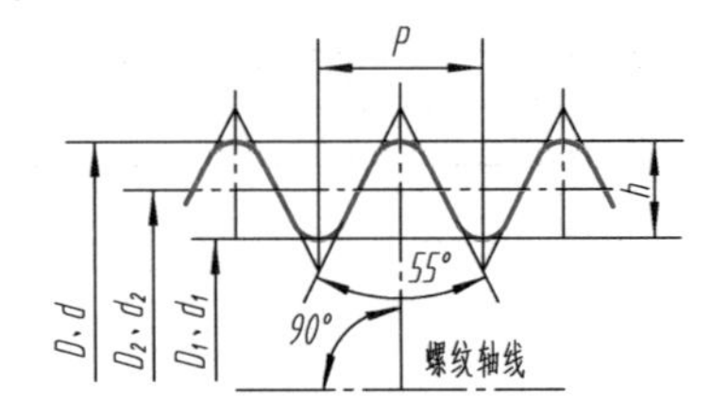

标记示例：

$R_1$1/2（尺寸代号为 1/2，与圆柱内螺纹相配合的右旋圆锥外螺纹）

Rc1/2LH（尺寸代号为 1/2，左旋圆锥内螺纹）

标记示例：

G1/2LH（尺寸代号为 1/2，左旋内螺纹）

G1/2A（尺寸代号为 1/2，A 级右旋外螺纹）

尺寸代号	大径 d、D /mm	中径 d_2、D_2 /mm	小径 d_1、D_1 /mm	螺距 P /mm	牙高 h /mm	每 25.4 mm 内的牙数 n
1/4	13.157	12.301	11.445	1.337	0.856	19
3/8	16.662	15.806	14.950			
1/2	20.955	19.793	18.631	1.814	1.162	14
3/4	26.441	25.279	24.117			
1	33.249	31.770	30.291	2.309	1.479	11
1¼	41.910	40.431	38.952			
1½	47.803	46.324	44.845			
2	59.614	58.135	56.656			
2½	75.184	73.705	72.226			
3	87.884	86.405	84.926			

二、常用的标准件

附表 3　六角头螺栓　mm

六角头螺栓　C 级（摘自 GB/T 5780—2016）　　六角头螺栓　全螺纹　C 级（摘自 GB/T 5781—2016）

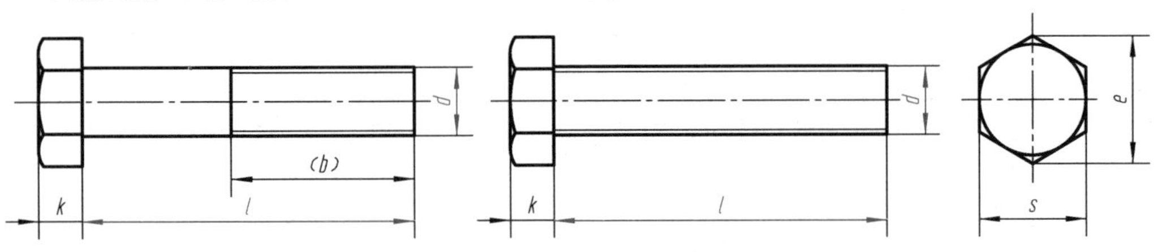

标记示例：

螺栓　GB/T 5780　M20×100（螺纹规格为 M20、公称长度 l=100 mm、性能等级为 4.8 级、表面不经处理、产品等级为 C 级的六角头螺栓）

螺纹规格 d		M5	M6	M8	M10	M12	M16	M20	M24	M30	M36	M42
$b_{参考}$	$l_{公称}$≤125	16	18	22	26	30	38	46	54	66	—	—
	125<$l_{公称}$≤200	22	24	28	32	36	44	52	60	72	84	96
	$l_{公称}$>200	35	37	41	45	49	57	65	73	85	97	109
$k_{公称}$		3.5	4.0	5.3	6.4	7.5	10	12.5	15	18.7	22.5	26
s_{max}		8	10	13	16	18	24	30	36	46	55	65
e_{min}		8.63	10.89	14.2	17.59	19.85	26.17	32.95	39.55	50.85	60.79	71.3
$l_{范围}$	GB/T 5780	25～50	30～60	40～80	45～100	55～120	65～160	80～200	100～240	120～300	140～360	180～420
	GB/T 5781	10～50	12～60	16～80	20～100	25～120	30～160	40～200	50～240	60～300	70～360	80～420
$l_{公称}$		10、12、16、20～65（5 进位）、70～160（10 进位）、180、200、220～420（20 进位）										

附表 4　双头螺柱

mm

b_m=1d（GB/T 897—1988）　b_m=1.25d（GB/T 898—1988）　b_m=1.5d（GB/T 899—1988）　b_m=2d（GB/T 900—1988）

A 型　　B 型

（旋入端）b_m　b（旋螺母端）　l　d

标记示例：

螺柱　GB/T 900　M10×50（两端均为粗牙普通螺纹、d=M10、l=50mm、性能等级为 4.8 级、不经表面处理、B 型、b_m=2d 的双头螺柱）

螺柱　GB/T 900　AM10-10×1×50（旋入机体一端为粗牙普通螺纹、旋螺母一端为螺距 P=1mm 的细牙普通螺纹、d=M10、l=50mm、性能等级为 4.8 级、不经表面处理、A 型、b_m=2d 的双头螺柱）

螺纹规格 d	旋入端长度 b_m				螺柱长度 l/旋螺母端长度 b
	GB/T 897	GB/T 898	GB/T 899	GB/T 900	
M4	—	—	6	8	（16～22）/8、（25～40）/14
M5	5	6	8	10	（16～22）/10、（25～50）/16
M6	6	8	10	12	（20～22）/10、（25～30）/14、（32～75）/18
M8	8	10	12	16	（20～22）/12、（25～30）/16、（32～90）/22
M10	10	12	15	20	（25～28）/14、（30～38）/16、（40～120）/26、130/32
M12	12	15	18	24	（25～30）/16、（32～40）/20、（45～120）/30、（130～180）/36
M16	16	20	24	32	（30～38）/20、（40～55）/30、（60～120）/38、（130～200）/44
M20	20	25	30	40	（35～40）/25、（45～65）/35、（70～120）/46、（130～200）/52
（M24）	24	30	36	48	（45～50）/30、（55～75）/45、（80～120）/54、（130～200）/60
（M30）	30	38	45	60	（60～65）/40、（70～90）/50、（95～120）/66、（130～200）/72、（210～250）/85
M36	36	45	54	72	（65～75）/45、（80～110）/60、120/78、（130～200）/84、（210～300）/97
M42	42	52	63	84	（70～80）/50、（85～110）/70、120/90、（130～200）/96、（210～300）/109
$l_{公称}$	12、（14）、16、（18）、20、（22）、25、（28）、30、（32）、35、（38）、40、45、50、55、60、（65）、70、75、80、（85）、90、（95）、100～260（10 进位）、280、300				

注：1．尽可能不采用括号内的规格。末端按 GB/T 2—2016 规定。

2．b_m=1d，一般用于钢对钢；b_m=（1.25～1.5）d，一般用于钢对铸铁；b_m=2d，一般用于钢对铝合金。

附表 5　六角螺母

mm

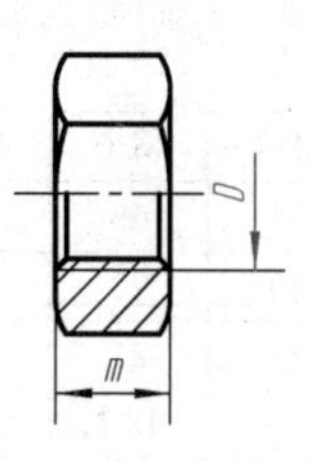

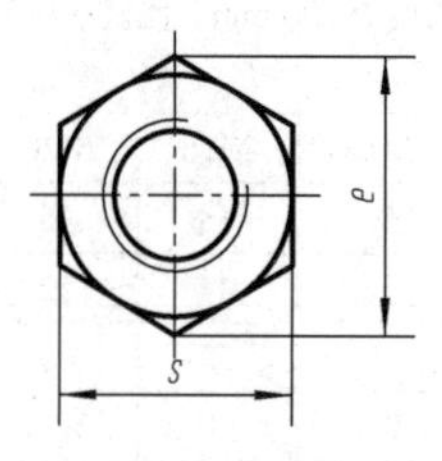

标记示例：

螺母　GB/T 41　M10

（螺纹规格为 M10、性能等级为 5 级、表面不经处理、产品等级为 C 级的 1 型六角螺母）

螺纹规格 D	M5	M6	M8	M10	M12	M16	M20	M24	M30	M36	M42	M48	M56
s_{max}	8	10	13	16	18	24	30	36	46	55	65	75	85
e_{min}	8.63	10.89	14.20	17.59	19.85	26.17	32.95	39.55	50.85	60.79	72.3	82.6	93.56
m_{max}	5.6	6.4	7.9	9.5	12.2	15.9	19	22.3	26.4	31.9	34.9	38.9	45.9

三、化工设备常用的标准零部件

附表 6　椭圆形封头

mm

以内径为基准的封头（EHA）

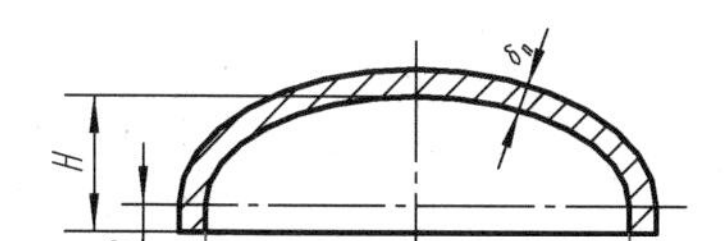

以外径为基准的封头（EHB）

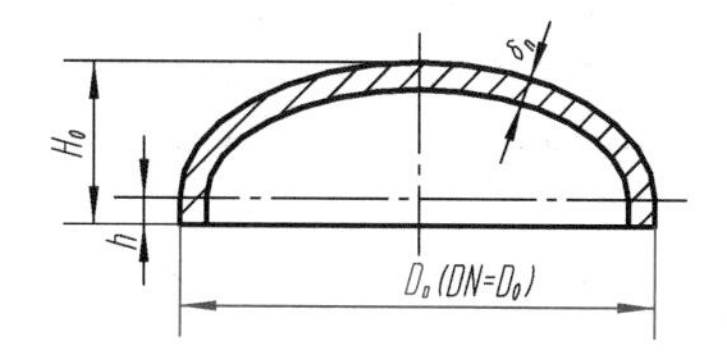

符号含义

DN——公称直径；D_i——椭圆形封头内径；D_o——椭圆形封头外径；*H*——以内径为基准椭圆形封头总深度；H_o——以外径为基准椭圆形封头总高度；δ_n——封头名义厚度；*h*——直边高度（当封头公称直径 *DN*≤2000mm 时，*h*=25mm；当封头公称直径 *DN*＞2000mm 时，*h*=40mm）

标记示例

EHA 2000×16-16MnR　GB/T 25198

（公称直径 2000mm、名义厚度 16mm、材质 16MnR、以内径为基准的椭圆形封头）

以内径为基准的封头/EHA

公称直径 *DN*	总深度 *H*	名义厚度 δ_n	公称直径 *DN*	总深度 *H*	名义厚度 δ_n
300	100	2～8	1600	425	6～32
350	113		1700	450	8～32
400	125	3～14	1800	475	
450	138		1900	500	
500	150	3～20	2000	525	
550	163		2100	565	
600	175		2200	590	
650	188		2300	615	10～32
700	200		2400	650	
750	213		2500	665	
800	225	4～28	2600	690	
850	238		2700	715	
900	250		2800	740	
950	263		2900	765	
1000	275		3000	790	
1100	300	5～32	3100	815	12～32
1200	325		3200	840	
1300	350	6～32	3300	865	16～32
1400	375		3400	890	
1500	400		3500	915	

以外径为基准的封头/EHB

公称直径 *DN*	总高度 H_o	名义厚度 δ_n	公称直径 *DN*	总高度 H_o	名义厚度 δ_n
159	65	4～8	325	106	6～12
219	80	5～8	377	119	8～14
273	93	6～12	426	132	
名义厚度系列	2，3，4，5，6，8，10，12，14，16，18，20，22，24，26，28，30，32				

注：*DN*3600 至 *DN*6000 的数据未摘引。

附表 7　板式平焊钢制管法兰和法兰盖

板式平焊钢制管法兰（HG/T 20592—2009）

全平面（FF）

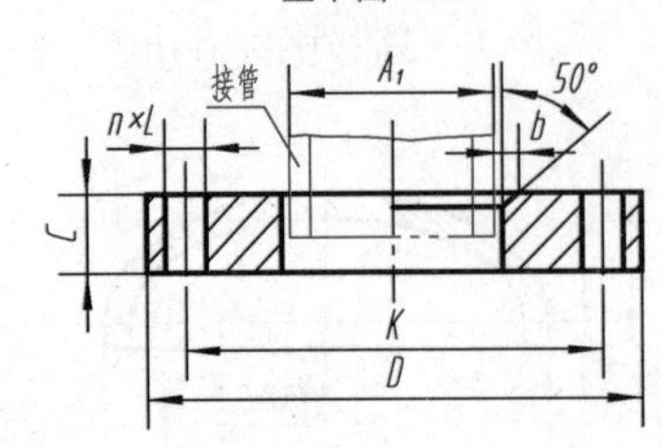

突面（RF）

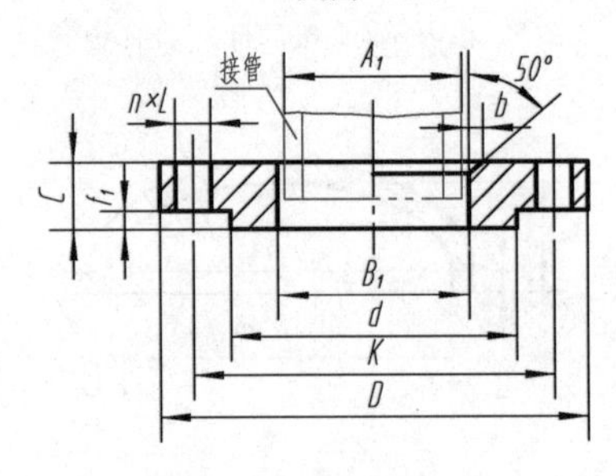

钢制管法兰盖（HG/T 20592—2009）

全平面（FF）

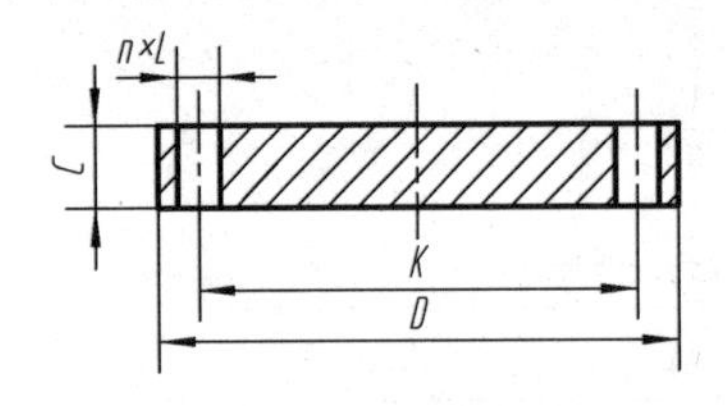

突面（RF）

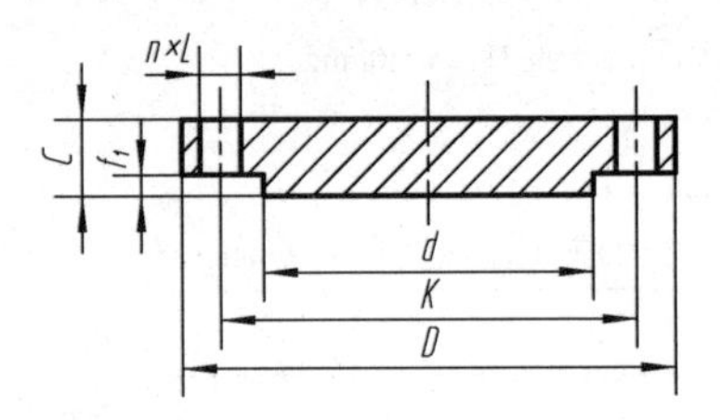

标记示例

HG/T 20592　法兰　PL150（B）-6　RF　Q235A

（公称尺寸 *DN*150mm、公称压力 *PN*6bar、配用公制管的突面板式平焊法兰、法兰材料为 Q235A）

HG/T 20592　法兰盖　BL150（B）-10　FF　Q235A

（公称尺寸 *DN*150mm、公称压力 *PN*10bar、配用公制管的全平面法兰盖、法兰盖材料为 Q235A）

*PN*6　板式平焊钢制法兰和法兰盖　　mm

公称尺寸 *DN*	钢管外径 A_1		连接尺寸					法兰与法兰盖厚度 *C*	法兰内径 B_1		密封面直径 *d*	密封面厚度 f_1	坡口宽度 *b*
	A	B	法兰外径 *D*	螺栓孔中心圆直径 *K*	螺栓孔直径 *L*	螺栓孔数量 *n*/个	螺栓 Th		A	B			
10	17.2	14	75	50	11	4	M10	12	18	15	35	2	0
15	21.3	18	80	55	11	4	M10	12	22.5	19	40	2	0
20	26.9	25	90	65	11	4	M10	14	27.5	26	50	2	0
25	33.7	32	100	75	11	4	M10	14	34.5	33	60	2	0
32	42.4	38	120	90	14	4	M12	16	43.5	39	70	2	0
40	48.3	45	130	100	14	4	M12	16	49.5	46	80	2	0
50	60.3	57	140	110	14	4	M12	16	61.5	59	90	2	0
65	76.1	76	160	130	14	4	M12	16	77.5	78	110	2	0
80	88.9	89	190	150	18	4	M16	18	90.5	91	128	2	0
100	114.3	108	210	170	18	4	M16	18	116	110	148	2	0
125	139.7	133	240	200	18	8	M16	20	143.5	135	178	2	0
150	168.3	159	265	225	18	8	M16	20	170.5	161	202	2	0
200	219.1	219	320	280	18	8	M16	22	221.5	222	258	2	0
250	273	273	375	335	18	12	M16	24	276.5	276	312	2	0
300	323.9	325	440	395	22	12	M20	24	328	328	365	2	0

续表

PN10 板式平焊钢制法兰和法兰盖 mm

公称尺寸 DN	钢管外径 A_1		连接尺寸					法兰与法兰盖厚度 C	法兰内径 B_1		密封面直径 d	密封面厚度 f_1	坡口宽度 b
	A	B	法兰外径 D	螺栓孔中心圆直径 K	螺栓孔直径 L	螺栓孔数量 n/个	螺栓 Th		A	B			
10	17.2	14	90	60	14	4	M12	14	18	15	40	2	0
15	21.3	18	95	65	14	4	M12	14	22.5	19	45	2	0
20	26.9	25	105	75	14	4	M12	16	27.5	26	58	2	0
25	33.7	32	115	85	14	4	M12	16	34.5	33	68	2	0
32	42.4	38	140	100	18	4	M16	18	43.5	39	78	2	0
40	48.3	45	150	110	18	4	M16	18	49.5	46	88	2	0
50	60.3	57	165	125	18	4	M16	20	61.5	59	102	2	0
65	76.1	76	185	145	18	4	M16	20	77.5	78	122	2	0
80	88.9	89	200	160	18	8	M16	20	90.5	91	138	2	0
100	114.3	108	220	180	18	8	M16	22	116	110	158	2	0
125	139.7	133	250	210	18	8	M16	22	143.5	135	188	2	0
150	168.3	159	285	240	22	8	M20	24	170.5	161	212	2	0
200	219.1	219	340	295	22	8	M20	24	221.5	222	268	2	0
250	273	273	395	350	22	12	M20	26	276.5	276	320	2	0
300	323.9	325	445	400	22	12	M20	28	328	328	370	2	0

PN16 板式平焊钢制法兰和法兰盖 mm

公称尺寸 DN	钢管外径 A_1		连接尺寸					法兰与法兰盖厚度 C	法兰内径 B_1		密封面直径 d	密封面厚度 f_1	坡口宽度 b
	A	B	法兰外径 D	螺栓孔中心圆直径 K	螺栓孔直径 L	螺栓孔数量 n/个	螺栓 Th		A	B			
10	17.2	14	90	60	14	4	M12	14	18	15	40	2	4
15	21.3	18	95	65	14	4	M12	14	22.5	19	45	2	4
20	26.9	25	105	75	14	4	M12	16	27.5	26	58	2	4
25	33.7	32	115	85	14	4	M12	16	34.5	33	68	2	5
32	42.4	38	140	100	18	4	M16	18	43.5	39	78	2	5
40	48.3	45	150	110	18	4	M16	18	49.5	46	88	2	5
50	60.3	57	165	125	18	4	M16	19	61.5	59	102	2	5
65	76.1	76	185	145	18	8	M16	20	77.5	78	122	2	6
80	88.9	89	200	160	18	8	M16	20	90.5	91	138	2	6
100	114.3	108	220	180	18	8	M16	22	116	110	158	2	6
125	139.7	133	250	210	18	8	M16	22	143.5	135	188	2	6
150	168.3	159	285	240	22	8	M20	24	170.5	161	212	2	6
200	219.1	219	340	295	22	12	M20	26	221.5	222	268	2	8
250	273	273	405	355	26	12	M24	29	276.5	276	320	2	10
300	323.9	325	460	410	26	12	M24	32	328	328	378	2	11

PN25 板式平焊钢制法兰和法兰盖 mm

公称尺寸 DN	钢管外径 A_1		连接尺寸					法兰与法兰盖厚度 C	法兰内径 B_1		密封面直径 d	密封面厚度 f_1	坡口宽度 b
	A	B	法兰外径 D	螺栓孔中心圆直径 K	螺栓孔直径 L	螺栓孔数量 n/个	螺栓 Th		A	B			
10	17.2	14	90	60	14	4	M12	14	18	15	40	2	4
15	21.3	18	95	65	14	4	M12	14	22.5	19	45	2	4
20	26.9	25	105	75	14	4	M12	16	27.5	26	58	2	4

续表

PN 25 板式平焊钢制法兰和法兰盖														mm
公称尺寸 DN	钢管外径 A_1		连接尺寸					法兰与法兰盖厚度 C	法兰内径 B_1		密封面直径 d	密封面厚度 f_1	坡口宽度 b
	A	B	法兰外径 D	螺栓孔中心圆直径 K	螺栓孔直径 L	螺栓孔数量 n/个	螺栓 Th		A	B			
25	33.7	32	115	85	14	4	M12	16	34.5	33	68	2	5
32	42.4	38	140	100	18	4	M16	18	43.5	39	78	2	5
40	48.3	45	150	110	18	4	M16	18	49.5	46	88	2	5
50	60.3	57	165	125	18	4	M16	20	61.5	59	102	2	5
65	76.1	76	185	145	18	8	M16	22	77.5	78	122	2	6
80	88.9	89	200	160	18	8	M16	24	90.5	91	138	2	6
100	114.3	108	235	190	22	8	M20	26	116	110	162	2	6
125	139.7	133	270	220	26	8	M24	28	143.5	135	188	2	6
150	168.3	159	300	250	26	8	M24	30	170.5	161	218	2	6
200	219.1	219	360	310	26	12	M24	32	221.5	222	278	2	8
250	273	273	425	370	30	12	M27	35	276.5	276	335	2	10
300	323.9	325	480	430	30	16	M27	38	328	328	395	2	11

附表 8 管法兰用非金属平垫片

FF 型（全平面）

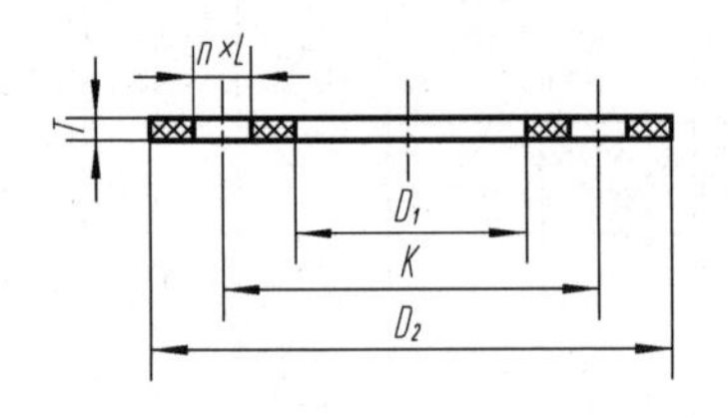

RF、MFM、TG 型（突面、凹凸面、榫槽面）

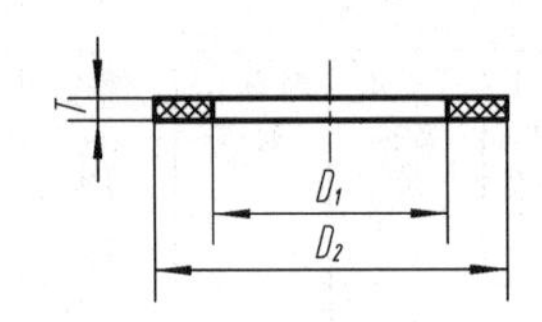

RF-E 型（突面、带内包边）

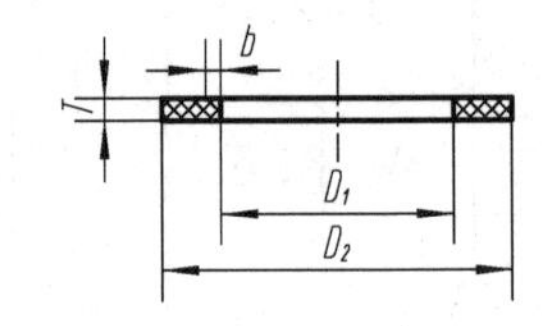

标记示例

HG/T 20606 垫片 RF 100-25 XB400

（公称尺寸 *DN*100mm、公称压力 *PN*25bar、突面法兰用 RF 型 XB400 耐油石棉橡胶垫片）

全平面法兰用 FF 型垫片尺寸										mm
公称尺寸 DN	垫片内径 D_1	PN 2.5				PN 6				垫片厚度 T
		垫片外径 D_2	螺栓孔数量 n/个	螺栓孔直径 L	螺栓孔中心圆直径 K	垫片外径 D_2	螺栓孔数量 n/个	螺栓孔直径 L	螺栓孔中心圆直径 K	
10	18	75	4	11	50	75	4	11	50	1.5
15	22	80	4	11	55	80	4	11	55	1.5
20	27	90	4	11	65	90	4	11	65	1.5
25	34	100	4	11	75	100	4	11	75	1.5
32	43	120	4	14	90	120	4	14	90	1.5
40	49	130	4	14	100	130	4	14	100	1.5
50	61	140	4	14	110	140	4	14	110	1.5
65	77	160	4	14	130	160	4	14	130	1.5
80	89	190	4	18	150	190	4	18	150	1.5
100	115	210	4	18	170	210	4	18	170	1.5
125	141	240	8	18	200	240	8	18	200	1.5

续表

全平面法兰用 FF 型垫片尺寸 mm

公称尺寸 DN	垫片内径 D_1	PN 2.5 垫片外径 D_2	PN 2.5 螺栓孔数量 n/个	PN 2.5 螺栓孔直径 L	PN 2.5 螺栓孔中心圆直径 K	PN 6 垫片外径 D_2	PN 6 螺栓孔数量 n/个	PN 6 螺栓孔直径 L	PN 6 螺栓孔中心圆直径 K	垫片厚度 T
150	169	265	8	18	225	265	8	18	225	1.5
200	220	320	8	18	280	320	8	18	280	1.5
250	273	375	12	18	335	375	12	18	335	1.5
300	324	440	12	22	395	440	12	22	395	1.5

全平面法兰用 FF 型垫片尺寸 mm

公称尺寸 DN	垫片内径 D_1	PN 10 垫片外径 D_2	PN 10 螺栓孔数量 n/个	PN 10 螺栓孔直径 L	PN 10 螺栓孔中心圆直径 K	PN 16 垫片外径 D_2	PN 16 螺栓孔数量 n/个	PN 16 螺栓孔直径 L	PN 16 螺栓孔中心圆直径 K	垫片厚度 T
10	18	90	4	14	60	90	4	14	60	1.5
15	22	95	4	14	65	95	4	14	65	1.5
20	27	105	4	14	75	105	4	14	75	1.5
25	34	115	4	14	85	115	4	14	85	1.5
32	43	140	4	18	100	140	4	18	100	1.5
40	49	150	4	18	110	150	4	18	110	1.5
50	61	165	4	18	125	165	4	18	125	1.5
65	77	185	8	18	145	185	8	18	145	1.5
80	89	200	8	18	160	200	8	18	160	1.5
100	115	220	8	18	180	220	8	18	180	1.5
125	141	250	8	18	210	250	8	18	210	1.5
150	169	285	8	22	240	285	8	22	240	1.5
200	220	340	8	22	295	340	12	22	295	1.5
250	273	395	12	22	350	405	12	26	355	1.5
300	324	445	12	22	400	460	12	26	410	1.5

突面法兰用 RF 和 RF-E 型垫片尺寸 mm

公称尺寸 DN	垫片内径 D_1	垫片外径 D_2 公称压力 PN 2.5	6	10	16	25	40	63	垫片厚度 T	包边宽度 b
10	18	39	39	46	46	46	46	56	1.5	3
15	22	44	44	51	51	51	51	61	1.5	3
20	27	54	54	61	61	61	61	72	1.5	3
25	34	64	64	71	71	71	71	82	1.5	3
32	43	76	76	82	82	82	82	88	1.5	3
40	49	86	86	92	92	92	92	103	1.5	3
50	61	96	96	107	107	107	107	113	1.5	3
65	77	116	116	127	127	127	127	138	1.5	3
80	89	132	132	142	142	142	142	148	1.5	3
100	115	152	152	162	162	168	168	174	1.5	3
125	141	182	182	192	192	194	194	210	1.5	3
150	169	207	207	218	218	224	224	247	1.5	3
200	220	262	262	273	273	284	290	309	1.5	3
250	273	317	317	328	329	340	352	364	1.5	3
300	324	373	373	378	384	400	417	424	1.5	3

附表 9　管法兰用紧固件

mm

六角头螺栓（GB/T 5782—2016）　六角头螺栓　细牙（GB/T 5785—2016）　1 型六角螺母（GB/T 6170—2015）

六角头螺栓　全螺纹（GB/T 5783—2016）（注：螺杆为全螺纹，未画出；螺纹规格与 GB/T 5782 相同）

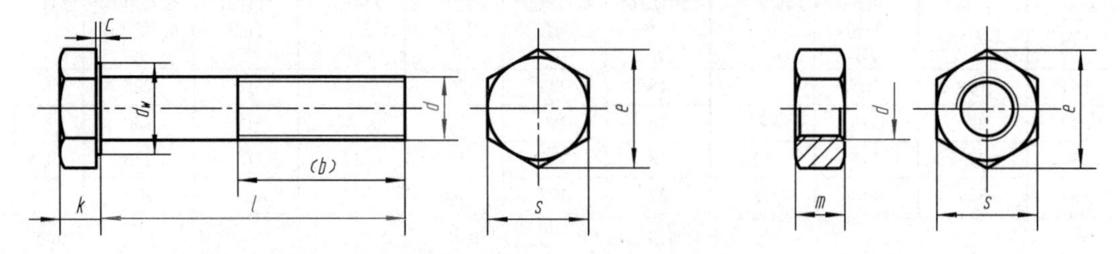

等长双头螺柱　B 级（GB/T 901—1988）

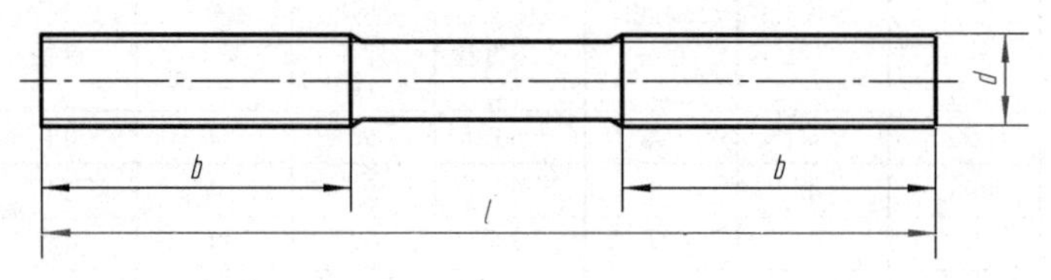

标记示例

螺栓　GB/T 5782　M12×80

（螺纹规格为 M12、公称长度 l=80mm、性能等级为 8.8 级、表面不经处理、产品等级为 A 级的六角头螺栓）

螺柱　GB/T 901　M12×100

（螺纹规格为 M12、公称长度 l=100mm、性能等级为 4.8 级、不经表面处理的等长双头螺柱）

六　角　头　螺　栓								
螺纹规格 d	GB/T 5782－2016		M10	M12	M16	M20	M24	M30
	GB/T 5785－2016		M10×1	M12×1.5	M16×1.5	M20×1.5	M24×2	M30×3
b（参考）	l（公称）≤125		26	30	38	46	54	66
	125＜l（公称）≤200		32	36	44	52	60	72
	l（公称）＞200		45	49	57	65	73	85
s（公称）			16	18	24	30	36	46
k（公称）			6.4	7.5	10	12.5	15	18.7
e（最小）		A	17.77	20.03	26.75	33.53	39.98	—
		B	17.59	19.85	26.17	32.95	39.55	50.85
d_w（最小）		A	14.63	16.63	22.49	28.19	33.61	—
		B	14.47	16.47	22	27.7	33.25	42.75
c（最大）			0.6	0.6	0.8	0.8	0.8	0.8
l（范围）	GB/T 5782－2016		45～100	50～120	65～160	80～200	90～240	110～300
	GB/T 5785－2016		45～100	50～120	65～160	80～200	100～240	120～300
	GB/T 5783－2016		20～100	25～120	30～150	40～150	50～150	60～200
l（公称）			12、16、20～70（5 进位）、80～160（10 进位）、180～500（20 进位）					

等　长　双　头　螺　柱						
b	32	36	44	52	60	72
l（范围）	40～300	50～300	60～300	70～300	90～300	120～400
l（公称）	40、45、50、(55)、60、(65)、70、(75)、80、(85)、90、(95)、100、110、120、130、140、150、160、170、180、190、200、(210)、220、(230)、(240)、250、(260)、300					

1　型　六　角　螺　母						
e（最小）	17.8	20	26.8	33	39.6	50.9
s（公称）	16	18	24	30	36	46
m（最大）	8.4	10.8	14.8	18	21.5	25.6

附表 10　压力容器法兰　甲型平焊法兰

甲型平焊法兰（平面密封面）

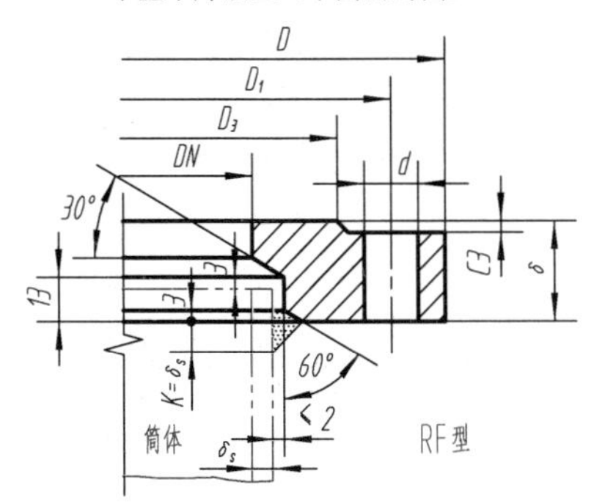

甲型平焊法兰（凹凸密封面）

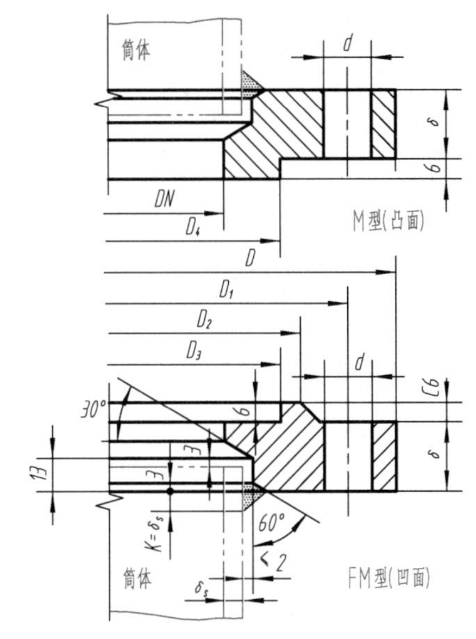

标记示例

法兰-FM　900-0.6　NB/T 47021—2012

（公称压力为 0.6MPa、公称直径为 900mm、甲型平焊凹凸密封面法兰的凹密封面法兰）

公称直径 DN/mm	法　兰/mm							螺　柱	
	D	D_1	D_2	D_3	D_4	δ	d	规格	数量
PN=0.25MPa									
700	815	780	750	740	737	36	18	M16	28
800	915	880	850	840	837	36	18	M16	32
900	1015	980	950	940	937	40	18	M16	36
1000	1130	1090	1055	1045	1042	40	23	M20	32
1100	1230	1190	1155	1141	1138	40	23	M20	32
1200	1330	1290	1255	1241	1238	44	23	M20	36
1300	1430	1390	1355	1341	1338	46	23	M20	40
1400	1530	1490	1455	1441	1438	46	23	M20	40
1500	1630	1590	1555	1541	1538	48	23	M20	44
1600	1730	1690	1655	1641	1638	50	23	M20	48
1700	1830	1790	1755	1741	1738	52	23	M20	52
1800	1930	1890	1855	1841	1838	56	23	M20	52
1900	2030	1990	1955	1941	1938	56	23	M20	56
2000	2130	2090	2055	2041	2038	60	23	M20	60
PN=0.6MPa									
450	565	530	500	490	487	30	18	M16	20
500	615	580	550	540	537	30	18	M16	20
550	665	630	600	590	587	32	18	M16	24
600	715	680	650	640	637	32	18	M16	24
650	765	730	700	690	687	36	18	M16	28
700	830	790	755	745	742	36	23	M20	24
800	930	890	855	845	842	40	23	M20	24
900	1030	990	955	945	942	44	23	M20	32
1000	1130	1090	1055	1045	1042	48	23	M20	36

续表

公称直径 DN/mm	法兰/mm							螺柱	
	D	D_1	D_2	D_3	D_4	δ	d	规格	数量
1100	1230	1190	1155	1141	1138	55	23	M20	44
1200	1330	1290	1255	1241	1238	60	23	M20	52
PN=1.0MPa									
300	415	380	350	340	337	26	18	M16	16
350	465	430	400	390	387	26	18	M16	16
400	515	480	450	440	437	30	18	M16	20
450	565	530	500	490	487	34	18	M16	24
500	630	590	555	545	542	34	23	M20	20
550	680	640	605	595	592	38	23	M20	24
600	730	690	655	645	642	40	23	M20	24
650	780	740	705	705	692	44	23	M20	28
700	830	790	755	745	742	46	23	M20	32
800	930	890	855	845	842	54	23	M20	40
900	1030	990	955	945	942	60	23	M20	48
PN=1.6MPa									
300	430	390	355	345	342	30	23	M20	16
350	480	440	405	395	392	32	23	M20	16
400	530	490	455	445	442	36	23	M20	20
450	580	540	505	495	492	40	23	M20	24
500	630	590	555	545	542	44	23	M20	28
550	680	640	605	595	592	50	23	M20	36
600	730	690	655	645	642	54	23	M20	40
650	780	740	705	695	692	58	23	M20	44

附表 11 压力容器法兰 乙型平焊法兰

乙型平焊法兰（平面密封面）

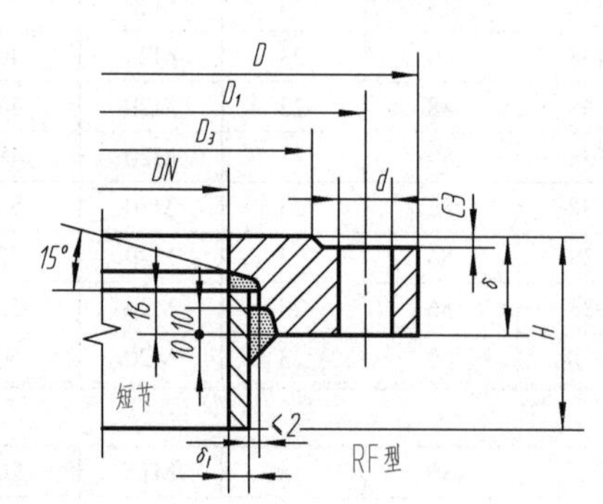

乙型平焊法兰（凹凸密封面）

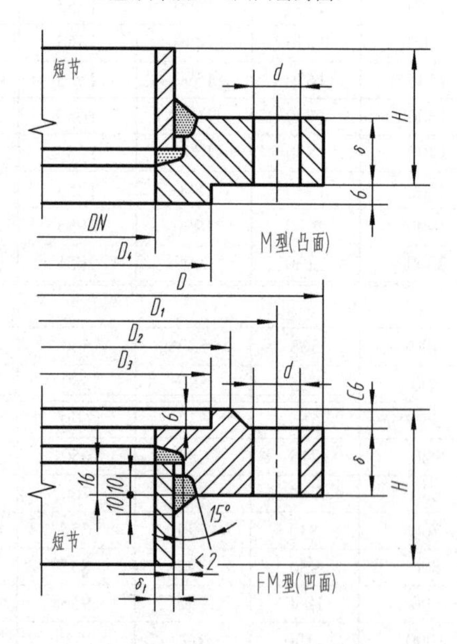

标记示例

法兰-RF 1000-1.6 NB/T 47022—2012

（公称压力为1.6MPa、公称直径为1000mm、乙型平焊法兰的平面密封面法兰）

续表

公称直径DN/mm	法兰/mm									螺柱	
	D	D_1	D_2	D_3	D_4	δ	H	δ_t	d	规格	数量
PN=0.25MPa											
2600	2760	2715	2676	2656	2653	96	345	16	27	M24	72
2800	2960	2915	2876	2856	2853	102	350	16	27	M24	80
3000	3160	3115	3076	3056	3053	104	355	16	27	M24	84
PN=0.6MPa											
1300	1460	1415	1376	1356	1353	70	270	16	27	M24	36
1400	1560	1515	1476	1456	1453	72	270	16	27	M24	40
1500	1660	1615	1576	1556	1553	74	270	16	27	M24	40
1600	1760	1715	1676	1656	1653	76	275	16	27	M24	44
1700	1860	1815	1776	1756	1753	78	280	16	27	M24	48
1800	1960	1915	1876	1856	1853	80	280	16	27	M24	52
1900	2060	2015	1976	1956	1953	84	285	16	27	M24	56
2000	2160	2115	2076	2056	2053	87	285	16	27	M24	60
2200	2360	2315	2276	2256	2253	90	340	16	27	M24	64
2400	2560	2515	2476	2456	2453	92	340	16	27	M24	68
PN=1.0MPa											
1000	1140	1100	1065	1055	1052	62	260	12	23	M20	40
1100	1260	1215	1176	1156	1153	64	265	16	27	M24	32
1200	1360	1315	1276	1256	1253	66	265	16	27	M24	36
1300	1460	1415	1376	1356	1353	70	270	16	27	M24	40
1400	1560	1515	1476	1456	1453	74	270	16	27	M24	44
1500	1660	1615	1576	1556	1553	78	275	16	27	M24	48
1600	1760	1715	1676	1656	1653	82	280	16	27	M24	52
1700	1860	1815	1776	1756	1753	88	280	16	27	M24	56
1800	1960	1915	1876	1856	1853	94	290	16	27	M24	60
PN=1.6MPa											
700	860	815	776	766	763	46	200	16	27	M24	24
800	960	915	876	866	863	48	200	16	27	M24	24
900	1060	1015	976	966	963	56	205	16	27	M24	28
1000	1160	1115	1076	1066	1063	66	260	16	27	M24	32
1100	1260	1215	1176	1156	1153	76	270	16	27	M24	36
1200	1360	1315	1276	1256	1253	85	280	16	27	M24	40
1300	1460	1415	1376	1356	1353	94	290	16	27	M24	44
1400	1560	1515	1476	1456	1453	103	295	16	27	M24	52
PN=2.5MPa											
300	440	400	365	355	352	35	180	12	23	M20	16
350	490	450	415	405	402	37	185	12	23	M20	16
400	540	500	465	455	452	42	190	12	23	M20	20
450	590	550	515	505	502	43	180	12	23	M20	20
500	660	615	576	566	563	43	190	16	27	M24	20
550	710	665	626	616	613	45	195	16	27	M24	20
600	760	715	676	666	663	50	200	16	27	M24	24
650	810	765	726	716	713	60	205	16	27	M24	24

续表

公称直径 DN/mm	法兰/mm									螺柱	
	D	D_1	D_2	D_3	D_4	δ	H	δ_t	d	规格	数量
700	860	815	776	766	763	66	210	16	27	M24	28
800	960	915	876	866	863	77	220	16	27	M24	32

附表 12 压力容器法兰用非金属软垫片

mm

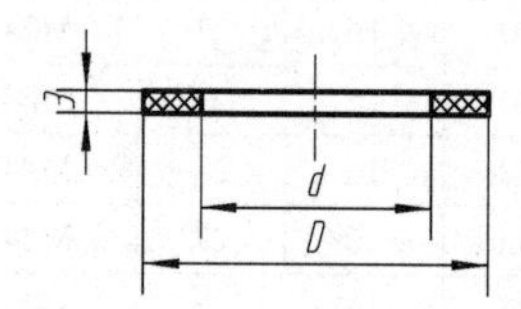

标记示例

垫片 1000-1.6 NB/T 47024—2012

（公称直径 1000mm、公称压力 1.6MPa、压力容器法兰用非金属软垫片）

公称直径 DN/mm	公称压力 PN/MPa											
	0.25		0.6		1.0		1.6		2.5		4.0	
	D	d	D	d	D	d	D	d	D	d	D	d
300	339	303	339	303	339/354	303/310	344/354	304/310	354	310	365	315
350	389	353	389	353	389/404	353/360	394/404	354/360	404	360	415	365
400	439	403	439	403	439/454	403/410	444/454	404/410	454	410	465	415
450	489	453	489	453	489/504	453/460	494/504	454/460	504	460	515	465
500	544	504	539	503	544/554	504/510	544/554	504/510	565	515	565	515
550	594	554	589	553	594/604	554/564	594/604	554/560	615	565	615	565
600	644	604	639	603	644/654	604/610	644/654	604/610	665	615	665	615
650	694	654	689	653	694/704	654/660	694/704	654/660	715	665	737	687
700	739	703	744	704	744/754	704/710	765	715	765	715	887	737
800	839	803	844	804	844/854	804/810	865	815	865	815	787	837
900	939	903	944	904	944/954	904/910	965	915	987	937	999	939
1000	1044	1044	1044	1004	1054	1010	1065	1015	1087	1037	1099	1039
1100	1140	1100	1140	1100	1155	1105	1155	1105	1177	1127	1208	1148
1200	1240	1200	1240	1200	1255	1205	1255	1205	1277	1227	1308	1248
1300	1340	1300	1355	1305	1355	1305	1355	1305	1377	1327	1408	1348
1400	1440	1400	1455	1405	1455	1405	1455	1405	1477	1427	1508	1448
1500	1540	1500	1555	1505	1555	1505	1577	1527	1589	1529	1608	1548
1600	1640	1600	1655	1605	1655	1605	1677	1627	1689	1629	1708	1648
1700	1740	1700	1755	1705	1755	1705	1777	1727	1808	1748	1808	1748
1800	1840	1800	1855	1805	1855	1805	1877	1827	1908	1848	1908	1848
1900	1940	1900	1955	1905	1977	1927	1989	1929	2008	1948	2008	1948
2000	2040	2000	2055	2005	2077	2027	2089	2029	2108	2048	2108	2048

注：表中粗实线范围内的数据（分母部分除外）为甲型平焊法兰用软垫片尺寸，分母部分为长颈对焊法兰用软垫片尺寸。

附表 13　压力容器法兰用等长双头螺柱

mm

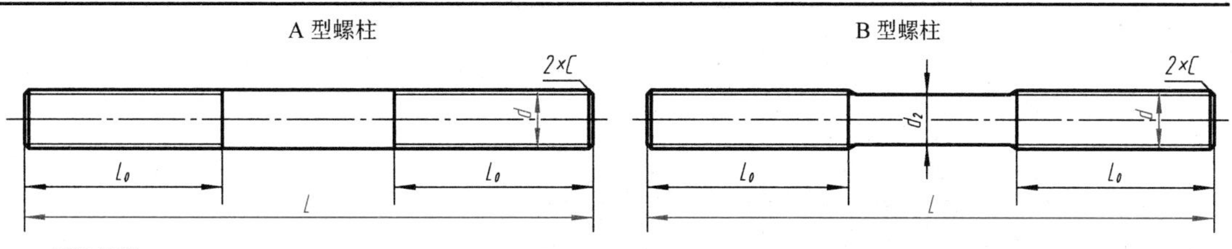

标记示例

螺柱　M16×120-A　NB/T 47027—2012

（公称直径为 M16、长度 L=120 mm、d_2= d 的等长双头螺柱）

螺柱　M24×180-B　NB/T 47027—2012

（公称直径为 M24、长度 L=180 mm、d_2<d 的等长双头螺柱）

等长双头螺柱尺寸

螺纹规格 d	M16	M20	M24	M27	M30	M36×3
L_0	40	50	60	70	75	90
C	2	2.5	3	3	3.5	3
L（系列）	100、110、120、130、140、150、160、170、180、190、200、（210）、220、（230）、（240）、250、（260）、280、300、320、350、380、400、420、450、480					

注：A 型螺柱无螺纹部分直径 d_2 等于螺纹公称直径；B 型螺柱无螺纹部分直径 d_2 等于螺纹的基本小径 d_1。

附表 14　人孔与手孔

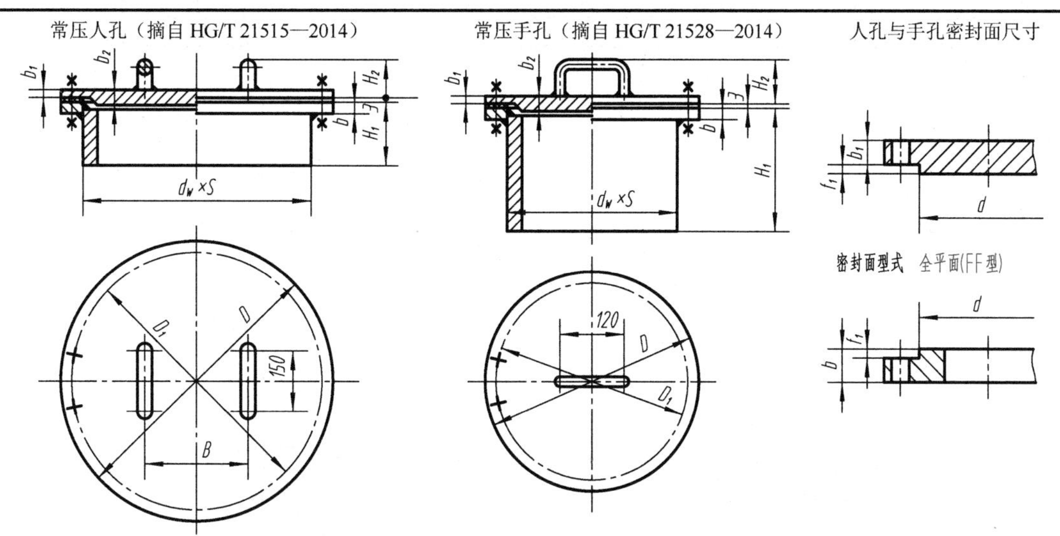

标记示例

人孔（A-XB350）　450　HG/T 21515（公称直径 $DN$450、H_1=160、采用石棉橡胶板垫片的常压人孔）

公称直径 DN/mm	d_w×S /mm	D /mm	D_1 /mm	B /mm	b /mm	b_1 /mm	b_2 /mm	H_1 /mm	H_2 /mm	螺栓		密封面尺寸	
										数量	规格/mm	d/mm	f_1/mm
150	159×4.5	235	205	120	10	6	8	100	72	8	M16×40	202	2
250	273×6.5	350	320	120	12	8	10	120	74	12	M16×45	312	2
（400）	426×6	515	480	250	14	10	12	150	90	16	M16×50	465	2
450	480×6	570	535	250	14	10	12	160	90	20	M16×50	520	2
500	530×6	620	585	300	14	10	12	160	90	20	M16×50	570	2
600	630×6	720	685	300	16	12	14	180	92	24	M16×55	670	2

附表 15　补强圈

mm

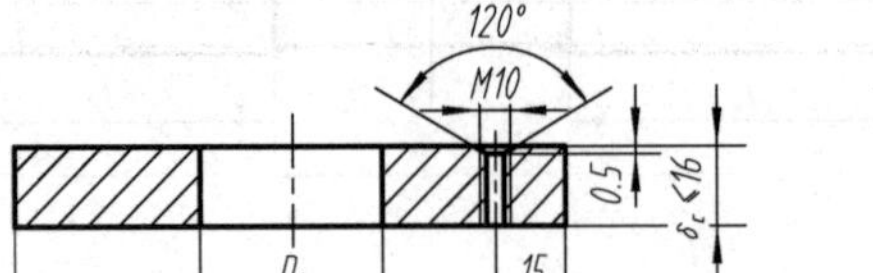

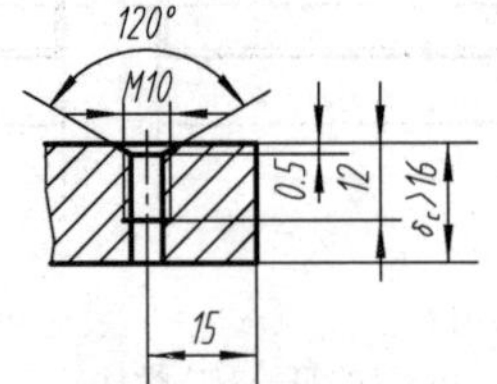

符号说明

D_1——补强圈内径，mm
D_2——补强圈外径，mm
d_N——接管公称直径，mm
d_O——接管外径，mm
δ_c——补强圈厚度，mm
δ_n——壳体开孔处名义厚度，mm
δ_{nt}——接管名义厚度，mm

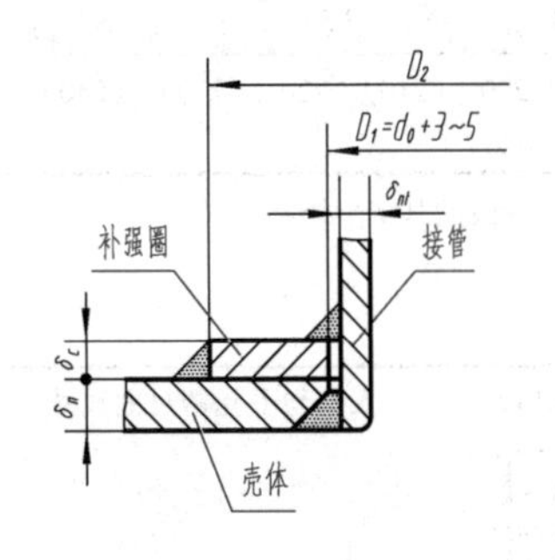

A 型
（适用于壳体为内坡口的填角焊结构）

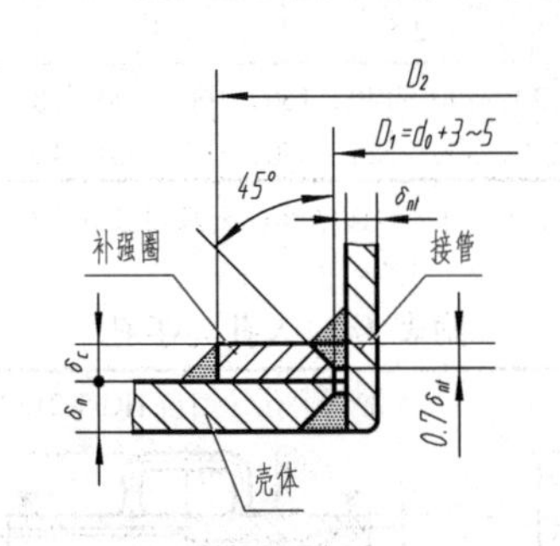

B 型
（适用于壳体为内坡口的局部焊透结构）

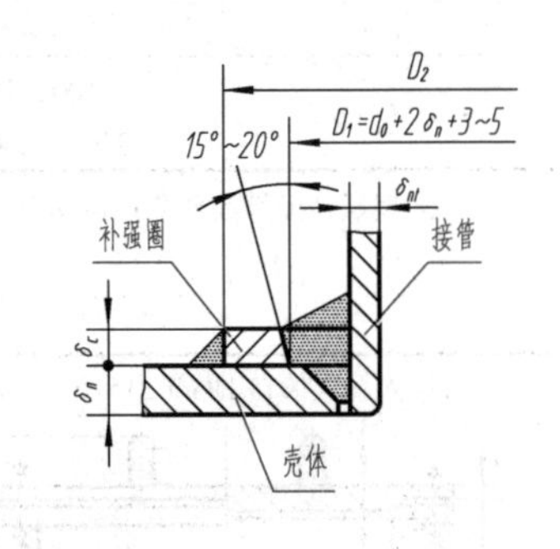

C 型
（适用于壳体为外坡口的全焊透结构）

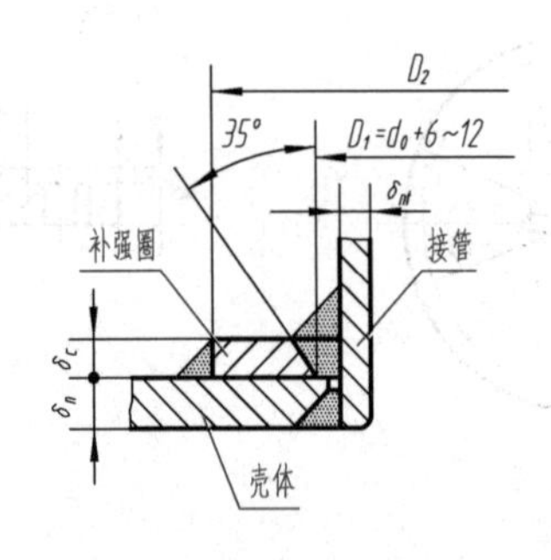

D 型
（适用于壳体为内坡口的全焊透结构）

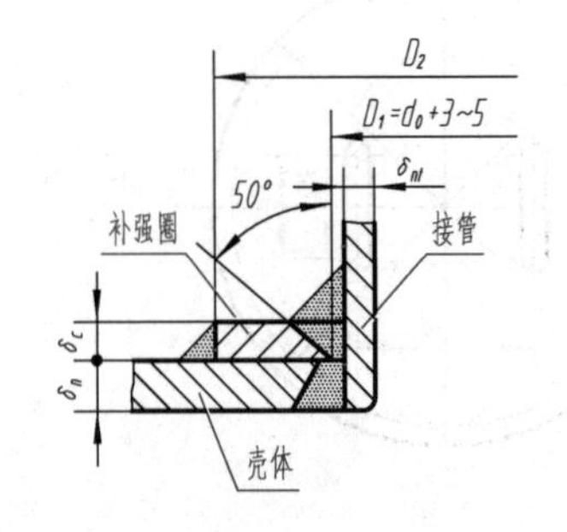

E 型
（适用于壳体为内坡口的全焊透结构）

标记示例

d_N100×8-D-Q235B　JB/T 4736

（接管公称直径 d_N=100mm、补强圈厚度为 8mm、坡口形式采用 D 型、材质为 Q235B 的补强圈）

接管公称直径（d_N）	50	65	80	100	125	150	175	200	225	250	300	350	400	450	500	600
外径（D_2）	130	160	180	200	250	300	350	400	440	480	550	620	680	760	840	980
内径（D_1）	按补强圈坡口类型确定															
厚度系列（δ_c）	4、6、8、10、12、14、16、18、20、22、24、26、28、30															

附表 16 鞍式支座

mm

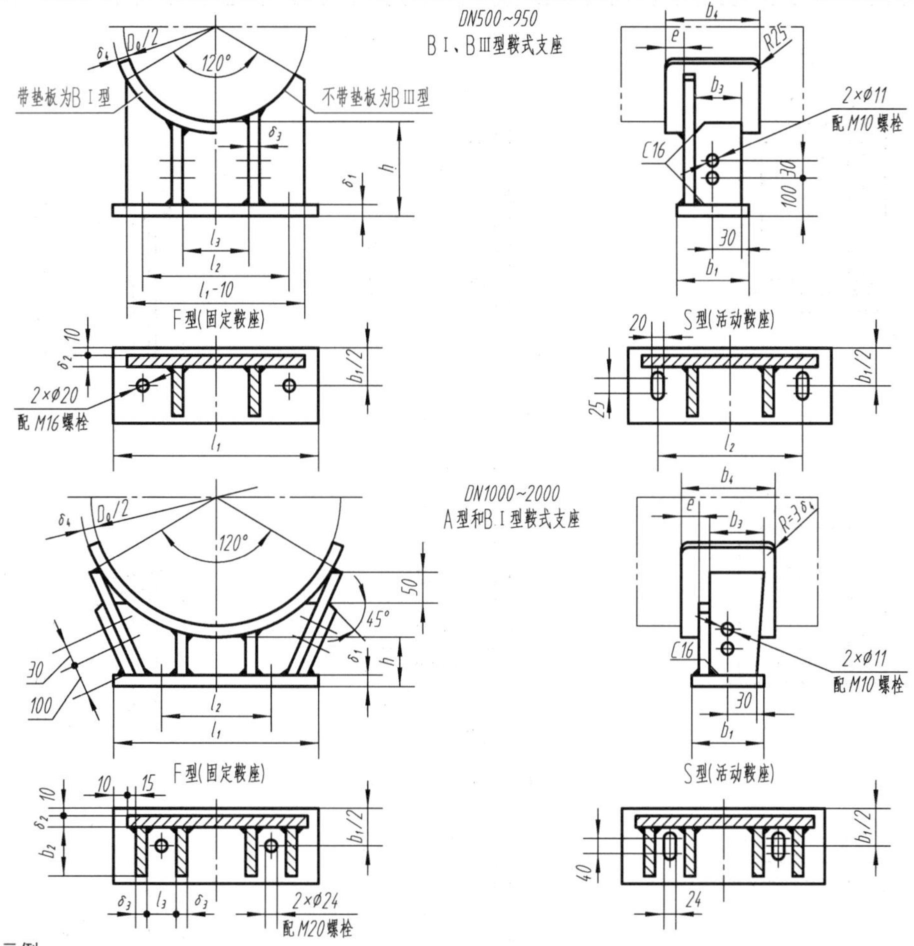

标记示例

NB/T 47065.1—2018 鞍式支座 BⅠ 900-S（*DN* 为 900mm、120°包角、重型、带垫板、标准高度的焊制滑动鞍座）

形式特征	公称直径 *DN*	鞍座高度 *h*	底板			腹板	肋板				垫板				螺栓间距 l_2
			l_1	b_1	δ_1	δ_2	l_3	b_2	b_3	δ_3	弧长	b_4	δ_4	*e*	
*DN*500～950 焊制、120°包角、BⅠ型、带垫板或不带垫板（若去掉垫板，则为BⅢ型）	500	200	460	170	10	8	250	—	150	8	580	230	6	36	330
	550		510				280	—			640	240		41	360
	600		550				300	—			700	250		46	400
	650		590				330	—			750	260		51	430
	700		640				350	—			810	270		56	460
	750		680				380	—			870	280		61	500
	800		720	200		10	400	—	170	10	930	280		50	530
	850		770				430	—			990	290		55	558
	900		810				450	—			1040	300		60	590
	950		850				470	—			1100	310		65	630
*DN*1000～2000 焊制、120°包角、A型和BⅠ型、带垫板（分子为轻型、分母为重型）	1000	200	760	170	10/12	6/8	170	140	180	6/8	1180	270	6/8	40	600
	1100		820				185				1290				660
	1200		880			6/10	200			6/10	1410				720
	1300		940			8/10	215				1520				780
	1400		1000				230				1640				840
	1500	250	1060	200	12/16	8/12	242	170	230	8/12	1760	320	8/10		900
	1600		1120				257				1870				960
	1700		1200				277				1990				1040
	1800		1280	220		10/14	296	190	260		2100	350			1120
	1900		1360				316				2220				1200
	2000		1420				331				2330				1260

附表 17 耳式支座

mm

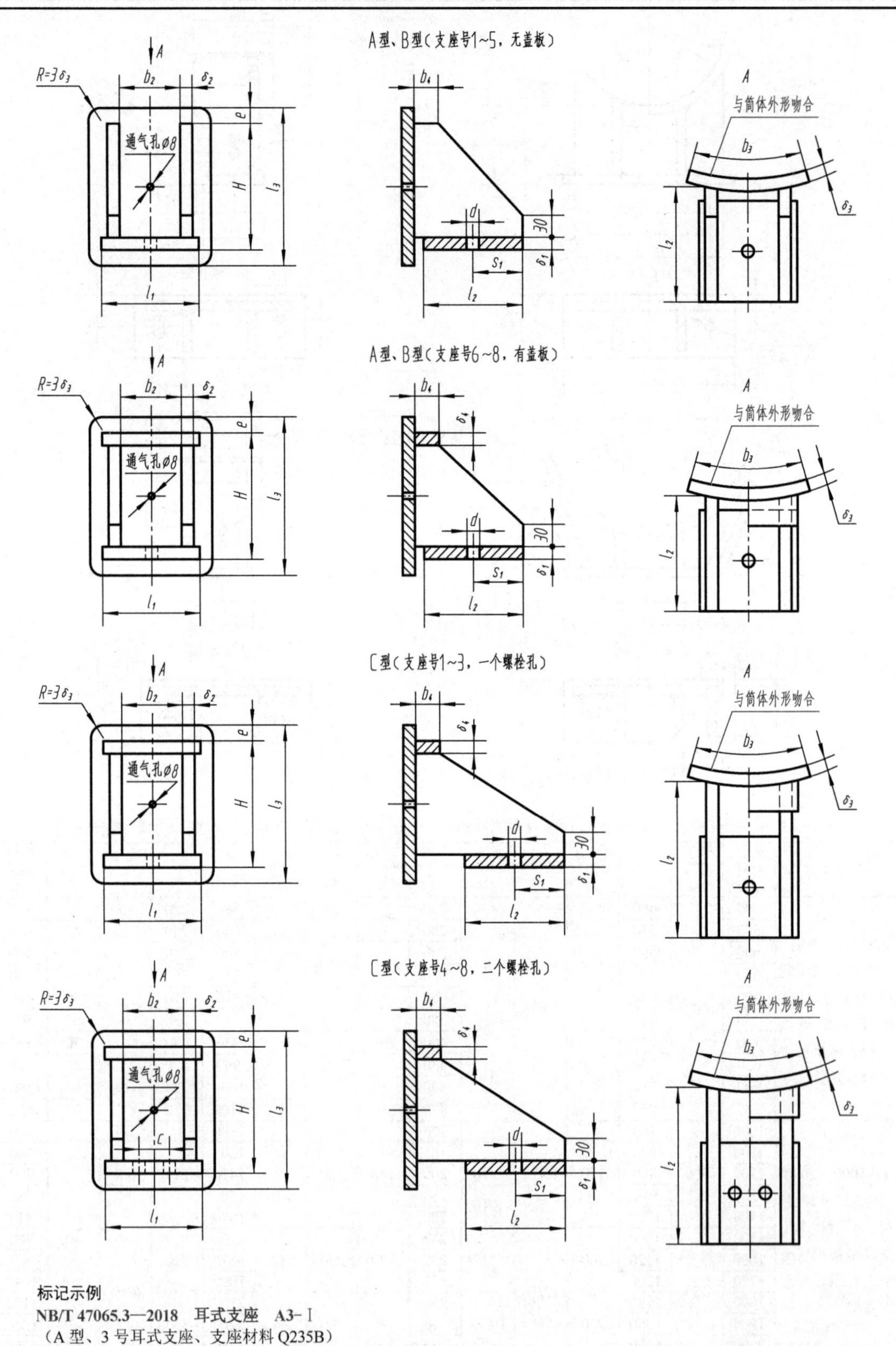

标记示例

NB/T 47065.3—2018 耳式支座 A3-Ⅰ

（A 型、3 号耳式支座、支座材料 Q235B）

续表

支座号			1	2	3	4	5	6	7	8
容器公称直径 DN			300～600	500～1000	700～1400	1000～2000	1300～2600	1500～3000	1700～3400	2000～4000
高度 H			125	160	200	250	320	400	480	600
底板	l_1	A型 B型 C型	100	125	160	200	250	320	375	480
底板	b_1	A型 B型 C型	60	80	105	140	180	230	280	360
底板	δ_1	A型 B型 C型	6	8	10	14	16	20	22	26
底板	s_1	A型 B型 C型	30	40	50	70	90	115	130	145
底板	c	C型	—	—	—	90	120	160	200	280
肋板	l_2	A型	80	100	125	160	200	250	300	380
肋板	l_2	B型	160	180	205	290	330	380	430	510
肋板	l_2	C型	250	280	300	390	430	480	530	600
肋板	b_2	A型	70	90	110	140	180	230	280	350
肋板	b_2	B型	70	90	110	140	180	230	280	350
肋板	b_2	C型	80	100	130	170	210	260	310	400
肋板	δ_2	A型	4	5	6	8	10	12	14	16
肋板	δ_2	B型	5	6	8	10	12	14	16	18
肋板	δ_2	C型	6	6	8	10	12	14	16	18
垫板	l_3	A、B型	160	200	250	315	400	500	600	720
垫板	l_3	C型	260	310	370	430	510	570	630	750
垫板	b_3	A、B型	125	160	200	250	320	400	480	600
垫板	b_3	C型	170	210	260	320	380	450	540	650
垫板	δ_3		6	6	8	8	10	12	14	16
垫板	e	A、B型	20	24	30	40	48	60	70	72
垫板	e	C型	30	30	35	35	40	45	45	50
盖板	b_4	A型	30	30	30	30	30	50	50	50
盖板	b_4	B、C型	50	50	50	70	70	100	100	100
盖板	δ_4	A型	—	—	—	—	—	12	14	16
盖板	δ_4	B型	—	—	—	—	—	14	16	18
盖板	δ_4	C型	8	10	12	12	14	14	16	18
地脚螺栓	d	A、B型	24	24	30	30	30	36	36	36
地脚螺栓	规格	A、B型	M20	M20	M24	M24	M24	M30	M30	M30
地脚螺栓	d	C型	24	30	30	30	30	36	36	36
地脚螺栓	规格	C型	M20	M24	M24	M24	M24	M30	M30	M30

材料代号	I	II	III
肋板和底板材料	Q235B	S30408	15CrMoR

四、化工工艺图的有关代号和图例

附表 18　管子、管件及管道特殊件图例

名称	方式		
	螺纹或承插焊连接	对焊连接	法兰连接
90°弯头			
三通管			
四通管			
45°弯头			
偏心异径管			
管帽			

附表19 管路及仪表流程图中的设备、机器图例

设备类型及代号	图例
塔 (T)	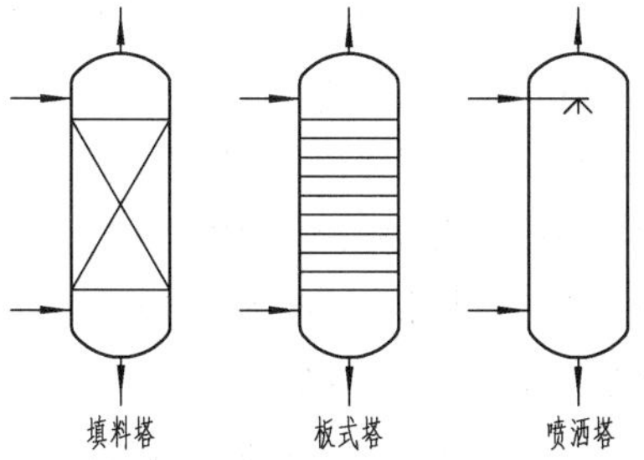 填料塔　板式塔　喷洒塔 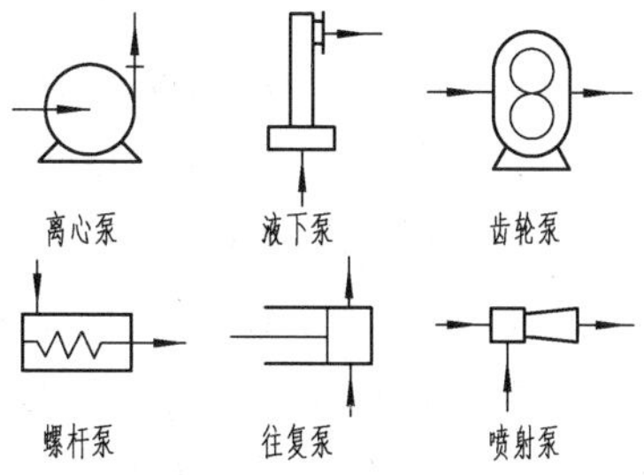
工业炉 (F)	箱式炉　圆筒炉
容　器 (V)	卧式容器　碟形封头容器　球罐 锥形罐　平顶容器　(地下/半地下)池、坑、槽
压缩机 (C)	鼓风机　(卧式)(立式)旋转式压缩机　离心式压缩机
反应器 (R)	固定床反应器　列管式反应器　反应釜(开式、带搅拌、夹套)

设备类型及代号	图例
泵 (P)	离心泵　液下泵　齿轮泵 螺杆泵　往复泵　喷射泵
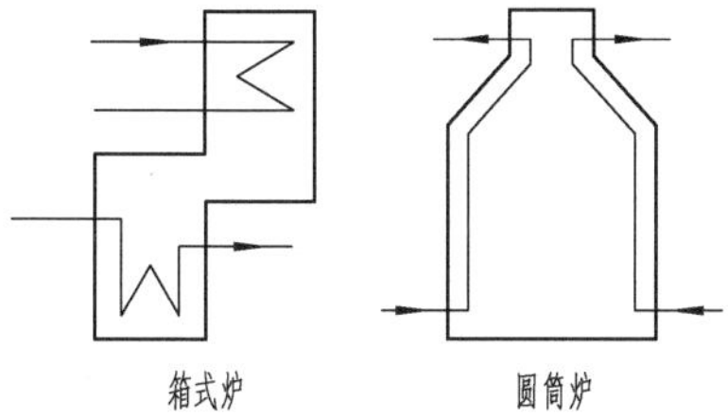 火炬 烟囱 (S)	 火炬　烟筒
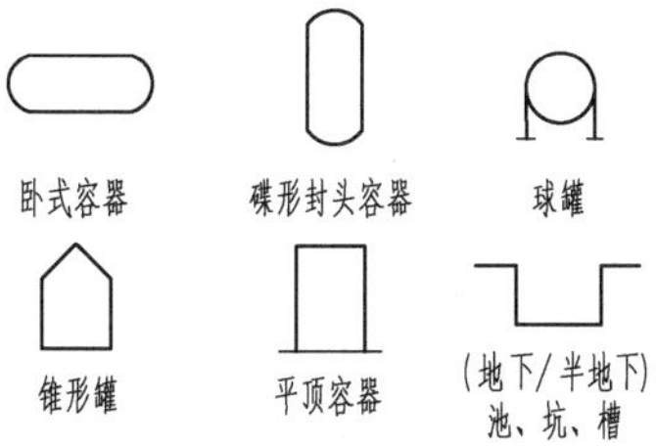 换热器 (E)	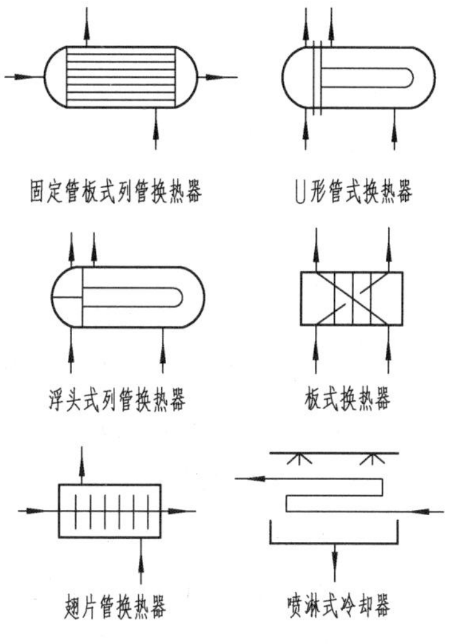 固定管板式列管换热器　U形管式换热器 浮头式列管换热器　板式换热器 翅片管换热器　喷淋式冷却器
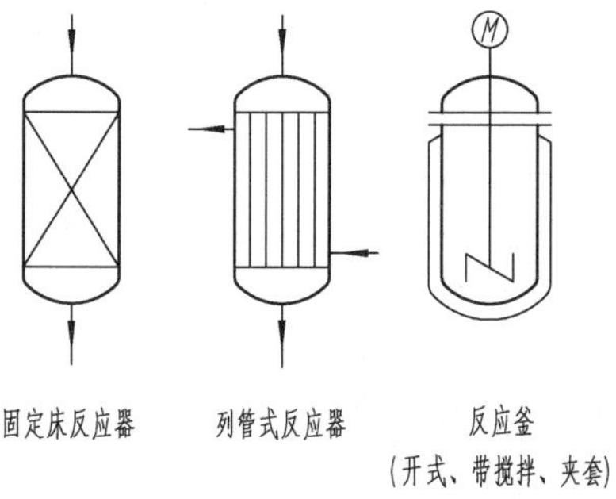 其他机械 (M)	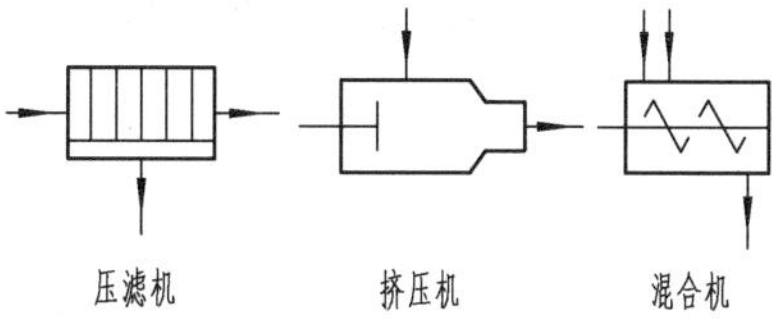 压滤机　挤压机　混合机
动力机 (M、E、S、D)	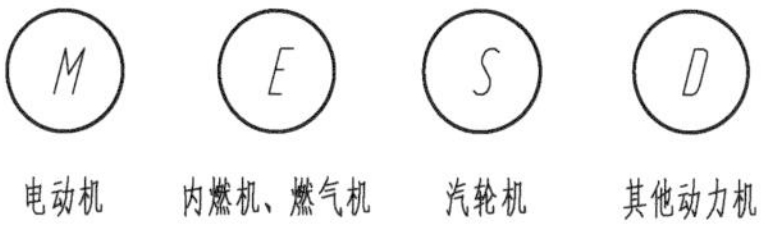 M 电动机　E 内燃机、燃气机　S 汽轮机　D 其他动力机

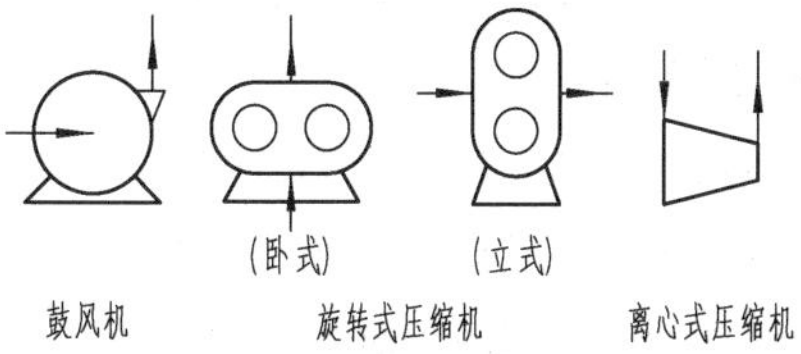

参 考 文 献

[1] HG/T 20519—2009. 化工工艺设计施工图内容和深度统一规定.

[2] 成大先. 机械设计手册 [M]. 6版. 北京：化学工业出版社，2017.

[3] 闻邦椿. 机械设计手册 [M]. 6版. 北京：机械工业出版社，2018.

[4] 董大勤，袁凤隐. 压力容器设计手册 [M]. 2版. 北京：化学工业出版社，2014.

[5] 胡建生. 化工制图 [M]. 5版. 北京：化学工业出版社，2022.

[6] 胡建生. 机械制图（多学时）[M]. 5版. 北京：机械工业出版社，2023.

郑 重 声 明